Wissenschaftliche Taschenbücher WTB

TEXTE

A. P. Cracknell

Angewandte Gruppentheorie

Einführung und Originaltexte

Akademie-Verlag · Berlin
Pergamon Press · Oxford
Vieweg + Sohn · Braunschweig

WTB

Wissenschaftliche Taschenbücher

ROLF BORSDORF/MANFRED SCHOLZ
Spektroskopische Methoden in der organischen Chemie

WERNER HABERDITZL
Magnetochemie

GERHARD HEBER
Mathematische Hilfsmittel der Physik, Teil I und II

A. A. SOKOLOW
Elementarteilchen

HEINZ AHRENS
Varianzanalyse

HANS-JÜRGEN TREDER
Relativität und Kosmos
Raum und Zeit in der Physik, Astronomie und Kosmologie

ALBERT EINSTEIN
Grundzüge der Relativitätstheorie

ALBERT EINSTEIN
Über die spezielle und die allgemeine Relativitätstheorie

GÜNTHER LUDWIG
Wellenmechanik. Einführung und Originaltexte

HARRY PAUL
Lasertheorie, Teil I und II

FRANZ RUDOLF KESSLER
Einführung in die physikalischen Grundlagen der Kernenergiegewinnung

EBERHARD HOFMANN
Eiweiße und Nucleinsäuren als biologische Makromoleküle
Dynamische Biochemie, Teil I

EBERHARD TEUSCHER
Pharmakognosie, Teil I und II

D. TER HAAR
Quantentheorie. Einführung und Originaltexte

J. H. SANDERS
Die Lichtgeschwindigkeit. Einführung und Originaltexte

JEAN KUNTZMANN
Unendliche Reihen
Mathematische Hilfsmittel der Physik und Chemie
Mit 94 Übungen und 29 Aufgaben

JEAN KUNTZMANN
Systeme von Differentialgleichungen
Mathematische Hilfsmittel der Physik und Chemie
Mit 88 Übungen und 40 Aufgaben

JEAN KUNTZMANN
Komplexe Veränderliche
Mathematische Hilfsmittel der Physik und Chemie
Mit 90 Übungen und 37 Aufgaben

FERDINAND CAP
Einführung in die Plasmaphysik
I. Theoretische Grundlagen
— insgesamt 3 Bände —

J. A. ROSANOW
Wahrscheinlichkeitstheorie

HARRY PFEIFER
Theorie linearer Bauelemente
Elektronik für den Physiker I

HARRY PFEIFER
Die Elektronenröhre
Elektronik für den Physiker II

HARRY PFEIFER
Schaltungen mit Elektronenröhren
Elektronik für den Physiker III

HARRY PFEIFER
Leitungen und Antennen
Elektronik für den Physiker IV

HARRY PFEIFER
Mikrowellenelektronik
Elektronik für den Physiker V

HARRY PFEIFER
Halbleiterphysik
Elektronik für den Physiker VI

SIEGFRIED HAUPTMANN
Über den Ablauf organisch-chemischer Reaktionen

GERHARD HÜBNER / KLAUS JUNG / ECKART WINKLER
Die Rolle des Wassers in biologischen Systemen

STEPHEN G. BRUSH
Kinetische Theorie, Teil I und II

EBERHARD HOFMANN
Enzyme und energieliefernde Stoffwechselreaktionen
Dynamische Biochemie, Teil II

HERBERT GOERING
Elementare Methoden
zur Lösung von Differentialgleichungsproblemen

PETER KRUMBIEGEL
Isotopieeffekte

D. M. BRINK
Kernkräfte. Einführung und Originaltexte

DIETER ONKEN
Steroide
Zur Chemie und Anwendung

HEINZ GEILER
Ökologie der Land- und Süßwassertiere

DIETER J. SCHADACH
Biomathematik, Teil I und II

ARTHUR P. CRACKNELL
Angewandte Gruppentheorie
Einführung und Originaltexte

Vorschau auf die nächsten Bände:

DIETER KLAUA
Elementare Axiome der Mengenlehre

EBERHARD HOFMANN
Intermediärstoffwechsel
Dynamische Biochemie, Teil III

GÜNTER TEMBROCK
Grundlagen der Tierpsychologie

J. F. VINSON
Optische Kohärenz in der klassischen Theorie und in der Quantentheorie

W. R. HINDMARSH
Atomspektren

GÜNTER TEMBROCK
Biokommunikation
Informationsübertragung im biologischen Bereich
Teil I und II

WTB

BAND 84

A. P. Cracknell

Angewandte Gruppentheorie

Mit 77 Abbildungen und 69 Tabellen

AKADEMIE-VERLAG · BERLIN

PERGAMON PRESS · OXFORD

VIEWEG + SOHN · BRAUNSCHWEIG

WTB TEXTE

Übersetzung aus dem Englischen:
Prof. Dr. Ferdinand Cap, Innsbruck

Übersetzung des Bandes „Applied Group Theory"
aus der Reihe „Selected Readings in Physics"
(herausgegeben von D. ter Haar)

ISBN 3 528 06084 0

1971

Lizenznummer: 202 · 100/ 24/71
Herstellung: VEB Druckhaus „Maxim Gorki", 74 Altenburg
Bestellnummer: Akademie-Verlag 761 429 6 (7084) · ES 19 B 2
Pergamon Press 08 017583 x
Vieweg + Sohn 6084
Printed in German Democratic Republic

Vorwort

Unter den Physikern scheint sich die Ansicht zu verbreiten, daß man die Gruppentheorie, wie es bereits bei vielen anderen Techniken der Fall ist, verwenden kann, ohne daß es für den Einzelnen notwendig ist, über all die Warum und Weshalb der mathematischen Einzelheiten Bescheid zu wissen. Dieses Buch sollte sowohl für Studenten im letzten Studienjahr als auch zur Weiterbildung nach Beendigung des Studiums als kurzes Lehrbuch über Gruppentheorie und deren Anwendungen geeignet sein.

Während es zahlreiche ausgezeichnete Lehrbücher über Gruppentheorie gibt, deren Niveau für Fortgeschrittene gedacht ist, gibt es kaum eines, das für „Studenten lesbar" wäre, außer vielleicht das Buch *Chemical Applications of Group Theory* von COTTON, das jedoch, wie der Titel lehrt, nicht auf die Physik ausgerichtet ist. Das vorliegende Buch soll diese Lücke füllen, es unterstützt die anderen Bände dieser Reihe in der Absicht, die Studenten zum Studium von Originalarbeiten zu ermutigen, und gibt zu diesem Zweck einen Leitfaden. In gewisser Hinsicht ist der Inhalt des Buches unvollständig, wenn er ohne Bezugnahme auf die im zweiten Teil wiedergegebenen Arbeiten gelesen wird, da dort, wo es möglich war, das in diesen Arbeiten klar und verständlich gehaltene Material nicht wiederholt wurde. In einer derartigen Arbeit ist es sehr schwierig, im Haupttext von Teil I eine Bezeichnungsweise zu verwenden, die sowohl in sich selbst konsistent als auch konsistent mit all den verschiedenen Bezeichnungsweisen der in Teil II nachgedruckten Arbeiten ist. Diese Forderungen schließen sich oft gegenseitig aus. Der Autor hat versucht, die Konsistenz in sich selbst in Teil I zu erreichen, mit dem Ergebnis, daß sich der Studierende beim Lesen von Teil II dem so oft bei „wirklicher“ Forschungsarbeit auftretenden Problem gegenübersieht, verschiedene Behandlungen eines Gegenstandes mit verschiedener Bezeichnungsweise und verschiedener Terminologie aufzunehmen. Am Ende jedes Kapitels wird man eine Auswahl von Übungsaufgaben finden, ein Abschnitt über Hinweise zur Lösung dieser Aufgaben befindet sich am Ende des Buches vor dem Index.

Der Autor setzte sich das Ziel, den Studierenden von den verschiedenen in der Physik auftretenden Gruppen in Kenntnis zu setzen und die Problemtypen aufzuzeigen, die mit Hilfe der Gruppentheorie angegangen werden können. Sehr viele mathematische Einzelheiten wurden übergangen, es wurde jedoch sorgfältig darauf Bedacht genommen, daß der mathematisch orientierte Student die Lücken in der Theorie selbst zu füllen imstande ist. Dies sollte dem interessierten Studenten ein Sprungbrett für ein mehr in Einzelheiten gehendes Studium der Anwendungen der Gruppentheorie sein, wenn er dies wünscht. Ebenso in Hinblick auf den Studenten wurde eine Zusammenfassung von Zitaten aufgenommen und ein Literaturführer angefügt, der nicht zu lang gehalten ist, da sonst niemand die Bücher zur Hand nehmen würde, die er empfiehlt. Der Führer enthält demnach nur einige Kommentare, aus denen in rohen Zügen der Inhalt und das Niveau des Buches hervorgeht.

Der Autor dankt den Herausgebern der folgenden Zeitschriften für die freundliche Genehmigung für den Nachdruck der in Teil II erscheinenden Arbeiten, sowie den Autoren, die sich mit dieser Verwendung ihrer Arbeiten einverstanden erklärten: Nachrichten von der Gesellschaft der Wissenschaften zu Göttingen, Journal of Chemical Physics, Proceedings of the Royal Society, Annalen der Physik, Annals of Mathematics, Physical Review, Physica und Soviet Physics JETP. Dank gilt auch Professor F. C. Phillips und Longmans, Green & Co., Ltd. für die Abbildungen 16 und 19, und Herrn Dr. V. Heine und Pergamon Press Ltd. für Abb. 52.

In Hinblick auf die Herstellung des Manuskripts dieses Buches möchte ich gerne folgenden Leuten danken: Professor W. Opechowski und Dr. D. ter Haar für ihre Anregungen, Frau M. F. Grant und Herrn Low Choon-Ming für das Lesen von Teilen des Manuskriptes, dem Personal der Firma Pergamon Press für seine technische Unterstützung besonders bei der Übersetzung von drei Arbeiten und bei der Vorbereitung der Diagramme, Fräulein P. Lim von der Bibliothek der Universität Singapur für ihre Hilfe beim Aufsuchen der weniger allgemein bekannten Literatur, den vielen Freunden und Kollegen, insbesondere Professor K. M. Gatha, Dr. S. L. Altmann, Dr. C. J. Bradley, Dr. G. A. Creak, Dr. J. E. Jeacocke, Dr. R. H. White und Herrn Yap Hian-Poh, mit dem ich einzelne Gegenstände des öfteren diskutiert habe, und nicht zuletzt den Studenten der Physik-Auswahlklassen 1965–66 und 1966–67 der Universität von Singapur — insbesondere Herrn Wong Kwei-Cheong, — die alle in ihrer Kritik meines Zugangs zur Gruppentheorie unbarmherzig waren.

Singapur Arthur P. Cracknell

Inhaltsverzeichnis

Teil 1

Teil 2

Teil I

KAPITEL 1

Symmetrie

Die Anwendung der Gruppentheorie auf das Studium eines physikalischen Systems besteht in der Auswertung der Symmetrieeigenschaften dieses Systems auf diesem oder jenem Wege. Gruppentheorie kann man als rein abstrakten Teil der Mathematik auffassen, der in der zweiten Hälfte des 19. Jahrhunderts entstand, und zwar als Ergebnis abstrahierender mathematischer Gedankengänge, die beim quantitativen Studium von Kristallstrukturen und bei der Ableitung der Raumgruppen auftraten, wobei letztere erst das Werk der jüngsten Vergangenheit ist. Es vergingen weitere 20 Jahre, ehe man begann, die Gruppentheorie und ihre Ergebnisse auf das Studium physikalischer Systeme anzuwenden, ohne sich auf die Feststellung zu beschränken, daß eine Punktgruppe oder Raumgruppe ein Beispiel für eine mathematische Gruppe darstellt. Es ist nicht unsere Absicht, hier den abstrakten Zugang zu wählen, jedoch findet man einige Hinweise auf Bücher über abstrakte Gruppentheorie im Kommentar zur Bibliographie. Die Neudrucke von Originalarbeiten, die den zweiten Teil dieses Buches bilden, wurden so gewählt, daß sie eine Illustration der Entwicklung des Studiums der Gruppentheorie und ihrer Anwendungen auf die Physik und, in geringerem Ausmaße, auf die Chemie vermitteln.

1.1. Symmetrieoperationen

Den Begriff einer Gruppe führt man bequem durch das Studium der Symmetrieoperationen irgendeiner regelmäßigen Figur oder eines regelmäßigen Objektes ein.

Betrachten wir zum Beispiel ein auf ein Stück Papier gezeichnetes Quadrat, dessen Ecken wie in Abb. 1 mit A, B, C und D bezeichnet werden. Dieses Quadrat ist eine symmetrische Figur, deren Symmetrie man auf die folgende Weise beschreiben kann. Das Quadrat bleibt nach irgendeiner der folgenden Operationen in einer Position, die von der Ausgangsposition nicht unterscheidbar ist: eine Rotation des Quadrats um 180°, +90° (im Gegenuhrzeigersinn), oder −90° (im Uhrzeigersinn) um die Achse durch O senkrecht zur Figur, Spiegelung des Quadrats an einer seiner Diagonalen, und Spiegelung des Quadrats an einer der Verbindungslinien der Mittelpunkte zweier gegenüberliegender Seiten. Zusätzlich zu

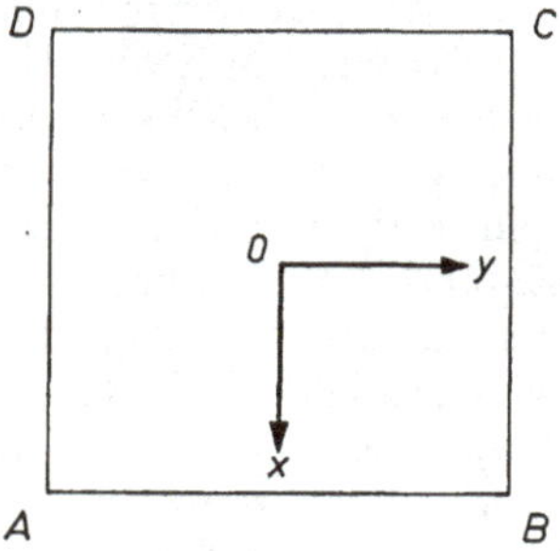

Abb. 1

diesen Operationen gibt es noch die triviale Operation, bei der das Quadrat unbewegt bleibt. Bei diesen Symmetrieoperationen am Quadrat wird durch die Tatsache, daß dessen Ecken mit einer Marke versehen sind, die Symmetrie nicht zerstört. Es handelt sich dabei um äußerliche Markierungen, die nicht einen Teil des Quadrats selbst ausmachen. Es ist üblich, jede dieser Symmetrieoperationen mit einem Symbol zu versehen, um sich bequemer darauf beziehen zu können:

E: Man lasse das Quadrat unbewegt.
C_{4z}^{+}: Rotation um +90° um O.

C_{2z}: Rotation um 180° um O.
C_{4z}^{-}: Rotation um −90° um O.
σ_x: Reflexion an einer Geraden durch O und senkrecht zu Ox.
σ_y: Reflexion an einer Geraden durch O und senkrecht zu Oy.
σ_1: Reflexion an der Geraden AC.
σ_2: Reflexion an der Geraden BD.

Im gesamten Teil 1 dieses Buches bezeichnen wir die Rotationen im Gegenuhrzeigersinn als positiv, die Rotationen im Uhrzeigersinn als negativ. Die verwendeten Koordinatensysteme $Oxyz$ sind Rechtssysteme.

In Abb. 2 sind die Positionen der Reflexionslinien dargestellt. Man kann das Quadrat zeichnen, nachdem eine dieser Symmetrieoperationen ausgeführt wurde. Zum Beispiel ist in Abb. 3 seine Position nach Ausführung

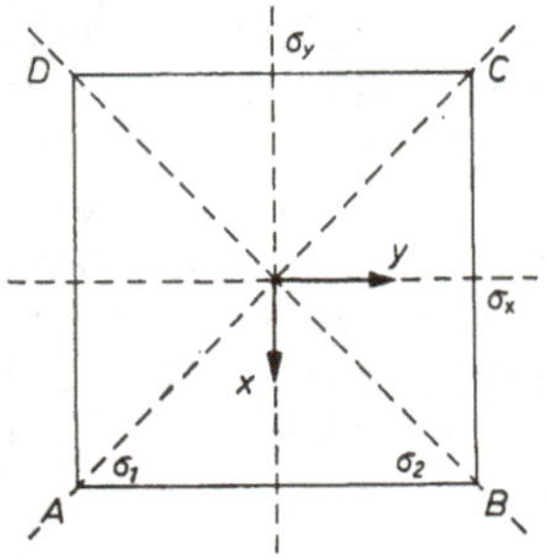

Abb. 2

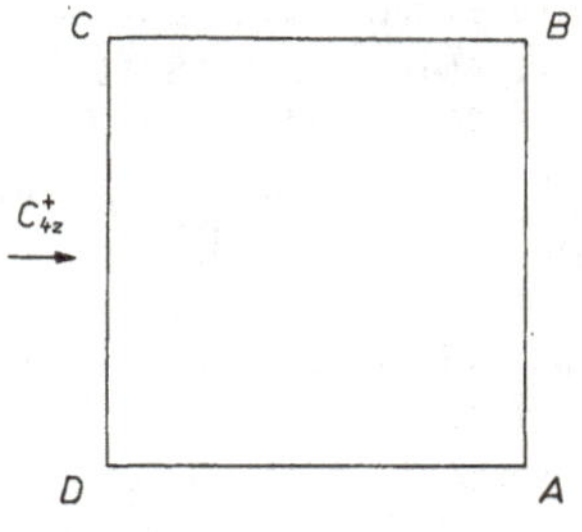

Abb. 3

der Operation C_{4z}^{+} angegeben. Auf diesem Wege ist es möglich, daß man das Ergebnis der Hintereinanderausführung von zwei Symmetrieoperationen am Quadrat anschaulich erhält. Wir können zum Beispiel das Quadrat an AC spiegeln (Operation σ_1) und dann um +90° drehen. Diese zusammengesetzte Operation beschreibt man durch $C_{4z}^{+}\sigma_1$, wobei die Operation, die *zuerst* auszuführen ist, *rechts steht*. Dies ist eine universelle Konvention. Es überrascht nicht sehr, daß $C_{4z}^{+}\sigma_1$ selbst eine der acht Symmetrieoperationen am Quadrat ist. Aus Abb. 4 läßt sich ersehen, daß das Ergebnis der Ausführung von C_{4z}^{+}, nachdem σ_1 bereits vollendet ist, auch in einem Schritt durch die Spiegelungsoperation σ_y hätte erreicht werden können. Diese Hintereinanderausführung der Operationen nennt man gewöhnlich *Multiplikation* der Symmetrieoperationen, und $C_{4z}^{+}\sigma_1$ heißt

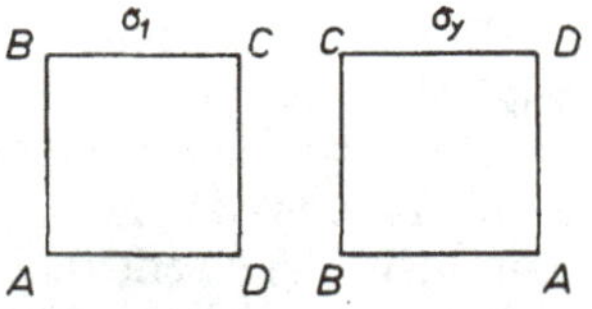

Abb. 4. Illustration der Multiplikation von Symmetrieoperationen $C_{4z}^{+}\sigma_1 = \sigma_y$

das *Produkt* von C_{4z}^{+} und σ_1. Da es acht solche Operationen gibt und da jede davon mit jeder der acht (einschließlich sich selbst) multipliziert werden kann, führt der beste Weg zur Übersicht über all diese Produkte über die Aufstellung einer sogenannten *Gruppenmultiplikationstafel*. Diese ist in Tabelle 1 angegeben. Man verifiziert sie leicht unter Zuhilfenahme von Skizzen wie etwa in Abb. 4. Man beachte, daß das Quadrat sich bewegt, daß jedoch die Symmetrieelemente, die Symmetrieachsen und Symmetrieebenen im Raum fest

Tabelle 1

E	C_{4z}^{+}	C_{2z}	C_{4z}^{-}	σ_x	σ_y	σ_1	σ_2
C_{4z}^{+}	C_{2z}	C_{4z}^{-}	E	σ_1	σ_2	σ_y	σ_x
C_{2z}	C_{4z}^{-}	E	C_{4z}^{+}	σ_y	σ_x	σ_2	σ_1
C_{4z}^{-}	E	C_{4z}^{+}	C_{2z}	σ_2	σ_1	σ_x	σ_y
σ_x	σ_2	σ_y	σ_1	E	C_{2z}	C_{4z}^{-}	C_{4z}^{+}
σ_y	σ_1	σ_x	σ_2	C_{2z}	E	C_{4z}^{+}	C_{4z}^{-}
σ_1	σ_x	σ_2	σ_y	C_{4z}^{+}	C_{4z}^{-}	E	C_{2z}
σ_2	σ_y	σ_1	σ_x	C_{4z}^{-}	C_{4z}^{+}	C_{2z}	E

verankert sind. In Tabelle 1 ist jede gegebene Eintragung das Produkt aus der Symmetrieoperation am Beginn ihrer Reihe und der Symmetrieoperation am Kopf ihrer Spalte, wobei die Operation am Kopf der Spalte zuerst auszuführen ist. Zweierlei sollte an dieser Stelle über die Gruppenmultiplikationstafel gesagt werden: Erstens erscheint jedes Symmetrieelement einmal und nur einmal in jeder Reihe und Spalte, und zweitens ist die Multiplikation nicht immer kommutativ. Zum Beispiel ergibt sich aus der Tabelle $C_{4z}^{+}\sigma_x = \sigma_1$, andererseits jedoch $\sigma_x C_{4z}^{+} = \sigma_2$, und daher ist $C_{4z}^{+}\sigma_x \neq \sigma_x C_{4z}^{+}$. Nur in gewissen speziellen Gruppen ist die Multiplikation kommutativ.

1.2. Definition einer Gruppe

Mit diesem Beispiel versehen gehen wir nun an die mathematische Definition einer Gruppe von Operationen.

Eine Gruppe ist eine Menge von Operationen (wie etwa E, C_{4z}^{+}, C_{2z}, usw.), für die auf irgendeine Art eine Multiplikation so definiert ist, daß die folgenden Bedingungen erfüllt sind:

1. Das Produkt zweier beliebiger Elemente der Gruppe ist wieder ein Element der Gruppe.

2. Eine der Operationen der Gruppe muß die identische Operation sein, die wir mit E bezeichnen, so daß für alle Operationen R der Gruppe gilt

$$ER = RE = R.$$

3. Zu jedem Element R der Gruppe muß es ein Element der Gruppe geben, das wir als inverses von R, nämlich R^{-1}, bezeichnen, wobei gilt

$$R^{-1}R = E = RR^{-1}.$$

4. Die Multiplikation muß assoziativ sein, d. h., es muß gelten

$$(PQ)R = P(QR),$$

wobei P, Q und R Elemente der Gruppe sind. Die Produkte schreibt man daher einfach als PQR, und diese Schreibweise ist eindeutig.

Es ist leicht zu zeigen, daß für das Beispiel der Gruppe von Symmetrieoperationen am Quadrat diese Bedingungen erfüllt sind. Die Forderung (1), die *Hülleneigenschaft*, läßt sich durch Betrachten der Tabelle 1 nachweisen. Aus der ersten Zeile und der ersten Spalte der Tabelle 1 folgt auch, daß die Forderung (2) erfüllt ist. Auch die Forderung (3) ist erfüllt, wobei es oft zutrifft, daß ein Element sein eigenes inverses ist, z. B. $(\sigma_1)^{-1} = \sigma_1$, jedoch ist das nicht immer der Fall. Zum Beispiel ist das inverse von C_{4z}^+ die Operation C_{4z}^-, und das inverse von C_{4z}^- ist C_{4z}^+. Auch die Forderung (4) kann man mit Hilfe der Gruppenmultiplikationstafel untersuchen, z. B. gilt

$$\sigma_2(C_{4z}^+\sigma_1) = \sigma_2\sigma_y = C_{4z}^+,$$

und

$$(\sigma_2 C_{4z}^+)\sigma_1 = \sigma_y\sigma_1 = C_{4z}^+,$$

so daß wenigstens in diesem Fall die Forderung (4) erfüllt ist.

Manchmal ist es bequem, die Elemente einer Gruppe nicht als unabhängige Größen aufzufassen, sondern sie sich aus den Elementen eines *erzeugenden Systems* der Gruppe aufgebaut zu denken. Anstatt daher C_{4z}^+, C_{2z} und C_{4z}^- als unabhängige Größen zu betrachten, können wir sie als C_{4z}^+, $(C_{4z}^+)^2$ und $(C_{4z}^+)^3$ auffassen, und ebenso σ_x, σ_y, σ_1 und σ_2 als σ_x, $(C_{4z}^+)^2\sigma_x$, $C_{4z}^+\sigma_x$ bzw. $(C_{4z}^+)^3\sigma_x$. E kann man sowohl durch $(C_{4z}^+)^4$ als auch durch $(\sigma_x)^2$ darstellen. Man sieht also, daß alle acht Elemente der Gruppe der symmetrischen Operationen am Quadrat in Spalte A der Tabelle 2 durch die Elemente C_{4z}^+ und σ_x ausgedrückt werden können, was in Spalte B der Tabelle 2 getan wurde. Von diesen zwei Elementen kann man sagen, daß sie ein erzeugendes System für die Gruppe bilden. Natürlich ist es möglich, für eine Gruppe verschiedene erzeugende Systeme zu wählen.

Tabelle 2

A	B	A	B
E	E	σ_x	σ_x
C_{4z}^+	C_{4z}^+	σ_y	$(C_{4z}^+)^2\sigma_x$
C_{2z}	$(C_{4z}^+)^2$	σ_1	$C_{4z}^+\sigma_x$
C_{4z}^-	$(C_{4z}^+)^3$	σ_2	$(C_{4z}^+)^3\sigma_x$

1.3. Symmetrie in der Natur

Nachdem wir den Begriff einer Gruppe eingeführt haben, wollen wir im nächsten Kapitel die Theorie der Gruppen entwickeln.

Die Anwendungen der Gruppentheorie gehören nicht ausschließlich zur „modernen" (Quanten-) Physik oder ausschließlich zur „klassischen" Physik. Beginnen wir mit der Untersuchung der Symmetrie von Kristallen, so gibt es nur eine endliche Zahl von verschiedenen Typen von Symmetrieoperationen, die auftreten können. Durch deren Auswahl und Kombination ist es nur möglich, eine endliche Anzahl von verschiedenen Gruppen zu bilden. Diese Gruppen wollen wir in Kapitel III und Kapitel IV betrachten. Die Anzahl der Elemente einer Gruppe nennt man die *Ordnung* der Gruppe. Die Gruppe der Symmetrieoperationen am Quadrat besitzt daher die Ordnung 8. Es besteht jedoch kein Grund, weshalb in einer Gruppe nur eine endliche Zahl von Elementen zugelassen sein sollten. Tatsächlich gibt es auch Gruppen mit unendlicher Ordnung. Ein Beispiel dafür ist die

Gruppe aller möglichen Drehungen des Kreises in Abb. 5 um eine Achse durch O senkrecht zur Zeichenebene. Der Kreis kann um jeden beliebigen Winkel θ gedreht werden, wobei jede Drehung eine Symmetrieoperation am Kreis darstellt. Diese Symmetrieoperationen bilden daher eine Gruppe von unendlicher Ordnung. Einige Gruppen von

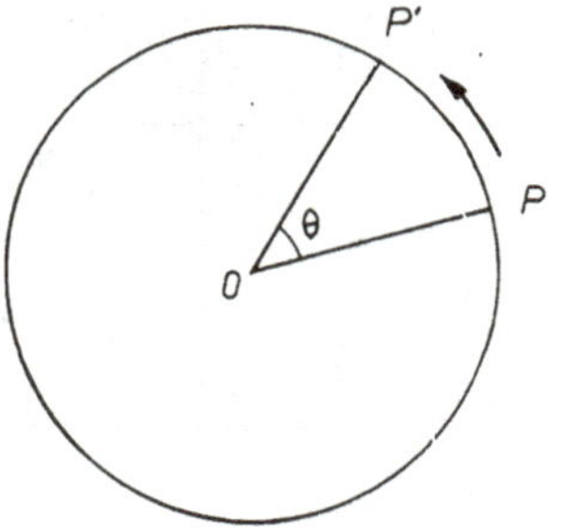

Abb. 5

unendlicher Ordnung wollen wir in Kapitel IV betrachten. Die restlichen Kapitel V, VI, VII und VIII befassen sich mit dem Studium einiger Anwendungen der Gruppentheorie.

Die systematische Untersuchung von Symmetrien scheint mit der Arbeit von HAÜY (1815) begonnen zu haben, der als erster die Vermutung aussprach, daß ein Kristall aus einer großen Zahl von identischen Einheiten aufgebaut ist, und der diese Vermutung im wesentlichen begründete. Man behauptet, daß er durch ein zufälliges Ereignis zu diesem Schluß gekommen sei, als er nämlich einen Kalzitkristall fallen ließ und die ähnliche und regelmäßige Struktur der einzelnen Bruchstücke beobachtete, was ihn in der Folge zu einem genaueren Studium des Verhaltens von Kalzitkristallen bei ihrer Spaltung bewog.

Übungen

1. Man konstruiere die Gruppenmultiplikationstafel für die Symmetrieoperationen an einem gleichseitigen Dreieck.

2. Man zähle die Symmetrieoperationen an einem Würfel auf und zeige, daß diese auch am rhombischen Dodekaeder auftreten (Abb. 6). Das rhombische Dodekaeder besitzt zwölf Seiten. Jede davon stellt einen Rhombus dar, der auf zwei der Koordinatenachsen gleiche Teile abschneidet, der zur dritten Achse parallel ist und ungefähr die Winkel 109 1/2° und 70 1/2° besitzt.

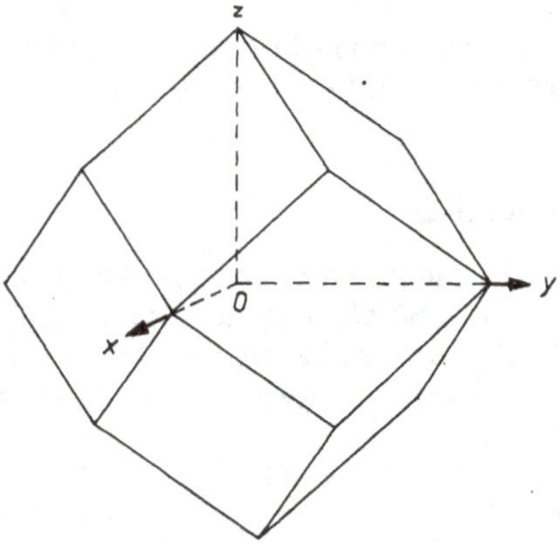

Abb. 6. Das rhombische Dodekaeder

3. Aus den achtundvierzig in Übung 2 gefundenen Elementen wähle man eine Menge von sechs Elementen aus, die selbst eine Gruppe bilden. Daneben gebe man eine Menge von acht Elementen und eine Menge von zwölf Elementen an, die ebenfalls eine Gruppe darstellen.

4. Unter Verwendung der in Abschnitt 1.2 gegebenen Definition einer Gruppe beweise man, daß jedes Gruppenelement in jeder Zeile und in jeder Spalte der Gruppenmultiplikationstafel einmal und nur einmal erscheint.

KAPITEL II

Gruppentheorie

Die Definition einer Gruppe ist in Abschnitt 1.2. des letzten Kapitels gegeben worden. In diesem Kapitel betrachten wir nun die Theorie, welche die Basis für die folgenden Kapitel bildet. Wo mathematische Beweise ausgelassen wurden, verweisen wir auf die entsprechende Literatur. Ein weiterer elementarer Beitrag zur Theorie ist in Margenau und Murphy (1956), Kapitel 15, gegeben.

2.1. Weitere Definitionen

Die Anzahl der Elemente einer Gruppe nennt man die *Ordnung* der Gruppe. Die Gruppe der Symmetrieoperationen am Quadrat ist daher eine Gruppe der Ordnung 8. Das Wort Ordnung kann sich auch auf ein Element beziehen. Man sagt, die *Ordnung des Elementes R* sei n, wenn n die kleinste positive ganze Zahl ist, für die gilt $R^n = E$. Im Falle der Gruppe der Symmetrieoperationen am Quadrat sind die Rotationen um 90°, nämlich C_{4z}^+ und C_{4z}^-, Elemente der Ordnung 4. $\left((C_{4z}^+)^4 = (C_{2z})^2 = E\right)$. Die anderen Elemente, ausgenommen E, besitzen die Ordnung 2. Dies läßt sich leicht aus der Multiplikationstafel in Tabelle 1 ersehen. Die Ordnung von Gruppen kann endlich oder unendlich sein. Die positiven und negativen ganzen Zahlen zum Beispiel bilden eine Gruppe, wenn man als „Gruppenmultiplikation" die gewöhnliche algebraische Addition von zwei Zahlen nimmt. Die Gruppenmultiplikationstafel wird in diesem Fall ein unendlich langes Quadrat von Zahlen. Ein Teil davon ist in Tabelle 3 dargestellt, wobei zum Beispiel das „Produkt" von -2 und $+3$ gleich $+1$ ist. Als Identität dient die Null, das Inverse eines Elementes ist gerade das (-1)-fache des Elements selbst (z. B. ist das Inverse von $+3$ gleich -3). Das Assoziativgesetz ist dasselbe wie das Assoziativgesetz für die Addition. Dies ist offensichtlich ein Beispiel für eine Gruppe unendlicher Ordnung. Eine andere Gruppe von unendlicher Ordnung wurde in Kapitel I erwähnt. Es handelte sich um die Gruppe aller möglichen Rotationen eines Kreises um eine Achse durch seinen Mittelpunkt und senkrecht zur Ebene des Kreises.

Tabelle 3

.	.	.	−3	−2	−1	0	1	2	3	.	.
.	.	.	.	.	.	.	.	.	.	.	.
3	.	.	0	1	2	3	4	5	6	.	.
2	.	.	−1	0	1	2	3	4	5	.	.
1	.	.	−2	−1	0	1	2	3	4	.	.
0	.	.	−3	−2	−1	0	1	2	3	.	.
−1	.	.	−4	−3	−2	−1	0	1	2	.	.
−2	.	.	−5	−4	−3	−2	−1	0	1	.	.
−3	.	.	−6	−5	−4	−3	−2	−1	0	.	.
.	.	.	.	.	.	.	.	.	.	.	.

Am Ende von Abschnitt 1.1 zeigten wir, daß die Gruppenmultiplikation nicht notwendig kommutativ sein muß. Im Falle des Quadrates war $C_{4z}^{+}\sigma_x = \sigma_1$, aber $\sigma_x C_{4z}^{+} = \sigma_2$. In einigen Gruppen ist jedoch die Multiplikation aller Elementenpaare kommutativ, d. h. $PQ = QP$ für alle P und Q in der Gruppe. Solche Gruppen nennt man Abelsche *Gruppen*. Ein Beispiel für eine Abelsche Gruppe ist die aus den Elementen E, C_{4z}^{+}, C_{2z} und C_{4z}^{-} bestehende Gruppe. Die Eigenschaft der Kommutativität ihrer Multiplikation läßt sich leicht an Hand der Gruppenmultiplikationstafel nachweisen, die in Tabelle 4 dargestellt ist.

Tabelle 4

E	C_{4z}^{+}	C_{2z}	C_{4z}^{-}
C_{4z}^{+}	C_{2z}	C_{4z}^{-}	E
C_{2z}	C_{4z}^{-}	E	C_{4z}^{+}
C_{4z}^{-}	E	C_{4z}^{+}	C_{2z}

2.2. *Untergruppen*

Manche Gruppen enthalten in sich andere, kleinere Gruppen. Diese nennt man dann *Untergruppen*. Eine Untergruppe ist eine Menge von Elementen innerhalb einer Gruppe, die selbst wieder die für eine Gruppe notwendigen Forderungen (1)—(4) erfüllt. Im Beispiel der Gruppe von Symmetrieoperationen am Quadrat gibt es mehrere Untergruppen. Zum Beispiel bilden die vier Elemente E, C_{4z}^{+}, C_{2z} und C_{4z}^{-} selbst eine Gruppe. Aus Tabelle 4 ersieht man, daß die Forderungen (1), die Abgeschlossenheit der Gruppe, und (4), die Existenz eines inversen Elementes, erfüllt sind. Jede Untergruppe enthält die Identität, und da das Assoziativgesetz für die gesamte Gruppe gilt, so gilt es natürlich um so mehr für die Untergruppe. Aus dieser Illustration erkennen wir, daß diese vier Elemente selbst alle für eine Gruppe geforderten Eigenschaften besitzen. Man kann aus dieser Gruppe noch viele andere Untergruppen herausgreifen, z. B. eine weitere Untergruppe der Ordnung 4, bestehend aus den Elementen E, C_{2z}, σ_x und σ_y, oder E, C_{2z}, σ_1 und σ_2, ebenso zahlreiche Untergruppen der Ordnung 2, bestehend aus E und C_{2z}, E und σ_x, E und σ_y, E und σ_1 oder E und σ_2.

Das Verhältnis der Ordnung einer Gruppe zur Ordnung einer ihrer Untergruppen muß eine positive ganze Zahl sein, die gewöhnlich klein ist. In den von uns zur Illustration des Begriffs einer Untergruppe benutzten Fällen war dieses Verhältnis 4 oder 2. Dieses Verhältnis nennt man den *Index* der in Frage stehenden Untergruppe.

2.3. *Klassen*

Jede Gruppe kann in Klassen unterteilt werden. In den nächsten Abschnitten werden wir sehen, wie diese auftreten, und wie deren Eigenschaften sie so nützlich erscheinen lassen. In abstrakter Vorgangsweise denke man sich ein Element R der Gruppe herausgegriffen.

X sei ein weiteres Element der Gruppe, und wir untersuchen das Produkt $X^{-1}RX$, das natürlich notwendig wieder ein Element der Gruppe darstellt, und das man als zu R *konjugiert* bezeichnet. Bilden wir nun unter Festhaltung des Elements R alle Produkte der Form $X^{-1}RX$, wobei X der Reihe nach alle Elemente der Gruppe durchlaufen soll, so werden diese Produkte im allgemeinen nicht alle Elemente der Gruppe umfassen, sondern eine Teilmenge von Elementen darstellen, die man als *Klasse der Konjugierten* oder kurz als *Klasse* bezeichnet. Eine Illustration an Hand der Gruppe der Symmetrieoperationen am Quadrat soll dieses Konzept klarstellen. Nehmen wir für R das Element C_{4z}^+ und verwenden wir die Gruppenmultiplikationstafel in Tabelle 1. Wir können dann $X^{-1}RX$ für alle acht möglichen Elemente anschreiben. In der Tabelle 5 sind diese Produkte in der Form $X^{-1}(RX)$

Tabelle 5

X	$X^{-1}RX$				
E	EC_{4z}^+E	$=$	EC_{4z}^+	$=$	C_{4z}^+
C_{4z}^+	$C_{4z}^-C_{4z}^+C_{4z}^+$	$=$	$C_{4z}^-C_{2z}$	$=$	C_{4z}^+
C_{2z}	$C_{2z}C_{4z}^+C_{2z}$	$=$	$C_{2z}C_{4z}^-$	$=$	C_{4z}^+
C_{4z}^-	$C_{4z}^+C_{4z}^+C_{4z}^-$	$=$	C_{4z}^+E	$=$	C_{4z}^+
σ_x	$\sigma_x C_{4z}^+ \sigma_x$	$=$	$\sigma_x\sigma_1$	$=$	C_{4z}^-
σ_y	$\sigma_y C_{4z}^+ \sigma_y$	$=$	$\sigma_y\sigma_2$	$=$	C_{4z}^-
σ_1	$\sigma_1 C_{4z}^+ \sigma_1$	$=$	$\sigma_1\sigma_y$	$=$	C_{4z}^-
σ_2	$\sigma_2 C_{4z}^+ \sigma_2$	$=$	$\sigma_2\sigma_x$	$=$	C_{4z}^-

angegeben. Man verifiziert leicht, daß diese sich von den Ausdrücken $(X^{-1}R)X$, wie es natürlich der Fall sein soll, nicht unterscheiden. Die mit Hilfe von $R = C_{4z}^+$ abgeleitete Klasse enthält daher nur die beiden Elemente C_{4z}^+ und C_{4z}^-. In Tabelle 6 sind die Produkte $X^{-1}RX$ angegeben, wieder unter Verwendung von Tabelle 1, wobei X aus der linken Spalte und R aus der obersten Zeile zu entnehmen ist. An Hand der Tabelle 6 erkennt man leicht, daß die Gruppe der Symmetrieoperationen am Quadrat in die folgenden fünf Klassen zerfällt:

C_1	C_2	C_3	C_4	C_5
E	C_{2z}	C_{4z}^+, C_{4z}^-	σ_x, σ_y	σ_1, σ_2

wobei C_1, C_2, usw. nur Namen zur Bezeichnung der Klassen darstellen.

Tabelle 6

	E	C_{4z}^+	C_{2z}	C_{4z}^-	σ_x	σ_y	σ_1	σ_2
E	E	C_{4z}^+	C_{2z}	C_{4z}^-	σ_x	σ_y	σ_1	σ_2
C_{4z}^+	E	C_{4z}^+	C_{2z}	C_{4z}^-	σ_y	σ_x	σ_2	σ_1
C_{2z}	E	C_{4z}^+	C_{2z}	C_{4z}^-	σ_x	σ_y	σ_1	σ_2
C_{4z}^-	E	C_{4z}^+	C_{2z}	C_{4z}^-	σ_y	σ_x	σ_2	σ_1
σ_x	E	C_{4z}^-	C_{2z}	C_{4z}^+	σ_x	σ_y	σ_2	σ_1
σ_y	E	C_{4z}^-	C_{2z}	C_{4z}^+	σ_x	σ_y	σ_2	σ_1
σ_1	E	C_{4z}^-	C_{2z}	C_{4z}^+	σ_y	σ_x	σ_1	σ_2
σ_2	E	C_{4z}^-	C_{2z}	C_{4z}^+	σ_y	σ_x	σ_1	σ_2

Klassen besitzen einige spezielle Eigenschaften, die wir hier nicht in allgemeiner Form beweisen wollen, die wir jedoch durch Weiterführung der Betrachtung dieses Beispiels illustrieren wollen. Nehmen wir alle Elemente einer Klasse und bilden wir die Konjugierten dazu, d. h., bilden wir für ein festes X die Ausdrücke $X^{-1}RX$, so erhalten wir als Ergebnis gerade wieder die Elemente der Klasse, möglicherweise vielleicht in einer anderen Reihenfolge. Nehmen wir zum Beispiel die aus C_{4z}^+ und C_{4z}^- bestehende Klasse und bilden wir mit σ_x als X die Konjugierten, so erhalten wir $(\sigma_x)^{-1}C_{4z}^+\sigma_x$ und $(\sigma_x)^{-1}C_{4z}^-\sigma_x$, also C_{4z}^- und C_{4z}^+, und dies ist im allgemeinen der Fall. Man erkennt in diesem Beispiel, daß bei Klassen, die mehr als ein Element enthalten, alle Elemente von derselben Ordnung sind. In der Klasse mit den Elementen C_{4z}^+ und C_{4z}^- haben beide die Ordnung 4. In der aus σ_1 und σ_2 bestehenden Klasse haben beide Elemente die Ordnung 2. Dies ist eine Eigenschaft, die stets alle Elemente einer Klasse besitzen. Wenn ein Element mit allen Elementen der Gruppe vertauschbar ist, so muß dieses Element selbst eine Klasse bilden (dies zeigt man leicht durch $X^{-1}RX = X^{-1}XR$ (da X und R vertauschbar sind) $= ER = R$). Auch sehen wir, daß die Elemente E und C_{2z}, die beide eine Klasse für sich allein bilden, mit jedem anderen Element vertauschbar sind. Für E ist das eine triviale Aussage. Im Falle von C_{2z} gilt zum Beispiel $C_{2z}\sigma_1 = \sigma_1 C_{2z} = \sigma_2$, $C_{2z}\sigma_x = \sigma_x C_{2z} = \sigma_y$. Daraus folgt, daß in einer Abelschen Gruppe, wo jedes Element mit jedem vertauschbar ist, jedes Element auch eine Klasse für sich darstellt. Wenn man bei gegebenem R alle Produkte $X^{-1}RX$ bildet, wobei X der Reihe nach alle Elemente der Gruppe durchläuft (z. B. die Elemente einer vollständigen Spalte in Tabelle 6), dann erhält man die Klasse, die R ganzzahlig oft enthält. Im Falle von C_{4z}^+ erhält man viermal C_{4z}^+ und viermal C_{4z}^-, d. h., die Klasse C_{4z}^+, C_{4z}^- tritt ganzzahlig oft auf. Die Zahl der Elemente einer Klasse ist daher gleich dem Quotienten aus der Ordnung der Gruppe und einer gewissen ganzen Zahl, in diesem Fall der Zahl 4. Die Anzahl der Elemente einer Klasse nennt man die *Ordnung* der Klasse. Wir haben diese Eigenschaft nur an Hand einer ganz speziellen Klasse illustriert, sie gilt jedoch allgemein.

Schließlich liegt eine Eigenschaft, die wir in Kürze bei der Ableitung von Spurtafeln als sehr nützlich finden werden, in der Tatsache, daß man durch Multiplikation zweier Klassen gerade eine Summe von Klassen erhält. Betrachten wir nochmals die Gruppe am Quadrat. Wenn wir die Klasse C_{4z}^+, C_{4z}^- mit der Klasse σ_x, σ_y multiplizieren, so erhält man unter Verwendung der Tabelle 1 laut Tabelle 7(a) gerade die Elemente der Klasse σ_1, σ_2 zweimal. Wir beschreiben dies symbolisch durch $C_3 \cdot C_4 =$

Tabelle 7

a

	σ_x	σ_y
C_{4z}^+	σ_1	σ_2
C_{4z}^-	σ_2	σ_1

b

	σ_1	σ_2
σ_1	E	C_{2z}
σ_2	C_{2z}	E

$= 2C_5$. Tabelle 7(a) ist dadurch erklärt. Der Faktor „2" ist ein Beispiel für einen *Klassenmultiplikationskoeffizienten.* Im allgemeinen erhält man bei der Multiplikation zweier Klassen mehr als eine Klasse auf der rechten Seite der Gleichung, z. B. gilt auf Grund von Tabelle 7(b)

$$C_5 \cdot C_6 = 2C_1 + 2C_2.$$

Im allgemeinen besteht das Ergebnis der Multiplikation zweier Klassen C_i und C_j aus einer Summe von mehreren Klassen C_s

$$C_i \cdot C_j = \sum_s c_{ij,s} C_s,$$

wobei die $c_{ij,s}$ als *Koeffizienten der Klassenmultiplikation* bezeichnet werden.

Nachdem wir nun den Begriff der konjugierten Elemente einer Gruppe und den Begriff der Klasse betrachtet haben, sollten wir der Vollständigkeit halber nun noch sagen, was man unter einem *Normalteiler* versteht. Wenn eine Gruppe eine Untergruppe besitzt, die Normalteiler ist, so heißt das, daß diese Untergruppe aus vollständigen Klassen der ursprünglichen Gruppe zusammengesetzt ist. Mit anderen Worten, wenn R ein Element des Normalteilers ist, so auch $X^{-1}RX$, wobei X ein beliebiges Element der Gruppe ist. Andere Namen für Normalteiler sind *invariante Untergruppe* oder *selbstkonjugierte Untergruppe.* Diese erklären besser die Bedeutung eines Normalteilers. Wenn wir uns nochmals auf die Gruppe am Quadrat beziehen, so können wir feststellen, daß einige der früher herausgegriffenen Untergruppen Normalteiler sind, andere nicht. Unter Bezugnahme auf Tabelle 6 sieht man, daß die Untergruppen E, C_{2z}; $E, C_{4z}^+, C_{2z}, C_{4z}^-$; $E, C_{2z}, \sigma_x, \sigma_y$ und $E, C_{2z}, \sigma_1, \sigma_2$ alle invariant bezüglich einer Konjugation mit beliebigen Elementen der gesamten Gruppe sind. Diese sind daher Normalteiler. Andererseits sind die Untergruppen E, σ_x; E, σ_y; E, σ_1; E, σ_2 nicht invariant bezüglich Konjugation. Betrachten wir zum Beispiel E, σ_x und verwenden wir C_{4z}^- als X, so erhalten wir $C_{4z}^+ \sigma_x C_{4z}^- = \sigma_y$, also ein Element, das nicht der Untergruppe angehört, so daß diese keinen Normalteiler darstellt.

2.4. Matrizen

Wir setzen vom Leser voraus, daß er den Begriff der Matrix bereits kennt. Für eine Revision seiner Kenntnisse ist irgendein Standardwerk geeignet, z. B. HEADING (1958). Wir erwähnen nur zwei spezielle Arten von Matrizen, die für unsere Zwecke wichtig sind. Die erste ist die *orthogonale Matrix*, das heißt eine Matrix, deren inverse mit der transponierten zusammenfällt. Die Transponierte einer Matrix erhält man, wenn man die Matrix an der Hauptdiagonale spiegelt, z. B. ist die transponierte von

$$\begin{pmatrix} a & b \\ c & d \end{pmatrix} \quad \text{die Matrix} \quad \begin{pmatrix} a & c \\ b & d \end{pmatrix}.$$

Die Ausdehnung des Begriffes auf Matrizen höherer Dimensionen liegt auf der Hand. Die zweite Art bilden die *unitären* Matrizen. Dabei handelt es sich um Matrizen, deren inverse gleich der konjugiert komplexen der transponierten sind. Wenn $\boldsymbol{M}$ eine orthogonale Matrix ist, so nennt man das Matrixprodukt $\boldsymbol{M}^{-1}\boldsymbol{A}\boldsymbol{M}$ eine *orthogonale Transformation* von $\boldsymbol{A}$. Wenn $\boldsymbol{M}$ unitär ist, so heißt $\boldsymbol{M}^{-1}\boldsymbol{A}\boldsymbol{M}$ eine *unitäre Transformation* von $\boldsymbol{A}$.

2.5. Matrizen und die Symmetrieoperationen am Quadrat

Man kann sich leicht vorstellen, daß es durch Zuordnung numerischer Werte an die Elemente einer Matrix möglich sein müßte, eine Menge von Matrizen zu finden, die als die Elemente einer Gruppe genommen werden könnten. Spezieller noch müßte es möglich sein, eine Gruppe von Matrizen zu finden, welche dieselbe Multiplikationstafel besitzt wie eine vorgegebene Gruppe, etwa die, deren Multiplikationstafel zum Beispiel durch Tabelle 1 gegeben ist. Die Gruppe von Matrizen nennt man in einem solchen Falle eine *Darstellung* oder eine *Matrixdarstellung* der Gruppe.

Eine Matrix läßt sich als Operator auffassen, der einen Punkt (oder Vektor) in einen anderen Punkt (oder Vektor) überführt. Der Effekt der Matrix $\begin{pmatrix} a & b \\ c & d \end{pmatrix}$ auf den Vektor in Abb. 7 könnte also solcher Art sein, daß dieser in den

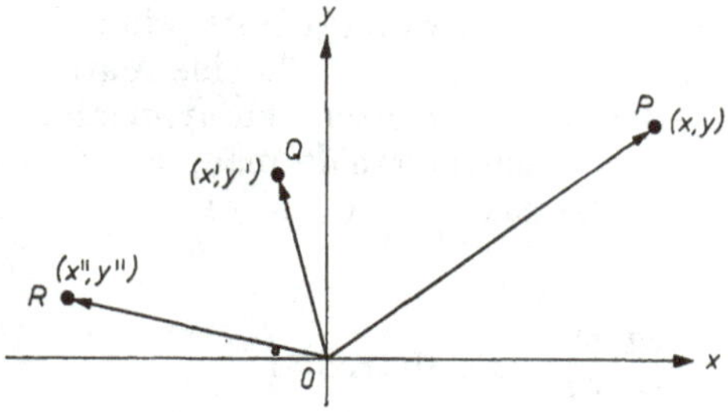

Abb. 7.

Vektor $\boldsymbol{OQ}$ übergeht. Man kann eine Matrix angeben, welche einer Drehung des Vektors $\boldsymbol{OP}$ um $+90°$ um O entspricht (d. h. der Operation C_{4z}^+). $\boldsymbol{OP}$ geht dabei in $\boldsymbol{OP'}$ über, siehe Abb. 8. Mit $P' = (x', y')$ erhält man

$$x' = 0 \cdot x - 1 \cdot y$$

$$y' = 1 \cdot x + 0 \cdot y,$$

oder

$$\begin{pmatrix} x' \\ y' \end{pmatrix} = \begin{pmatrix} 0 & -1 \\ 1 & 0 \end{pmatrix} \begin{pmatrix} x \\ y \end{pmatrix}.$$

Man kann also sagen, die Matrix $\begin{pmatrix} 0 & -1 \\ 1 & 0 \end{pmatrix}$ „repräsentiere“ das Element C_{4z}^{+} der Gruppe am Quadrat. In Abb. 8 sind alle Positionen angegeben, in die der Punkt

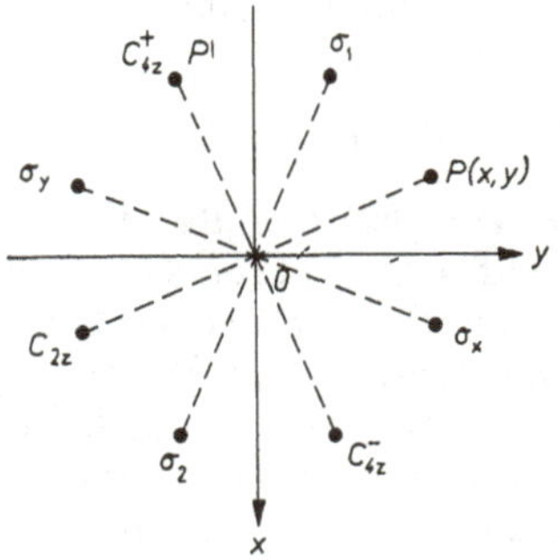

Abb. 8. Die Wirkung der Symmetrieoperationen am Quadrat auf den Punkt $P(x, y)$

$P(x, y)$ durch die einzelnen Operationen C_{4z}^{+}, C_{4z}^{-}, C_{2z}, σ_x, σ_y, σ_1 und σ_2 übergeführt wird. An Hand der Abbildung leitet man leicht die Matrizen ab, welche diesen Elementen entsprechen. Es sind dies:

$$\underset{E}{\begin{pmatrix} 1 & 0 \\ 0 & 1 \end{pmatrix}} \quad \underset{C_{4z}^{+}}{\begin{pmatrix} 0 & -1 \\ 1 & 0 \end{pmatrix}} \quad \underset{C_{2z}}{\begin{pmatrix} -1 & 0 \\ 0 & -1 \end{pmatrix}} \quad \underset{C_{4z}^{-}}{\begin{pmatrix} 0 & 1 \\ -1 & 0 \end{pmatrix}} \quad \underset{\sigma_x}{\begin{pmatrix} -1 & 0 \\ 0 & 1 \end{pmatrix}} \quad \underset{\sigma_y}{\begin{pmatrix} 1 & 0 \\ 0 & -1 \end{pmatrix}}$$

$$\underset{\sigma_1}{\begin{pmatrix} 0 & -1 \\ -1 & 0 \end{pmatrix}} \quad \underset{\sigma_2}{\begin{pmatrix} 0 & 1 \\ 1 & 0 \end{pmatrix}}.$$

Man zeigt leicht, daß diese Matrizen die Forderungen

aus Abschnitt 1.2 erfüllen und daher eine Gruppe bilden, die sich als dieselbe herausstellt wie die, deren Multiplikationstafel in Tabelle 1 gegeben ist. Aus Tabelle 1 folgt zum Beispiel $C_{4z}^{+}\sigma_y = \sigma_2$, während für die gerade angegebenen Matrizen gilt

$$\begin{pmatrix} 0 & -1 \\ 1 & 0 \end{pmatrix} \begin{pmatrix} 1 & 0 \\ 0 & -1 \end{pmatrix} = \begin{pmatrix} 0 & 1 \\ 1 & 0 \end{pmatrix},$$

wodurch sich also die Matrix von σ_2 ergibt.

2.6. Matrixdarstellung einer Gruppe

Wir haben gerade gesehen, daß es unter Verwendung von Matrizen, welche auf den Vektor (x, y) dieselbe Wirkung ausüben wie die Symmetrieoperationen am Quadrat, möglich ist, eine Gruppe von Matrizen zu erzeugen, welche dieselbe Multiplikationstafel besitzt wie die Gruppe der Symmetrieoperationen. Wenn zwei Gruppen bis auf die Bezeichnung ihrer Elemente gleich sind, so sagt man, sie seien zueinander isomorph und es gebe einen Isomorphismus zwischen den zwei Gruppen. Das heißt, wenn man jedes Element der einen Gruppe in deren Multiplikationstafel durch das entsprechende Element der zweiten Gruppe ersetzt, so erhält man die Multiplikationstafel der zweiten Gruppe. Wir illustrieren diesen Gedankengang, indem wir die folgenden drei verschiedenen Gruppen der Ordnung 4 betrachten und zeigen, daß zwei davon isomorph sind, während die dritte eine verschiedene Gruppe darstellt. Es handelt sich um:

1. die aus E, C_{4z}^{+}, C_{2z} und C_{4z}^{-} bestehende Gruppe, deren Multiplikationstafel in Tabelle 4 gegeben und in Tabelle 8 reproduziert wurde;

2. eine weitere Untergruppe der Gruppe am Quadrat, bestehend aus den Elementen E, C_{2z}, σ_x und σ_y, deren Multiplikationstafel in Tabelle 9 gegeben ist, und

Tabelle 8

E	C_{4z}^{+}	C_{2z}	C_{4z}^{-}
C_{4z}^{+}	C_{2z}	C_{4z}^{-}	E
C_{2z}	C_{4z}^{-}	E	C_{4z}^{+}
C_{4z}^{-}	E	C_{4z}^{+}	C_{2z}

Tabelle 9

E	C_{2z}	σ_x	σ_y
C_{2z}	E	σ_y	σ_x
σ_x	σ_y	E	C_{2z}
σ_y	σ_x	C_{2z}	E

Tabelle 10

1	-1	i	$-i$
-1	1	$-i$	i
i	$-i$	-1	1
$-i$	i	1	-1

3. die Gruppe der Ordnung 4 mit den Elementen 1, i, -1 und $-i$, deren Gruppenmultiplikation durch die gewöhnliche algebraische Multiplikation definiert ist. Man erkennt leicht, daß Tabelle 10 die dazugehörige Gruppenmultiplikation darstellt. Die Gruppe (2) besitzt drei Elemente der Ordnung 2, während die Gruppen (1) und (3) nur ein Element der Ordnung 2 haben und dafür zwei Elemente der Ordnung 4. Es ist daher nicht möglich, daß die Gruppe (2) mit einer der Gruppen (1) oder (3) isomorph ist. Jedoch können (1) und (3) zueinander isomorph sein, und dies ist auch in der Tat der Fall. Durch die folgende Zuordnung:

Gruppe (1)	E	C_{4z}^{+}	C_{2z}	C_{4z}^{-}
Gruppe (3)	1	i	-1	$-i$,

können die zwei Gruppenmultiplikationstafeln in den Tabellen 8 und 10 durch einfache Umordnung ineinander übergeführt werden. Wir können die Tatsache des Vorhandenseins eines Isomorphismus auch so ausdrücken: Wenn $A, B, \ldots, X$ Elemente der einen Gruppe G sind und $A', B', \ldots, X'$ die Elemente einer zweiten Gruppe G' und wenn man φA als Vorschrift auffaßt, das Element rechts vom Operator φ durch das entsprechende Element in $\boldsymbol{G}'$ zu ersetzen, dann sind $\boldsymbol{G}$ und $\boldsymbol{G}'$ isomorph, wenn

$$(\varphi A)(\varphi B) = \varphi(AB),$$

was heißen soll, daß das Produkt der den Elementen A und B in der ersten Gruppe $\boldsymbol{G}$ entsprechenden Elemente der zweiten Gruppe $\boldsymbol{G}'$ dasselbe ist wie das AB entsprechende Element. Bei all dem, was bisher über den Isomorphismus zwischen zwei Gruppen gesagt wurde, war vorausgesetzt, daß die zwei betroffenen Gruppen dieselbe Ordnung besitzen, jedoch ist dies nicht notwendig für die Erfüllung der Bedingung $(\varphi A)(\varphi B) = \varphi(AB)$. Es ist leicht möglich, daß jeweils zwei Elemente der Gruppe $\boldsymbol{G}$ einem einzigen Element in $\boldsymbol{G}'$ entsprechen (wenn die Ordnung von $\boldsymbol{G}$ zweimal so groß ist wie die von $\boldsymbol{G}'$) und daß diese Gleichung immer noch erfüllt ist. In diesem Falle spricht man eher von einem *Homomorphismus* von $\boldsymbol{G}$ auf $\boldsymbol{G}'$ als von einem Isomorphismus zwischen den zwei Gruppen. Ein Beispiel ergibt sich mit Hilfe der Gruppe aus Tabelle 8 und der Gruppe der Ordnung 2 aus Tabelle 11, deren Elemente gerade die Zahlen 1 und −1 sind und deren Gruppenmultiplikationen durch die gewöhnliche algebraische Multiplikation definiert ist.

Tabelle 11

1	−1
−1	1

Die Korrespondenz zwischen den Elementen ist

$$E, \quad C_{2z}: \quad 1$$
$$C_{4z}^{+} \quad C_{4z}^{-}: \quad -1.$$

Man kann sehen, daß die Multiplikationsgleichung beim Übergang von der einen Gruppe zur anderen erhalten bleibt. Zum Beispiel gilt

$$C_{4z}^{+} C_{2z} = C_{4z}^{-},$$

und dementsprechend haben wir $\varphi(C_{4z}^{+}) = -1$, $\varphi(C_{2z}) = +1$, so daß $\varphi(C_{4z}^{+})\varphi(C_{2z}) = -1$, und dies ist gleich $\varphi(C_{4z}^{-})$, so daß wenigstens in diesem Fall die Multiplikationsbeziehung erhalten bleibt. Man kann leicht nachweisen, daß sie auch bei allen anderen 15 möglichen Multiplikationen erhalten bleibt. Die Bedeutung von all dem liegt darin, daß sehr oft verschiedene Gruppen, die in verschiedenen Situationen des täglichen Lebens auftreten und deren Elemente daher verschiedene physikalische Bedeutungen besitzen, in Wirklichkeit alle isomorph zu einer abstrakten Gruppe sind, deren Eigenschaften man ein für allemal analysieren kann. Wenn wir zweitens eine Gruppe $\boldsymbol{G}$ vorliegen haben, deren Elemente beliebiger Art sind, und eine Gruppe $\boldsymbol{G}'$ von Matrizen, sowie einen Homomorphismus von $\boldsymbol{G}$ auf $\boldsymbol{G}'$, dann sagt man von der Gruppe von Matrizen, sie bilde eine *Matrixdarstellung* für $\boldsymbol{G}$. Mathematisch ausgedrückt heißt das, wenn $\boldsymbol{D}(A)$ und $\boldsymbol{D}(B)$ die Matrizen sind, die A und B entsprechen (bzw. die A und B „darstellen"), und wenn $\boldsymbol{D}(AB)$ die Matrix ist, die dem Produkt AB entspricht (bzw. dieses „darstellt"), dann gilt

$$\boldsymbol{D}(A)\boldsymbol{D}(B) = \boldsymbol{D}(AB).$$

Die Gruppe der 2×2-Matrizen, die am Ende von Abschnitt 2.5 erzeugt wurden, bilden ein Beispiel für eine Matrixdarstellung der Gruppe am Quadrat. Dies ist die physikalisch sinnvollste Darstellung, da sie die Wirkung der Gruppenelemente, welche sie „darstellt", auf den Vektor (x, y) beschreibt. Sie ist jedoch nicht die einzige. In der Tat gibt es für eine gegebene Gruppe unendlich viele Matrixdarstellungen.

Eine besonders interessante Darstellung einer Gruppe erhält man, indem man die Gruppenmultiplikationstafel so umordnet, daß das Element E stets in der Diagonale vorkommt, und indem man hierauf ein gegebenes Element A überall in der Tafel durch 1, die anderen überall durch 0 ersetzt. Dies liefert eine Menge von quadratischen Matrizen, deren Dimension gleich der Ordnung der Gruppe ist. Man nennt dies die *reguläre Darstellung* der Gruppe. Unter Verwendung von Tabelle 1 zum Beispiel könnten wir die Gruppenmultiplikationstafel wie in Tabelle 12 umordnen.

Tabelle 12

E	C_{4z}^+	C_{2z}	C_{4z}^-	σ_x	σ_y	σ_1	σ_2
C_{4z}^-	E	C_{4z}^+	C_{2z}	σ_2	σ_1	σ_x	σ_y
C_{2z}	C_{4z}^-	E	C_{4z}^+	σ_y	σ_x	σ_2	σ_1
C_{4z}^+	C_{2z}	C_{4z}^-	E	σ_1	σ_2	σ_y	σ_x
σ_x	σ_2	σ_y	σ_1	E	C_{2z}	C_{4z}^-	C_{4z}^+
σ_y	σ_1	σ_x	σ_2	C_{2z}	E	C_{4z}^+	C_{4z}^-
σ_1	σ_x	σ_2	σ_y	C_{4z}^+	C_{4z}^-	E	C_{2z}
σ_2	σ_y	σ_1	σ_x	C_{4z}^-	C_{4z}^+	C_{2z}	E

In der regulären Darstellung lauten die Matrizen für E und C_{4z}^+ zum Beispiel:

$$\begin{pmatrix} 1&0&0&0&0&0&0&0\\ 0&1&0&0&0&0&0&0\\ 0&0&1&0&0&0&0&0\\ 0&0&0&1&0&0&0&0\\ 0&0&0&0&1&0&0&0\\ 0&0&0&0&0&1&0&0\\ 0&0&0&0&0&0&1&0\\ 0&0&0&0&0&0&0&1 \end{pmatrix} \quad \text{und} \quad \begin{pmatrix} 0&1&0&0&0&0&0&0\\ 0&0&1&0&0&0&0&0\\ 0&0&0&1&0&0&0&0\\ 1&0&0&0&0&0&0&0\\ 0&0&0&0&0&0&0&1\\ 0&0&0&0&0&0&1&0\\ 0&0&0&0&1&0&0&0\\ 0&0&0&0&0&1&0&0 \end{pmatrix}$$

Entsprechendes gilt für den Rest der Elemente. Obwohl diese Matrizen sehr groß sind, sind sie nicht die größten, die man verwenden könnte.

2.7. *Irreduzible (Matrix-) Darstellung einer Gruppe*

Wir haben gesagt, daß es unendlich viele Matrixdarstellungen für eine Gruppe gibt. Darunter befindet sich auch eine spezielle Menge von Darstellungen, die man *irreduzible Darstellungen* oder der Kürze halber *ird* nennt. Diese wollen wir nun untersuchen.

Wir nehmen an, wir hätten eine Gruppe von Matrizen, wie etwa am Ende von Abschnitt 2.5, die mit $\boldsymbol{A}$, $\boldsymbol{B}$, ..., $\boldsymbol{X}$ bezeichnet seien. Jede davon können wir einer gewissen unitären Transformation unterziehen. Dies bedeutet, daß die Matrizen durch $\boldsymbol{M}^{-1}\boldsymbol{A}\boldsymbol{M}, \boldsymbol{M}^{-1}\boldsymbol{B}\boldsymbol{M}$, ..., $\boldsymbol{M}^{-1}\boldsymbol{X}\boldsymbol{M}$ zu ersetzen sind, wobei $\boldsymbol{M}$ eine unitäre Matrix darstellt. Eine interessante Eigenschaft einer Transformation $\boldsymbol{M}^{-1}\boldsymbol{A}\boldsymbol{M}$ ist die, daß die *Spur* der Matrix, d. h. die Summe der Hauptdiagonalelemente, unverändert bleibt. Für die Matrix $\boldsymbol{A} = \begin{pmatrix} -1 & 0 \\ 0 & 1 \end{pmatrix}$ zum Beispiel, nämlich der Matrix von σ_x in Abschnitt 2.5, ist die Spur $-1 + 1 = 0$. Nehmen wir für $\boldsymbol{M}$ die Matrix $\frac{1}{\sqrt{2}}\begin{pmatrix} 1 & i \\ i & 1 \end{pmatrix}$, so gilt

$$\boldsymbol{M}^{-1}\boldsymbol{A}\boldsymbol{M} = \frac{1}{\sqrt{2}}\begin{pmatrix} 1 & -i \\ -i & 1 \end{pmatrix}\begin{pmatrix} -1 & 0 \\ 0 & 1 \end{pmatrix}\frac{1}{\sqrt{2}}\begin{pmatrix} 1 & i \\ i & 1 \end{pmatrix} = \begin{pmatrix} 0 & -i \\ i & 0 \end{pmatrix},$$

deren Spur gleichfalls verschwindet. Wenn es möglich ist, eine Gruppe von Matrizen durch Anwendung derselben unitären Transformation auf jedes ihrer Elemente so zu vereinfachen, daß diese alle auf dieselbe Blockdiagonalform reduziert werden, so heißt die ursprüngliche Matrixdarstellung *reduzibel*. Unter dem Ausdruck „dieselbe Blockdiagonalform“ verstehen wir, daß alle Elemente 0 sind, außer den Elementen einer Menge von Quadraten, deren Diagonalen mit der Hauptdiagonale der Matrix zusammenfallen, wie zum Beispiel in

$$\left(\begin{array}{ccc|cc|ccc} 1 & 3 & 2 & 0 & 0 & 0 & 0 & 0 \\ 2 & 1 & 4 & 0 & 0 & 0 & 0 & 0 \\ 1 & 3 & 4 & 0 & 0 & 0 & 0 & 0 \\ \hline 0 & 0 & 0 & 2 & 1 & 0 & 0 & 0 \\ 0 & 0 & 0 & 7 & 2 & 0 & 0 & 0 \\ \hline 0 & 0 & 0 & 0 & 0 & 1 & 7 & 2 \\ 0 & 0 & 0 & 0 & 0 & 2 & 4 & 3 \\ 0 & 0 & 0 & 0 & 0 & 1 & 3 & 1 \end{array}\right)$$

Bei der Reduktion einer Darstellung ist von Wichtigkeit, daß die Form aller Blockdiagonalmatrizen für alle Elemente der Gruppe dieselbe ist. In diesem Falle würde das heißen, daß zuerst eine 3×3-Matrix erscheint, dann eine 2×2-Matrix und schließlich wieder eine 3×3-Matrix. Der Grund für diesen anscheinend fremdartigen Prozeß ist der, daß wir durch Multiplikation zweier Blockdiagonalmatrizen $\boldsymbol{A}$ und $\boldsymbol{B}$ der eben angegebenen Form wieder eine Blockdiagonalmatrix derselben Form erhalten, wobei die 3×3-Matrix in der linken oberen Ecke der Produktmatrix gerade das Produkt der zwei entsprechenden 3×3-Matrizen in den linken oberen Ecken der Ausgangsmatrizen darstellt und in keiner Weise durch die übrigen Blöcke von $\boldsymbol{A}$ und $\boldsymbol{B}$ beeinflußt wird. Dies ist eine allgemeine Eigenschaft von Blockdiagonalmatrizen. Eine Folgerung davon ist, daß wir, wenn die ursprüngliche Gruppe der Matrizen $\boldsymbol{A}, \boldsymbol{B} \ldots, \boldsymbol{X}$ die Darstellung einer gegebenen Gruppe war, aus jeder der Matrizen $\boldsymbol{M}^{-1}\boldsymbol{AM}, \boldsymbol{M}^{-1}\boldsymbol{BM}, \ldots, \boldsymbol{M}^{-1}\boldsymbol{XM}$ den ersten (oder irgendeinen anderen) Block nehmen können, wobei diese (nun kleineren) Matrizen wieder eine Matrixdarstellung unserer Gruppe bilden. Dieses Verfahren nennt man *Reduktion* der Darstellung. Es muß nicht immer möglich sein, eine unitäre Matrix $\boldsymbol{M}$ zu finden, welche eine Matrixdarstellung $\boldsymbol{A}, \boldsymbol{B}, \ldots, \boldsymbol{X}$ reduziert. Wenn dies aber möglich ist, so heißt die Darstellung *reduzibel*. Wenn es dagegen nicht möglich ist, eine unitäre Matrix $\boldsymbol{M}$ zur Durchführung dieser Reduktion zu finden, so sagt man, die Matrizen $\boldsymbol{A}, \boldsymbol{B}, \ldots, \boldsymbol{X}$ bilden eine *irreduzible Darstellung* der Gruppe. Die Anzahl der irreduziblen Darstellungen ist endlich, und es gibt eine einfache Regel, die aussagt, wieviele irreduzible Darstellungen es gibt, nämlich

Anzahl der irreduziblen Darstellungen einer Gruppe = Anzahl der Klassen.

Für die Gruppe der symmetrischen Operationen am Quadrat gibt es daher 5 irreduzible Darstellungen. Wie wir in späteren Kapiteln sehen werden, besitzen die irreduziblen Darstellungen einer Gruppe große Bedeutung beim Studium der Anwendungen der Gruppentheorie auf physikalische Probleme.

2.8. Die Deduktion der irreduziblen Darstellung einer Gruppe

Offensichtlich kann man die irreduzible Darstellung einer Gruppe dadurch finden, daß man eine Matrixdarstellung von genügend großer Dimension wählt, wie zum Beispiel die reguläre Darstellung, und nach geeigneten unitären Matrizen $\boldsymbol{M}$ zur Reduktion der Darstellung sucht. Obwohl wir die Behauptung nicht zu beweisen beabsichtigen, sei doch bemerkt, daß tatsächlich alle irreduziblen Darstellungen durch Reduktion der regulären Darstellung gefunden werden können. Einige davon können mehrmals auftreten, jede tritt aber mindestens einmal auf. Es mag jedoch äußerst mühsam sein, eine unitäre Matrix $\boldsymbol{M}$ für die Reduktion der regulären Darstellung zu finden. Außerdem läßt sich das Verfahren vermeiden. Was nämlich in der Praxis gewöhnlich von Bedeutung ist, sind nicht die wirklichen Matrizen in einer irreduziblen Darstellung, sondern lediglich deren Spur. Es ist möglich, die Spuren aller möglichen irreduziblen Darstellungen mit Hilfe anderer Methoden abzuleiten, ohne daß man nämlich die Matrizen selbst zu finden hat. Auf den ersten Blick mag dies ein wenig überraschend klingen. Man erreicht dies jedoch z. B. unter Verwendung eines Resultats, das von BURNSIDE (1911) gegeben ist, nämlich

$$h_i h_j \chi_i^k \chi_j^k = d_k \sum_{s=1}^{r} c_{ij,s} h_s \chi_s^k,$$

wobei h_i die Ordnung der Klasse C_i ist, χ_i^k die Spur der Elemente aus C_i in der k-ten irreduziblen Darstelllung, d_k die Dimension der irreduziblen Darstellung, $c_{ij,s}$ die Koeffizienten der Klassenmultiplikation (siehe Abschnitt 2.3) und r die Anzahl der Klassen der Gruppe. Weiter gilt

$$\sum_{p=1}^{r} h_p (\chi_p^i)^* \chi_p^j = \delta_{ij} N ,$$

wobei N die Ordnung der Gruppe ist. Hiermit besitzt man ein Gleichungssystem, das man zur Bestimmung der Spur χ_i^k eines Elementes in der Klasse C_i bei der irreduziblen Darstellung k verwenden kann. Man muß hinzufügen, daß in jeder speziellen Darstellung die Elemente einer Klasse dieselbe Spur besitzen, sie besitzen jedoch nicht notwendig dieselbe Matrix. Die Spuren, die zu den einzelnen Klassen gehören, stellt man sich gewöhnlich in einer *Spurentafel* zusammen.

Ein Beispiel mag dazu beitragen, diese Methode zu erhellen. Wir wollen die Deduktion der endgültigen Spurentafel an Hand der Gruppe der Symmetrieoperationen am Quadrat illustrieren, deren Klassen

C_1	C_2	C_3	C_4	C_5
E	C_{2z}	C_{4z}^+, C_{4z}^-	σ_x, σ_y	σ_1, σ_2

sind. Unter Verwendung von Tabelle 1 berechnet man nun die Koeffizienten der Klassenmultiplikation $c_{ij,s}$. Viele davon sind null. Die von Null verschiedenen lauten

$$\begin{array}{lllll}
c_{11,1} = 1 & c_{22,1} = 1 & c_{33,1} = 2 & c_{44,1} = 2 & c_{55,1} = 2 \\
c_{12,2} = 1 & c_{23,3} = 1 & c_{33,2} = 2 & c_{44,2} = 2 & c_{55,2} = 2 \\
c_{13,3} = 1 & c_{24,4} = 1 & c_{34,5} = 2 & c_{45,3} = 2 & \\
c_{14,4} = 1 & c_{25,5} = 1 & c_{35,4} = 2 & & \\
c_{15,5} = 1 . & & & &
\end{array}$$

Diese Koeffizienten führen auf weit mehr Gleichungen als für die Bestimmung der Spuren in den irreduziblen Darstellungen notwendig sind. Die Gleichungen sind nicht inkonsistent, eine beträchtliche Anzahl davon ist jedoch überflüssig. Indem wir die Koeffizienten $c_{ij,s}$

auswählen, die uns die brauchbarsten Gleichungen liefern, finden wir leicht die Spuren der irreduziblen Darstellungen in Abhängigkeit von den d_k. In Tabelle 13 ist diese Abhängigkeit zusammengefaßt.

Tabelle 13

C_1	C_2	C_3	C_4	C_5
d_k	d_k	d_k	d_k	d_k
d_k	d_k	d_k	$-d_k$	$-d_k$
d_k	d_k	$-d_k$	d_k	$-d_k$
d_k	d_k	$-d_k$	$-d_k$	d_k
d_k	$-d_k$	0	0	0

Unter Verwendung von $c_{11,1}$ erhält man

$$\chi_1^k \chi_1^k = d_k \chi_1^k$$

und daher

$$\chi_1^k = d_k .$$

Mit $c_{22,1}$ ergibt sich

$$\chi_2^k \chi_2^k = d_k \chi_1^k = d_k^2 ,$$

also

$$\chi_2^k = \pm d_k .$$

Mit $c_{33,1}$ und $c_{33,2}$ erhält man

$$2\chi_3^k \, 2\chi_3^k = d_k (2\chi_1^k + 2\chi_2^k)$$

und daher

$$\begin{aligned} \chi_3^k &= \pm d_k \qquad \text{für } \chi_2^k = d_k , \\ &= 0 \qquad \text{für } \chi_2^k = -d_k . \end{aligned}$$

Mit $c_{44,1}$ und $c_{44,2}$ erhalten wir genau dieselbe Gleichung wie vorhin, so daß

$$\begin{aligned} \chi_4^k &= \pm d_k \qquad \text{für } \chi_2^k = d_k , \\ &= 0 \qquad \text{für } \chi_2^k = -d_k . \end{aligned}$$

Und schließlich mit $c_{34,5}$ erhält man

$$2\chi_3^k\, 2\chi_4^k = d_k \cdot 2 \cdot 2\chi_5^k$$

und damit

$$\chi_5^k = \chi_3^k \chi_4^k / d_k .$$

Wir haben somit die Spuren durch die Größen d_k ausgedrückt. Benutzen wir schließlich die Tatsache, daß, da die Spuren reell sind,

$$\sum_i h_i \chi_i^j \chi_i^k = N \delta_{jk} ,$$

so erhalten wir in diesem Fall

$$\sum_i h_i (\chi_i^k)^2 = 8$$

und daher für die ersten vier Darstellungen in Tabelle 13 $d_k = 1$ und für die letzte $d_k = 2$. Somit haben wir also die Spuren für die fünf irreduziblen Darstellungen der Gruppe von Symmetrieoperationen am Quadrat gefunden. Wir tragen sie in Tabelle 14 ein, wo die Buchstaben A_1, A_2 usw. nur Namen zur Identifizierung der verschiedenen Darstellungen bedeuten.

Tabelle 14

	E	C_{2z}	$C_{4z}^{\pm}$	σ_x, σ_y	σ_1, σ_2
A_1	1	1	1	1	1
A_2	1	1	1	−1	−1
B_1	1	1	−1	1	−1
B_2	1	1	−1	−1	1
E	2	−2	0	0	0

Wir haben nun die Spurentafel der Gruppe am Quadrat gefunden, ohne die entsprechenden Matrizen selbst aufsuchen zu müssen. Für viele Zwecke genügt es, wenn man die Spuren in den irreduziblen Darstellungen kennt, ohne Kenntnisse über die Matrizen selbst zu besitzen. Manchmal benötigt man jedoch auch die Matrizen, diese findet man dann gewöhnlich durch Probieren auf gut Glück. Für die Gruppe am Quadrat sind die vier in Tabelle 14 mit A_1, A_2, B_1 und B_2 bezeichneten irreduziblen Darstellungen nur eindimensional, so daß die vier Matrizen gerade die in die Spurentafel eingetragenen Zahlen sind. Und es trifft sich gerade so, daß wir auch bereits die Matrizen für die zweidimensionale irreduzible Darstellung E dieser Gruppe am Ende von Abschnitt 2.5 gefunden haben. Der Leser möge sich davon überzeugen, daß die Spuren dieser Matrizen mit den Eintragungen für die Darstellung E in Tabelle 14 übereinstimmen.

Wenn man eine Darstellung einer Gruppe vorliegen hat, so kann man die Spurentafel dieser Gruppe dazu verwenden, um herauszufinden, ob diese Darstellung reduzibel ist oder nicht. Dies geschieht in der folgenden Weise: Wenn es möglich ist, die Spur jedes Elementes der in Frage stehenden Darstellung durch dieselbe Linearkombination der Spuren dieses Elements in den irreduziblen Darstellungen auszudrücken, dann ist die Darstellung reduzibel. Nehmen wir zum Beispiel an, wir hätten eine Menge X von Matrizen, von der wir wissen, daß sie eine Darstellung der Gruppe am Quadrat bildet, und daß deren Spuren gegeben seien durch:

	E	C_{2z}	$C_{4z}^{\pm}$	σ_x, σ_y	σ_1, σ_2
X	2	2	0	0	2

Wir sehen, daß die Spur jedes Elements gleich der Summe der Spuren dieses Elements in den irreduziblen Darstellungen A_1 und B_2 ist.

In Tabellenform:

	E	C_{2z}	$C_{4z}^{\pm}$	σ_x, σ_y	σ_1, σ_2
A_1	1	1	1	1	1
B_2	1	1	−1	−1	1
X	2	2	0	0	2

Diese Aussagen faßt man normalerweise durch die Schreibweise

$$X = A_1 + B_2$$

zusammen. Diese Vergleichsmethode kann immer dazu benützt werden, um herauszufinden, ob eine gegebene Darstellung irreduzibel ist oder nicht, vorausgesetzt man hat die Spurentafel der irreduziblen Darstellungen der Gruppe bereits ausgearbeitet oder von früher her vorliegen. Eine Anwendung dieser Methode kann jedoch sehr umständlich sein. Man muß bei der versuchsweisen Bildung der Summen von Spuren der irreduziblen Darstellungen systematisch vorgehen. Besonders ungünstig ist diese Methode, wenn man vorerst auch noch die Spurentafel der Gruppe ausarbeiten muß. In solchen Fällen kann man überprüfen, ob eine Darstellung reduzibel ist oder nicht, indem man eine geeignete Umformung einer der Gleichungen verwendet, die wir am Beginn dieses Abschnitts angegeben haben. Wir berechnen den Ausdruck

$$(1/N) \sum_{p=1}^{r} h_p (\chi_p)^* \chi_p ,$$

wobei χ_p die Spur der Klasse p in der zu untersuchenden Darstellung X ist und wobei sich die Summation über alle Klassen der Gruppe erstreckt. Das Ergebnis ist 1, wenn X irreduzibel ist. Wenn der Wert dieses Ausdruckes nicht 1 ist, so ist die Darstellung X reduzibel. Berechnet man den Ausdruck

$$(1/N) \sum_{p=1}^{r} h_p (\chi_p)^* \chi_p$$

für das eben angegebene Beispiel, so findet man den Wert 2. In diesem Falle ist daher die Darstellung X reduzibel. Es besteht eine nützliche Formel, die uns gestattet, die Zahlen n_i zu finden, die angeben, wie oft die i-te irreduzible Darstellung auftritt, wenn man eine beliebige reduzible Darstellung reduziert. Wenn χ_p die Spur der Klasse p in einer reduziblen Darstellung bedeutet, so kann man χ_p als Summe von Spuren der irreduziblen Darstellungen der Gruppe ausdrücken,

$$\chi_p = n_1 \chi_p^1 + n_2 \chi_p^2 + , \ldots, + n_k \chi_p^k + \ldots,$$

d. h.

$$\chi_p = \sum_{j=1}^{r} n_j \chi_p^j .$$

Multipliziert man beide Seiten dieser Gleichung mit $h_p \chi_p^{i*}$ und summiert man über die Klassen der Gruppe, so erhält man

$$\sum_{p=1}^{r} h_p \chi_p \chi_p^{i*} = \sum_{j=1}^{r} \sum_{p=1}^{r} h_p \chi_p^j \chi_p^{i*} n_j = \sum_{j=1}^{r} \delta_{ij} N n_j$$

und daher

$$n_i = \frac{1}{N} \sum_{p=1}^{r} h_p \chi_p \chi_p^{i*} .$$

Das ist die benötigte Formel, von der wir später Gebrauch machen werden.

Es gibt eine kompliziertere Methode, die dann von Nutzen ist, wenn man gleichzeitig auch nach einer unitären Matrix M zur Reduktion der Darstellung Ausschau hält. Sie beruht auf dem folgenden Theorem (*Lemma von* SCHUR):

„*Eine Matrix, die mit allen Matrizen einer irreduziblen Darstellung vertauschbar ist, ist eine konstante Matrix* (*d. h. ein Vielfaches der Einheitsmatrix*)."

Die Umkehrung gilt auch. Wenn nämlich eine Matrix existiert, die kein Vielfaches der Einheitsmatrix ist und die mit allen Matrizen einer Darstellung vertauschbar ist, so ist die Darstellung reduzibel, und wenn eine solche konstante Matrix nicht existiert, so ist die Darstellung irreduzibel. Für einen Beweis hierfür siehe zum Beispiel WIGNER (1959), S. 75–76, Theorem 2. Eine Matrix, die mit allen Matrizen einer Darstellung vertauschbar ist, findet man durch Addition aller Matrizen einer Klasse der Gruppe. Das gilt, weil die Klasse invariant bezüglich Konjugation mit einem beliebigen Element der Gruppe ist. *Die Probe besteht also in einer Addition der Matrizen aller Elemente irgendeiner Klasse. Wenn die resultierende Matrix X irgendein nicht verschwindendes Element außerhalb der Diagonale besitzt, dann ist die Darstellung reduzibel.* Das ist ein nützliches Kriterium, denn es erfordert keine Kenntnis der Spurentafel der Gruppe. Wenn die Probe zeigt, daß eine Darstellung reduzibel ist, dann findet man relativ leicht eine unitäre Matrix $\boldsymbol{M}$, welche die Darstellung reduziert; $\boldsymbol{M}$ ist gerade die unitäre Matrix, welche die Matrix $\boldsymbol{X}$ diagonalisiert. Dies ist aber gerade die Matrix der normierten Eigenvektoren von $\boldsymbol{X}$.

Wir nehmen an, wir hätten eine Menge von Matrizen, die eine irreduzible Darstellung einer Gruppe $\boldsymbol{G}$ bilden, und daß diese Gruppe eine Untergruppe $\boldsymbol{H}$ besitzt. Die den Elementen der Untergruppe $\boldsymbol{H}$ entsprechenden Matrizen bilden dann eine Darstellung für $\boldsymbol{H}$, aber diese Darstellung muß nicht mehr irreduzibel sein. Betrachten wir zum Beispiel die Gruppe am Quadrat und die acht am Ende von Abschnitt 2.5 abgeleiteten Matrizen, von denen wir gezeigt haben, daß sie eine irreduzible Darstellung der Gruppe bilden. Diese Gruppe besitzt mehrere Untergruppen, zum Beispiel E und σ_x. Die diesen beiden Elementen entsprechenden Matrizen sind

$$\begin{pmatrix} 1 & 0 \\ 0 & 1 \end{pmatrix} \text{ für } E \text{ und } \begin{pmatrix} -1 & 0 \\ 0 & 1 \end{pmatrix} \text{ für } \sigma_x .$$

Diese sind bereits in Blockdiagonalform und bilden daher eine reduzible Darstellung der Gruppe $(E + \sigma_x)$. Die Spurentafel von $(E + \sigma_x)$ ist

	E	σ_x
A	1	1
B	1	-1

so daß diese zweidimensionale Darstellung jede der irreduziblen Darstellungen A und B einmal enthält. Das Verfahren, bei dem eine Darstellung einer Gruppe auf die Elemente einer Untergruppe $\boldsymbol{H}$ von $\boldsymbol{G}$ eingeschränkt wird, nennt man Subduktion der ersten Darstellung auf $\boldsymbol{H}$.

2.9. Das direkte Produkt zweier Gruppen

Das Produkt zweier Gruppen existiert erst nach einer entsprechenden Definition. Es gibt mehrere Arten von Produkten zweier Gruppen, wir betrachten hier jedoch nur eine davon. Wenn wir zwei Gruppen $\boldsymbol{G}$ und $\boldsymbol{G}'$ vorliegen haben, die so beschaffen sind, daß sie außer der Identität kein Element gemeinsam haben und daß die Multiplikation eines beliebigen Elements A von $\boldsymbol{G}$ mit einem beliebigen Element A' von $\boldsymbol{G}'$ kommutativ ist, d. h. $AA' = A'A$, dann bildet die Menge, deren Elemente die Produkte eines Elements der einen Gruppe $\boldsymbol{G}$ mit einem Element der anderen Gruppe $\boldsymbol{G}'$ darstellen, wieder eine Gruppe, die man als das direkte Produkt $\boldsymbol{G} \times \boldsymbol{G}'$ der beiden Gruppen $\boldsymbol{G}$ und $\boldsymbol{G}'$ bezeichnet.

Um zu einem Beispiel für ein direktes Produkt zu gelangen, nehmen wir die Gruppe der Symmetrieoperationen am Quadrat als $\boldsymbol{G}'$. Ersetzt man das auf Papier gezeichnete Quadrat durch ein quadratisches Sperrholzblättchen, dann ergeben sich eine ganze Menge von neuen Symmetrieoperationen, die das Quadrat in sich überführen, entweder durch eine Rotation um 180° um eine Achse in seiner Ebene oder durch Spiegelung in seiner Ebene, so daß was oben war, nun unten zu liegen kommt und umgekehrt. In der Tat gibt es acht weitere Operationen einzuführen. Die neue Gruppe ist das direkte Produkt der Gruppe G' mit der Gruppe, die aus der Identität und der Inversion I besteht. Dabei handelt es sich um eine Operation, die einen Vektor (x, y, z) in den Vektor $(-x, -y, -z)$ überführt (siehe Abb. 9, in der der Punkt P_1 durch Inversion am Punkt O aus dem Punkt P hervorgeht). Das bedeutet, daß zusätzlich zu den ursprünglichen Elementen E, C_{2z}, C_{4z}^+, C_{4z}^-, σ_x σ_y, σ_1 und σ_2 acht weitere Operationen I, IC_{2z}, IC_{4z}^+ IC_{4z}^-, $I\sigma_x$, $I\sigma_y$, $I\sigma_1$ und $I\sigma_2$ auftreten. Alle diese neuen Elemente kann man als Symmetrieoperationen am quadratischen Blättchen deuten. Betrachten wir zum Beispiel $I\sigma_x$. σ_x führt A in Abb. 10 in A_1 über, und I führt von A_1 nach A_2, so daß $I\sigma_x$ den Punkt A in A_2 überführt.

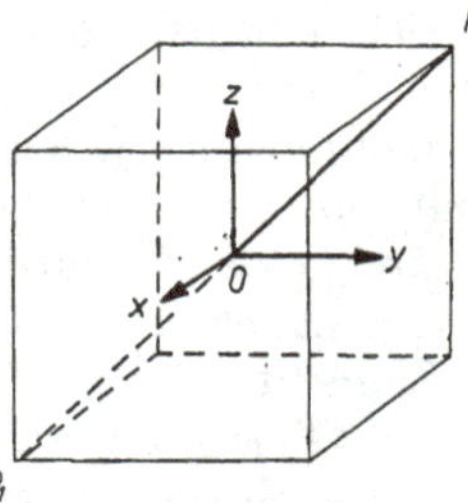

Abb. 9

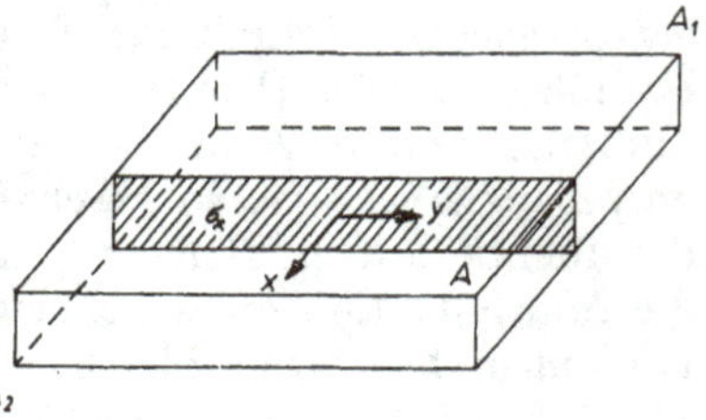

Abb. 10

Es ist klar, daß die Operation $I\sigma_x$ einer Rotation um die x-Achse um 180° entspricht. Auf ähnliche Weise interpretiert man die Operationen $I\sigma_y$, $I\sigma_1$, und $I\sigma_2$ als Rotationen um 180° um verschiedene Achsen, während IC_{2z} eine Spiegelung des quadratischen Blättchens an einer Ebene durch O und parallel zu seinen Seiten bedeutet. Die Beschreibung der beiden zusammengesetzten

Operationen IC_{4z}^+ und IC_{4z}^- kann nicht vereinfacht werden. Man hat sie als zusammengesetzte Operationen aufzufassen, die aus einer vierzähligen Rotation mit anschließender Inversion bestehen. Wir schreiben manchmal für IC_{4z}^+ das Symbol S_{4z}^-, für IC_{4z}^- das Symbol S_{4z}^+. Die Elemente der Gruppe am quadratischen Blättchen sind daher

$$E,\quad C_{4z}^+,\quad C_{2z},\quad C_{4z}^-,\quad \sigma_x,\quad \sigma_y,\quad \sigma_1,\quad \sigma_2,$$

$$I,\ IC_{4z}^+,\ IC_{2z},\ IC_{4z}^-,\ I\sigma_x,\ I\sigma_y,\ I\sigma_1,\ I\sigma_2;$$

I ist mit allen acht Elementen der Gruppe $\boldsymbol{G}'$ am Quadrat vertauschbar. Wenn daher $\boldsymbol{G}$ die aus E und I bestehende Gruppe bedeutet, so ist die Gruppe am Blättchen die Gruppe $\boldsymbol{G} \times \boldsymbol{G}'$. Die Gruppenmultiplikationstafel, die Klassen und die Spurentafel dieses direkten Produktes stehen in einfachen Beziehungen zu denen der Gruppe der Tabelle 1 (siehe Übung 4 am Ende dieses Kapitels).

2.10. *Gruppentheorie und Quantenmechanik. Das* WIGNER*sche Theorem*

Bald nach der Formulierung der Quantenmechanik wurden die Prinzipien der Anwendung der Gruppentheorie auf die Quantenmechanik von WIGNER und von VON NEUMANN ausgesprochen:

„*Wenn ein System eine gewisse Gruppe von Symmetrieoperationen besitzt, dann muß jede physikalische Beobachtungsgröße dieses Systems ebenfalls dieselbe Symmetrie besitzen*". Diese Aussage, obwohl ziemlich offenkundig und möglicherweise sogar trivial, ist nichtsdestoweniger von großer Bedeutung.[1]) Wir werden dieses Prinzip später bei zahlreichen Gelegenheiten verwenden. Die

---

[1]) Man nennt dies oft das „NEUMANNsche Prinzip". Wir werden diesen Namen jedoch hier nicht verwenden.

Wellenfunktion eines Systems ist jedoch keine physikalische Beobachtungsgröße. Es ist daher nicht erforderlich, daß sie invariant gegenüber den Symmetrieoperationen dieses Systems ist. Die Symmetrie des Systems legt jedoch dem Verhalten der Wellenfunktion gewisse Beschränkungen auf. Dies ist der Inhalt einer Aussage, die man gewöhnlich als WIGNERsches Theorem bezeichnet:

„*Wenn der* HAMILTON-*Operator* H*, der ein quantenmechanisches System beschreibt, eine Gruppe von Symmetrieelementen besitzt, und* R *eins davon ist, und wenn* ψ *eine Eigenfunktion von* H *ist, dann ist* $R\psi$ *ebenfalls eine Eigenfunktion von* H*, die denselben Eigenwert* E *besitzt wie* ψ*.*" Man sagt, R sei ein Element der Gruppe des HAMILTON-Operators, die durch die physikalische Symmetrie der Situation bestimmt wird. Der Beweis für dieses Theorem liegt im Nachweis, daß ψ sich gemäß einer der irreduziblen Darstellungen der HAMILTONschen Gruppe transformiert. Mit anderen Worten, jede Lösung der SCHRÖDINGER-Gleichung muß entweder die Basis für eine eindimensionale Darstellung bilden, oder sie bildet eine Komponente für eine Vektorbasis einer mehrdimensionalen Darstellung für die Gruppe des HAMILTON-Operators des Systems.

Wir haben nichts über die Natur der Elemente R der Gruppe des HAMILTON-Operators gesagt. Es kann sich dabei um drehende oder spiegelnde Symmetrieoperationen handeln oder um Operationen der Permutationsgruppe, die im Austausch identischer Elemente bestehen, z. B. im Austausch der H-Atome im Methanmolekül CH_4, siehe Kapitel V, oder R kann der Operator der Zeitinversion sein, siehe Kapitel VII, u. a. m.

Es scheint, daß eine mathematische Diskussion dieses Theorems zum jetzigen Zeitpunkt wenig Gewinn bringt. Der interessierte Leser wende sich entweder an eine Übersetzung der WIGNERschen Originalarbeit (WIGNER 1959) oder an Lehrbücher wie MEIJER und BAUER (1962), Kapitel 4.

Übungen

1. (a) Man zeige, daß es für die in Tabelle 1 gegebene Gruppe fünf irreduzible Darstellungen gibt. Man leite die Spurentafel dieser Gruppe her.

(b) Man schreibe die Matrizen und die Spuren aller Elemente in der regulären Darstellung dieser Gruppe an und zeige, daß diese sich auf

$$A_1 + A_2 + B_1 + B_2 + 2E$$

reduzieren lassen.

2. Man zeige, daß die Spur einer beliebigen allgemeinen Matrix $\boldsymbol{A}$ durch eine allgemeine unitäre Transformation $\boldsymbol{M}^{-1}\boldsymbol{A}\boldsymbol{M}$ unverändert bleibt.

3. Man zeige, daß die folgende Darstellung der Gruppe am Quadrat auf die irreduziblen Darstellungen A_1 und E reduziert werden kann:

$$E\begin{pmatrix}1&0&0\\0&1&0\\0&0&1\end{pmatrix}\quad C_{2z}\begin{pmatrix}-1&0&0\\0&-1&0\\0&0&-1\end{pmatrix}\quad C_{4z}^{+}\begin{pmatrix}0&-1&0\\1&0&0\\0&0&1\end{pmatrix}$$

$$C_{4z}^{-}\begin{pmatrix}0&1&0\\-1&0&0\\0&0&1\end{pmatrix}\quad \sigma_x\begin{pmatrix}-1&0&0\\0&1&0\\0&0&1\end{pmatrix}\quad \sigma_y\begin{pmatrix}1&0&0\\0&-1&0\\0&0&1\end{pmatrix}$$

$$\sigma_1\begin{pmatrix}0&-1&0\\-1&0&0\\0&0&1\end{pmatrix}\quad \sigma_2\begin{pmatrix}0&1&0\\1&0&0\\0&0&1\end{pmatrix}.$$

4. Man konstruiere die Gruppenmultiplikationstafel für die in Abschnitt 2.9 diskutierte Gruppe am quadratischen Plättchen. Man bestimme die Klassen dieser Gruppe. In welcher Beziehung stehen diese zu den Klassen der Gruppe in Tabelle 1? Man verwende diese Beziehung zur Aufstellung der Spurentafel der Gruppe am quadratischen Plättchen.

5. (a) Man zeige, daß die Gruppe der symmetrischen Operationen am gleichseitigen Dreieck drei Klassen besitzt. Man stelle die Spurentafel dieser Gruppe auf.

(b) Man gebe die Matrizen und hierauf die Spuren aller Elemente in der regulären Darstellung dieser Gruppe an. Man zeige, wie diese Darstellung mit den irreduziblen Darstellungen, deren Spuren unter (a) bestimmt wurden, in Beziehung steht.

6. Eine Gruppe besteht aus den Zahlen 0, ± 1, ± 2, ± 3. Als Gruppenmultiplikation dient die arithmetische Addition modulo 7, d. h., sobald ein „Produkt" den Bereich von -3 bis $+3$ überschreitet, wird es durch Addition oder Subtraktion von 7 in diesen Bereich zurückgeführt. Man zeige, daß dies eine ABELsche Gruppe ist, und bestimme ihre Spurentafel. Ist sie isomorph zu einer kristallographischen Punktgruppe (siehe Kapitel III)?

7. In Abschnitt 2.1 wurden zwei Beispiele für unendliche Gruppen gegeben. Eine davon könnte man als kontinuierliche Gruppe bezeichnen, die andere nicht. Man erkläre diesen Sachverhalt.

8. Man zeige, daß für eine beliebige Darstellung einer Gruppe die Summe der Matrizen der Elemente einer Klasse mit allen Matrizen dieser Darstellung vertauschbar ist.

9. Die folgenden Elemente bilden eine Gruppe,

$$E, P, P^2, Q, PQ, P^2Q, R, PR, P^2R, QR, PQR, P^2QR,$$

wobei

$$P^3 = Q^2 = R^2 = E, \quad QP = PR, \quad RQ = QR,$$
$$RP = PQR \text{ und } R = P^2QP.$$

Man zeige, daß diese Gruppe vier Klassen besitzt und verwende die Methode aus Abschnitt 2.8 zur Bestimmung ihrer Spurentafel.

KAPITEL III

Kristallographische Gruppen

3.1. Punktgruppen

Dieses Kapitel bildet mehr eine deskriptive Aufzählung einiger Gruppen, die in der Natur auftreten, als eine Auswertung der Ergebnisse der Gruppentheorie. Es bildet den notwendigen Hintergrund für einige der folgenden Kapitel. Wir haben bereits den Begriff einer Gruppe diskutiert, und sobald wir die Symmetrieoperationen eines beliebigen endlichen Objektes untersuchen, werden wir finden, daß diese eine im Sinne von Abschnitt 1.2 definierte Gruppe bilden. In einem Kristall muß die Gruppe seiner Symmetrieoperationen unter einer geringen Anzahl von Gruppen zu finden sein, in Wirklichkeit unter zweiunddreißig möglichen Gruppen. Objekte wie Ziegelsteine oder hölzerne Modelle ohne kristalline Struktur mögen andere Gruppen von Symmetrieoperationen besitzen. Wegen der Beschränkungen, die der internen Struktur von Kristallen auferlegt sind, können nur gewisse Symmetrieelemente auftreten, d. h., Rotations- oder Inversionsachsen können nur von der Ordnung 1, 2, 3, 4 oder 6 sein. Fünfzählige oder sechszählige Achsen sind daher in einem Kristall verboten. Solche sind jedoch bei nichtkristallinen, von Menschenhand geschaffenen Objekten durchaus möglich (siehe Übung 4 am Ende dieses Kapitels). Die anderen möglichen Symmetrieelemente in einem Kristall sind Symmetrieebenen und das Symmetriezentrum. Unter Verwendung dieser Symmetrieelemente ist daher nur die Konstruktion einer endlichen Zahl von Gruppen möglich, und diese Gruppen heißen *kristallographische Punktgruppen* oder oft der Kürze halber nur *Punktgruppen*. Ebenso kennt man sie unter dem Namen *Kristallklassen*, jedoch ist diese Bezeichnungsweise nicht allgemein üblich. Es gibt zweiunddreißig Punktgruppen.

Bei der Untersuchung der Punktgruppen verwendet man gewöhnlich *Stereogramme*, welche die zur Punktgruppe gehörigen Symmetrieelemente zeigen. Man beginnt mit einem Punkt dieses Stereogramms und gibt alle Positionen an, in die der Punkt durch die Operationen der Punktgruppe übergeführt wird. Ein *Stereogramm* oder eine *stereographische Projektion* bietet einen bequemen Weg zur Abbildung von Punkten auf der Oberfläche einer Kugel auf eine zweidimensionale Figur. Bei der Untersuchung von Kristallen wählt man einen Punkt O innerhalb des Kristalls und zieht von diesem Punkt aus die Normalen zu den Kristallflächen. Diese Flächennormalen besitzen die wichtige Eigenschaft, daß für zwei verschiedene Kristalle derselben chemischen Substanz die Flächennormalen nicht von den in weiten Grenzen zufälligen Abmessungen der verschiedenen Flächen abhängen. Die Schnittpunkte P dieser Flächennormalen mit einer Kugel, deren Zentrum O ist, werden wie in Abb. 11 markiert. Die stereographische Projektion dieser Punkte auf der Oberfläche der Kugel erhält man

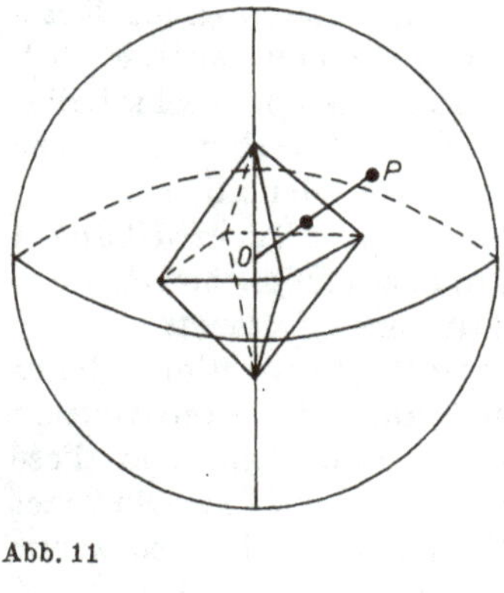

Abb. 11

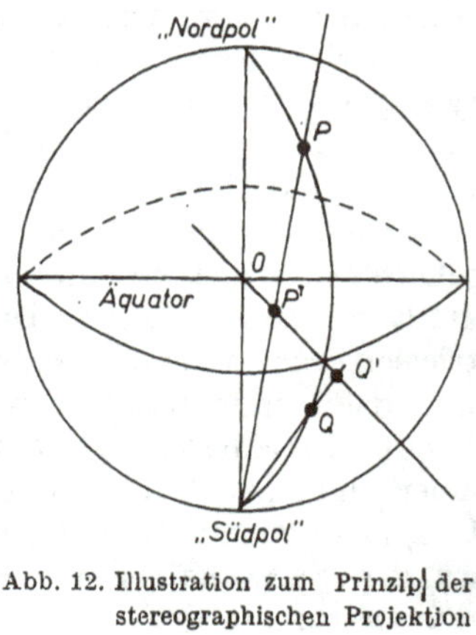

Abb. 12. Illustration zum Prinzip der stereographischen Projektion

durch Wahl eines „Südpols“ und einer „Äquatorialebene“ der Kugel. Man verbindet jeden Punkt der Kugel mit dem Südpol durch eine Gerade. Jede dieser Geraden schneidet die Äquatorialebene in einem gewissen Punkt P'. Die Punkte P' bezeichnet man als stereographische Projektion der Punkte P auf der Oberfläche der Kugel (siehe Abb. 12). Jeder Punkt der „nördlichen Halbkugel“ wird auf einen Punkt der Kreisfläche innerhalb des Äquators projiziert. Für die Punkte der „südlichen Halbkugel“ jedoch benötigt man eine unendlich große Fläche zur Darstellung der Projektionen (als Stereogramm), da die Punkte Q auf der unteren Kugelhälfte in Punkte Q' außerhalb des Äquatorialkreises projiziert werden und diese, wie in Abb. 12 ersichtlich ist, beliebig große Entfernungen von O besitzen können. Das Problem einer unendlich großen Projektionsfläche löst man, indem man den „Südpol“ nur zur Projektion von Punkten auf der „nördlichen Halbkugel“ verwendet, wobei man die projizierten Punkte wieder durch Punkte darstellt. Die Punkte der „südlichen Halbkugel“ projiziert man dann vom „Nordpol“ aus. Die projizierten Punkte werden dabei durch Kreise dargestellt. Als Beispiel sind in Abb. 13 ein reguläres Oktaeder und seine stereographische Projektion dargestellt. Ein Stereogramm bietet daher einen bequemen Weg zur Darstellung einer Symmetrieoperation im Dreidimensionalen, denn wir können

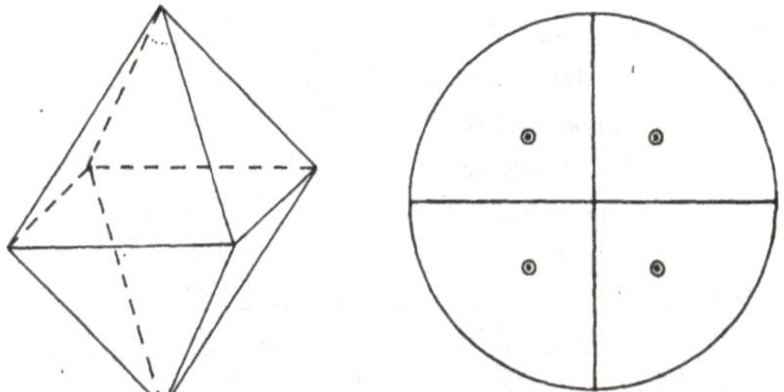

Abb. 13. Die stereographische Projektion eines regulären Oktaeders

an einer zweidimensionalen Figur sowohl einen Startpunkt als auch irgendeinen durch eine Symmetrieoperation erzeugten Punkt beschreiben. So zeigt Abb. 14 die acht Flächennormalen eines regulären Oktaeders. Der Ausgangspunkt P wird durch sukzessive Anwendungen von Rotationen im Gegenuhrzeigersinn um 90° um die vertikale Achse in die Punkte Q, R und S übergeführt. Genauso geht durch dieselben Operationen seine Projektion P' über in Q', R' und S', wie in Abb. 15 angedeutet ist. Die vierzählige Achse der Rotations-

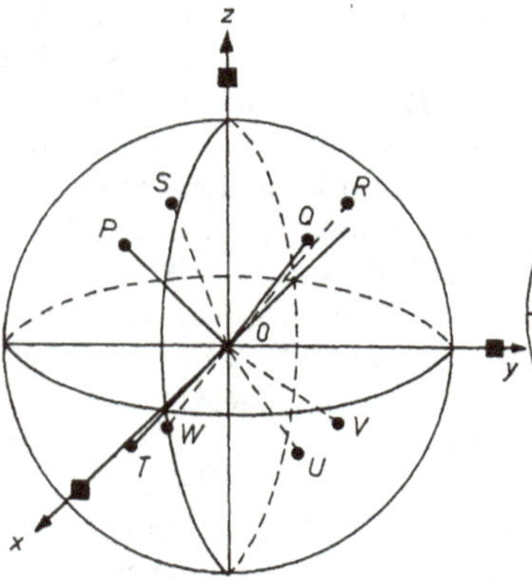

Abb. 14

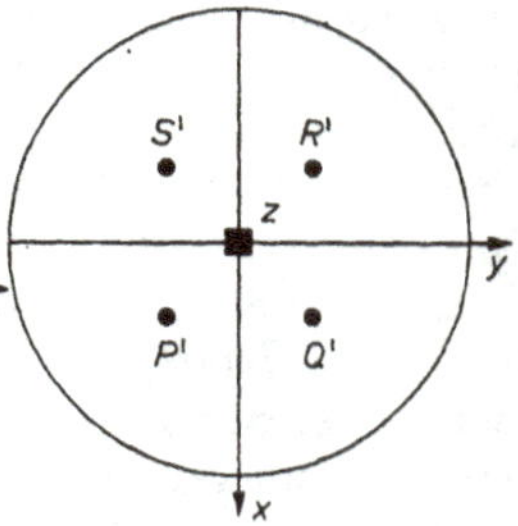

Abb. 15

symmetrie rechtwinklig zur Projektion und durch O wird im Stereogramm durch ein kleines Quadrat in O dargestellt, in dem Punkt des Stereogramms also, der die Projektion des Punktes darstellt, in dem diese Achse die Kugel schneidet. Auch die anderen Punkte P, U, V und W und die anderen Symmetrieoperationen kann man im Stereogramm darstellen. Es gibt zum Beispiel zwei weitere vierzählige Symmetrieachsen, die in der Ebene des Stereogramms liegen. Auch diese stellt man durch Quadrate in den Projektionen der Punkte dar, in denen sie die Kugel schneiden.

Eine weitaus vollständigere Darstellung der Methode der stereographischen Projektion findet man in dem Buch von Phillips (1963).

3.2. Die Ableitung der Punktgruppen und ihre Spurentafeln

Es ist nicht notwendig, die Herleitung aller Punktgruppen in allen Einzelheiten zu betrachten. Wir werden daher nur angeben, wie man dabei vorgeht, und diskutieren, wie die verschiedenen Punktgruppen und deren Spurentafeln untereinander in Beziehung stehen. *Der Studierende kann, wenn er dies wünscht, bis auf die letzten vier Paragraphen dieses Abschnitts alles übergehen.*

Die Punktgruppen unterteilt man in sieben Kristallsysteme, wobei ein Kristallsystem durch die Ordnung der Hauptrotations- oder Hauptinversionsachse bestimmt wird (die Hauptachse ist die Achse höchster Ordnung). Eine Punktgruppe zum Beispiel kann eine dreizählige Achse und drei zweizählige Achsen im rechten Winkel dazu besitzen. In diesem Fall ist die dreizählige Achse die Hauptachse. Wenn eine Punktgruppe nur eine Hauptachse enthält, so sagt man, sie gehöre zum triklinen, monoklinen, rhomboedrischen, tetragonalen oder hexagonalen Kristallsystem, je nachdem, ob die Ordnung der Hauptachse 1, 2, 3, 4 oder 6 ist. Dabei bleiben noch zwei Möglichkeiten offen, nämlich das rhombische System, bei dem es drei zueinander im rechten Winkel verlaufende zweizählige Achsen gibt, und das kubische System mit vier dreizähligen Achsen, welche die Richtungen der Raumdiagonalen eines Würfels besitzen.

In Abb. 16 werden Stereogramme gezeigt, aus denen hervorgeht, wie eine Kristallfläche oder ein Punkt auf der Oberfläche einer Kugel unter den Symmetrieoperationen jeder der zweiunddreißig Punktgruppen repetiert wird.

Als Beispiel dafür, wie die Punktgruppen eines Kristallsystems und deren Spurentafeln untereinander in Beziehung stehen, betrachten wir in einigen Einzelheiten

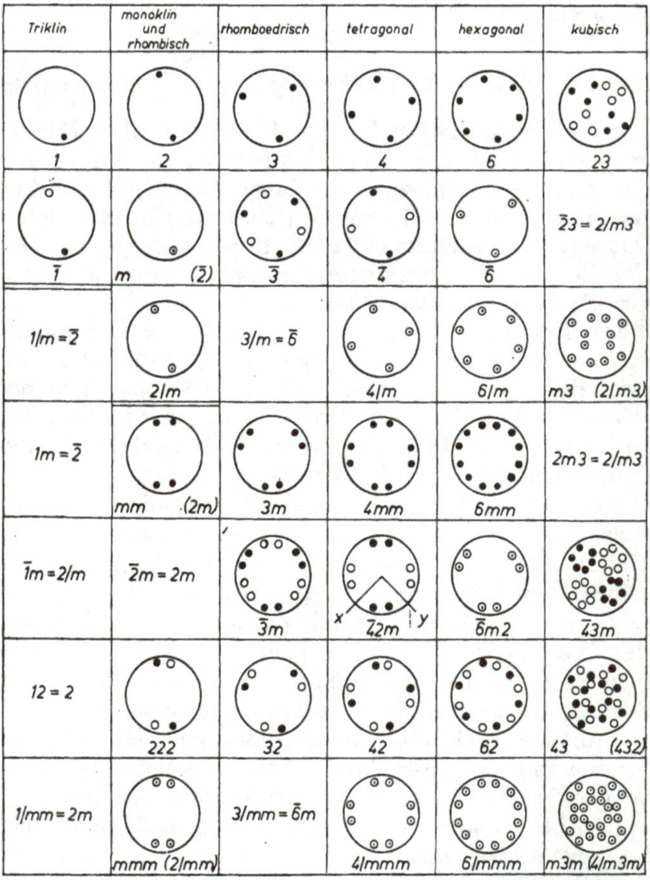

Abb. 16. Stereogramme für die 32 Punktgruppen (Phillips 1963)

die Punktgruppen des tetragonalen Systems. Die Stereogramme dieser sieben Punktgruppen findet man in Abb. 16. Die einfachste tetragonale Punktgruppe ist die mit „4" bezeichnete, deren einziges Symmetrieelement eine vierzählige Rotationsachse ist. Diese Gruppe wurde bereits in Abschnitt 2.2 diskutiert, ihre Gruppenmultiplikationstafel ist durch Tabelle 4 gegeben. Es handelt sich um eine ABELsche Gruppe, die vier Elemente E, C_{4z}^+, C_{2z} und C_{4z}^- bilden daher je eine Klasse für sich. Es ist daher nicht schwierig zu zeigen, daß ihre Spurentafel die in Tabelle 15 angegebene ist.

Tabelle 15

4	E	C_{4z}^+	C	C_4^-
$\bar{4}$	E	IC_{4z}^+	C_2	IC_{4z}^-
A	1	1	1	1
B	1	−1	1	−1
E {	1	i	−1	$-i$
	1	$-i$	−1	i

Anstelle einer reinen Rotationsachse der Ordnung 4 könnte auch eine vierzählige Rotationsachse vorliegen. Eine einzelne Operation dieser Achse setzt sich zusammen aus einer Rotation um 90° und einer Inversion. Diese Punktgruppe ist isomorph zur eben diskutierten Punktgruppe, so daß beide dieselbe Spurentafel besitzen, nämlich Tabelle 15. Der Strich über der Ziffer 4 im Symbol für die Punktgruppe deutet darauf hin, daß die Punktgruppe eine Inversionsachse und nicht eine reine Rotationsachse besitzt. Die anderen fünf tetragonalen Punktgruppen leitet man aus einer dieser beiden durch Hinzufügen vom Symmetrieebenen oder zweizähligen Symmetrieachsen in verschiedenen Positionen ab. Wenn man zum Beispiel eine Symmetrieebene hinzufügt, welche die vierzählige Achse enthält, so wird diese Symmetrieebene durch die vierzählige Achse nochmals erzeugt, und man erhält gerade die Symmetrieelemente des Quadrats. Dies ist die Punktgruppe $4mm$, ihre Gruppenmultiplikationstafel haben wir schon in Tabelle 1 angegeben, und ihre Spurentafel ist in allen Einzelheiten in Abschnitt 2.8 ausgearbeitet worden. Ein „m“ im Symbol einer Punktgruppe verwendet man zum Hinweis auf die Anwesenheit einer Reflexionsebene oder Spiegelungsebene als Symmetrieelement. Bei der Diskussion des direkten Produktes von Gruppen in Abschnitt 2.9 betrachteten wir die Gruppe am Quadrat $4mm$ unter Hinzunahme einer weiteren Menge von Operationen, nämlich unter Hinzunahme einer Reflexionsebene rechtwinklig zur vierzähligen Achse oder durch Hinzunahme der Inversion. Dies führt zur Gruppe am quadratischen Plättchen, einer Gruppe der Ordnung 16, welche die Punktgruppe $4/mmm$ darstellt. Die Beziehung zwischen den Klassen der Gruppe $4mm$ und denen des direkten Produktes $4/mmm$, auf die wir früher hingewiesen haben (siehe Abschnitt 2.9 und Übung 4, Kapitel II), drückt sich dadurch aus, daß jede Klasse von $4mm$ zwei Klassen im direkten Produkt erzeugt. Es handelt sich um das direkte Produkt der Gruppe $4mm$ und der Gruppe, die nur die Identität und die Inversion enthält $(E + I)$. Die Klasse C_{4z}^+, C_{4z}^- in $4mm$ erzeugt die zwei Klassen C_{4z}^+, C_{4z}^- und IC_{4z}^+ und IC_{4z}^- in $4/mmm$. Ebenso führt jede irreduzible Darstellung von $4mm$ ebenfalls zu zwei irreduziblen Darstellungen des direkten Produktes $4/mmm$, wobei in einer davon die Spuren der Klassen C_{4z}^+, C_{4z}^- und IC_{4z}^+, IC_{4z}^- dieselben sind wie die von C_{4z}^+, C_{4z}^- in $4mm$. In der anderen Darstellung ist die Spur von C_{4z}^+, C_{4z}^- dieselbe wie in $4mm$, die Spur von IC_{4z}^+, IC_{4z}^- ist jedoch die Negation davon. Die Spurentafel von $4/mmm$ ist daher in Tabelle 16 gegeben.

Es bleiben daher die drei tetragonalen Gruppen $4/m$, $\bar{4}2m$ und 422. Es dürfte klar sein, daß man $4/m$ durch Hinzunahme der Inversion bzw. durch Hinzunahme einer

Tabelle 16

	E	C_{2z}	$C_{4z}^{\pm}$	σ_x σ_y	σ_1 σ_2	I	IC_{2z}	$IC_{4z}^{\pm}$	$I\sigma_x$ $I\sigma_y$	$I\sigma_1$ $I\sigma_2$
A_{1g}	1	1	1	1	1	1	1	1	1	1
A_{2g}	1	1	1	−1	−1	1	1	1	−1	−1
B_{1g}	1	1	−1	1	−1	1	1	−1	1	−1
B_{2g}	1	1	−1	−1	1	1	1	−1	−1	1
E_g	2	−2	0	0	0	2	−2	0	0	0
A_{1u}	1	1	1	1	1	−1	−1	−1	−1	−1
A_{2u}	1	1	1	−1	−1	−1	−1	−1	1	1
B_{1u}	1	1	−1	1	−1	−1	−1	1	−1	1
B_{2u}	1	1	−1	−1	1	−1	−1	1	1	−1
E_u	2	−2	0	0	0	−2	2	0	0	0

Tabelle 17

$4mm$	E	C_{2z}	$C_{4z}^{\pm}$	σ_x σ_y	σ_1 σ_2
$\bar{4}2m$	E	C_{2z}	$IC_{4z}^{\pm}$	σ_x σ_y	$I\sigma_1$ $I\sigma_2$
422	E	C_{2z}	$C_{4z}^{\pm}$	$I\sigma_x$ $I\sigma_y$	$I\sigma_1$ $I\sigma_2$
A_1	1	1	1	1	1
A_2	1	1	1	−1	−1
B_1	1	1	−1	1	−1
B_2	1	1	−1	−1	1
E	2	−2	0	0	0

Reflexionsebene rechtwinklig zur Hauptachse einer der beiden Punktgruppen 4 oder $\bar{4}$ erhalten kann. Diese Gruppe $4/m$ ist somit das direkte Produkt von 4 (oder $\bar{4}$) mit der Gruppe $(E + I)$. Ihre Spurentafel kann man leicht aus der Tafel in Tabelle 15 ableiten. Die anderen zwei Punktgruppen $\bar{4}2m$ und 422 kann man leicht aus $\bar{4}$ bzw. 4 durch Hinzunahme einer zweizähligen Rotationsachse rechtwinklig zur Hauptachse erhalten. Diese letzten zwei tetragonalen Gruppen sind tatsächlich beide isomorph zur Gruppe $4mm$, so daß die Herleitung ihrer Spurentafeln (siehe Tabelle 17) keine zusätzliche Arbeit erfordert. Aus Abschnitt 2.9 wird man in Erinnerung haben, daß sich $I\sigma_x$, $I\sigma_1$, usw. bequemer als zweizählige Rotationsoperationen auffassen lassen.

Aus dieser Betrachtung der tetragonalen Punktgruppen läßt sich erkennen, wie die Punktgruppen der übrigen Kristallsysteme hergeleitet werden können. Weiter dürfte es klar sein, daß es unter Verwendung von Isomorphismen und direkten Produkten, wo diese auftreten, möglich ist, die Spurentafel vieler Punktgruppen herzuleiten, ohne auf dem etwas mühsamen Wege, der in Abschnitt 2.8 beschrieben wurde, auf die Koeffizienten der Klassenmultiplikation zurückgreifen zu müssen.

Die Spurentafeln der Punktgruppen wurden bereits vor langer Zeit abgeleitet. Sie sind im Anhang dieses Buches auf S. 431 angegeben. (Siehe auch die Arbeit von Bethe (1929), welche in Teil 2 hauptsächlich im Zusammenhang mit der Kristallkörpertheorie wiedergegeben ist und die in Abschnitt 6.4 diskutiert wird.) Im Falle jener Gruppen, die direkte Produkte darstellen, ist diese Tatsache eben festgestellt worden. Die Ableitung ihrer Spurentafeln ist dann eine triviale Aufgabe.

Die Symmetrieoperationen für die Punktgruppen des kubischen Systems und für die Punktgruppen der tetragonalen, rhombischen, monoklinen und triklinen Systeme (die als Untergruppen der verschiedenen kubischen Gruppen betrachtet werden können) sind:

$$\begin{array}{ccccc} E & C_{2m} & C_{3j}^{\pm} & C_{4m}^{\pm} & C_{2p} \\ I & \sigma_m & S_{6j}^{\mp} & S_{4m}^{\mp} & \sigma_{dp}, \end{array}$$

$$m = x, y, z; \quad j = 1, 2, 3, 4; \quad p = a, b, c, d, e, f.$$

Dabei bedeutet C_{qr}^{+} eine Rotation im Gegenuhrzeigersinn um $2\pi/q$ um eine mit r bezeichnete Achse, wobei die Lage von r aus Abb. 17 ersichtlich ist. Jede Operation in der zweiten Reihe ist das Produkt der entsprechenden Operation in der ersten Reihe mit der Inversion.

Die Symmetrieoperationen für das hexagonale und das rhomboedrische System sind:

$$\begin{array}{llllll} E & C_6^{\pm} & C_3^{\pm} & C_2 & C'_{2i} & C''_{2i} \\ I & S_3^{\mp} & S_6^{\mp} & \sigma_h & \sigma_{di} & \sigma_{vi}, \end{array}$$

$i = 1, 2, 3.$

Dabei bedeutet C_q^{+} eine Rotation im Gegenuhrzeigersinn um $2\pi/q$ um die (vertikale) z-Achse, und C'_{2i}, C''_{2i} sind zweizählige Rotationen um die in Abb. 18 angegebenen

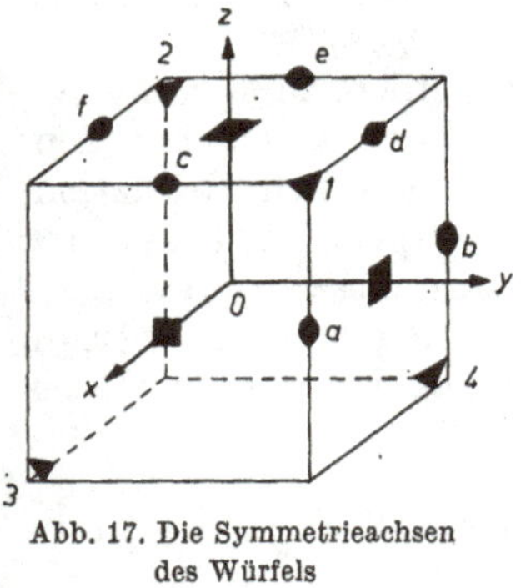

Abb. 17. Die Symmetrieachsen des Würfels

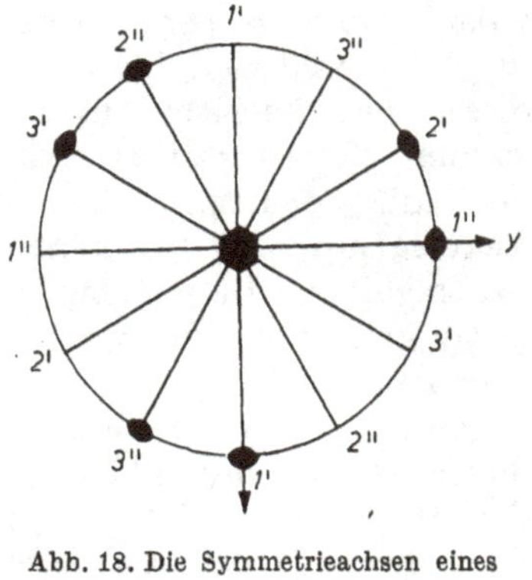

Abb. 18. Die Symmetrieachsen eines Prismas auf einer regulär hexagonalen Basis

Achsen. Jede Operation in der zweiten Reihe ist das Produkt der entsprechenden Operation in der ersten Reihe mit der Inversion.

Wir müssen bemerken, daß in den Spurentafeln im Anhang für jede Punktgruppe zwei verschiedene Typen von Symbolen verwendet wurden. Der eine Typ entspricht der internationalen Bezeichnungsweise, wofür $4mm$ ein Beispiel ist, der andere Typ entspricht der Bezeichnungsweise nach SCHOENFLIES, wofür C_{4v} ein Beispiel ist. Wir haben beide Symbolmengen eingeführt, da uns beide in der Praxis gleich häufig erscheinen. Wenn wir uns in diesem Buch auf eine Punktgruppe beziehen wollen, so werden wir gewöhnlich beide Bezeichnungen anführen, z. B. $4mm(C_{4v})$. In der Praxis verwendet man entweder nur die eine oder nur die andere Bezeichnungsweise. Kristallographen verwenden mehr die internationale Bezeichnungsweise, während Mathematiker die SCHOENFLIES-Bezeichnungsweise vorziehen.

3.3. Die Basis einer Darstellung

In Abschnitt 2.5 haben wir eine Matrixdarstellung der Gruppe am Quadrat abgeleitet, indem wir die Wirkung jeder Symmetrieoperation des Quadrats auf den Vektor (x, y) betrachteten. Dieser Vektor kann dann als Basis dieser zweidimensionalen ((irreduziblen) Matrix-) Darstellung der Gruppe betrachtet werden. Man hätte jedoch diese Matrizen ohne jede Bezugnahme auf den Vektor (x, y) ableiten können, etwa durch Reduktion der regulären Darstellung der Gruppe. Außerdem ist (x, y) keinesfalls die einzige Basis dieser Darstellung. Man kann beliebig viele Funktionen $g(x, y)$ und $h(x, y)$ angeben, so daß der Vektor $\big(g(x, y), h(x, y)\big)$ eine Basis dieser Darstellung bildet. Zur Illustration dieses Gedankens setzen wir $g(x, y) = x^3$ und $h(x, y) = y^3$. C_{4z}^+ angewandt auf (x, y) erzeugt dann $(x', y') = (-y, x)$ (siehe Abb. 8), so daß

$$g(x', y') = (-y)^3$$
$$h(x', y') = (x)^3,$$

und daher

$$C_{4z}^+ \begin{pmatrix} g(x, y) \\ h(x, y) \end{pmatrix} = \begin{pmatrix} -y^3 \\ x^3 \end{pmatrix} = \begin{pmatrix} 0 & -1 \\ 1 & 0 \end{pmatrix} \begin{pmatrix} g(x, y) \\ h(x, y) \end{pmatrix}.$$

Die Matrix, welche die Wirkung von C_{4z}^+ auf $\big(g(x, y), h(x, y)\big)$ beschreibt, ist daher dieselbe wie die, die wir in Abschnitt 2.8 für C_{4z}^+ hergeleitet haben und von der wir in Abschnitt 2.8 gezeigt haben, daß sie zur Darstellung E gehört. Würden wir dies für jedes der acht Elemente der Gruppe getan haben, wir hätten in jedem Fall dieselbe Matrix erhalten wie zuvor. Die Matrizen für sich können ebenso gut als auf (x, y) wie als auf (x^3, y^3) wirkend aufgefaßt werden oder, in der Tat, als auf eine beliebige unendliche Zahl von anderen möglichen Basen der Darstellung wirkend.

Eine mehr mathematische Definition einer Basis $\boldsymbol{u}$ einer Darstellung ist

$$R\boldsymbol{u} = \boldsymbol{D}(R)\boldsymbol{u},$$

wobei $\boldsymbol{D}(R)$ die (quadratische) Matrix ist, die das Gruppenelement R darstellt, und $\boldsymbol{u}$ ein beliebiger Spaltenvektor.[1])

Bei den Spurentafeln im Anhang haben wir einer speziellen Darstellung einige der allgemeinen Funktionen gegenübergestellt, die eine Basis dieser Darstellung bilden. Dies wird in späteren Kapiteln von Nutzen sein, besonders in Kapitel V. Die Zuordnung einer beliebigen Funktion zur geeigneten Darstellung einer Gruppe führt über die Verwendung eines Projektionsoperators (siehe zum Beispiel Wigner (1959), S. 117, oder Meijer und Bauer (1962), S. 97).

Ein anderer Weg zum Ausdruck der Tatsache, daß ein gewisser Vektor $\boldsymbol{u}$ eine Basis einer Darstellung $\boldsymbol{D}(R)$ einer Gruppe bildet, besteht in der Feststellung, daß die

---

[1]) Manchmal ist es besser, oder sogar notwendig, eine Zeilendarstellung an Stelle der Spaltendarstellung zu verwenden. In diesem Fall gilt dann

$$R\boldsymbol{u} = \boldsymbol{u}\boldsymbol{D}(R),$$

wo $\boldsymbol{u}$ ein Zeilenvektor ist. Zum leichteren Verständnis verwenden wir dies hier jedoch nicht. Dem Leser, der über den Inhalt dieses kleinen Buches hinaus gehen will, wird geraten, diese Tatsache in Erinnerung zu behalten.

Komponenten des Vektors $\boldsymbol{u}$ „zu den Zeilen der Darstellung $\boldsymbol{D}(R)$ gehören“ oder daß diese sich „unter den Operationen der Gruppe gemäß der Darstellung $\boldsymbol{D}(R)$ transformieren“.

Ein Beispiel vermag dies vielleicht etwas klarer zu machen. Wenn man weiß, wie sich x, y und z unter den Gruppenoperationen transformieren, so weiß man auch, wie irgendein Polynom in x, y und z transformiert wird. Bei der Punktgruppe 222 (D_2) zum Beispiel ersehen wir aus dem Anhang, daß x wie B_1, y wie B_2 und z wie B_3 transformiert wird. Aus der Spurentafel der Gruppe folgt also

$$\begin{aligned} Ex &= x & Ey &= y \\ C_{2x}x &= x & C_{2x}y &= -y \\ C_{2y}x &= -x & C_{2y}y &= y \\ C_{2z}x &= -x & C_{2z}y &= -y \end{aligned}$$

und daher

$$\begin{aligned} E(xy) &= (\ x)(\ y) = xy \\ C_{2x}(xy) &= (\ x)(-y) = -xy \\ C_{2y}(xy) &= (-x)(\ y) = -xy \\ C_{2z}(xy) &= (-x)(-y) = xy. \end{aligned}$$

Die Funktion xy wird daher unter den Gruppenoperationen wie B_3 transformiert. Auf ähnliche Weise zeigt man, daß sich yz wie B_1 und zx wie B_2 verhält. Wenn also x, y, und z zu einer eindimensionalen Darstellung der Gruppe gehören, so kann man leicht die Funktionen zweiten Grades geeigneten irreduziblen Darstellungen zuordnen. Wenn x, y und z jedoch zu einer Darstellung gehören, deren Dimension größer als 1 ist, d. h. zu entarteten Darstellungen, so muß man genau wissen, wie sich x, y und z unter den Operationen der Gruppe verhalten, d. h., man muß die Matrizen selbst kennen und nicht nur deren Spuren. Für diese Fälle sind die Funktionen x^2, y^2, z^2, yz, zx und xy in den Tabellen im Anhang mit aufgenommen.

Einige weitere Diskussionen über das Problem der Bestimmung von Basisfunktionen für irreduzible Darstellungen einiger Punktgruppen findet man im Teil II der Arbeit von Bethe (1929), die in Teil 2 dieses Buches aufgenommen wurde (S. 310).

Wir haben in Abschnitt 2.9 über das direkte Produkt zweier Gruppen gesprochen. Der Ausdruck *direktes Produkt* kann jedoch ebenso mit anderer Bedeutung verwendet werden. Man kann ein direktes Produkt von zwei Darstellungen einer Gruppe besitzen. Nehmen wir an, daß $\boldsymbol{u}\left(=(u_1, u_2, u_3)\right)$ und $\boldsymbol{v}\left(=(v_1, v_2, v_3)\right)$ zwei Basen der zwei dreidimensionalen Darstellungen $\boldsymbol{D}_1(R)$ und $\boldsymbol{D}_2(R)$ einer Gruppe $\boldsymbol{G}$ sind. Die Größen $u_i v_j$ $(i, j = 1, 2, 3)$ sind dann die Komponenten eines neundimensionalen Vektors $(u_1 v_1, u_1 v_2, u_1 v_3, u_2 v_1, u_2 v_2, u_2 v_3, u_3 v_1, u_3 v_2, u_3 v_3)$. Man kann zeigen, daß dieser Vektor $u_i v_j$ ebenfalls die Basis einer gewissen Darstellung von $\boldsymbol{G}$ bildet, die man als *direktes Produkt* oder als Kronecker-*Produkt* der beiden Darstellungen $\boldsymbol{D}_1(R)$ und $\boldsymbol{D}_2(R)$ bezeichnet. Die Spur eines Elementes in der Darstellung durch das direkte Produkt findet man durch Multiplikation seiner Spuren in den Darstellungen $\boldsymbol{D}_1(R)$ und $\boldsymbol{D}_2(R)$ (siehe Übung 14 am Ende dieses Kapitels). Die Produktdarstellung identifiziert man dann an Hand der Spurentafel, die sie entweder als reduzibel oder als irreduzibel ausweist. Zum Beispiel können wir für die Gruppe am Quadrat die Spurentafel in Tabelle 14 verwenden und damit die Spuren von zahlreichen Produktdarstellungen berechnen, z. B.

	E	C_{2z}	$C_{4z}^{\pm}$	σ_x, σ_y	σ_1, σ_2
$A_1 \otimes B_1$	1	1	-1	1	-1

Diese ist daher (a) irreduzibel und (b) gleich B_1. Alles in allem gibt es eine große Zahl von Darstellungen durch ein direktes Produkt. In diesem Falle sind alle bis auf eine

Ausnahme irreduzibel. Die Ausnahme ist $E \otimes E$, deren Spur man mit Hilfe von Tabelle 14 berechnet, wonach man zeigen kann, daß sie gerade die Summe der Spuren aller vier eindimensionalen Darstellungen darstellt.

	E	C_{2z}	$C_{4z}^{\pm}$	σ_x, σ_y	σ_1, σ_2
$E \otimes E$	4	4	0	0	0

Dies drückt man auch durch die Schreibweise

$$E \otimes E = A_1 + A_2 + B_1 + B_2$$

aus.

3.4. Bravais-Gitter

In den vorangehenden zwei Abschnitten haben wir uns mit makroskopischen Symmetrieeigenschaften von Kristallen befaßt. Das Studium von Bravais-Gittern bedeutet eine notwendige Vorarbeit für das Studium der internen Struktur von Kristallen. Ein Gitter ist eine (dreidimensionale) Anordnung mathematischer Punkte (die also zwar eine Position, aber keine Masse besitzen), die der Bedingung genügen, daß jeder Gitterpunkt genau dieselbe Umgebung besitzt. Diese Punkte stellen nicht notwendig Atome oder Moleküle innerhalb des Kristalls dar. Als mathematische Punkte besitzen sie auch für sich allein keine Symmetrieeigenschaften. Das Studium von Bravais-Gittern betrifft daher nur die Anordnung dieser Gitterpunkte im Raum. Bravais hat bewiesen (1849), daß die Punkte nur auf vierzehn verschiedene Arten so angeordnet werden können, daß sie der Gitterbedingung genügen. Die einfachste Art der Darstellung solcher Gitter in zweidimensionalen Zeichnungen besteht darin, daß man jeweils nur eine „Zelleinheit" angibt. Durch Wiederholung einer großen Zahl dieser Zelleinheiten ist es möglich, das vollständige Gitter zu konstruieren. Diese BRAVAIS-Gitter kann man den sieben Kristallklassen zuweisen, indem man die Hauptsymmetrieachsen des Gitters aufdeckt, oder, wenn es sich um rhombische oder die kubische Klasse handelt, indem man eine geeignete Zahl von zweizähligen und dreizähligen Achsen festlegt. Abb. 19 zeigt alle BRAVAIS-Gitter, geordnet nach dem dazugehörigen Kristallsystem. Eine Bemerkung bezüglich der zur Illustration von BRAVAIS-Gittern verwendeten Zelleinheiten ist noch nötig. Es handelt sich dabei nicht um die kleinsten Einheiten, die man hätte wählen können, diese zeigen jedoch die Symmetrieeigenschaften besser als irgendeine andere Einheit. Man braucht sie weder in allen Einzelheiten zu beschreiben, noch ist es notwendig, daß man versucht zu zeigen, daß sie die einzig möglichen sind. Die Buchstaben C, I und F verwenden wir zur Bezeichnung von BRAVAIS-Gittern, die aus den entsprechenden primitiven (P) Gittern durch Hinzunahme weiterer Gitterpunkte abgeleitet wurden, und zwar durch Hinzunahme von Punkten im Zentrum aller Paare von gegenüberliegenden Seiten, im „körperlichen Zentrum" der Zelleinheit oder im Zentrum jeder Fläche der Zelleinheit.

Die Tatsache, daß in makroskopischen Kristallen nur Symmetrieachsen der Ordnung 1, 2, 3, 4 oder 6 vorkommen, beruht darauf, daß jeder Kristall auf einem oder mehreren dieser vierzehn BRAVAIS-Gittern aufbaut und daß darin nur diese Symmetrieachsen auftreten.

Jedem BRAVAIS-Gitter entspricht eine unendliche Gruppe von Translationsoperationen. Dies läßt sich an Hand des zweidimensionalen Falls in Abb. 20 illustrieren. Wenn $\boldsymbol{t}_1$ und $\boldsymbol{t}_2$ die Vektoren $\boldsymbol{OA}$ und $\boldsymbol{OB}$ vom Gitterpunkt $\boldsymbol{O}$ zu zwei seiner nächsten Nachbarn sind, dann gibt es eine Gruppe von Symmetrieoperationen, die man durch $(m\boldsymbol{t}_1 + n\boldsymbol{t}_2)$ bezeichnen kann, wobei m und n ganze Zahlen sind. Diese Operationen entsprechen einer körperhaften Bewegung des Gitters ohne Rotation über

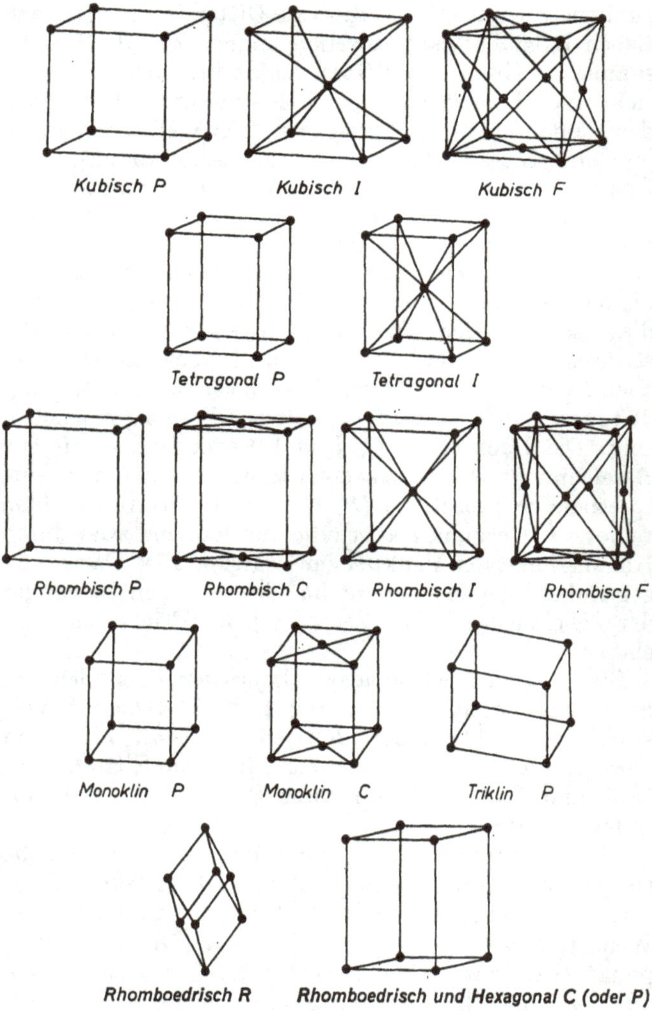

Abb. 19. Die 14 BRAVAIS-Gitter (PHILLIPS 1963)

eine Distanz, die dem Vektor $(m\boldsymbol{t}_1 + n\boldsymbol{t}_2)$ entspricht. Das Gitter gelangt dadurch in eine andere Lage, wobei jeder Punkt eine Position einnimmt, in der früher auch ein Punkt war. Da ein Bravais-Gitter ein ideales Gitter darstellt, ist es unendlich ausgedehnt und in seiner neuen Lage von der alten Lage nicht unterscheidbar. Diese Symmetrieoperationen bilden eine unendliche Gruppe,

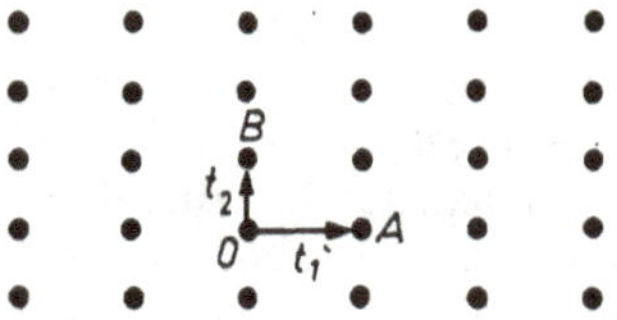

Abb. 20

in der die Gruppenmultiplikation durch die Vektoraddition der Größen $(m\boldsymbol{t}_1 + n\boldsymbol{t}_2)$ für diese zwei Elemente definiert ist. Diese Gruppe bezeichnen wir kurz mit $\boldsymbol{T}$. Ein Bravais-Gitter weist auch die maximale Rotations- und Reflexionssymmetrie seines eigenen Kristallsystems auf. (Diese Punktgruppe heißt oft *holosymmetrische* Punktgruppe dieses Systems. In der Mathematik bezeichnet man sie auch als *Holohedrie* des Bravais-Gitters.)

3.5. Raumgruppen

Jeder Kristall ist aus einem oder mehreren Bravais-Gittern aufgebaut, indem gleichartige Atomgruppen um jeden der Gitterpunkte angeordnet sind. Eine wichtige Art von Raumgruppen erhält man, indem man von einem Bravais-Gitter ausgeht und um jeden der Gitterpunkte eine Anzahl von Atomen gruppiert, welche die Symmetrie einer der Punktgruppen $\boldsymbol{G}$ besitzen, die mit der Symmetrie des Bravais-Gitters verträglich ist. Die hier beschriebene Situation führt dann offenbar auf zusammengesetzte Symmetrieoperationen des folgenden Typs: eine Operation der Punktgruppe $\boldsymbol{G}$, gefolgt von einer körperhaften Bewegung (oder „Translation") des Bravais-Gitters, d. h. einer Operation von $\boldsymbol{T}$. Alle möglichen Operationen dieses Typs bilden wieder eine Gruppe, die man als *Raumgruppe* bezeichnet. Zur Unterscheidung von anderen Raumgruppenarten heißt dieser Typ von Raumgruppen *symmorph*. Es sind dreiundsiebzig Gruppen dieses Typs möglich.

Der zweite Raumgruppentyp tritt auf, wenn man einige oder alle Rotations- und Reflexionsachsen der Symmetrie durch *Schraubungsachsen* oder *Gleitreflexionsebenen* ersetzt. Dies läßt sich oft auf sehr verschiedenen Wegen erreichen. Die einzige Forderung, die einzuhalten ist, besteht darin, daß die Operationen eine Gruppe bilden müssen. Eine Schraubung ist eine zusammengesetzte Operation, die aus einer Rotation um eine Achse der Ordnung 1, 2, 3, 4 oder 6 zusammen mit einer geeigneten Bewegung in der Achsenrichtung besteht. Eine Gleitreflexion ist eine zusammengesetzte Operation, die aus einer Reflexion an einer Ebene und einer geeigneten Bewegung in der Ebene besteht. Die Bewegung muß so beschaffen sein, daß für zwei sukzessive Gleitreflexionen, oder für n sukzessive Schraubungen, wobei n die Ordnung der Achse ist, der Gesamteffekt der Operationen gerade der Wirkung eines Elements der Gruppe $\boldsymbol{T}$ des Bravais-Gitters entspricht. Eine Wendeltreppe ist ein Beispiel für ein Objekt, das eine Schraubungsachse besitzt, während die Situation in Abb. 21 eine Gleitfläche

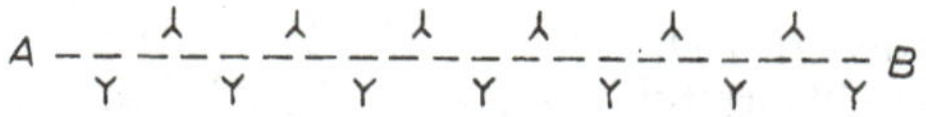

Abb. 21. Illustration einer Gleitebene der Symmetrie

durch AB senkrecht zur Zeichenebene darstellt. Wenn in einer Raumgruppe Schraubungsachsen und Gleitebenen auftreten, so nennt man die Raumgruppe *nichtsymmorph*. Es gibt 157 nicht-symmorphe Raumgruppen. Insgesamt gibt es also 230 Raumgruppen beider Typen. Etwas mehr über Raumgruppen findet man in Abschnitt 1 einer Arbeit von SEITZ (1936), die wir unter Teil 2 vor allem in Zusammenhang mit Abschnitt 6.5 wegen der Symmetrieeigenschaften der Wellenfunktionen von Elektronen in Festkörperkristallen aufgenommen haben. Eine in alle Einzelheiten gehende Liste aller 230 Raumgruppen ist in den von der International Union of Crystallography veröffentlichten Tabellen enthalten (1952).

3.6. *Seitzsche Raumgruppensymbole*

Wir haben gesehen, daß im allgemeinen jede zu einer Raumgruppe gehörende Operation aus zwei Teilen besteht. Der erste Teil wird durch eine Punktgruppenoperation gebildet, nämlich durch eine Rotation oder Reflexion, der andere Teil durch eine körperhafte Bewegung oder Translation des Gitters. Wenn die Punktgruppenoperation den Vektor $\boldsymbol{x}\big(=(x, y, z)\big)$ in den Vektor $\boldsymbol{x}'\big(=(x', y', z')\big)$ überführt, so kann sie durch $\boldsymbol{R}$ bezeichnet werden, wobei $\boldsymbol{R}$ für eine 3×3-Matrix steht, für die $\boldsymbol{x}' = \boldsymbol{R}\boldsymbol{x}$. Wenn der Translationsteil der Raumgruppenoperation nur einen Vektor $\boldsymbol{t}$ zum Vektor eines beliebigen Punktes hinzufügt, so kann man die Raumgruppenoperation durch das SEITZ*sche Raumgruppensymbol* $\{\boldsymbol{R} \mid \boldsymbol{t}\}$ bezeichnen. Der Effekt der mit $\{\boldsymbol{R} \mid \boldsymbol{t}\}$ bezeichneten Raumgruppenoperation besteht dann darin, daß sie den Vektor $\boldsymbol{x}$ in den Vektor $\boldsymbol{x}'$ überführt, wobei gilt

$$\boldsymbol{x}' = \boldsymbol{R}\boldsymbol{x} + \boldsymbol{t}\,.$$

Das SEITZsche Raumgruppensymbol bietet einen bequemen Weg zur Bezeichnung der Multiplikation zweier Raumgruppenoperationen. Die Regel für die Gruppenmultiplikation erhält bei dieser Schreibweise die Form

$$\{\boldsymbol{R}_2 \mid \boldsymbol{t}_2\}\{\boldsymbol{R}_1 \mid \boldsymbol{t}_1\} = \{\boldsymbol{R}_2\boldsymbol{R}_1 \mid \boldsymbol{R}_2\boldsymbol{t}_1 + \boldsymbol{t}_2\}\,.$$

Dies sieht man auf die folgende Weise ein. Wenn $\{\boldsymbol{R}_1 \mid \boldsymbol{t}_1\}$

auf $\boldsymbol{x}$ wirkt, so entsteht $\boldsymbol{x}'$, d. h.

$$\boldsymbol{x}' = \boldsymbol{R}_1\boldsymbol{x} + \boldsymbol{t}_1$$

und

$$\begin{aligned}\{\boldsymbol{R}_2|\boldsymbol{t}_2\}\{\boldsymbol{R}_1|\boldsymbol{t}_1\}\boldsymbol{x} &= \{\boldsymbol{R}_2|\boldsymbol{t}_2\}\boldsymbol{x}' = \boldsymbol{R}_2\boldsymbol{x}' + \boldsymbol{t}_2 \\ &= \boldsymbol{R}_2(\boldsymbol{R}_1\boldsymbol{x} + \boldsymbol{t}_1) + \boldsymbol{t}_2 = (\boldsymbol{R}_2\boldsymbol{R}_1)\boldsymbol{x} + (\boldsymbol{R}_2\boldsymbol{t}_1 + \boldsymbol{t}_2).\end{aligned}$$

Dies ist aber äquivalent dem SEITZschen Raumgruppensymbol $\{\boldsymbol{R}_2\boldsymbol{R}_1|\boldsymbol{R}_2\boldsymbol{t}_1 + \boldsymbol{t}_2\}$, welches das gewünschte Ergebnis darstellt. Man kann dieses Ergebnis zur Konstruktion der Gruppenmultiplikationstafel für jede gewünschte Raumgruppe verwenden, oder wenigstens zur Konstruktion eines Teiles davon, da es sich natürlich um eine unendliche Gruppe handelt. Das inverse Element zu $\{\boldsymbol{R}_1|\boldsymbol{t}_1\}$ ist $\{\boldsymbol{R}_1^{-1}|-\boldsymbol{R}_1^{-1}\boldsymbol{t}_1\}$, wie man leicht durch Multiplikation der beiden Elemente nachweisen kann. Diese Symbolik wurde zuerst von SEITZ eingeführt (1936), der die Bezeichnungsweise $\{\alpha|t\}$ an Stelle von $\{\boldsymbol{R}|\boldsymbol{t}\}$ verwendete (siehe Teil 2, S. 327).

Das Symbol $\{\boldsymbol{R}|\boldsymbol{t}\}$ verwendet man zur Bezeichnung einer Operation, die auf einen Vektor $\boldsymbol{x}$, also einen Punkt des Raumes, wirkt. Man verwendet auch ein weiteres Symbol $[\boldsymbol{R}|\boldsymbol{t}]$. Es bezeichnet den entsprechenden *Operator in einem Funktionsraum.* Zur Illustration dessen nehmen wir an, daß $\Psi(\boldsymbol{x})$ eine Funktion von $\boldsymbol{x}$ ist und daß die durch $\{\boldsymbol{R}|\boldsymbol{t}\}$ bezeichnete Raumgruppenoperation auf die Punkte des Raumes angewandt wird. Der Wert von $\Psi(\boldsymbol{x})$ an der Stelle $\boldsymbol{x}$ ist dann numerisch gleich dem Wert einer gewissen neuen Funktion von $\boldsymbol{x}'$, nachdem die Operation ausgeführt wurde. Wir schreiben für diese neue Funktion $\Psi'(\boldsymbol{x}')$, so daß

$$\Psi'(\boldsymbol{x}') = \Psi(\boldsymbol{x}).$$

Wir können sagen, daß die Funktion $\Psi'(\boldsymbol{x}')$ durch Anwendung eines mit $[\boldsymbol{R}|\boldsymbol{t}]$ bezeichneten Funktionenraum-Operators auf die Funktion $\Psi(\boldsymbol{x}')$ entsteht, d. h. $\Psi'(\boldsymbol{x}') =$

$= [\boldsymbol{R}\,|\,\boldsymbol{t}]\,\Psi(\boldsymbol{x}')$. Also gilt

$$[\boldsymbol{R}\,|\,\boldsymbol{t}]\Psi(\boldsymbol{x}') = \Psi(\boldsymbol{x}),$$

oder auch

$$[\boldsymbol{R}\,|\,\boldsymbol{t}]\Psi(\boldsymbol{x}) = \Psi(\{\boldsymbol{R}\,|\,\boldsymbol{t}\}^{-1}\boldsymbol{x}).$$

Diese Gleichung läßt sich zur Definition von $[\boldsymbol{R}\,|\,\boldsymbol{t}]$ verwenden. $\{\boldsymbol{R}\,|\,\boldsymbol{t}\}$ und $[\boldsymbol{R}\,|\,\boldsymbol{t}]$ werden leicht verwechselt. Einige weitere Betrachtungen zu dem Thema findet man bei Johnston (1960), S. 109.

Eine symmorphe Raumgruppe besteht aus den Produkten aller Elemente einer gewissen Punktgruppe $\boldsymbol{G}$ mit allen Elementen der Translationsgruppe $\boldsymbol{T}$ eines Bravais-Gitters. Wenn $\{E\,|\,\boldsymbol{t}_n\}$ ein spezielles Element der Gruppe $\boldsymbol{T}$ ist, so läßt sich die Raumgruppe schreiben als

$$\boldsymbol{S} = \{E\,|\,0\}\boldsymbol{G} + \{E\,|\,\boldsymbol{t}_1\}\boldsymbol{G} + \cdots + \{E\,|\,\boldsymbol{t}_n\}\boldsymbol{G} + \cdots$$

Die Elemente $\{E\,|\,\boldsymbol{t}_n\}$ sind im allgemeinen mit den Punktgruppenoperationen von $\boldsymbol{G}$ nicht vertauschbar, so daß die Raumgruppe $\boldsymbol{S}$ kein direktes Produkt darstellt (siehe Abschnitt 2.9). Wir werden auf das Problem der Bestimmung der irreduziblen Darstellungen sowohl der symmorphen als auch der nicht-symmorphen Raumgruppen später zurückkommen (siehe die Kapitel V und VI).

Schließlich gibt es gewisse Gruppen von Symmetrieoperationen, die in Festkörperkristallen wegen der Gitterforderungen nicht auftreten können. Trotzdem spricht nichts dagegen, daß ein isoliertes Molekül die Symmetrie einer dieser Gruppen haben kann. Die einfachste Art von Punktgruppen dieses Typs sind solche mit fünfzähligen Symmetrieachsen. Die diesen sogenannten „nichtkristallinen" Punktgruppen zugrunde liegende Theorie und deren Darstellung durch Gruppen unitärer Matrizen ist natürlich dieselbe wie für die gewöhnlichen kristallinen Punktgruppen.

Übungen

1. Man zeichne Stereogramme, die (a) die sechs Flächen eines Würfels und (b) die zwölf Flächen eines rhombischen Dodekaeders darstellen (siehe Abb. 6). Man markiere in jedem Stereogramm die vorhandenen Symmetrieachsen.

2. Man zeichne ein Stereogramm von der Erde und trage die folgenden Städte ein:
(a) Singapur, 1° n. Br., 104° ö. L.
(b) London, 52° n. Br., 0° ö. L.
(c) Leopoldville, 4° s. Br., 15° ö. L.
(d) New York, 41° n. Br., 74° w. L.
(e) Peking, 40° n. Br., 116° ö. L.
(f) Moskau, 56° n. Br., 38° ö. L.
(g) Buenos Aires, 35° s. Br., 58° w. L.
(h) Canberra, 35° s. Br., 149° ö. L.

3. Man identifiziere alle Symmetrieelemente, die in den Punktgruppen auftreten, deren Stereogramme in Abb. 22 gegeben sind.

4. Man zeige, daß eine Anordnung von Punkten, die ein Gitter darstellt, keine fünfzählige Rotationsachse besitzen kann.

5. Man leite die Spurentafel der Punktgruppe 3 und 32 (siehe Abb. 16) ab und verwende dazu die Methode aus Abschnitt 2.8. Man leite hierauf die Spurentafeln der übrigen rhomboedrischen Punktgruppen her.

6. Man zeige, daß eine Inversionsachse der Ordnung 2 äquivalent einer Reflexionsebene der Symmetrie ist.

7. Als eindimensionales Modell für ein BRAVAIS-Gitter seien eine große Zahl (N) von Punkten gleichmäßig längs des Umfangs eines Kreises angebracht. Als Elemente einer Gruppe betrachte man die Operationen, welche alle Punkte im Uhrzeigersinn um n Plätze weiterbewegen, $n = 0, 1, 2, \ldots, N$. Man leite die Spurentafel dieser Gruppe her.

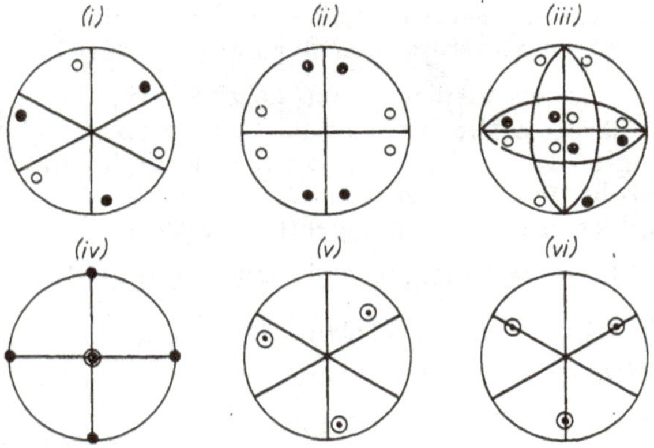

Abb. 22

8. Für jede der folgenden Funktionen gebe man eine irreduzible Darstellung der Gruppe am Quadrat an, für welche diese Funktion eine Basisfunktion ist. Man gebe also an, zu welcher Darstellung die Funktion gehört:

(a) $x^2 + y^2$, (d) (x, y),

(b) $x^2 - y^2$, (e) z^2,

(c) xy, (f) (x^3, y^3).

9. Man ordne die Funktionen x^2, y^2, z^2, yz, zx und xy den irreduziblen Darstellungen der folgenden Punktgruppen zu: (a) $2mm(C_{2v})$, (b) $4mm(C_{4v})$, (c) $\bar{4}(S_4)$.

10. Man ordne die Funktionen x, y, z, x^2, y^2, z^2, yz, zx und xy den irreduziblen Darstellungen der folgenden direkten Produkte von Gruppen zu: (a) $6/m(C_{6h})$, (b) $mmm(D_{2h})$, (c) $4/mmm(D_{4h})$, (d) $m3(T_h)$.

11. Für einen Vektor (x, y, z), der eine Basis einer Darstellung der Gruppe am Quadrat bildet, leite man seine repräsentative Matrix und deren Spur her. Wenn diese

Darstellung reduzibel ist, welche irreduziblen Darstellungen der Gruppe am Quadrat erscheinen?

12. Man schreibe alle möglichen Darstellungen durch ein direktes Produkt für die Gruppe am Quadrat an, ausgenommen $E \otimes E$ (bezüglich der Spurentafel siehe Tabelle 14). Man zeige, daß sich nur irreduzible Darstellungen ergeben, und identifiziere diese.

13. Die acht SEITZschen Raumgruppensymbole

$\{E\,\vert\,000\}$	$\{C_{2x}\,\vert\,1/2\;1/2\;0\}$
$\{C_{4z}^{+}\,\vert\,001/2\}$	$\{C_{2y}\,\vert\,1/2\;1/2\;0\}$
$\{C_{2z}\,\vert\,000\}$	$\{C_{2a}\,\vert\,1/2\;1/2\;1/2\}$
$\{C_{4z}^{-}\,\vert\,00\;1/2\}$	$\{C_{2b}\,\vert\,1/2\;1/2\;1/2\}$,

wobei der mit der Punktgruppenoperation R im Symbol $\{R\,|\,t_1 t_2 t_3\}$ assoziierte Translationsvektor der Vektor $t_1 a\boldsymbol{i} + t_2 b\boldsymbol{j} + t_3 c\boldsymbol{k}$ ist, beschreiben die Raumgruppe $P4_22_12$. Man zeige durch Bildung der Multiplikationstafel dieser Elemente, daß diese keine endliche Gruppe der Ordnung 8 bilden, sondern daß die Raumgruppe eine Gruppe unendlicher Ordnung ist.

14. $\boldsymbol{D}_1(R)$ und $\boldsymbol{D}_2(R)$ seien zweidimensionale Darstellungen einer Gruppe $\boldsymbol{G}$. Man bestimme die Matrix des Elementes R in der Darstellung durch das KRONECKER-Produkt, ausgedrückt durch die Elemente der Matrizen $\boldsymbol{D}_1(R)$ und $\boldsymbol{D}_2(R)$.

15. Man gebe die Multiplikationsregel für die durch $[\boldsymbol{R}\,|\,\boldsymbol{t}]$ definierten Funktionenraum-Operatoren an.

KAPITEL IV

Rotationsgruppen, symmetrische Gruppen und Lorentz-Gruppen

4.1. Die Rotationsgruppe

In Kapitel III haben wir einen kurzen Überblick über die zweiunddreißig kristallographischen Punktgruppen gegeben. Diese lassen sich in zwei Kategorien unterteilen, eine Einteilung, die für unsere gegenwärtigen Zwecke sehr nützlich ist. Eine Kategorie besteht aus jenen Punktgruppen, in denen nur reine Rotationen auftreten, z. B. 32, 622, 432 usw., die andere Kategorie besteht aus den übrigen Punktgruppen, die auch Reflexionsebenen enthalten, d. h. auch Inversionen usw., z. B. mmm, $\bar{3}$, $\bar{4}3m$. Wir beschränken nun unsere Aufmerksamkeit auf Punktgruppen der ersten Kategorie. Jede dieser Gruppen ist eine Untergruppe der sogenannten (*vollen*) *Rotationsgruppe* in drei Dimensionen, und jede davon ist die Gruppe von Symmetrieoperationen an einem gewissen regulären Festkörper. Die Rotationsgruppe im Dreidimensionalen ist die Gruppe aller Rotationen der Symmetrie einer Kugel. Wie die Operationen der Punktgruppen ändern daher die Elemente der Rotationsgruppe nur die Richtung eines Vektors, nicht aber seine Länge.

Um die Rotationsgruppe nutzbringend verwenden zu können, muß es möglich sein, irgendeine Rotation der Kugel quantitativ zu beschreiben, d. h., man muß die Achse festlegen, um welche die Rotation erfolgt. Dazu sind zwei Winkel zur vollständigen Festlegung ausreichend. Zusammen mit dem Winkel, um den die Kugel gedreht wird, sind das also drei Winkel, welche eine allgemeine Rotation einer Kugel bestimmen. Die drei zur Spezifikation einer Rotation verwendeten Winkel heißen EULER*sche Winkel*. Gegenwärtig verwendet man eine große Zahl verschiedener Definitionen der Eulerschen Winkel. Wir folgen hier der Bezeichnungsweise von Wigner (1959). Wir denken uns im Mittelpunkt der Kugel ein kartesisches Achsenkreuz verankert, das ein Rechtssystem $Oxyz$ bilden soll (siehe Abb. 23). Eine allgemeine Rotation der Kugel läßt sich dann durch drei sukzessive spezielle Rotationen beschreiben, eine erste Rotation um die z-Achse um den Winkel γ, wobei die x- und die y-Achse in die neuen Positionen Ox' und Oy' (Abb. 23) übergehen. Die zweite Rotation erfolgt um den Winkel β um die neue y-Achse Oy' (Abb. 24). Der

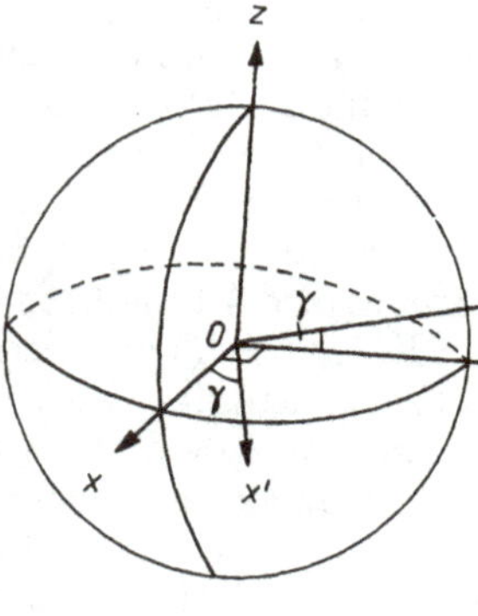

Abb. 23

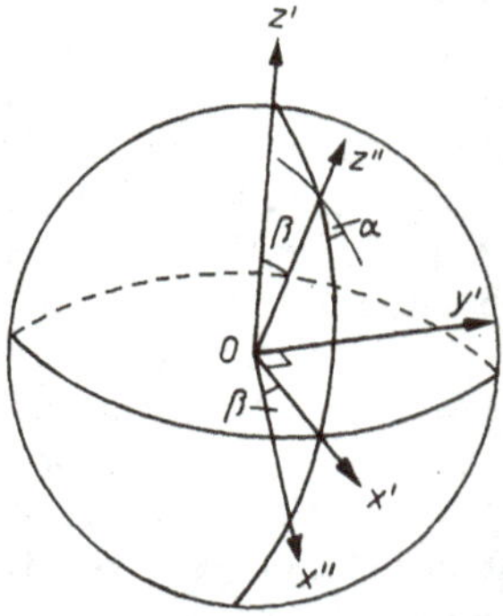

Abb. 24

dritte Winkel α ist dann der Winkel, um den die Kugel um die endgültige Lage der z-Achse Oz'' gedreht wird. In allen Fällen sind die Winkel positiv zu rechnen, wenn die Rotationen in einem Sinn erfolgen, wie er in Abb. 23 und Abb. 24 dargestellt ist, und negativ, wenn die Rotationsrichtungen entgegengesetzt sind. Jede Rotation der Kugel ist durch eine derartige Menge von Eulerschen Winkeln, α, β, γ vollständig festgelegt. Als Beispiel nehmen wir eine Rotation um 180° um die x-Achse. An Hand einiger einfacher Skizzen erkennt man leicht, daß für diesen Fall $\gamma = 0$, $\beta = \pi$, $\alpha = \pi$ ist. Für alle Punktgruppenoperationen kann man zeigen, daß für sie die Winkel α, β, γ stets einfache Werte 0, π oder $\pi/2$ haben. Es handelt sich nämlich dabei immer um relativ einfache Typen von Rotationen. Diese Operationen sind also einfache Elemente der vollständigen Rotationsgruppe der Kugel, in der α, β, γ beliebige Werte annehmen dürfen.

Alle möglichen Wertetripel für α, β und γ bilden die Gruppe, die als Rotationsgruppe bekannt ist und die daher aus allen möglichen Rotationen um alle möglichen Durchmesser der Kugel besteht. Die Gruppenmultiplikation von zwei Rotationen ist durch die Hintereinanderausführung der beiden Operationen festgelegt. Die einzelne Operation, welche die Kugel in die dritte Position überführt, ist dann als Produkt der beiden Operationen definiert. Die Rotationsgruppe ist keine endliche Gruppe, wie etwa eine der Punktgruppen. Sie unterscheidet sich in gewisser Beziehung auch von den in Kapitel II diskutierten unendlichen Gruppen. Die Winkel α, β und γ, welche ein Element der Rotationsgruppe festlegen, können sich stetig ändern. Man nennt diese Gruppe daher eine *kontinuierliche* Gruppe. Die Rotationsgruppe bietet ein Beispiel für eine LIE-*Gruppe*. Wir beabsichtigen nicht, hier eine allgemeine Diskussion der LIE-Gruppen zu geben. Wir wollen jedoch einige Gruppen besprechen, die in der Tat LIE-Gruppen sind, nämlich zum Beispiel

1. die Gruppe aller unitären 2×2-Matrizen,

2. die Gruppe der Rotationen im dreidimensionalen Raum und

3. die LORENTZ-Gruppe (siehe Abschnitt 4.6).

Eine Diskussion der LIE-Gruppen findet man bei HAMERMESH (1962) und ebenso bei ROWLATT (1966).

Im allgemeinen gilt: Wenn ein Objekt einer Rotation um eine bestimmte Achse unterworfen wird und anschließend einer Rotation um eine zweite Achse, so ist die resultierende Position nicht unabhängig von der Reihenfolge, in der die Rotationen ausgeführt werden. Dieses bedeutet, daß die Elemente der Rotationsgruppe bei der Gruppenmultiplikation nicht vertauschbar sind. Die Rotationsgruppe ist daher keine ABELsche Gruppe. Dies läßt sich leicht beweisen. Man betrachte die zwei Punktgruppenoperationen C_{4z}^+ und C_{2z} aus Abschnitt 3.2 als Operationen, die auf die Achsen $Oxyz$ wirken (nicht auf den Vektor (x, y, z)).[1] Man bildet nun leicht die Produkte $C_{2a}C_{4z}^+$ und $C_{4z}^+C_{2a}$. Das erste Produkt $C_{2a}C_{4z}^+$ findet man durch Rotation der Achsen in Abb. 25 (2)

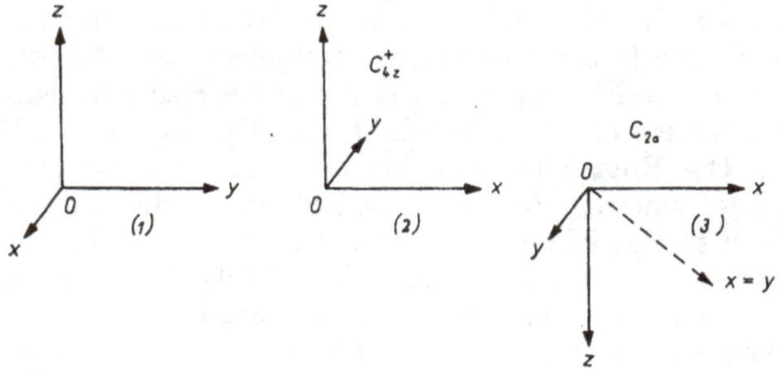

Abb. 25

um die neue Position von $x = y$, und dies führt auf Abb. 26 (1). Auf ähnliche Weise erhält man unter Verwendung von C_{4z}^+ in Abb. 25 (3) das Ergebnis $C_{4z}^+C_{2a}$ in Abb. 26 (2). Diese beiden Ergebnisse unterscheiden sich. $C_{2a}C_{4z}^+$ entspricht einer Rotation um 180° um die

[1]) Bisher haben wir die Operationen der Punktgruppen immer so aufgefaßt, daß sie auf die Punkte des Raumes wirken (= *aktive* Operationen) und nicht auf die Achsen des Koordinatensystems (= *passive* Operationen), auf die die Koordinaten der Punkte bezogen sind. Die beiden Auffassungen sind verschieden, sie sind jedoch äquivalent. Eine Rotation der Punkte des Raumes um einen Winkel θ um eine Achse ist äquivalent einer Rotation der Achsen des Koordinatensystems um den Winkel $-\theta$ um dieselbe Achse. Für eine Folge von aktiven Operationen bleiben die Symmetrieelemente im Raum fest verankert, für eine Folge von passiven Operationen bewegen sich jedoch die Symmetrieelemente mit den Achsen mit.

y-Achse (C_{2y}), während $C_{4z}^+ C_{2a}$ einer Rotation um 180° um die x-Achse (C_{2x}) entspricht. Damit ist wenigstens für diesen Fall bewiesen, daß Rotationen um verschiedene Achsen nicht vertauschbar sind.

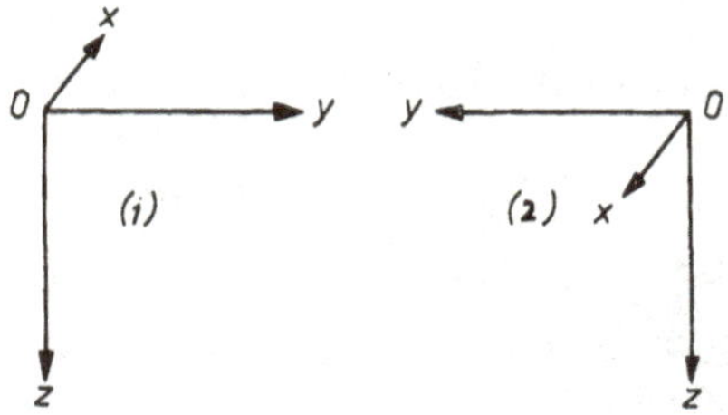

Abb. 26

4.2. *Die Darstellungen der Rotationsgruppe*

In Abschnitt 2.5 haben wir die Matrixdarstellungen der zweidimensionalen irreduziblen Darstellung E der Gruppe am Quadrat $4mm$ gefunden, indem wir die Wirkung jeder einzelnen Rotation, aus denen die Gruppe besteht, auf den Vektor (x, y) betrachtet haben. Wir haben auch gesagt, daß die Komponenten x und y des Vektors eine Basis der Darstellung bilden. Auf ähnliche Weise kann man eine Darstellung der Rotationsgruppe finden, indem man die Wirkung auf den Vektor (x, y, z) untersucht. Aus später ersichtlichen Gründen untersuchen wir jedoch in diesem Fall nicht die Wirkung einer Rotation α, β, γ auf den Vektor (x, y, z), sondern wir betrachten ihre Wirkung auf den Vektor $\left(-(x + iy), \sqrt{2}\, z, +(x - iy)\right)$, den wir der Kürze halber durch (X, Y, Z) bezeichnen.

Eine Rotation der Achsen $Oxyz$ um $+\gamma$, wie sie bei der Definition der $\{\alpha, \beta, \gamma\}$ verwendet wurde, entspricht einer Rotation des Vektors (x, y, z) um einen entgegengesetzt gleich großen Winkel $-\gamma$. Das bedeutet, daß die Koordinaten des Punktes P, x, y, z durch die Koordinaten

x', y', z' zu ersetzen sind, wobei aus Abb. 27 folgt, daß

$$x' = x \cos\gamma + y \sin\gamma$$
$$y' = -x \sin\gamma + y \cos\gamma$$
$$z' = z$$

oder nach algebraischen Umformungen dieser Gleichungen

$$X' = -(x' + iy') = -e^{-i\gamma}(x + iy) = e^{-i\gamma} X$$
$$Y' = \sqrt{2}\, z' \qquad = \sqrt{2}\, z \qquad = Y$$
$$Z' = +(x' - iy') = +e^{i\gamma}(x - iy) \;= e^{i\gamma} Z.$$

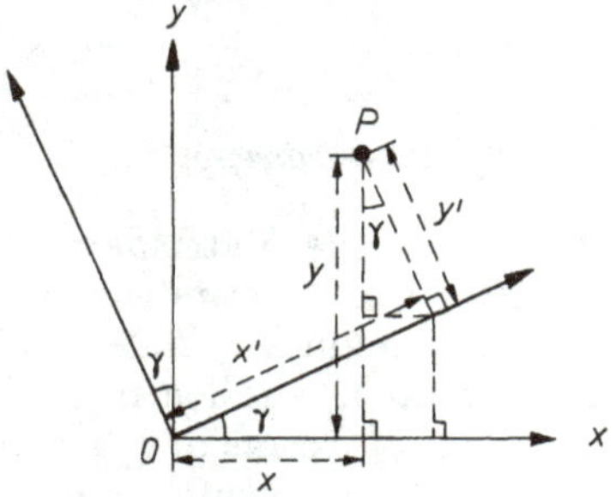

Abb. 27

Also ist

$$\begin{pmatrix} X' \\ Y' \\ Z' \end{pmatrix} = \begin{pmatrix} e^{-i\gamma} & 0 & 0 \\ 0 & 1 & 0 \\ 0 & 0 & e^{i\gamma} \end{pmatrix} \begin{pmatrix} X \\ Y \\ Z \end{pmatrix}.$$

Bei der Rotation um die neue Richtung der y'-Achse um den Winkel β gehen die Koordinaten x', y', z' des Punktes P über in x'', y'', z'', wobei gilt

$$z'' = z' \cos\beta + x' \sin\beta$$
$$x'' = -z' \sin\beta + x' \cos\beta$$
$$y'' = y'$$

in Analogie zum früheren Fall, so daß die neuen Werte der Funktionen X, Y, Z gegeben sind durch

$$\begin{pmatrix} X'' \\ Y'' \\ Z'' \end{pmatrix} = \begin{pmatrix} \frac{1+\cos\beta}{2} & \frac{\sin\beta}{\sqrt{2}} & \frac{1-\cos\beta}{2} \\ \frac{-\sin\beta}{\sqrt{2}} & \cos\beta & \frac{\sin\beta}{\sqrt{2}} \\ \frac{1-\cos\beta}{2} & \frac{-\sin\beta}{\sqrt{2}} & \frac{1+\cos\beta}{2} \end{pmatrix} \begin{pmatrix} X' \\ Y' \\ Z' \end{pmatrix}.$$

Die letzte Rotation um den Winkel α um die neue Richtung der z-Achse ändert die Koordinaten x'', y'', z'' des Punktes P ab in x''', y''', z''' und die Funktion X'', Y'', Z'' in X''', Y''', Z'''. Die Änderung erfolgt auf genau dieselbe Weise wie bei der ersten Rotation, so daß gilt

$$\begin{pmatrix} X''' \\ Y''' \\ Z''' \end{pmatrix} = \begin{pmatrix} e^{-i\alpha} & 0 & 0 \\ 0 & 1 & 0 \\ 0 & 0 & e^{i\alpha} \end{pmatrix} \begin{pmatrix} X'' \\ Y'' \\ Z'' \end{pmatrix}.$$

Die Matrixdarstellung einer allgemeinen Rotation $\{\alpha\beta\gamma\}$ ist daher gegeben durch

$$\begin{pmatrix} X''' \\ Y''' \\ Z''' \end{pmatrix} = \begin{pmatrix} e^{-i\alpha} & 0 & 0 \\ 0 & 1 & 0 \\ 0 & 0 & e^{i\alpha} \end{pmatrix} \begin{pmatrix} \frac{1+\cos\beta}{2} & \frac{+\sin\beta}{\sqrt{2}} & \frac{1-\cos\beta}{2} \\ \frac{-\sin\beta}{\sqrt{2}} & \cos\beta & \frac{+\sin\beta}{\sqrt{2}} \\ \frac{1-\cos\beta}{2} & \frac{-\sin\beta}{\sqrt{2}} & \frac{1+\cos\beta}{2} \end{pmatrix}$$

$$\begin{pmatrix} e^{-i\gamma} & 0 & 0 \\ 0 & 1 & 0 \\ 0 & 0 & e^{i\gamma} \end{pmatrix} \begin{pmatrix} X \\ Y \\ Z \end{pmatrix}$$

und ist daher

$$\begin{pmatrix} e^{-i\alpha}\,\frac{(1+\cos\beta)}{2}\,e^{-i\gamma} & e^{-i\alpha}\,\frac{\sin\beta}{\sqrt{2}} & e^{-i\alpha}\,\frac{(1-\cos\beta)}{2}\,e^{i\gamma} \\ \frac{-\sin\beta}{\sqrt{2}}\,e^{-i\gamma} & \cos\beta & \frac{+\sin\beta}{\sqrt{2}}\,e^{i\gamma} \\ e^{i\alpha}\,\frac{(1-\cos\beta)}{2}\,e^{-i\gamma} & -e^{i\alpha}\,\frac{\sin\beta}{\sqrt{2}} & e^{i\alpha}\,\frac{(1+\cos\beta)}{2}\,e^{i\gamma} \end{pmatrix}.$$

Die Matrizen dieser Form bilden, obwohl wir das nicht bewiesen haben, eine Darstellung der Rotationsgruppe, und eine Basis dieser Darstellung ist $\big(-(x+iy), \sqrt{2}\,z, +(x-iy)\big)$. Das ist natürlich keinesfalls die einzig mögliche Darstellung der Rotationsgruppe. Es gibt eine Darstellung $\boldsymbol{D}^j\{\alpha\beta\gamma\}$ der Dimension $(2j+1)$ für jeden ganzzahligen Wert von j, d. h. für $j = 0, 1, 2,$ usw. Die Darstellung, für die $j = 0$ ist eine eindimensionale Darstellung, und $\boldsymbol{D}^0\{\alpha\beta\gamma\} = 1$ für alle Rotationen $\{\alpha\beta\gamma\}$. Es existieren weitere zweiwertige Darstellungen der Dimensionen $(2j+1)$, wobei j eine der Zahlen 1/2, 3/2, 5/2 usw. ist. Die Darstellung für $j = 1/2$ mit der Dimension $(2j+1) = 2$ ist die einzige weitere Darstellung, die wir überhaupt betrachten wollen. Diese Darstellung ist die Gruppe aller möglichen unitären und unimodularen 2×2-Matrizen (eine unimodulare Matrix ist eine Matrix, deren Determinante 1 ist). Die Definition einer unitären Matrix ist in Abschnitt 2.4 gegeben worden. Obwohl wir das nicht gezeigt haben, ist es tatsächlich so, daß die Gesamtheit der unitären Matrizen einer gegebenen Dimension n eine Gruppe bilden, die man oft durch SU(n) oder durch SU$_n$ bezeichnet (Spezielle Unitäre Gruppe in n Dimensionen). Es besteht eine eineindeutige Korrespondenz[1])

[1]) Dies ist nicht ganz richtig. Genau genommen gibt es nur einen Homomorphismus von den unitären und unimodularen 2×2-Matrizen auf die Elemente der Rotationsgruppe. Man vergleiche hierzu den letzten Paragraphen dieses Abschnitts und Abschnitt 8.1.

zwischen den unitären und unimodularen 2×2-Matrizen und den Elementen der Rotationsgruppe. Für einen Beweis dieser Tatsache vergleiche man zum Beispiel WIGNER (1959), Kapitel 15. Die der Rotation $\{\alpha\beta\gamma\}$ entsprechende Matrix, das heißt die Matrix, welche diese Rotation repräsentiert, ist

$$\boldsymbol{D}^{1/2}\{\alpha\beta\gamma\} = \boldsymbol{u}$$
$$= \begin{pmatrix} e^{-i\alpha/2}\cos 1/2\,\beta \cdot e^{-i\gamma/2} & -e^{-i\alpha/2}\sin 1/2\,\beta \cdot e^{i\gamma/2} \\ e^{i\alpha/2}\sin 1/2\,\beta \cdot e^{-i\gamma/2} & e^{i\alpha/2}\cos 1/2\,\beta \cdot e^{i\gamma/2} \end{pmatrix}.$$

Ihre Determinante läßt sich berechnen und besitzt den Wert $+1$. Man kann zeigen, daß diese Matrix wirklich eine Darstellung der Rotation $\{\alpha\beta\gamma\}$ bietet, indem man die eine Darstellung definierende Gleichung (siehe Abschnitt 2.6)

$$\boldsymbol{D}^j\{\alpha_2\beta_2\gamma_2\}\,\boldsymbol{D}^j\{\alpha_1\beta_1\gamma_1\} = \boldsymbol{D}^j\{\alpha\beta\gamma\}$$

verwendet, wo die Rotation $\{\alpha\beta\gamma\}$ als Ergebnis der Hintereinanderausführung von $\{\alpha_1\beta_1\gamma_1\}$ und $\{\alpha_2\beta_2\gamma_2\}$ erscheint. Wir wollen das nur für einen Spezialfall zeigen und verwenden dazu die Rotationen aus Abb. 25 und Abb. 26. Die EULERschen Winkel sind

	α	β	γ
C_{4z}^+	0	0	$1/2\pi$
C_{2a}	$1/2\pi$	π	0
C_{2x}	π	π	0
C_{2y}	0	π	0

Setzt man diese Werte in den Ausdruck für $\boldsymbol{D}^{1/2}$ ein, so erhält man

$$\boldsymbol{D}^{1/2}(C_{4z}^+) = \begin{pmatrix} \frac{1-i}{\sqrt{2}} & 0 \\ 0 & \frac{1+i}{\sqrt{2}} \end{pmatrix}, \qquad \boldsymbol{D}^{1/2}(C_{2x}) = \begin{pmatrix} 0 & i \\ i & 0 \end{pmatrix}$$

$$\boldsymbol{D}^{1/2}(C_{2a}) = \begin{pmatrix} 0 & \dfrac{-1+i}{\sqrt{2}} \\ \dfrac{1+i}{\sqrt{2}} & 0 \end{pmatrix}, \quad \boldsymbol{D}^{1/2}(C_{2y}) = \begin{pmatrix} 0 & -1 \\ 1 & 0 \end{pmatrix}.$$

Wir können leicht zeigen, daß jede Determinante den Wert $+1$ hat. Gemäß Abb. 26 gilt $C_{2a}C_{4z}^{+} = C_{2y}$ und $C_{4z}^{+}C_{2a} = C_{2x}$. Durch Multiplikation der entsprechenden Matrizen überzeugt sich der Leser leicht, daß

$$\boldsymbol{D}^{1/2}(C_{2a})\,\boldsymbol{D}^{1/2}(C_{4z}^{+}) = \boldsymbol{D}^{1/2}(C_{2y})$$

und ebenso, daß

$$\boldsymbol{D}^{1/2}(C_{4z}^{+})\,\boldsymbol{D}^{1/2}(C_{2a}) = \boldsymbol{D}^{1/2}(C_{2x}).$$

Dies zeigt, daß für die zwei Rotationen C_{2a} und C_{4z}^{+} die als $\boldsymbol{D}^{1/2}\{\alpha\beta\gamma\}$ bezeichnete unitäre Matrix in der Tat eine Darstellung der Rotation $\{\alpha\beta\gamma\}$ bildet. Für den allgemeinen Beweis wären spitzfindigere Methoden nötig.

In Wirklichkeit entsprechen jeder Rotation $\{\alpha\beta\gamma\}$ zwei unitäre Matrizen. Wenn die eine davon $\boldsymbol{u}$ heißt und gegeben ist, so erhält man die andere in $-\boldsymbol{u}$. Wir wollen an dieser Stelle darüber nicht mehr aussagen, wir werden jedoch in Kapitel VIII darauf zurückkommen, wenn wir zu Betrachtungen über den Spin und über doppelwertige Darstellungen der Punktgruppen gelangen.

4.3. Die Kugelfunktionen und die Rotationsgruppe

Alles, was bisher über Basisfunktionen und die Darstellung der Rotationsgruppe gesagt wurde, war die ziemlich willkürliche Behauptung in Abschnitt 4.2, daß $X = -(x + iy)$, $Y = \sqrt{2}z$ und $Z = +(x - iy)$ Basisfunktionen der dreidimensionalen Darstellung ($j = 1$) der Rotationsgruppe sind, wobei x, y, z die gewöhnlichen kartesischen Koordinaten eines Punktes sind. Wir gehen nun auf die Frage der Basisfunktionen der Darstellungen der Rotationsgruppe näher ein.

Wenn P ein Punkt auf der Oberfläche einer Kugel mit dem Radius r ist, so lauten seine sphärischen Polarkoordinaten (r, θ, φ) (Abb. 28). Unterwirft man die Kugel einer Rotation um $\{\alpha\beta\gamma\}$, so geht P in einen anderen Punkt P' auf der Oberfläche der Kugel über, und seine

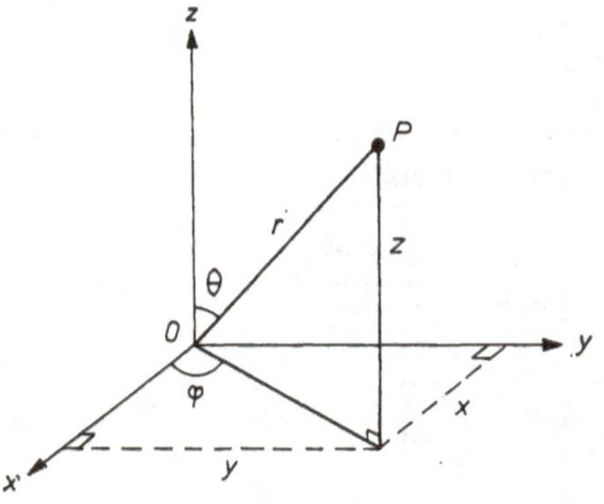

Abb. 28. Sphärische Polarkoordinaten

Koordinaten lauten nun (r, θ', φ'), wobei die Koordinate r unverändert bleibt. Zur Bestimmung der Basisfunktionen der Darstellungen der Rotationsgruppe verwenden wir die LAPLACE-Gleichung in drei Dimensionen

$$\nabla^2\psi = 0,$$

wobei ψ eine gewisse Feldgröße ist, wie etwa das elektrostatische Potential, die eine sich überall geeignet verhaltende Funktion von r, θ und φ ist. Die Standardmethode zur Lösung dieser Gleichung ist die Methode der Separation der Variablen, man findet diese Methode zum Beispiel in SOKOLNIKOFF und REDHEFFER (1958), Kapitel 6. Eine vorläufige Trennung von ψ in das Produkt zweier Funktionen, von denen die eine Funktion $R(r)$ nur von

r, die andere $X(\theta, \varphi)$ nur von θ und φ, aber nicht von r abhängt, d. h.

$$\psi(r, \theta, \varphi) = R(r)\, X(\theta, \varphi),$$

resultiert in

$$\frac{r^2}{R}\left\{\frac{d^2R}{dr^2} + \frac{2}{r}\frac{dR}{dr}\right\} + \frac{1}{X}\left\{\frac{\partial^2 X}{\partial\theta^2} + \cot\theta\,\frac{\partial X}{\partial\theta} + \operatorname{cosec}^2\theta\,\frac{\partial^2 X}{\partial\varphi^2}\right\} = 0.$$

Diese Gleichung zerfällt in zwei Gleichungen, wovon eine r, die andere θ und φ enthält.

$$\frac{r^2}{R}\left\{\frac{d^2R}{dr^2} + \frac{2}{r}\frac{dR}{dr}\right\} = A = \text{const}$$

und

$$\frac{1}{X}\left\{\frac{\partial^2 X}{\partial\theta^2} + \cot\theta\,\frac{\partial X}{\partial\theta} + \operatorname{cosec}^2\theta\,\frac{\partial^2 X}{\partial\varphi^2}\right\} = -A$$

mit einer Konstanten A. Die zweite Gleichung besitzt nur dann Lösungen, wenn die Konstante A die Form $+l(l+1)$ besitzt. Die Lösungen der ersten Gleichung sind in diesem Fall r^l und $r^{-(l+1)}$, wie man durch Einsetzen verifiziert. Die Lösungen der zweiten Gleichung sind die Kugelfunktionen $Y_l^m(\theta, \varphi)$, die entweder durch die Lösungen dieser Gleichungen selbst oder auf mehreren anderen Wegen definiert werden können. Diese Funktionen lassen sich auf gewisse Art durch trigonometrische Funktionen darstellen. Tabellen dafür sind verfügbar. Die Lösungen von $\nabla^2\psi = 0$ haben dann die Form $r^l\, Y_l^m(\theta, \varphi)$ und $r^{-(l+1)}\, Y_l^m(\theta, \varphi)$.

Unter den Operationen der Rotationsgruppe bleibt die r-Koordinate eines beliebigen Punktes unverändert, so daß man den r-Anteil $R(r)$ von ψ unberücksichtigt lassen darf. Man hat nur den Winkelanteil von ψ zu betrachten. Wenn ein Punkt P mit den Koordinaten

r, θ, φ durch die Rotation $\{\alpha\beta\gamma\}$ in den Punkt P' mit den Koordinaten r, θ', φ' übergeht, so wird die Funktion $\psi(r, \theta, \varphi)$ durch eine Funktion $\psi'(r, \theta', \varphi')$ ersetzt, die eine Funktion der transformierten Variablen θ' und φ' ersetzt, und es gilt $\nabla^2\psi(r, \theta, \varphi) = 0$ vorher und $\nabla^2\psi'(r, \theta', \varphi') = 0$ nachher. Die Lösungen dieser zweiten Gleichung sind wie früher Kugelfunktionen. Die Wirkung der Rotation $\{\alpha\beta\gamma\}$ auf eine Kombination von Kugelfunktionen, nämlich ψ, ist die, daß eine Funktion ψ' erzeugt wird, die wieder eine Kombination von Kugelfunktionen ist (wenn aucheine verschiedene). Qualitativ ist das gerade das, was man von der Basis einer Darstellung erwartet. *Die Kugelfunktionen der Ordnung 1 bilden daher eine Basis der Darstellung* $\boldsymbol{D}^l\{\alpha\beta\gamma\}$. Dies ist, wie wir bereits erklärt haben, eine Darstellung der Dimension $(2l + 1)$, und wir besitzen gerade $(2l + 1)$ Kugelfunktionen $Y_l^m(\theta, \varphi)$ mit $m = -l, -l + 1, \ldots, l - 1, l,$ so daß wir also eine Gruppe von quadratischen $(2l + 1) \times (2l + 1)$-Matrizen vorliegen haben, die auf einen Vektor der Dimension $(2l + 1)$ wirken.

Da bei zahlreichen Anwendungen Situationen auftreten, in denen Kugelfunktionen erscheinen, wie zum Beispiel bei Problemen der elektrostatischen Potentiale oder der Gravitationspotentiale und, wenigstens näherungsweise, bei der Bewegung des Elektrons im Atom, besitzen die Kugelfunktionen beträchtliche Bedeutung. Wir wollen hier einige ihrer wichtigsten Eigenschaften zusammenfassen. Wir haben diese Funktionen eben als Lösungen der Gleichung

$$\frac{\partial^2 X}{\partial \theta^2} + \cot\theta \frac{\partial X}{\partial \theta} + \operatorname{cosec}^2\theta \frac{\partial^2 X}{\partial \varphi^2} + l(l + 1)X = 0$$

definiert. Diese Gleichung kann wieder mit Hilfe der Methode der Variablentrennung gelöst werden, d. h., man setzt $X(\theta, \varphi) = \Theta(\theta)\Phi(\varphi)$. Führt man dies aus, so läßt sich zeigen (siehe SNEDDON (1956), Kapitel III), daß $\Phi(\varphi) = \exp(im\varphi)$, und daß $\Theta(\theta)$ geschrieben werden kann als $P_l^m(\cos\theta)$, wobei

$$P_l^m(x) = \frac{(x^2-1)^{1/2m}}{2^l \cdot l!} \frac{d^{m+l}}{dx^{m+l}} (x^2-1)^l.$$

Die Kugelfunktionen $Y_l^m(\theta, \varphi)$ sind daher von der Form $A P_l^m(\cos\theta) e^{im\varphi}$. Die Konstante A wählt man meist so, daß die vollständige Funktion $A P_l^m(\cos\theta) e^{im\varphi}$ normiert ist, d. h. daß

$$\int_{\varphi=0}^{\varphi=2\pi} \int_{\theta=0}^{\theta=\pi} \left(A P_l^m(\cos\theta) e^{im\varphi}\right)^* \\ \times \left(A P_l^m(\cos\theta) e^{im\varphi}\right) \sin\theta \, d\theta \, d\varphi = 1,$$

wobei der Integrationsbereich so gewählt ist, daß man alle Richtungen im Raum erfaßt. Es läßt sich dann zeigen, daß A gleich

$$(-1)^m \sqrt{\left(\frac{(2l+1)\ (l-m)!}{4\pi(l+m)!}\right)}$$

sein muß. Nehmen wir den Spezialfall $l = 1$ und $m = +1, 0, -1$ und verwenden wir die Formeln für $P_l^m(\cos\theta)$ und A, so ist es möglich, die Basisfunktionen für die dreidimensionale Darstellung der Rotationsgruppe zu finden. Es ist lediglich die Sache von einigen Substitutionen, zu zeigen, daß

$$Y_1^1 = -a(x+iy)/r,$$
$$Y_1^0 = a\sqrt{2}\, z/r,$$
$$Y_1^{-1} = +a(x-iy)/r,$$

wobei a eine gewisse Konstante bedeutet. Die Substitutionen seien dem Leser als Übung überlassen. Es sei bemerkt, daß diese Funktionen bis auf unwesentliche Anpassungen gerade die Funktionen darstellen, die wir am Beginn von Abschnitt 4.2 willkürlich als X, Y und

Z eingeführt haben, als wir an die Ableitung der dreidimensionalen Darstellung der Rotationsgruppe gingen.

Wir haben im einzelnen nur die dreidimensionale Darstellung der Rotationsgruppe ($j = 1$) und ihrer Basisfunktionen betrachtet. Jedoch sind alle Darstellungen ungerader Dimension, d. h. mit ganzzahligen j-Werten, untereinander ähnlich, und ihre Basisfunktionen sind die Kugelfunktionen $Y_l^m(\theta, \varphi)$, die einen $(2l + 1)$-dimensionalen Vektor bilden. Unter den Darstellungen mit halbzahligen j haben wir nur die zweidimensionale Darstellung der Rotationsgruppe ($j = 1/2$) erwähnt. Die Basisfunktionen der Darstellungen gerader Dimension haben wir überhaupt nicht erwähnt. In Wirklichkeit sind das nämlich gar keine Vektoren, sondern Spinoren, so daß in diesem Kapitel mehr nicht darüber gesagt werden kann. (Siehe zum Beispiel TEMPLE (1960), Kapitel VII, oder WIGNER (1959), Kapitel 15.) Wir verlassen nun die Rotationsgruppe, werden jedoch darauf zurückkommen, wenn wir in Abschnitt 7.2 das Drehmoment in der Quantenmechanik und in Abschnitt 8.1 die sogenannten „doppelten" Gruppen betrachten.

4.4 Die Permutationsgruppe oder symmetrische Gruppe $S(n)$

(Es wird angenommen, daß der Leser Übung 5 am Ende von Kapitel II gelöst hat.)

Wenn wir n identische Objekte in n Schachteln haben,

so nennt man eine Operation, welche einige oder alle diese Objekte in verschiedene Schachteln so versetzt, daß am Ende in jeder Schachtel wieder nur ein Objekt ist, eine symmetrische Operation der Permutationsgruppe von n identischen Objekten (oder von $S(n)$, der „symmetrischen" Gruppe der Ordnung n). Es sollte klar sein, daß die Anzahl aller möglichen Anordnungen von n

Objekten in n Schachteln durch $n!$ gegeben ist, so daß die Gruppe der Permutationen von n identischen Objekten $S(n)$ $n!$ Elemente enthält.

Als einfaches Beispiel für eine Permutationsgruppe wollen wir den Fall $n = 3$ betrachten. Wir haben dann $3! = 6$ Elemente. Wir beginnen mit den Elementen 1, 2 und 3 in der gezeigten Reihenfolge, und die Identität

1	2	3	(E)

läßt diese unverändert. Weiter gibt es drei Operationen, bei denen jeweils ein Element unverändert bleibt, während die anderen zwei vertauscht werden,

1	3	2	(P)	3	2	1	(Q) und	2	1	3	(R)

und schließlich haben wir zwei Operationen, bei denen keines der drei Objekte in der Ausgangslage bleibt,

3	1	2	(S) und	2	3	1	(T)

Diese Operationen bilden die Elemente einer Gruppe, wir bezeichnen sie der Kürze halber, wie bereits angedeutet wurde, mit E, P, Q, R, S und T. Die Gruppenmultiplikation zweier dieser Elemente definiert man als die Hintereinanderausführung zweier Permutationen, wobei die Operation rechts zuerst auszuführen ist, zum Beispiel

	1	2	3	
Q →	3	2	1	
P →	3	1	2	= S,

d. h. $PQ = S$, wobei P auf das Ergebnis der Anwendung von Q auf die Objekte wirkt und daher die Objekte in der zweiten und dritten Schachtel austauscht. Auf diese Art ist es möglich, die Gruppenmultiplikationstafel dieser Gruppe aufzustellen. Das Ergebnis ist in Tabelle 18 angegeben.

Tabelle 18

E	P	Q	R	S	T
P	E	S	T	Q	R
Q	T	E	S	R	P
R	S	T	E	P	Q
S	R	P	Q	T	E
T	Q	R	P	E	S

Bei der Aufteilung der Gruppen in Klassen (siehe Übung 6 am Ende dieses Kapitels) findet man die drei Klassen

E,

P, Q, R,

und

S, T.

Der Leser wird in der Lage sein, zu zeigen, daß diese Gruppe isomorph zur Gruppe der symmetrischen Operationen am Dreieck $3m(C_{3v})$ ist, (siehe Übung 5, Kapitel II). Man kann daher unmittelbar unter Verwendung der Spurentafel von $3m(C_{3v})$, die im Anhang gegeben ist, die Spurentafel dieser Gruppe aufschreiben.

Die Permutationsgruppe von n Objekten ist für beliebige n isomorph einer Punktgruppe. Jedoch handelt es sich dabei um eine Punktgruppe in einem $(n-1)$-dimensionalen Raum, so daß mit Ausnahme der Fälle $n = 3$ und $n = 4$ dies keine Information bedeutet, die im allgemeinen zu einer einfachen Bestimmung der Spurentafel der Permutationsgruppe führt.

4.5. Youngsche Tableaus

Im vorangehenden Abschnitt hätten wir die Kästchen auch weglassen und die Elemente einfach in der Form

E	1	2	3
P	1	3	2
Q	3	2	1
R	2	1	3
S	3	1	2
T	2	3	1

aufschreiben können, wobei die drei Kästchen zwar nicht mehr gezeichnet, jedoch immer noch als vorhanden zu denken sind. Bei manchen dieser Elemente wird eine kleinere Anzahl von Elementen als n manchmal untereinander vertauscht, zum Beispiel wird in P das zweite und dritte Objekt vertauscht, das erste bleibt jedoch unverändert. Man schreibt daher manchmal diese Permutationen, indem man diejenigen Mengen von Objekten, die untereinander permutiert werden, in Klammern setzt, d. h., man schreibt

E	(1)	(2)	(3)
P	(1)	(32)	
Q	(2)	(31)	
R	(21)	(3)	
S	(312)		
T	(231)		

In den letzten zwei Fällen werden alle Objekte untereinander vertauscht. Bei der Beschreibung von Q fassen wir die Objekte, die unter sich selbst ausgetauscht werden, nämlich 1 und 3, durch Klammern zusammen, und wir schreiben 2 für sich allein zwischen zwei Klammern, da dieses Element unverändert bleibt. Q kann daher als (2) (31) oder als (31) (2) geschrieben werden. Die Bedeutung der ursprünglichen Anordnung der

Schachteln ist nun verloren gegangen. Aber dies ist nicht wichtig, da die Klammern aus $Q = (2)(31)$ und $T = (231)$ vollkommen verschiedene Operationen machen, obwohl diese Elemente die Symbole 1, 2 und 3 in derselben Reihenfolge besitzen.

Es ist zu bemerken, daß alle Elemente derselben Klasse die gleiche Anordnung der Klammern besitzen. Zum Beispiel sind P, Q und R alle in derselben Klasse, und diese Elemente besitzen ein Symbol, in dem zwei Klammernpaare auftreten, wobei ein Paar zwei Symbole und das andere Paar nur ein Symbol enthält. Diese Symbole kann man in einer Form schreiben, die man als YOUNGsche *Tableaus* bezeichnet,

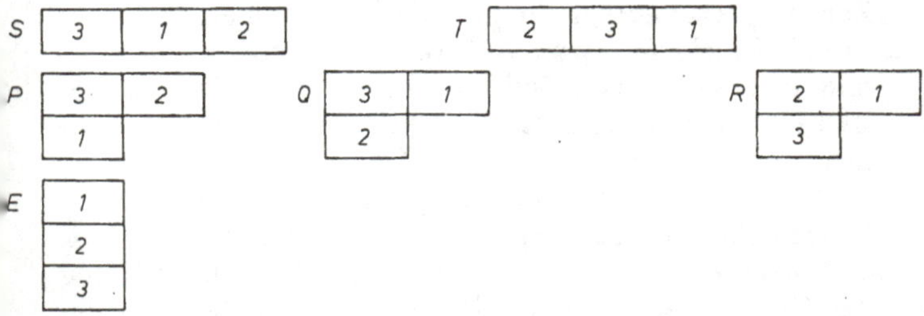

wobei die Klammern, welche die größte Zahl von Objekten umfassen, die erste Zeile des Tableaus bilden, die Klammern mit der nächst größten Zahl von Objekten die zweite Reihe usw. Obwohl wir das nicht bewiesen, sondern nur für einen einzigen Fall gezeigt haben, gilt dennoch, daß alle Elemente in einer beliebigen Klasse von $S(n)$ ein YOUNGsches Tableau derselben Form haben, so daß man gewöhnlich nur ein Tableau für jede Klasse zeichnet, d. h. ein Tableau für jede Form. Und wenn wir lediglich *ab initio* ausgehen und versuchen, die Anzahl der verschiedenen Tableauformen zu bestimmen, die unter Verwendung von n Objekten möglich sind, so finden wir damit gleichzeitig die Anzahl der Klassen in der Gruppe und somit die Anzahl ihrer irreduziblen Darstellungen, und das alles, ohne jemals die Gruppenmultiplikationstafel aufgestellt zu haben, d. h.,

Anzahl der möglichen Tableaus

= Anzahl der Klassen

= Anzahl der irreduziblen Darstellungen.

Darüber hinaus ist es möglich, siehe Übung 4 am Ende dieses Kapitels, eine Formel für die Anzahl der Elemente in einer Klasse mit gegebenem Tableau anzugeben.

Die Anzahl der möglichen Tableaus mit verschiedener Form findet man durch „Zerlegung" von n, d. h. durch Darstellung von n als Summe von positiven ganzen Zahlen. Dabei entspricht jede Zerlegung einem Tableau. Zum Beispiel haben wir $3 = 3$, oder $2 + 1$ oder $1 + 1 + 1$, und dies sind alle möglichen Zerlegungen der Zahl 3. Es gibt daher gerade die drei weiter oben angegebenen möglichen Tableauformen für $S(3)$.

Da die Anzahl der Zerlegungen gleich der Anzahl der irreduziblen Darstellungen ist, überrascht es nicht, daß jede Zerlegung mit einer irreduziblen Darstellung der Gruppe assoziiert ist. Es ist sogar möglich, sowohl die Dimension der mit dem Tableau assoziierten Darstellung, als auch die Spuren aller Gruppenelemente in dieser Darstellung aufzufinden, und zwar immer noch ohne die Gruppenmultiplikationstafel anschreiben zu müssen. Zur Bestimmung der Dimension der mit einer gegebenen Zerlegung assoziierten Darstellung, sagen wir etwa (2, 1) von $S(3)$, gehen wir von einem dieser Zerlegung entsprechenden leeren Tableau aus

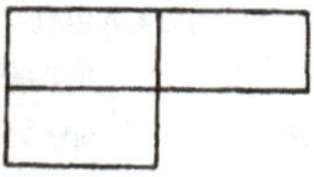

und tragen in die Kästchen die Zahlen 1 bis n in ihrer natürlichen Reihenfolge ein. Dabei beginnen wir beim äußersten linken Kästchen einer beliebigen Reihe und beachten die Regel, daß *auf jeder Stufe keine Reihe mehr Eintragungen enthalten darf als die Reihe über ihr.* Also ist

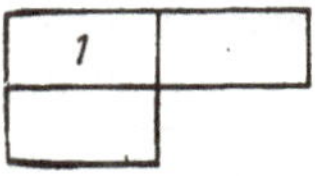

erlaubt, aber

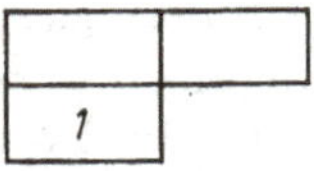

ist nicht erlaubt.
Das bedeutet, daß die Zahl 1 im ersten Kästchen der *obersten* Zeile einzutragen ist. Die Zahl 2 darf man in eines der beiden restlichen Kästchen eintragen, also in

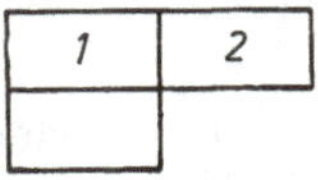

oder in

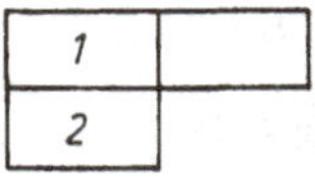

ohne die Regel zu verletzen. Vervollständigt man nun das Tableau, so erhält man

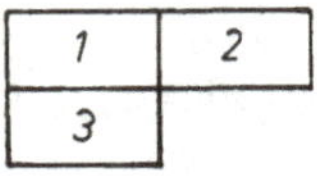

und

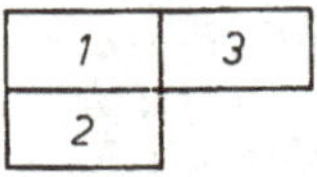

Tableaus, die man unter Einhaltung der Regel auf allen Stufen konstruieren kann, heißen *Standardtableaus. Die Anzahl der Standardtableaus, die mit einer gegebenen Zerlegung assoziiert sind, ist gleich der Dimension der mit dieser Zerlegung assoziierten irreduziblen Darstellungen.* Die Standardtableaus für $S(3)$, die man ableiten kann, lauten

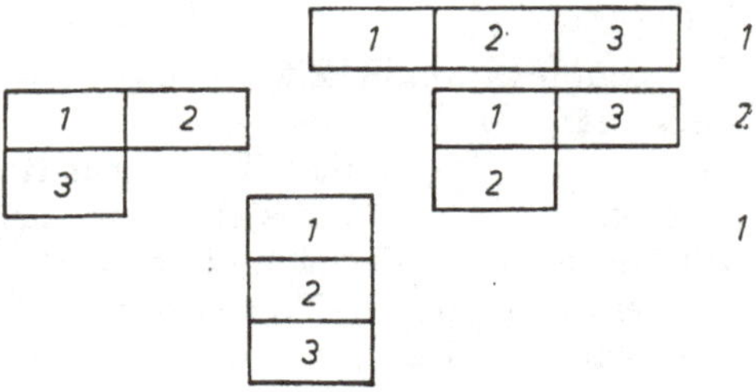

so daß also zwei eindimensionale und eine zweidimensionale Darstellung von $S(3)$ vorliegen müssen, was in Übereinstimmung mit der Tatsache ist, daß $S(3)$ isomorph zur Punktgruppe $3m(C_{3v})$ ist. Der Leser, der sich für die Beweise der in diesem Abschnitt aufgestellten Behauptungen interessiert oder für eine Methode, bei der man die YOUNGschen Tableaus zur Bestimmung der Spur eines Elements in einer beliebigen gegebenen Darstellung von $S(n)$ verwendet, wende sich an das Buch von HAMERMESH (1962), Kapitel 7.

4.6. Die Spezielle Relativitätstheorie und die LORENTZ-*Gruppe*

Dies ist keineswegs der geeignete Platz für eine detaillierte Darstellung der speziellen Relativitätstheorie. Wir setzen voraus, daß der Leser mit dieser Theorie vertraut ist (siehe z. B. BERGMANN (1942)). Wir bemerken nur, daß das spezielle Relativitätsprinzip lautet: *Wenn S' ein relativ zu S gleichförmig bewegtes Koordinatensystem ist, das keine Rotationen ausführt, dann gehorchen die Naturphänomene bezüglich S' genau denselben allgemeinen Gesetzen wie bezüglich S.* Eine Folgerung davon ist, daß die Lichtgeschwindigkeit für einen in S ruhenden Beobachter dieselbe ist wie für einen in S' ruhenden Beobachter. Wenn (x, y, z, t) die Koordinaten eines Ereignisses in S sind und (x', y', z', t) die Koordinaten eines Ereignisses in S', so gilt also

$$x^2 + y^2 + z^2 - c^2t^2 = x'^2 + y'^2 + z'^2 - c^2t'^2,$$

wobei c die Lichtgeschwindigkeit bedeutet: Mit anderen Worten heißt das, die Funktion $s^2 = (x^2 + y^2 + z^2 - c^2t^2)$ ist invariant gegenüber Transformationen aus S in S'. Obwohl wir das nie in dieser Weise ausgedrückt haben, gilt doch, daß die Funktion $(x^2 + y^2 + z^2)$ gegenüber Operationen der dreidimensionalen Rotationsgruppe invariant ist (siehe Abschnitt 4.1), so daß die

LORENTZ-Gruppe eine natürliche Erweiterung der Rotationsgruppe in drei Dimensionen ist. ct hat die Dimension einer Länge, so daß wir diesen Ausdruck als die vierte Komponente eines Vektors auffassen können, dessen erste drei Komponenten x, y und z sind. Jede lineare Transformation, die (x', y, z, ct) in (x', y', z', ct') überführt, so daß gilt

$$x^2 + y^2 + z^2 - c^2t^2 = x'^2 + y'^2 + z'^2 - c^2t'^2,$$

heißt dann *allgemeine* LORENTZ-*Transformation*. Diese Transformation kann durch eine 4×4-Matrix dargestellt werden. Alle möglichen Transformationen dieser Art bilden somit die *allgemeine* LORENTZ-*Gruppe* oder *volle* LORENTZ-*Gruppe*, und die entsprechenden 4×4-Matrizen bilden eine Darstellung dieser Gruppe.

Wir denken nun an einen vierdimensionalen Raum der Vektoren (x, y, z, ct). Dieser läßt sich durch den sogenannten „Lichtkegel" in drei Bereiche unterteilen. Der Lichtkegel besteht aus der durch

$$r(= (x^2 + y^2 + z^2)^{1/2}) = \pm ct$$

gegebenen Fläche. Er ist in Abb. 29 dargestellt, wobei die y- und z-Achse weggelassen wurden. Außerhalb des Lichtkegels gilt $s^2 > 0$. Innerhalb des Doppelkegels

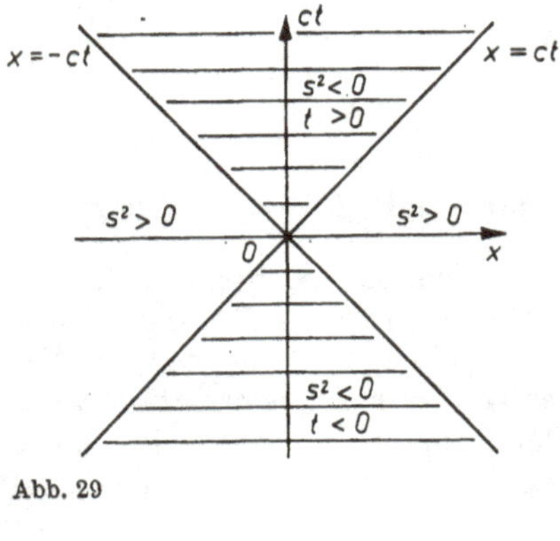

Abb. 29

gilt $s^2 < 0$, wobei in einem Teil $ct > 0$, im anderen $ct < 0$ ist. Geht man von einem Punkt außerhalb des Lichtkegels aus, so bleibt man auch nach Anwendung einer allgemeinen Lorentz-Transformation außerhalb davon. Punkte innerhalb des Lichtkegels bleiben nach Anwendung einer allgemeinen Lorentz-Transformation innerhalb, das Vorzeichen von ct kann jedoch durch die Transformation geändert werden.

Wenn wir der Transformation von (x, y, z, ct) in (x', y', z', ct') die Bedingung auferlegen, daß Punkte im oberen Bereich des Lichtkegels (d. h. $s^2 < 0$, $ct > 0$) in dieser Hälfte bleiben, und dasselbe auch für die Punkte in der unteren Hälfte des Lichtkegels fordern, dann nennt man die Transformation einfach *Lorentz-Transformation*. Die Gruppe aller möglichen Transformationen dieser Type heißt *vollständige Lorentz-Gruppe*. Die allgemeine Lorentz-Gruppe enthält alle Elemente der vollständigen Lorentz-Gruppe, und dazu die Operation $\boldsymbol{t}$, die nur eine Vorzeichenänderung von ct bewirkt, d. h.

$$\boldsymbol{t}(x, y, z, ct) \rightarrow (x, y, z, -ct).$$

Gewöhnlich leitet man in der speziellen Relativitätstheorie ab, daß die Relation zwischen (x, y, z, ct) und (x', y', z', ct') durch

$$\begin{aligned} x' &= \beta(x - Vt), \\ y' &= y, \\ z' &= z, \\ t' &= \beta(t - Vx/c^2), \quad \text{mit} \quad \beta = (1 - V^2/c^2)^{-1/2} \end{aligned}$$

gegeben ist, wobei sich das gestrichene Koordinatensystem mit der Geschwindigkeit V längs der gemeinsamen x-Achse der beiden Systeme bewegt. Schreiben wir die 4×4-Matrix dieser Transformation an und bestimmen deren Determinante, so finden wir den Wert $+1$. Auch ändert diese Transformation nicht das Vorzeichen der Zeitvariablen, so daß die Transformationen, die wir gewöhnlich als Lorentz-Transformationen betrachten, *eigentliche* Lorentz-*Transformationen* sind und zur *eigentlichen* Lorentz-*Gruppe* gehören. Die gewöhnlich hinzugenommene Beschränkung, daß die x- und x'-Achse längs der Richtung der Relativbewegung der beiden Koordinatensysteme gewählt werden, kann natürlich fallengelassen werden. Wenn g ein Element der eigentlichen Lorentz-Gruppe ist, dann enthält die vollständige Lorentz-Gruppe alle Elemente g und deren Produkte mit $\mathbf{s}$, wobei $\mathbf{s}$ einer Inversion des Raumes entspricht, die den t-Wert unverändert läßt, d. h.

$$\mathbf{s}(x, y, z, ct) \to (-x, -y, -z, ct).$$

Wir können die Beziehungen zwischen den drei verschiedenen Lorentz-Gruppen auf die folgende Art zusammenfassen:

eigentliche Lorentz-Gruppe + Inversion des Raumes → vollständige Lorentz-Gruppe

vollständige Lorentz-Gruppe + Zeitinversion → allgemeine Lorentz-Gruppe

Schließlich läßt auch die Rotationsgruppe im Dreidimensionalen $x^2 + y^2 + z^2$ invariant. Bleibt man innerhalb des Achsenkreuzes S, so bleibt t unverändert, so daß auch $x^2 + y^2 + z^2 - c^2t^2$ invariant ist. Die Rotationsgruppe im Dreidimensionalen ist daher eine Untergruppe der eigentlichen Lorentz-Gruppe. Der Leser, der gerne mehr über die Theorie der Lorentz-Gruppen erfahren möchte, sei auf Gel'fand, Minlos und Shapiro (1963) verwiesen.

Übungen

1. Eine Kugel wird um 45° um die Richtung (1, 1, 1) gedreht. Man schreibe die 3×3-Matrix an, welche die Position $x'y'z'$ des Punktes x, y, z nach einer derartigen

Drehung bezüglich eines fest gewählten Achsensystems wiedergibt.

2. Man bestimme die EULERschen Winkel für die folgenden (passiven) Rotationen:

$$\text{(a) } C_{4z}^{+}, \quad \text{(b) } C_{2a}, \quad \text{(c) } C_{2c}, \quad \text{(d) } C_{31}^{-}.$$

3. Man zeige durch Transformation des Operators ∇^2 von den Koordinaten (r, θ, φ) auf die Koordinaten (r, θ', φ'), daß, wenn $\nabla^2\psi(r, \theta, \varphi) = 0$ gilt, nach einer Rotation $\{\alpha\beta\gamma\}$ auch $\nabla^2\psi'(r, \theta', \varphi') = 0$ ist.

4. Bei einer gewissen Zerlegung von n erscheint die Zahl k a_k-mal, d. h.

$$n = 1 \cdot a_1 + 2 \cdot a_2 + \cdots + k \cdot a_k + \cdots,$$

dabei ist $k \leqq n$, und einige der a_k verschwinden. Man zeige unter Verwendung leerer, aber dieser Zerlegung entsprechender Tableaus, daß die Anzahl der Elemente der dieser Zerlegung entsprechenden Klasse durch

$$\frac{n!}{1^{a_1}(a_1)!\,2^{a_2}(a_2)!\cdots k^{a_k}(a_k)!\cdots}$$

gegeben ist.

5. Man zerlege die Zahl 4 und verwende das Ergebnis von Übung 4, um die Anzahl der Elemente in jeder Klasse von $S(4)$ zu bestimmen, sowie die Anzahl der irreduziblen Darstellungen und deren Dimension. Zu welcher der zweiunddreißig kristallographischen Punktgruppen ist $S(4)$ isomorph?

6. Man leite Tabelle 18 her, nämlich die Gruppenmultiplikationstafel für $S(3)$. Man verwende die Tabelle, um eine Einteilung der Gruppenelemente in Klassen vorzunehmen.

7. Man zeige, daß die mit der Zerlegung (4, 2, 1) assoziierte Darstellung von $S(7)$ die Dimension 35 besitzt.

8. Zur Zeit $t = 0$ fallen die Nullpunkte der Bezugssysteme S und S' zusammen, die Lage der Achsen $Ox'y'z'$ erhält man durch Rotation der Achsen von S um 45° um die Achse (1, 1, 1) (siehe Übung 1). Wenn sich S' mit der Geschwindigkeit V längs der x-Achse von S bewegt, wie lautet dann die 4×4-Matrix der eigentlichen LORENTZ-Transformation von S nach S'?

KAPITEL V

Schwingungen in Molekülen und Festkörpern

5.1. Schwingungen von Molekülen, Normalschwingungen

Ob man es nun vorzieht, das Problem der Analyse der Bewegung eines schwingenden Systems mit Hilfe des zweiten NEWTONschen Axioms für die Bewegung jedes einzelnen Teilchens im System anzugehen oder mit Hilfe der LAGRANGEschen Gleichungen für die Bewegung des Systems, in jedem Fall kommt man zum Schluß, daß es, ausgenommen bei den einfachsten Systemen, leichter ist, die Normalschwingungen des Systems zu betrachten als mit Hilfe der Bewegungsausdrücke der einzelnen Teilchen zu arbeiten. Dies beruht im wesentlichen darauf, daß man dabei die Verschiebungen der einzelnen Partikel, die untereinander in Wechselwirkung stehen und daher von den Verschiebungen der Nachbarpartikel abhängen, durch untereinander unabhängige Normalkoordinaten ersetzt. Die Bestimmung der Normalschwingungen eines Systems und deren Schwingungsfrequenz ist oft ein mühsamer Prozeß. Für eine Diskussion der Normalschwingungen siehe man zum Beispiel GOLDSTEIN (1950), Kapitel 10, oder SYMON (1960), Kapitel 12. Man kann die Gruppentheorie dazu verwenden, beim Aufsuchen der Normalschwingungen eines schwingenden Systems einige Vereinfachungen einzuführen. Die Gruppentheorie ist zum ersten Mal von Wigner (1930) zur Klassifikation der Normalschwingungen eines schwingenden Systems verwendet worden, seine Arbeit über dieses Thema ist in Teil 2 dieses Buches aufgenommen. Eine gute Übersicht vermittelt auch der Artikel von Rosenthal und Murphy (1936). In der Definition der Normalkoordinaten steckt die Bedingung, daß der Lagrange-Operator L des Systems ($L = T - V$, wobei T = kinetische Energie und V = potentielle Energie) durch die Quadrate der Normalkoordinaten und deren Ableitungen allein ausgedrückt werden kann. Wenn wir an einem Molekül eine Symmetrieoperation vollziehen, so bleibt der physikalische Zustand des Moleküls dadurch unbeeinflußt, so daß T, V und L daher unter der dieser Operation entsprechenden Koordinatentransformation invariant bleiben. Eine nicht-entartete Normalkoordinate Q_i kann daher bei einer Symmetrieoperation R nur in $\pm Q_i$ übergehen, eine entartete Normalkoordinate kann nur in eine Linearkombination von Normalkoordinaten übergehen, mit welchen sie entartet ist.

Einige Bemerkungen zur Arbeit von Wigner können dem Leser das Verständnis für ihren Inhalt erleichtern. Der erste Teil der Arbeit zeigt, in welcher Weise eine beliebige Normalschwingung eines schwingenden Systems, wie es etwa ein Molekül darstellt, zur einen oder anderen irreduziblen Darstellung der Gruppe der Symmetrieoperationen dieses Moleküls „gehört" (oder „dementsprechend transformiert wird"). Der zweite Teil der Arbeit zeigt, wie man die Gruppentheorie dazu verwenden kann, um für ein gegebenes Molekül exakt anzugeben, wie viele Normalschwingungen es zu jeder irreduziblen Darstellung der Gruppe gibt, und um die exakte Form dieser Normalschwingungen zu finden, d. h. die Normalkoordinaten zu bestimmen. Der restliche Teil dieser Arbeit kann für den Augenblick übergangen werden.

5.2. *Beispiel: die Normalschwingungen eines Methanmoleküls*

Das Beispiel der Normalschwingungen des Methanmoleküls ist in Abschnitt 2 der Arbeit von WIGNER behandelt worden. Was nun folgt, ist eine Erweiterung dieser Diskussion. Für kleine Moleküle mit nur etwa drei Atomen wie CO_2 oder H_2O benötigt man keine Gruppentheorie, obwohl Symmetriebetrachtungen beim Aufsuchen der Normalschwingungen behilflich sein können. Die Vorteile bei der Verwendung der Gruppentheorie werden erst bei größeren Molekülen offenbar.

Das Methanmolekül CH_4 ist in Abb. 30 dargestellt. Die Punktgruppe dieses Moleküls ist $\bar{4}3m(T_d)$. Diese enthält vierundzwanzig Symmetrieoperationen. Diese Sym-

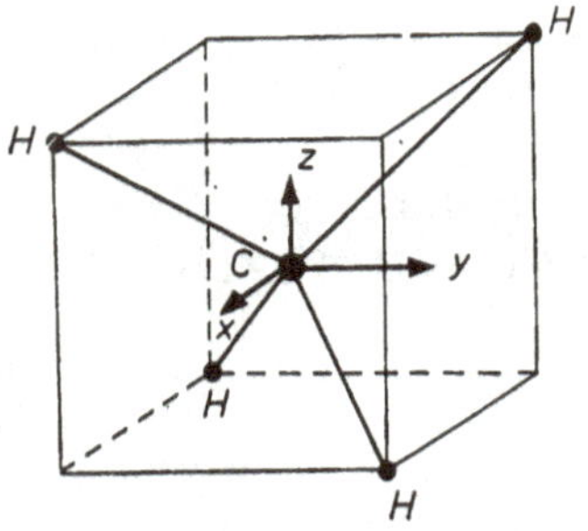

Abb. 30. Das Methanmolekül CH_4

metrieoperationen kann man aus der Spurentafel im Anhang identifizieren, die in Tabelle 19 reproduziert wurde, wobei auch die WIGNERschen Bezeichnungen der Darstellungen angegeben sind.

Man kann die Wirkung jeder dieser Symmetrieoperationen auf den Vektor (x, y, z) anschreiben. Wenn der Punkt P Abb. 31 bezüglich der dargestellten (festen) Achsen die Koordinaten x, y, z besitzt und man die Operation R der Punktgruppe $\bar{4}3m(T_d)$ auf den Vektor $\boldsymbol{OP}$ an-

Tabelle 19

	E	C_{2m}	$C_{3j}^{\pm}$	σ_{dp}	$S_{4m}^{\pm}$	
$A_1 x^2+y^2+z^2$	1	1	1	1	1	$\chi^{(1)}$
A_2	1	1	1	-1	-1	$\chi^{(5)}$
$E(x^2-y^2)$						
$(2z^2-x^2-y^2)/\sqrt{3})$	2	2	-1	0	0	$\chi^{(2)}$
$T_2(x, y, z)(yz, zx, xy)$	3	-1	0	1	-1	$\chi^{(3)}$
$T_1(I_x, I_y, I_z)$	3	-1	0	-1	1	$\chi^{(4)}$

wendet, kann man die neuen Koordinaten von P leicht durch seine alten ausdrücken. Ist zum Beispiel $R = C_{31}^{+}$, dann ist die neue Lage von P durch (x', y', z') gegeben, wobei

$$\begin{pmatrix} x' \\ y' \\ z' \end{pmatrix} = \begin{pmatrix} 0 & 0 & 1 \\ 1 & 0 & 0 \\ 0 & 1 & 0 \end{pmatrix} \begin{pmatrix} x \\ y \\ z \end{pmatrix}.$$

Diese Beziehung läßt sich durch $(x', y', z') = (z, x, y)$ ausdrücken, oder durch $C_{31}^{+}(xyz) = (zxy)$. Das Symbol

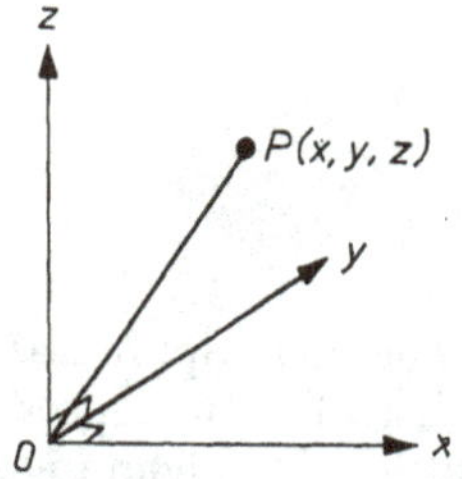

Abb. 31

(zxy) nennt man manchmal eine treue Darstellung der Operation C_{31}^{+} nach JONES. Die JONES-Symbole für jede der Operationen der Punktgruppe $\bar{4}3m(T_d)$ sind in Tabelle 20 angegeben.

Tabelle 20

E	xyz	C_{31}^{+}	zxy	C_{31}^{-}	yzx
C_{2x}	$x\bar{y}\bar{z}$	C_{32}^{+}	$\bar{z}x\bar{y}$	C_{32}^{-}	$y\bar{z}\bar{x}$
C_{2y}	$\bar{x}y\bar{z}$	C_{33}^{+}	$\bar{z}\bar{x}y$	C_{33}^{-}	$\bar{y}z\bar{x}$
C_{2z}	$\bar{x}\bar{y}z$	C_{34}^{+}	$z\bar{x}\bar{y}$	C_{34}^{-}	$\bar{y}\bar{z}x$
S_{4x}^{-}	$\bar{x}z\bar{y}$	S_{4y}^{-}	$\bar{z}\bar{y}x$	S_{4z}^{-}	$y\bar{x}\bar{z}$
S_{4x}^{+}	$\bar{x}\bar{z}y$	S_{4y}^{+}	$z\bar{y}\bar{x}$	S_{4z}^{+}	$\bar{y}x\bar{z}$
σ_{da}	$\bar{y}\bar{x}z$	σ_{db}	yxz	σ_{de}	$\bar{z}y\bar{x}$
σ_{dd}	$x\bar{z}\bar{y}$	σ_{de}	zyx	σ_{df}	xzy

Mit diesen Symbolen läßt sich hierauf leicht die Wirkung aller vierundzwanzig Operationen der Gruppe $\bar{4}3m\,(T_d)$ auf die drei Komponenten der Verschiebung aus der Gleichgewichtslage für alle fünf Atome im Methanmolekül beschreiben (siehe Abb. 32). Dies liefert eine Darstellung der Gruppe $\bar{4}3m\,(T_d)$ durch 15×15-Matrizen,

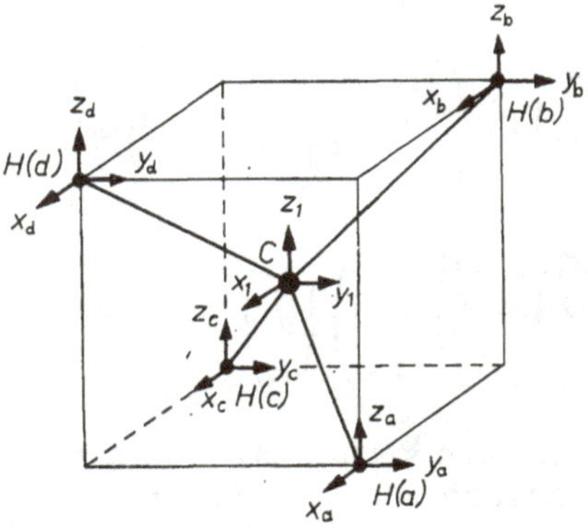

Abb. 32

die daher offenbar reduzibel ist. Die Wirkung von C_{31}^{+} ist zum Beispiel eine Rotation um die Achse durch das C-Atom und das H-Atom (c). Diese ändert die Verschiebung $(x_a y_a z_a)$ des H-Atoms (a) ab in $(z_a x_a y_a)$ und führt dieses Atom in eine Lage über, die vorher das H-Atom (b) inne hatte, d. h.

$$\begin{pmatrix} x_b' \\ y_b' \\ z_b' \end{pmatrix} = C_{31}^{+} \begin{pmatrix} x_a \\ y_a \\ z_a \end{pmatrix} = \begin{pmatrix} 0 & 0 & 1 \\ 1 & 0 & 0 \\ 0 & 1 & 0 \end{pmatrix} \begin{pmatrix} x_a \\ y_a \\ z_a \end{pmatrix}.$$

Machen wir dasselbe auch für die anderen vier Atome, so finden wir, daß das H-Atom (b) in (d) übergeht, (d) in (a) und daß das H-Atom (c) und das C-Atom unverändert bleiben. Es ist daher

$$\begin{pmatrix} x_1' \\ y_1' \\ z_1' \end{pmatrix} = \begin{pmatrix} 0 & 0 & 1 \\ 1 & 0 & 0 \\ 0 & 1 & 0 \end{pmatrix} \begin{pmatrix} x_1 \\ y_1 \\ z_1 \end{pmatrix} \quad \text{für C,}$$

$$\begin{pmatrix} x_d' \\ y_d' \\ z_d' \end{pmatrix} = \begin{pmatrix} 0 & 0 & 1 \\ 1 & 0 & 0 \\ 0 & 1 & 0 \end{pmatrix} \begin{pmatrix} x_b \\ y_b \\ z_b \end{pmatrix} \quad \text{für H(d),}$$

$$\begin{pmatrix} x_a' \\ y_a' \\ z_a' \end{pmatrix} = \begin{pmatrix} 0 & 0 & 1 \\ 1 & 0 & 0 \\ 0 & 1 & 0 \end{pmatrix} \begin{pmatrix} x_d \\ y_d \\ z_d \end{pmatrix} \quad \text{für H(a)}$$

$$\text{und} \quad \begin{pmatrix} x_c' \\ y_c' \\ z_c' \end{pmatrix} = \begin{pmatrix} 0 & 0 & 1 \\ 1 & 0 & 0 \\ 0 & 1 & 0 \end{pmatrix} \begin{pmatrix} x_c \\ y_c \\ z_c \end{pmatrix} \quad \text{für H(c).}$$

Alle diese fünf Matrizen könnte man nun zur folgenden 15×15-Matrix zusammenfassen, die in Wirklichkeit eine „Übermatrix" ist, nämlich in diesem Fall eine 5×5-Übermatrix mit 3×3-Matrizen als Elemente, von denen viele die Nullmatrix sind.

Alles was bezüglich dieser Matrix wirklich von Bedeutung ist, ist ihre Spur, die den Wert 0 hat, wie man sieht. Da alle Elemente einer Klasse dieselbe Spur haben, ist auch die Spur von C_{31}^{-}, $C_{32}^{\pm}$, $C_{33}^{\pm}$ und $C_{34}^{\pm}$ gleich 0. Unter den

$$
\begin{bmatrix} x_1' \\ y_1' \\ z_1' \\ x_a' \\ y_a' \\ z_a' \\ x_b' \\ y_b' \\ z_b' \\ x_c' \\ y_c' \\ z_c' \\ x_d' \\ y_d' \\ z_d' \end{bmatrix}
=
\left[\begin{array}{c|c|c|c|c}
\begin{smallmatrix} 0&0&1\\1&0&0\\0&1&0 \end{smallmatrix} & 0 & 0 & 0 & 0 \\ \hline
0 & 0 & 0 & 0 & \begin{smallmatrix} 0&0&1\\1&0&0\\0&1&0 \end{smallmatrix} \\ \hline
0 & \begin{smallmatrix} 0&0&1\\1&0&0\\0&1&0 \end{smallmatrix} & 0 & 0 & 0 \\ \hline
0 & 0 & 0 & \begin{smallmatrix} 0&0&1\\1&0&0\\0&1&0 \end{smallmatrix} & 0 \\ \hline
0 & 0 & \begin{smallmatrix} 0&0&1\\1&0&0\\0&1&0 \end{smallmatrix} & 0 & 0
\end{array}\right]
\begin{bmatrix} x_1 \\ y_1 \\ z_1 \\ x_a \\ y_a \\ z_a \\ x_b \\ y_b \\ z_b \\ x_c \\ y_c \\ z_c \\ x_d \\ y_d \\ z_d \end{bmatrix}
$$

Operationen vom Typ $S_{4m}^{\pm}$ geht jedes H-Atom in eine neue Lage über. Das einzige nicht verschwindende Diagonalelement der 5×5-Übermatrix, die zum Beispiel S_{4x}^{-} darstellt, rührt daher vom Kohlenstoffatom her. Unter Verwendung des JONES-Symbols $\bar{x}z\bar{y}$ erhält man dafür

$$
\begin{pmatrix} -1 & 0 & 0 \\ 0 & 0 & 1 \\ 0 & -1 & 0 \end{pmatrix}.
$$

Die Spur der Übermatrix ist somit -1. Für jede beliebige Reflexionsebene wie zum Beispiel σ_{da} bleiben das Kohlenstoffatom und zwei der Wasserstoffatome unbewegt. In der entsprechenden Übermatrix gibt es daher zwei Diagonalelemente mit dem Wert Null, während drei Diagonalelemente von Null verschieden sind. Für

σ_{da} sind die letzteren alle gleich

$$\begin{pmatrix} 0 & -1 & 0 \\ -1 & 0 & 0 \\ 0 & 0 & 1 \end{pmatrix}.$$

Die Spur der Übermatrix ist daher $3 \times (+1) = +3$. Die Identität E läßt alle Komponenten der Verschiebung jedes Atoms unverändert. Sie wird daher durch die fünfzehndimensionale Einheitsmatrix dargestellt, deren Spur $+15$ ist. Schließlich finden wir auf demselben Wege wie für die anderen Symmetrieoperationen auch die Spuren der zweizähligen Rotationen C_{2x}, C_{2y}, C_{2z}. Diese Aufgabe sei dem Leser als Übung überlassen. Man erhält das Ergebnis, daß die Spur der Matrixdarstellung jeder dieser Operationen -1 ist. Die fünfzehn Komponenten der Molekülverschiebung bilden daher eine fünfzehndimensionale Basis einer (reduziblen) Darstellung der Gruppe $\bar{4}3m(T_d)$ durch fünfzehndimensionale Matrizen, und die Spuren in dieser durch X bezeichneten Darstellung sind

	E	C_{2m}	$C_{3j}^{\pm}$	σ_{pd}	$S_{4m}^{\pm}$
X	15	-1	0	3	-1

In der Wignerschen Arbeit, Abschnitt 2, kommt eine nur wenig verschiedene Methode zur Anwendung, die dasselbe Ergebnis liefert (siehe seine Tabelle 2). Man kann überprüfen, welche Darstellungen der Punktgruppe $\bar{4}3m(T_d)$ man erhält, wenn man diese Darstellung durch Betrachten der Spurentafel reduziert (siehe Tabelle 21). Unsere fünfzehndimensionale Darstellung, die wir X genannt haben, führt also je einmal auf A_1, E und T_1 und zweimal auf T_2, was man auch durch

$$X = A_1 + E + 3T_2 + T_1$$

Tabelle 21

	E	C_{2m}	$C_{3j}^{\pm}$	σ_{pd}	$S_{4m}^{\pm}$
A_1	1	1	1	1	1
E	2	2	−1	0	0
T_2	3	−1	0	1	−1
T_2	3	−1	0	1	−1
T_2	3	−1	0	1	−1
T_1	3	−1	0	−1	1
X	15	−1	0	3	−1

ausdrückt. Als Alternative zur Methode der Inspektion der Spurentafel von $\bar{4}3m\,(T_d)$ kann man die Formel

$$n_i = \frac{1}{N} \sum_{p=1}^{r} h_p \chi_p \chi_p^{i*}$$

aus Abschnitt 2.8 verwenden, die angibt, wie oft die i-te irreduzible Darstellung in der irreduziblen Darstellung X auftritt.

Die allgemeine Verschiebung des Methanmoleküls, die eine fünfzehndimensionale Vektorbasis der Darstellung X bildet, kann entweder als Verschiebung der einzelnen Atome oder als kleine Verschiebung $\boldsymbol{X}$ des Schwerpunkts des Moleküls, einer Rotation $\boldsymbol{I}$ um den Schwerpunkt und $(3N-6)$ durch die $(3N-6)$ Normalkoordinaten des Moleküls ausgedrückten Verschiebungen gedacht werden. Die Verschiebung $\boldsymbol{X}$ des Schwerpunkts ist ein gewöhnlicher Vektor und gehört zur Darstellung T_2 der Punktgruppe, wie man aus der Spurentafel ersehen kann. Ebenso aus der Spurentafel (Tabelle 19) ersieht man, daß die Operatoren für eine infinitesimale Rotation zur Darstellung T_1 gehören. Wir können daher sagen, daß wir von der oben erhaltenen Darstellung durch Reduktion von X eine Darstellung T_2 für die Translationsbewegung des

Moleküls und eine Darstellung T_1 für die Rotation um den Schwerpunkt abziehen können, so daß

$$A_1 + E + 3T_2 + T_1 - (T_2 + T_1) = A_1 + E + 2T_2$$

übrig bleibt. Diese Darstellungen entsprechen dann den neun Normalschwingungen des Methanmoleküls. E ist eine zweidimensionale Darstellung, T_2 ist dreidimensional. Wir haben gesagt, daß, wenn ein schwingendes System eine Menge von Symmetrieoperationen besitzt, die Normalschwingungen dieses Systems zu einer irreduziblen Darstellung der Gruppe dieser Symmetrieoperationen „gehören" oder sich „gemäß einer derartigen Darstellung transformieren". Wenn die Dimension der irreduziblen Darstellung größer als 1 ist, bedeutet das, daß eine Menge von Normalschwingungen vorliegt, deren Anzahl gleich der Dimension der Darstellung ist und die alle dieselbe Schwingungsfrequenz haben. Man sagt daher, diese bilden eine Menge von *entarteten* Normalschwingungen. Die einzelnen Normalschwingungen kann man als die Komponenten eines Vektors auffassen, der eine Basis für diese irreduzible Darstellung bildet. Das bedeutet, die Entartung der Normalschwingung ist gleich der Dimension der irreduziblen Darstellung, zu der sie gehört. Im Falle des Methanmoleküls, das zufällige Entartungen aufweist, haben wir eine nicht-entartete, eine zweifach entartete und zwei dreifach entartete Normalschwingungsfrequenzen.

Wir können nun die Kenntnis von den Transformationseigenschaften dazu verwenden, die Normalschwingungen des CH_4-Moleküls zu bestimmen. *Dem Leser, der den Rest dieses Abschnitts schwierig oder verwirrend findet, wird geraten, die Bilder der Normalschwingungen in den Abbildungen 33, 35, 37 und 38 zu betrachten und sofort zu Abschnitt 5.3 überzugehen.*

Die einfachste Schwingung ist die zu A_1 gehörende die vollkommene symmetrische Darstellung der Gruppe. Bei jeder Operation der Punktgruppe erhält das Gesamtschema der Verschiebungen der Atome im Molekül dasselbe Aussehen wie zuvor. Unter den Operationen C_{32}^{+} oder C_{32}^{-} bleibt das H-Atom (a) unbewegt. Die einzig mögliche Verschiebung bei dieser Normalschwingung ist dann längs dieser Achse selbst. Wenn d die Verschiebung darstellt, so muß $C_{32}^{+}d = d$ und $C_{32}^{-}d = d$ erfüllt sein. Durch Untersuchung der anderen dreifältigen Rotationsachsen kann man sehen, daß bei diesen Normalschwingungen alle H-Atome Verschiebungen längs der C—H-Bänder haben müssen und daß darüber hinaus alle Verschiebungen der Größe nach gleich und vom C-Atom, das selbst in Ruhe bleibt, nach außen gerichtet sein müssen. Diese Normalschwingung ist in Abb. 33 dargestellt. Manchmal nennt man sie die *voll-*

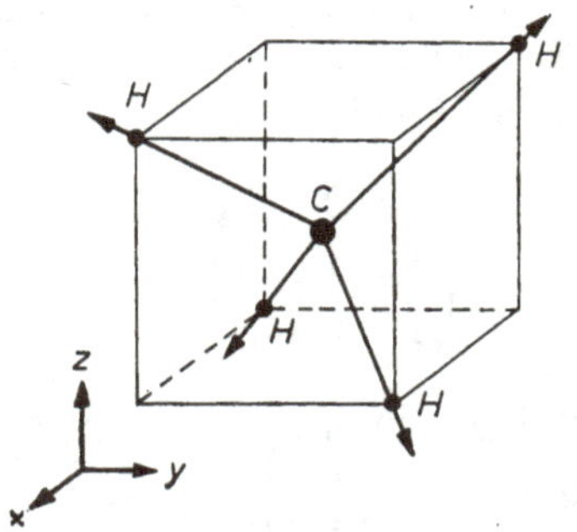

Abb. 33. Die vollkommen symmetrische Normalschwingung A_1 des Methanmoleküls

kommen symmetrische Schwingung oder die *Atemschwingung*. Es ist leicht einzusehen, daß diese Schwingung bei einer beliebigen Operation der Punktgruppe unverändert bleibt, wie es sein muß, wenn sie sich gemäß der Darstellung A_2 transformieren soll.

Als nächstes versuchen wir, die Natur der dreifach entarteten Normalschwingungen zu bestimmen. Wir benutzen die Tatsache, daß diese Normalschwingungen selber eine Basis der entarteten Darstellung T_2 der Punktgruppe des Moleküls bilden. Dies bedeutet, daß, wenn wir die 3×3-Matrix $\boldsymbol{D}_{T_2}(R)$ kennen, welche die Symmetrieoperation R der Punktgruppe $\bar{4}3m(T_d)$ in der mit T_2 bezeichneten irreduziblen Darstellung repräsentiert, die drei Normalschwingungen selbst durch diese Operation ineinander übergeführt werden. Wir bezeichnen die drei Normalschwingungen mit α, β und γ und betrachten sie als einen Vektor, der gemäß

$$R\begin{pmatrix}\alpha\\ \beta\\ \gamma\end{pmatrix} = \boldsymbol{D}_{T_2}(R)\begin{pmatrix}\alpha\\ \beta\\ \gamma\end{pmatrix}$$

transformiert werden muß. Da x, y und z zu T_2 gehört, kennen wir bereits die Matrizen $\boldsymbol{D}_{T_2}(R)$ aus den bereits angegebenen JONES-Symbolen, so daß zum Beispiel, wenn R die Operation T_{2x} bedeutet, gilt

$$\boldsymbol{D}_{T_2}(C_{2x}) = \begin{pmatrix}1 & 0 & 0\\ 0 & -1 & 0\\ 0 & 0 & -1\end{pmatrix},$$

so daß

$$C_{2x}\begin{pmatrix}\alpha\\ \beta\\ \gamma\end{pmatrix} = \begin{pmatrix}1 & 0 & 0\\ 0 & -1 & 0\\ 0 & 0 & -1\end{pmatrix}\begin{pmatrix}\alpha\\ \beta\\ \gamma\end{pmatrix} = \begin{pmatrix}\alpha\\ -\beta\\ -\gamma\end{pmatrix},$$

d. h. $C_{2x}(\alpha) = \alpha$, $C_{2x}(\beta) = -\beta$ und $C_{2x}(\gamma) = -\gamma$. Bei einer Rotation um 180° um die x-Achse bleibt daher die Normalschwingung α unverändert in der ursprünglichen Position, die Schwingungen β und γ kehren jedoch bei dieser Operation ihr Vorzeichen um. Ähnlich ist das Verhalten dieser Normalschwingungen unter der Operation C_{2y}, β bleibt unverändert, bei den Normalschwingungn α und γ hingegen ändert sich das Vorzeichen aller Verschiebungen. C_{2z} läßt γ unverändert und ändert die Vorzeichen von α und β. Bei den anderen Operationen der Punktgruppe liegen kompliziertere Verhältnisse vor. Unter Verwendung der JONES-Symbole erhält man zum Beispiel

$$\boldsymbol{D}_{T_2}(\sigma_{da}) = \begin{pmatrix} 0 & -1 & 0 \\ -1 & 0 & 0 \\ 0 & 0 & 1 \end{pmatrix},$$

so daß

$$\sigma_{da}\begin{pmatrix} \alpha \\ \beta \\ \gamma \end{pmatrix} = \begin{pmatrix} 0 & -1 & 0 \\ -1 & 0 & 0 \\ 0 & 0 & 1 \end{pmatrix}\begin{pmatrix} \alpha \\ \beta \\ \gamma \end{pmatrix} = \begin{pmatrix} -\beta \\ -\alpha \\ \gamma \end{pmatrix}.$$

Die Wirkung von σ_{da} auf α, die erste Komponente des Vektors (α, β, γ) besteht in einer Überführung auf den zweiten Platz, d. h., unter σ_{da} geht α in $-\beta$ über. Dabei läßt σ_{da} γ unverändert. Auf ähnliche Weise können wir unter Verwendung der JONES-Symbole vom Beginn dieses Abschnitts die Matrizen $\boldsymbol{D}_{T_2}(R)$ für alle Operationen R von $\bar{4}3m(T_d)$ konstruieren und sehen, wie sich die Normalschwingungen α, β und γ unter diesen Operationen verhalten. Wichtig dabei ist, daß wir im Gegensatz zur 15×15-Matrix, die wir früher benutzt haben, nun eine Matrix haben, *welche die Wirkung einer physikalischen Rotation auf einen dreidimensionalen Vektor und nicht auf die einzelnen Verschiebungen beschreibt, wobei die gesamte zusammengesetzte Verschiebung einer Normalschwingung entspricht, die als eine Komponente dieses Vektors aufzufassen ist.* Sobald wir dann einmal gefunden haben, gemäß welchen irreduziblen Darstellungen der Punktgruppen sich die Normalschwingungen verhalten, ist die Bestimmung der wirklichen Verschiebungen in den verschiedenen Normalschwingungen eine einfache Sache. Wir beginnen mit den H-Atomen, die gewisse wie in Abb. 34 angedeutete willkürliche Verschiebungen d_a, d_b, d_c und d_d haben sollen, und betrachten die erste Komponente des Vektors (α, β, γ). Diese muß sich wie x unter den Operationen von $\bar{4}3m(T_d)$ verhalten, z. B. $C_{2x}(\alpha) \to \alpha$; $C_{2y}(\alpha) \to -\alpha$; $C_{2z}(\alpha) \to -\alpha$.

Dies bedeutet zusammen mit der Tatsache, daß gemäß Abb. 32 C_{2x} die H-Atome (a) und (d) vertauscht, daß C_{2x} d_a in $+d_d$ überführt. Ebenso führt C_{2y} d_a in $-d_b$ über, und C_{2z} d_a in $-d_c$, und wir finden ebenso die Wirkung aller anderen Operationen der Punktgruppe $\bar{4}3m\,(T_d)$ auf den Vektor d_a.

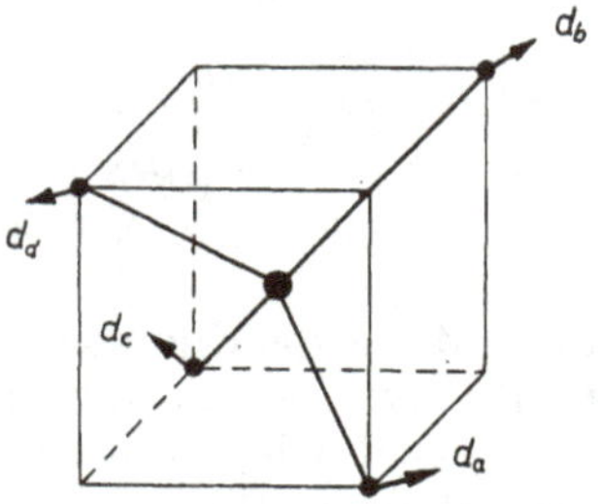

Abb. 34

Wir untersuchen daher besonders einfache Formen von d_a, bis wir eine finden, welche alle diese Forderungen erfüllt. Versuchen wir es mit $d_a = (x, 0, 0)$, dann bleiben d_b, d_c und d_d bei C_{2y}, C_{2z} und C_{2x} fest. Ihre Lage ist in Abb. 35 (α) dargestellt. Nun ist es möglich, β und γ

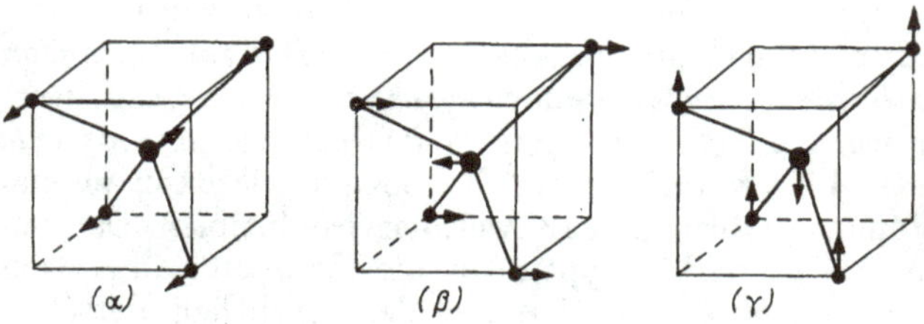

Abb. 35. T_2-Normalschwingungen des Methanmoleküls

zu erzeugen, indem man die anderen Rotationsoperationen oder eine der Spiegelungsoperationen auf α anwendet, so daß wir, wenn α, β und γ allen Operationen von $\bar{4}3m\,(T_d)$ unterworfen worden sind und sich herausgestellt hat, daß sie sich wie x, y und z transformieren, drei entartete

Normalschwingungen des CH_4-Moleküls gefunden haben. Zum Beispiel führt σ_{da} α in $-\beta$ über (siehe Abb. 36) usw. Wir überlassen es dem Leser, sich selbst davon zu überzeugen, daß die drei Normalschwingungen α, β und γ von Abb. 35 sich gemäß der Darstellung T_2 transformieren.

Wir sehen also, was die Gruppentheorie leistet, ist die Bestimmung des Verhaltens der Normalschwingungen unter den Operationen der Punktgruppe des Moleküls.

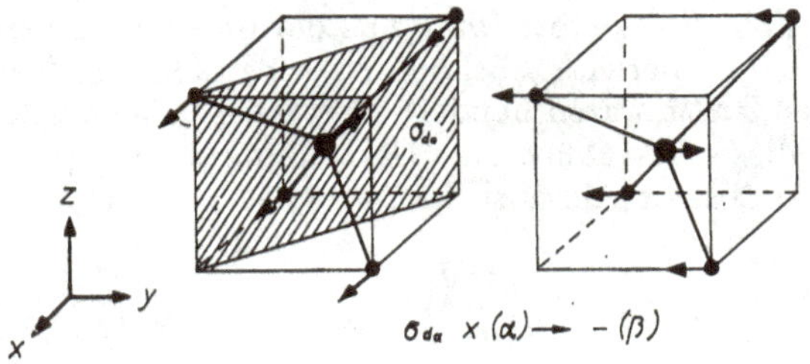

Abb. 36

Das Problem wird dann durch eine relativ leichte Probiermethode gelöst, die mehr Einsicht vermittelt als die äußerst mühsame Methode des Aufsuchens der Normalkoordinaten aus allen Bewegungsgleichungen aller Partikel. Im Falle von CH_4 würden dabei fünfzehn Gleichungen auftreten.

Durch weiteres Probieren ist es möglich, die zweite Menge der zu T_2 von $\bar{4}3m\,(T_d)$ gehörenden drei Normal-

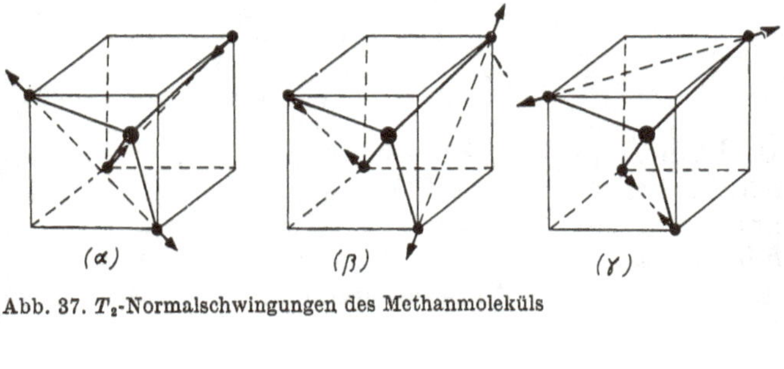

Abb. 37. T_2-Normalschwingungen des Methanmoleküls

schwingungen abzuleiten. Diese sind in Abb. 37 dargestellt. Wieder laden wir den Leser ein, sich selbst davon zu überzeugen, daß sich diese drei Normalschwingungen wirklich gemäß der Darstellung T_2 transformieren. Insgesamt haben wir also bisher die Normalschwingungen gefunden, die zu den Darstellungen $A_1 + 2T_2$ gehören.

Es bleibt noch die Aufgabe, die zwei Normalschwingungen zu bestimmen, die zu E gehören. Dazu ist notwendig, daß man die Matrizen für die Darstellung E von $\bar{4}3m\,(T_d)$ kennt. Ohne uns darum zu kümmern, wie man diese herleitet, behaupten wir, daß es sich um die folgenden Matrizen handelt. Der Leser möge verifizieren, daß diese tatsächlich eine Darstellung der Gruppe bilden und daß sie irreduzibel sind.

$$E,\ C_{2x},\ C_{2y},\ C_{2z}\ \begin{pmatrix} 1 & 0 \\ 0 & 1 \end{pmatrix};\quad \sigma_{da},\ \sigma_{db},\ S_{4z}^{+},\ S_{4z}^{-}\ \begin{pmatrix} 1 & 0 \\ 0 & -1 \end{pmatrix}$$

$$C_{31}^{-},\ C_{32}^{-},\ C_{33}^{-},\ C_{34}^{-}\ 1/2 \begin{pmatrix} -1 & -\sqrt{3} \\ \sqrt{3} & -1 \end{pmatrix};$$

$$\sigma_{dd},\ \sigma_{df},\ S_{4x}^{+},\ S_{4x}^{-}\ 1/2 \begin{pmatrix} -1 & -\sqrt{3} \\ -\sqrt{3} & 1 \end{pmatrix}$$

$$C_{31}^{+},\ C_{32}^{+},\ C_{33}^{+},\ C_{34}^{+}\ 1/2 \begin{pmatrix} -1 & \sqrt{3} \\ -\sqrt{3} & -1 \end{pmatrix};$$

$$\sigma_{dc},\ \sigma_{de},\ S_{4y}^{+},\ S_{4y}^{-}\ 1/2 \begin{pmatrix} -1 & \sqrt{3} \\ \sqrt{3} & 1 \end{pmatrix}.$$

Es ist nun möglich, zu zeigen, daß die zwei Normalschwingungen durch die Darstellung in Abb. 38 gegeben sind. Bei ihrer Ableitung haben wir zweierlei auszuführen: eine Operation auf die Verschiebung d eines der Atome (mit 3×3-Matrizen von den JONES-Symbolen) und eine Operation auf den Vektor (α, β) mit den 2×2-Matrizen, gemäß denen die zwei Schwingungen α und β sich transformieren müssen. Es ist keineswegs notwendig, daß man alle Operationen der Gruppe betrachtet, es ist zum Beispiel genug, wenn man C_{2x}, C_{2y}, C_{2z}, σ_{da} und σ_{de}

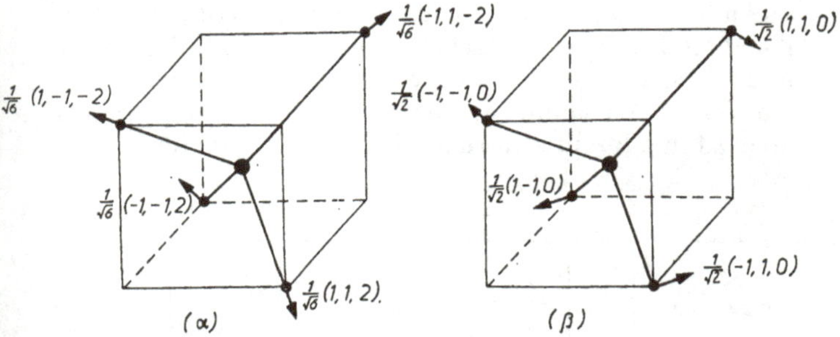

Abb. 38. E-Normalschwingungen des Methanmoleküls

untersucht. (Wir überlassen dies dem Leser als Übung und zeigen nur, daß in wenigstens einem Fall dies ausführbar ist. Wir betrachten C_{31}^+ und erhalten

$$\boldsymbol{D}_E(C_{31}^+) = 1/2 \begin{pmatrix} -1 & \sqrt{3} \\ -\sqrt{3} & -1 \end{pmatrix},$$

so daß die Wirkung von C_{31}^+ auf α in der Erzeugung von $1/2\left(-\alpha + \sqrt{3}\beta\right)$ besteht. C_{31}^+ führt zum Beispiel das H-Atom (a) in α in (b) über. In (b) haben wir daher nach der Operation $(x_b', y_b', z_b') = C_{31}^+(x_a, y_a, z_a) = (z_a, x_a, y_a)$. Daher gilt $(x_b', y_b', z_b') = \left(1/\sqrt{6}\right)(2, 1, 1)$. Zudem ist in (b) $1/2\left(-\alpha + \sqrt{3}\beta\right) = -1/2\left(1/\sqrt{6}\right)(-1, 1, -2) + 1/2\sqrt{3} \times \left(1/\sqrt{2}\right)(1, 1, 0) = \left(1/\sqrt{6}\right)(2, 1, 1)$. Daher ist $C_{31}^+\alpha = 1/2 \times \left(-\alpha + \sqrt{3}\,\beta\right)$. Daher transformieren sich die zwei Normalschwingungen wenigstens unter C_{31}^+ gemäß den Matrizen, von denen wir behauptet haben, daß sie der Darstellung E von $\bar{4}3m\,(T_d)$ angehören. Oder mit anderen

Worten, die Wirkung der Symmetrieoperation R auf den Vektor (α, β) ist dieselbe wie die Wirkung der Matrix $\boldsymbol{D}_E(R)$ auf den Vektor (α, β), was eben gefordert ist, wenn die zwei Normalschwingungen α und β zur Darstellung E gehören sollen.)

Ebenso überlassen wir es dem Leser, nachzuweisen, daß alle von uns gefundenen Normalschwingungen orthogonal sind. Zur Vereinfachung dieser Aufgabe haben wir in Tabelle 22 die Komponenten des fünfzehndimensionalen Vektors zusammengefaßt, welche die Verschiebungen aller Atome in allen Normalschwingungen angibt.

Tabelle 22

Schwingungsfigur	33	35			37			38	
x_1	0	$-x$	0	0	0	0	0	0	0
y_1	0	0	$-x$	0	0	0	0	0	0
z_1	0	0	0	$-x$	0	0	0	0	0
x_a	1	1	0	0	0	1	−1	1	−1
y_a	1	0	1	0	1	0	−1	1	1
z_a	−1	0	0	1	−1	−1	0	2	0
x_b	−1	1	0	0	0	−1	−1	−1	1
y_b	1	0	1	0	−1	0	1	1	1
z_b	1	0	0	1	−1	1	0	−2	0
x_c	−1	1	0	0	0	1	1	−1	1
y_c	−1	0	1	0	1	0	1	−1	−1
z_c	−1	0	0	1	1	1	0	2	0
x_d	1	1	0	0	0	−1	1	1	−1
y_d	−1	0	1	0	−1	0	−1	−1	−1
z_d	1	0	0	1	1	−1	0	−2	0

Zusätzlich zur Arbeit von Wigner (1930) haben wir in Teil 2 dieses Buches eine zweite Arbeit über Molekularschwingungen aufgenommen. Es handelt sich um einen ausführlichen Katalog der Normalschwingungen einer Reihe von allgemein möglichen Molekültypen von WILSON (1934). Die Arbeit von JAHN und TELLER (1937), die in Teil 2 im Zusammenhang mit Abschnitt 6.3 wiedergegeben ist, gibt schließlich in Tabelle I eine Zusammenfassung der Resultate der Anwendung der Theorie dieses Abschnitts auf alle Punktgruppen. Der Leser wird durch die Lektüre des Abschnitts 4 in der Lage sein, zu sehen, daß die irreduziblen Darstellungen, zu welchen die Verschiebungen im Methanmolekül gehören, durch Addition der Darstellungen der Zeilen *d* und *e* unter $\bar{4}3m(T_d)$ in Tabelle I gefunden werden, d. h. durch

$$A_1 + E + F_1 + 3F_2 = A_1 + E + T_1 + 3T_2$$

in unserer Bezeichnungsweise, was in Übereinstimmung mit dem oben erhaltenen Ergebnis steht.

5.3. Schwingungen von Festkörpern. Phononen

In einem Festkörper gibt es eine große Anzahl von Atomen, so daß die Aufstellung der Bewegungsgleichungen für jedes davon und die analytische Bestimmung der Normalkoordinaten sogar unter der Annahme, daß die wirklichen Kräfte zwischen Atomen bekannt sind, auch für vollkommen reguläre Körper eine äußerst schwierige Aufgabe darstellt. Auch die Anwendung der Gruppentheorie auf dem bei Molekülen eingeschlagenen Wege ist unangenehm, da die Sachlage dadurch kompliziert wurde, daß man anstelle der endlichen Gruppe von Symmetrieoperationen des Moleküls nun eine unendliche Gruppe vorliegen hat, nämlich die Raumgruppe des Festkörpers. Im folgenden wollen wir der Einfachheit halber nur vollkommen reguläre Festkörper betrachten.

Das einfachste eindimensionale Modell eines Festkörpers besteht aus einer Kette von identischen Partikeln der Masse *m*, die durch identische Federn verbunden sind, so daß die Gleichgewichtslagen der einzelnen Partikel jeweils gleichen Abstand haben (siehe Abb. 39). Durch Anschreiben der Bewegungsgleichung für jedes Teilchen erkennt man (siehe zum Beispiel KITTEL, 1935), daß man anstelle der Schwingungen der einzelnen Teilchen eine Menge von Wellen längs der

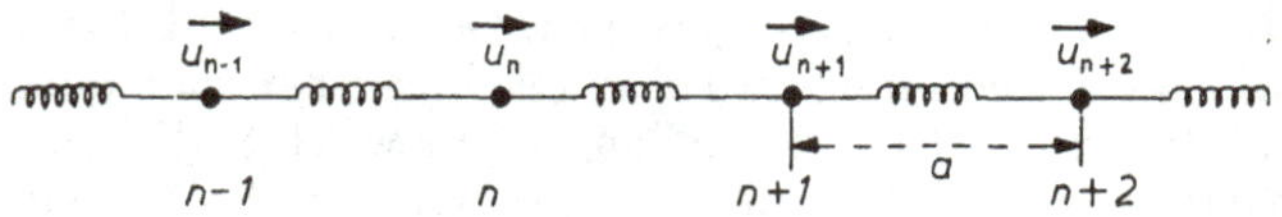

Abb. 39

Partikelgeraden betrachten kann. Diese Wellen sind in Wirklichkeit gerade die Normalschwingungen des Systems

$$u_n = u_0 \exp\big(i(\omega t + kna)\big),$$

wobei u_n die Verschiebung der n-ten Partikel bedeutet und ω durch

$$\omega = \pm(4\beta/m)^{1/2} \sin(1/2ka)$$

gegeben ist, während β eine von den Kräften abhängige Konstante ist. Der Wellenvektor $k = 2\pi/\lambda$ dieser Welle kann einen Wert aus einer diskreten Wertemenge annehmen. Die erlaubten Werte sind durch den Gitterabstand festgelegt, d. h. durch den Abstand a der Partikel. Diese Gitterwellen besitzen bedeutsame Ähnlichkeit mit Schallwellen, so daß ihre Energiequanten, da man sie quantenmechanisch behandeln muß, in Analogie zu den Lichtquanten, den Photonen, als *Phononen* bezeichnet werden. Die erlaubten Wellenvektoren der Normalschwingungen sind allein durch die geometrische Anordnung der Atome im Festkörper bestimmt, und da die Wellenfunktion eines Elektrons, das sich in einem regulären Festkörper bewegt, wie wir im nächsten Kapitel sehen werden, einen Wellenvektor besitzt, der auf dieselbe Art bestimmt wird, betrachten wir die erlaubten Wellenvektoren von Normalschwingungen wie von

Elektronen in einem Festkörper in einem eigenen Abschnitt.

Bei der Anwendung der Gruppentheorie auf die Untersuchung von Normalschwingungen in einem Festkörper auf demselben Weg, den wir im Fall eines Moleküls eingeschlagen haben, handelt es sich um die Bestimmung der Spuren aller Operationen der Raumgruppe des Festkörpers, was ziemlich unangenehm ist, da es sich um eine unendliche Gruppe handelt. Es ist jedoch möglich zu zeigen, daß, sofern es den Raman-Effekt und die Absorption oder Emission von Infrarotstrahlung betrifft, nur solche Normalschwingungen einbezogen werden können, bei denen ähnlich gelagerte Atome in angrenzenden Zellen sich in Phase bewegen (siehe zum Beispiel den Übersichtsartikel von Loudon, 1964). Das bedeutet, daß man die Translationen der Raumgruppe „abtrennen" kann und nur deren Symmetrieoperationen zu betrachten braucht, die jedes Atom in seiner Zelleinheit lassen (siehe zum Beispiel Meijer und Bauer (1962), S. 68, bezüglich einer Beschreibung der „Faktorgruppe").

Wir beabsichtigen nicht, die Einzelheiten der Berechnung der Frequenzen der Normalschwingungen von Molekülen oder Festkörpern zu betrachten. Wir befaßten uns nur mit der Symmetrie der Situation und benutzten diese, um so viel als möglich über die Natur dieser Normalschwingungen auszusagen. Wollten wir weiter vordringen, so hätten wir wirklich die Bewegungsgleichungen der verschiedenen Atome anzuschreiben und zu lösen. Bisher haben wir sogar vermieden, uns darüber auszulassen, ob es sich um die klassischen oder die quantenmechanischen Bewegungsgleichungen handeln soll. Dies sind keine gruppentheoretischen Probleme. Für weitere Einzelheiten dieser Berechnungen sei der Leser auf die zuständige Literatur verwiesen, z. B. für Moleküle auf Wilson, Decius und Cross (1955), und für Festkörper auf Ziman (1960) oder auf die ausgezeichnete Diskussion der Festkörper durch Mitra (1962). Bei Festkörpern nennt man die Kurve, welche die Beziehung zwischen der Frequenz (und daher der Energie) und dem Wellenvektor $\boldsymbol{k}$ ausdrückt, die *Dispersionskurve* des Festkörpers.

5.4. Die Zonentheorie von BRILLOUIN

Die erlaubten Wellenvektoren eines Phonons oder eines Elektrons in einem Festkörper sind durch das BRAVAIS-Gitter bestimmt, das seiner Struktur zugrunde liegt. Bezeichnet man die Basisvektoren dieses BRAVAIS-Gitters mit $\boldsymbol{t}_1$, $\boldsymbol{t}_2$ und $\boldsymbol{t}_3$, so sind die Gitterpunkte gegeben durch $n_1\boldsymbol{t}_1 + n_2\boldsymbol{t}_2 + n_3\boldsymbol{t}_3$, wobei n_1, n_2 und n_3 ganze Zahlen sind. Ein wirklicher Kristall besitzt nur endliche Abmessungen. Es ist bequem anzunehmen, daß seine Ausdehnung durch die folgenden Beschränkungen für n_1, n_2 und n_3 bestimmt ist,

$$0 \leqq n_1 \leqq N_1,$$
$$0 \leqq n_2 \leqq N_2,$$
$$0 \leqq n_3 \leqq N_3,$$

wobei N_1, N_2 und N_3 zwar große, aber endliche ganze Zahlen sind. Man kann dann daraus ein unendliches BRAVAIS-Gitter machen, indem man annimmt, daß der Kristall in allen drei Richtungen unendlich oft wiederholt wird und daß Größen wie die Verschiebung eines Atoms oder die Wellenfunktion eines Elektrons periodisch sind mit den Perioden $N_1\boldsymbol{t}_1$ in der Richtung $\boldsymbol{t}_1$, $N_2\boldsymbol{t}_2$ in der Richtung $\boldsymbol{t}_2$ und $N_3\boldsymbol{t}_3$ in der Richtung $\boldsymbol{t}_3$. Dies liefert uns die sogenannten zyklischen BORN-VON KARMAN-Randbedingungen für diese Funktionen und steht in direkter Analogie zu einem oft bei der FOURIER-Analyse verwendeten Verfahren zur Erzeugung einer periodischen Funktion aus einer einfachen Sägezahnfunktion zum Beispiel.

Die zu $\boldsymbol{t}_1$, $\boldsymbol{t}_2$ und $\boldsymbol{t}_3$ reziproken Vektoren sind drei Vektoren $\boldsymbol{g}_1$, $\boldsymbol{g}_2$ und $\boldsymbol{g}_3$, so daß $\boldsymbol{g}_i \cdot \boldsymbol{t}_j = \delta_{ij}$, $i = 1, 2, 3$;

$j = 1, 2, 3$. Diese Vektoren lassen sich explizit durch

$$\boldsymbol{g}_1 = \frac{\boldsymbol{t}_2 \wedge \boldsymbol{t}_3}{\boldsymbol{t}_1 \cdot (\boldsymbol{t}_2 \wedge \boldsymbol{t}_3)}, \quad \boldsymbol{g}_2 = \frac{\boldsymbol{t}_3 \wedge \boldsymbol{t}_1}{\boldsymbol{t}_2 \cdot (\boldsymbol{t}_3 \wedge \boldsymbol{t}_1)},$$

$$\boldsymbol{g}_3 = \frac{\boldsymbol{t}_1 \wedge \boldsymbol{t}_2}{\boldsymbol{t}_3 \cdot (\boldsymbol{t}_1 \wedge \boldsymbol{t}_2)}$$

angeben. Sie bilden ebenfalls die Basisvektoren eines BRAVAIS-Gitters. Die erlaubten Werte der Komponenten des Wellenvektors $\boldsymbol{k}$ eines Elektrons oder eines Phonons sind $2\pi m_1 \boldsymbol{g}_1/N_1$, $2\pi m_2 \boldsymbol{g}_2/N_2$ und $2\pi m_3 \boldsymbol{g}_3/N_3$, wobei m_1, m_2 und m_3 ganze Zahlen sind. Diese Komponenten liegen im $\boldsymbol{k}$-Raum oder reziproken Raum und besitzen die Dimension cm^{-1}. Obwohl der Bereich der Zahlen m_1, m_2 und m_3 keinen Einschränkungen unterliegt, kann man doch ohne Verlust der Allgemeinheit m_1 auf einen Bereich der Länge N_1 einschränken und ähnlich auch bei m_2 und m_3 vorgehen, so daß die erlaubten Komponenten des Wellenvektors $2\pi m_1 \boldsymbol{g}_1/N_1$, $2\pi m_2 \boldsymbol{g}_2/N_2$ und $2\pi m_3 \boldsymbol{g}_3/N_3$ sind, wobei $-N_1/2 \leqq m_1 \leqq N_1/2$, $-N_2/2 \leqq m_2 \leqq N_2/2$ und $-N_3/2 \leqq m_3 \leqq N_3/2$. Der Raumbereich, der diese Punkte enthält, heißt BRILLOUIN-Zone. Er wird durch Ebenen begrenzt, welche die Vektoren vom Ursprung zu den nächsten Nachbarn im reziproken Gitter halbieren. Diese Vektoren lassen sich durch $\boldsymbol{g}_1$, $\boldsymbol{g}_2$ und $\boldsymbol{g}_3$ ausdrücken. Die BRILLOUIN-Zone ist daher die Zelleinheit des reziproken Gitters. Für ein gegebenes BRAVAIS-Gitter mit bekannten Vektoren $\boldsymbol{t}_1$, $\boldsymbol{t}_2$ und $\boldsymbol{t}_3$ kann man die Größen $\boldsymbol{g}_1$, $\boldsymbol{g}_2$ und $\boldsymbol{g}_3$ berechnen und dadurch die Gestalt der BRILLOUIN-Zone für dieses BRAVAIS-Gitter bestimmen. Wir beabsichtigen nicht, dies hier für alle vierzehn BRAVAIS-Gitter durchzuführen. Der interessierte Leser möge dies bei KOSTER (1957) oder bei MEIJER und BAUER (1962) nachlesen.

Als Beispiel betrachten wir das körperzentrierte kubische Gitter und zeigen, daß sein reziprokes Gitter das flächenzentrierte kubische Gitter ist und daß seine

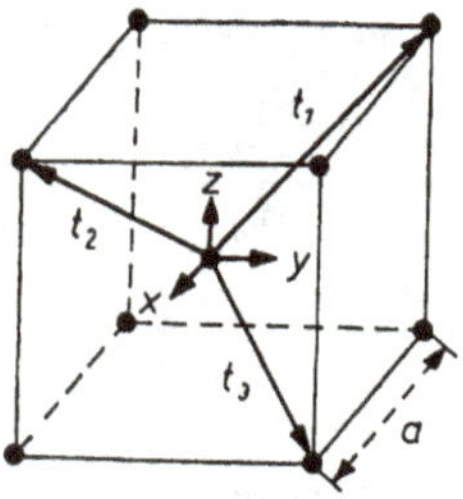

Abb. 40. Die Zelleinheit eines körperzentrierten kubischen Gitters

BRILLOUIN-Zone daher ein rhombisches Dodekaeder ist. Die Vektoren $\boldsymbol{t}_1$, $\boldsymbol{t}_2$ und $\boldsymbol{t}_3$ für das körperzentrierte kubische Gitter sind in Abb. 40 dargestellt. Sie lauten

$$\boldsymbol{t}_1 = \frac{1}{2}\, a(-1, 1, 1),$$

$$\boldsymbol{t}_2 = \frac{1}{2}\, a(1, -1, 1),$$

$$\boldsymbol{t}_3 = \frac{1}{2}\, a(1, 1, -1).$$

Es gilt somit

$$\boldsymbol{g}_1 = \frac{\boldsymbol{t}_2 \wedge \boldsymbol{t}_3}{\boldsymbol{t}_1 \cdot (\boldsymbol{t}_2 \wedge \boldsymbol{t}_3)} = \frac{\frac{1}{4}a^2 \begin{vmatrix} \boldsymbol{i} & \boldsymbol{j} & \boldsymbol{k} \\ 1 & -1 & 1 \\ 1 & 1 & -1 \end{vmatrix}}{\frac{1}{8}a^3 \begin{vmatrix} -1 & 1 & 1 \\ 1 & -1 & 1 \\ 1 & 1 & -1 \end{vmatrix}} = (1/a)\,(0, 1, 1),$$

sowie $\boldsymbol{g}_2 = (1/a)(1, 0, 1)$ und $\boldsymbol{g}_3 = (1/a)(1, 1, 0)$. Diese drei Vektoren sind die Basisvektoren des flächenzentrierten kubischen Gitters, wie in Abb. 41 ersichtlich ist. Die BRILLOUIN-Zone läßt sich zeichnen, indem man alle Ebenen heranzieht, welche senkrecht zu den Vektoren vom Typ $\boldsymbol{g}_1$, $\boldsymbol{g}_2$ und $\boldsymbol{g}_3$ von 0 aus stehen und diese halbieren. Es gibt zwölf solche Vektoren, nämlich $\pm\boldsymbol{g}_1$,

$\pm g_2$, $\pm g_3$, $\pm(g_1 - g_2)$, $\pm(g_2 - g_3)$, $\pm(g_3 - g_1)$, die resultierende BRILLOUIN-Zone ist das in Abb. 42 dargestellte rhombische Dodekaeder. Die Ableitungen einiger weiterer BRILLOUIN-Zonen bilden den Gegenstand von Übungen am Ende dieses Kapitels. Etwas mehr über BRILLOUIN-Zonen findet man in einer Arbeit von BOUKKAERT, SMOLUCHOWSKI und WIGNER (1936), die wir im Zusammenhang mit Abschnitt 6.5 in Teil 2 aufgenommen haben. Eine vollständige Behandlung der Theorie der BRILLOUIN-Zonen wurde von JONES (1960) gegeben.

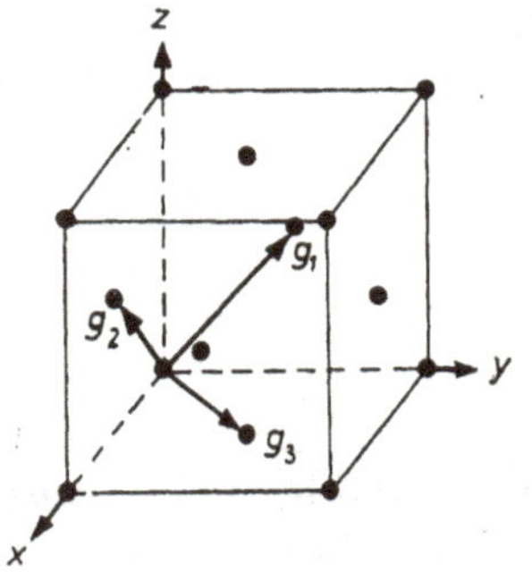

Abb. 41. Die Zelleinheit des reziproken Gitters für die in Abb. 40 dargestellte Struktur

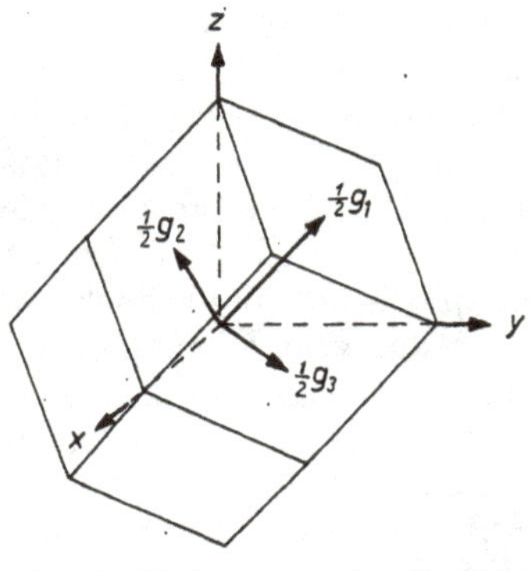

Abb. 42. Die BRILLOUIN-Zone für die in Abb. 40 dargestellte Struktur

5.5. Infrarot- und Raman-Aktivität der Normalschwingungen

Wir nehmen an, jemand hätte für ein Molekül oder für einen Festkörper die Schrödinger-Gleichung angeschrieben und gelöst. Für dieses spezielle Molekül oder für diesen speziellen Festkörper haben wir dann eine Menge von Energieniveaus (Abb. 43) zur Verfügung.

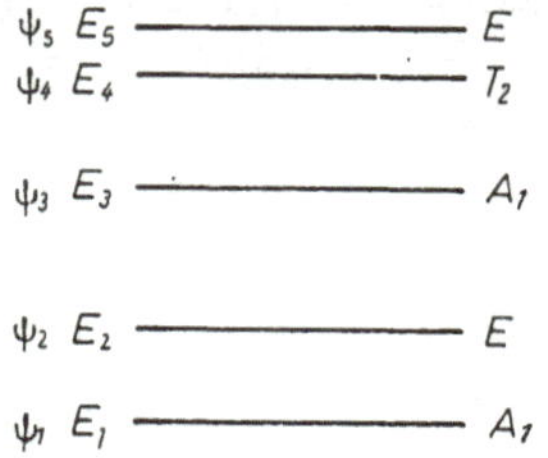

Abb. 43

Im allgemeinen sind bei Festkörpern die Lagen der Niveaus für verschiedenes $\boldsymbol{k}$ verschieden (siehe Abb. 44). Jedoch bestehen für die Energieniveaus in einem Festkörper einige Einschränkungen. Erstens muß jedes gegebene Energieniveau $E(\boldsymbol{k})$ stetig mit $\boldsymbol{k}$ variieren, und wenn zweitens zwei verschiedene Wellenvektoren $\boldsymbol{k}$ durch Symmetrieoperationen des Gitters untereinander in Beziehung stehen, so besitzen sie dieselben Energieniveaus. Jedes dieser Energieniveaus kann einer der irreduziblen Darstellungen der Punktgruppe oder der Raumgruppe des Moleküls oder des Festkörpers zugeordnet und dementsprechend bezeichnet werden. Zwischen einigen der Niveaus sind Übergänge möglich, bei denen ein Strahlungsquant emittiert oder absorbiert wird. Die Strahlung erfolgt meist im Infrarotbereich des Spektrums. Durch deren Studium läßt sich der Abstand zwischen den Energieniveaus der Schwingungen ermitteln. Man beschreibt dies einfach als *Infrarotabsorp-*

tion (oder *Infrarotemission*). Es hat sich herausgestellt, daß nur einige der Normalschwingungen daran beteiligt sind.

Wenn dagegen eine elektromagnetische Strahlung, die nicht notwendig im Infrarotbereich liegt, auf das Molekül oder den Festkörper einfällt, so induziert diese ein Dipolmoment, welches mit der Strahlung in Wechselwirkung tritt, wobei entweder ein Strahlungsquant absorbiert

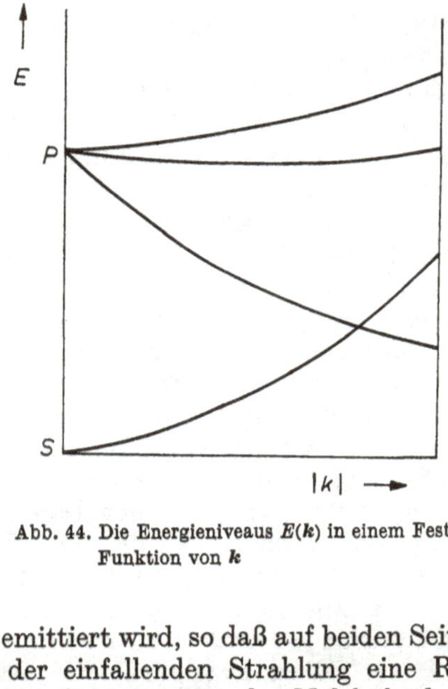

Abb. 44. Die Energieniveaus $E(\boldsymbol{k})$ in einem Festkörper als Funktion von $\boldsymbol{k}$

oder emittiert wird, so daß auf beiden Seiten der Spektrallinie der einfallenden Strahlung eine Reihe von neuen Linien auftreten, wenn das Molekül oder der Festkörper von einem Schwingungsniveau auf ein anderes übergeht. Dies ist der RAMAN-*Effekt*, man vergleiche zum Beispiel RICHTMYEER, KENNARD und LAURITSEN (1955). Auch diesen Effekt kann man daher zur Untersuchung der Energieniveaus der Schwingungen von Molekülen oder Festkörpern verwenden.

Obwohl sowohl der Prozeß der Infrarotabsorption oder -emission als auch der Raman-Effekt die Energieniveaus der Schwingungen betreffen, so handelt es sich doch um verschiedene physikalische Prozesse, und die Auswahlregel, die angibt, welche Übergänge erlaubt sind und welche verboten, ist daher in den zwei Fällen verschieden. Eine Auswahlregel, welche die erlaubten und die verbotenen Übergänge festlegt, hängt davon ab, ob ein gewisses quantenmechanisches Matrixelement verschwindet oder nicht verschwindet. Man sehe hierzu zum Beispiel Schiff (1955), S. 264. Wenn $\boldsymbol{P}$ der Operator ist, der zum Beispiel dem physikalischen Einfluß entspricht, der einen Übergang von einem Zustand Ψ_1 in einen Zustand Ψ_2 verursacht, so lautet das Matrixelement $\int \Psi_2^* \boldsymbol{P} \Psi_1 d\tau$. Wenn der Übergang erlaubt sein soll, so darf dieses Element nicht Null sein. Die Übergangswahrscheinlichkeit ist eine physikalische Beobachtungsgröße. Sie darf daher gemäß Abschnitt 2.10 durch eine beliebige Symmetrieoperation dieses Systems nicht verändert werden, d. h., sie muß sich gemäß der vollkommen symmetrischen Darstellung der Gruppe transformieren. Um die Theorie einfach zu halten, betrachten wir nur solche Übergänge, bei denen Ψ_1 (oder Ψ_2) die vollkommen symmetrische (und daher energieärmste) Normalschwingung ist. Die Größe unter dem Integralzeichen $\Psi_2^* \boldsymbol{P} \Psi_1$ muß daher zur vollkommen symmetrischen Darstellung gehören. Dies ist jedoch schon für Ψ_1 der Fall. Daher muß auch $\Psi_2^* \boldsymbol{P}$ zur vollkommen symmetrischen Darstellung gehören. Aus Abschnitt 3.3 über das direkte Produkt zweier Darstellungen weiß man, daß für diesen Zweck Ψ_2^* und $\boldsymbol{P}$ zur selben Darstellung der Gruppe gehören müssen. Das bedeutet, daß eine Normalschwingung mit der Wellenfunktion Ψ_2, die zur selben irreduziblen Darstellung gehört wie $\boldsymbol{P}$, oder eine ihrer Komponenten bei den Übergängen, welche durch die dem Operator $\boldsymbol{P}$ entsprechende physikalische Größe induziert sind, aktiv wird.

Bei der Infrarotabsorption oder -emission ist $\boldsymbol{P}$, wenn man annimmt, daß die Übergänge stets aus dem Grundzustand Ψ_1 heraus oder in diesen Zustand hinein erfolgen, der Operator $e\boldsymbol{r}$, der dem Dipolmoment entspricht. Wenn daher Ψ_2 zu einer Darstellung gehört, die sich wie x, y oder z transformiert, dann ist die Ψ_2-Schwingung infrarotaktiv. Beim RAMAN-Effekt ist der Operator $\boldsymbol{P}$ der Polarisationstensor α_{ij}, wobei $p_i = \alpha_{ij}E_j$ gilt, p = induziertes Dipolmoment und E = angelegtes elektrisches Feld. Man zeigt leicht (siehe Anhang XV von WILSON, DECIUS und CROSS, 1955), daß sich die Elemente α_{ij} des Polarisationstensors wie die Funktionen x^2, y^2, z^2, yz, zx und xy transformieren. Wenn daher Ψ_2 sich wie eine dieser Funktionen oder wie eine Linearkombination davon transformiert, so sind Übergänge zwischen ihr und dem vollkommen symmetrischen Grundzustand erlaubt.

Im Falle des Methanmoleküls kann man diese Funktionen unter Verwendung der JONES-Symbole den verschiedenen Darstellungen der Punktgruppe $\bar{4}3m(T_d)$ zuordnen (siehe Abschnitt 5.2, Tabelle 20). Aus der Spurentafel in Tabelle 19 erkennt man die folgende Verteilung:

$$A_1 \quad x^2 + y^2 + z^2$$

$$E \quad (x^2 - y^2), (2z^2 - x^2 - y^2)$$

$$T_2 \quad (x, y, z); \quad (yz, zx, x\gamma).$$

Die dreifach entarteten Normalschwingungen, die sich wie (x, y, z) transformieren, sind daher infrarotaktiv, und alle Normalschwingungen sind RAMAN-aktiv.

Abschnitt 3 der in Teil 2 wiedergegebenen Arbeit von WIGNER (1930) betrachtet die Frage der Infrarotaktivität der Normalschwingungen auf einem etwas verschiedenen Weg.

Diese Diskussion der Auswahlregel ist keinesfalls vollständig. Eine weitere Diskussion von Auswahlregeln findet man in Abschnitt 7.3.

Übungen

1. Man wende die Gruppentheorie auf die Betrachtung der Normalschwingungen des H_2O-Moleküls an (ein Bändermolekül H—O—H mit einem stumpfen Winkel θ zwischen den beiden Bändern).

2. Man leite die Punktgruppe des Chloroformmoleküls $CHCl_3$ her. Man verwende die Gruppentheorie zur Bestimmung der Normalschwingungen.

3. Die Basisvektoren des körperzentrierten tetragonalen BRAVAIS-Gitters seien

$$\boldsymbol{t}_1 = \frac{1}{2}\,(-a, a, c),$$

$$\boldsymbol{t}_2 = \frac{1}{2}\,(a, -a, c),$$

$$\boldsymbol{t}_3 = \frac{1}{2}\,(a, a, -c).$$

Man bestimme die Vektoren des reziproken Gitters $\boldsymbol{g}_1$, $\boldsymbol{g}_2$ und $\boldsymbol{g}_3$ und zeichne die BRILLOUIN-Zone. Man achte darauf, daß zwei verschiedene Formen für die BRILLOUIN-Zonen möglich sind, und zwar in Abhängigkeit vom Verhältnis c/a.

4. Man bestimme die BRILLOUIN-Zone für das flächenzentrierte kubische BRAVAIS-Gitter.

5. Man nehme an, daß ein gewisses Molekül mit der Punktgruppe $\bar{4}2m\,(D_{2d})$ für jede irreduzible Darstellung dieser Punktgruppe mindestens eine Normalschwingung besitzt. Es sollen nur Übergänge betrachtet werden, bei denen an einem Ende die vollkommen symmetrische Normalschwingung auftritt. Man gebe an, welche Normalschwingungen aktiv sind (a) bezüglich Infrarotabsorption oder -emission und (b) bezüglich des RAMAN-Effekts.

6. Man wiederhole Aufgabe 5 für die Punktgruppen (a) 422 (D_4); (b) 222 (D_2); (c) 23 (T); (d) 6 (C_6); (e) $6mm$ (C_{6v}) und (f) 4 (C_4).

7. Man zeige, daß die folgenden Darstellungen reduzibel sind (siehe Abschnitt 2.8). Man gebe die irreduziblen Darstellungen an, die man durch Reduktion der folgenden Darstellungen von Punktgruppen erhält:

$4mm(C_{4v})$	E	C_{2z}	$C_{4z}^{\pm}$	σ_x σ_y	σ_{da} σ_{db}
X_1	4	4	0	0	0
X_2	5	1	−1	−3	1
X_3	96	68	2	−12	44
X_4	64	0	0	0	0

8. Unter Verwendung der in Abschnitt 5.2 für die vier Elemente E, C_{2x}, σ_{dd} und σ_{df} der Darstellung E der Punktgruppe $\bar{4}3m(T_d)$ angegebenen Matrizen zeige man, daß diese Matrizen eine reduzible Darstellung der Gruppe $2m(C_{2v})$ (siehe Abschnitt 2.8) bilden.

KAPITEL VI

Elektronenzustände in Atomen, Molekülen und Festkörpern

6.1. Die Wellenfunktionen der Atomelektronen

Wir haben bereits in Abschnitt 2.10 das Wignersche Theorem erwähnt, das im wesentlichen zum Inhalt hat, daß sich die ein System beschreibende Wellenfunktion gemäß einer der irreduziblen Darstellungen der Gruppe von Symmetrieoperationen dieses Systems transformieren muß. Ein Elektron in einem Wasserstoffatom bewegt sich unter dem Einfluß des Potentials des Atomkerns, der näherungsweise eine Punktladung darstellt.

Das vom Elektron dargestellte System besitzt also sphärische Symmetrie. Auf Grund des Wignerschen Theorems muß sich die Wellenfunktion des Elektrons gemäß einer der irreduziblen Darstellungen der dreidimensionalen Rotationsgruppe transformieren. Das bedeutet, daß die Wellenfunktion eine Basis von $\boldsymbol{D}^l\{\alpha\beta\gamma\}$ sein muß, wobei α, β und γ die Eulerschen Winkel einer Rotation sind (siehe Kapitel IV). Die Wellenfunktion muß daher einen Faktor $Y_l^m(\theta, \varphi)$ enthalten, der eine Kugelflächenfunktion der Ordnung l darstellt. Mit diesem Faktor ist eine Funktion multipliziert, welche die Abhängigkeit der Wellenfunktion des Elektrons von dessen Entfernung vom Atomkern wiedergibt, d. h., die Wellenfunktion des Elektrons ist

$$R_{nl}(r)\, Y_l^m(\theta, \varphi).$$

Die Indizes weisen darauf hin, daß der Radialteil der Wellenfunktion sowohl von der Hauptquantenzahl n als auch von l abhängt. Zu diesem Schluß und zur tatsächlichen Form von $R_{nl}(r)$ gelangt man auch durch Angabe und Lösung der Schrödinger-Gleichung für dieses System (siehe zum Beispiel Schiff (1955), Kapitel IV).

Nach Abschnitt 4.3 darf l alle ganzen Zahlen durchlaufen, während n auf den Bereich zwischen $-l$ und $+l$ beschränkt ist. Dies führt zu einer Klassifikation der erlaubten Elektronenzustände im Wasserstoffatom, die in Tabelle 23(a) angegeben ist. Darin ist keine Betrachtung der Hauptquantenzahl n einbezogen, über die die Theorie der Rotationsgruppe nichts aussagt. Aus anderen Überlegungen wissen wir jedoch, daß bei einer Hauptquantenzahl n für l nur Werte bis $(n - 1)$ erlaubt sind. Das vollständige Schema der Elektronenzustände im Wasserstoffatom ist in Tabelle 23(b) wiedergegeben.

Beim Übergang zur Betrachtung eines beliebigen Atoms, das komplizierter als das Wasserstoffatom gebaut ist, verwendet man zahlreiche Näherungen. Erstens nimmt man an, daß die Wellenfunktion des Gesamtsystems als Produkt der Wellenfunktionen der einzelnen Teilchen geschrieben werden kann, oder vielmehr als geeignete Summe aus Produkten von Wellenfunktionen der einzelnen Teilchen. Zweitens betrachtet man das Potential-

Tabelle 23

(a)

Bezeichnung	l	m	Entartung	
			kein Spin	Spin
s	0	0	1	2
p	1	$-1, 0, 1$	3	6
d	2	$-2, -1, 0, 1, 2$	5	10
f	3	$-3, -2, -1, 0, 1, 2, 3$	7	14
g	4	$-4, -3, -2, -1, 0, 1, 2, 3, 4$	9	18

(b)

n	l	m	Bezeichnung	Entartung mit Spin
1	0	0	$1s$	2
2	0	0	$2s$	2
	1	$-1, 0, 1$	$2p$	6
3	0	0	$3s$	2
	1	$-1, 0, 1$	$3p$	6
	2	$-2, -1, 0, 1, 2$	$3d$	10
4	0	0	$4s$	2
	1	$-1, 0, 1$	$4p$	6
	2	$-2, -1, 0, 1, 2$	$4d$	10
	3	$-3, -2, -1, 0, 1, 2, 3$	$4f$	14

feld, das auf eines dieser Elektronen wirkt, als vollkommen symmetrisches Feld, das vom Atomkern und allen übrigen Elektronen hervorgerufen wird, was nur eine Näherung bedeutet. Das Atom besitzt infolge der Tatsache, daß jedes Elektron bestrebt ist, von allen anderen Elektronen so weit als möglich entfernt zu bleiben, eine zusätzliche Energie, Korrelationsenergie genannt. Die Wirkung aller Elektronen mit Ausnahme dessen, das unter Betrachtung steht, kann daher nicht vollkommen von der Art der Wirkung einer stationären und räumlich symmetrischen Ladungswolke sein. Läßt man solche Näherungen zu, so müssen sich die Wellenfunktionen der einzelnen Teilchen ebenfalls gemäß den irreduziblen Darstellungen $\boldsymbol{D}^l\{\alpha\beta\gamma\}$ transformieren. Die Wellenfunktion des gesamten Elektronensystems muß bezüglich des Austausches zweier beliebiger Elektronen antisymmetrisch sein. Die Elektronen unterscheiden sich untereinander nicht, und alle sind Fermionen. Dies ist eine Art der Formulierung des Pauli-Verbotes. Eine ältere Formulierung sagt aus, daß zwei Elektronen nicht dieselbe Quantenzahlen haben dürfen. Das Pauli-Verbot und das Schema der Energieniveaus in Tabelle 23 bilden die Grundlage für die Klassifikation der Elemente im periodischen System.

Die Bemerkungen dieses Abschnitts zusammenfassend dürfen wir sagen, daß die Theorie der Rotationsgruppe zu einer Klassifikation der Energieniveaus der Atomelektronen führt. Das Prinzip von der Antisymmetrie der Wellenfunktion des Gesamtsystems unter allen Permutationen von Elektronen untereinander führt zum Pauli-Verbot, das sonst nur eine willkürliche Aussage wäre. Aber auf dieser Stufe leistet die Gruppentheorie nichts mehr. Sie kann zum Beispiel nichts über die relativen Energien der Niveaus in Tabelle 23 aussagen, da diese auch vom Radialteil der Wellenfunktionen abhängen, worüber die Gruppentheorie keine Aussage macht. Wir werden im nächsten Kapitel sehen, wie die Gruppentheorie bei der Ableitung der Auswahlregeln für die Übergänge zwischen den Energieniveaus der Elektronen im Atom behilflich ist. Dies geschieht in ähnlicher Weise wie bei den Übergängen zwischen den Schwingungsniveaus in einem Molekül oder einem Festkörper.

6.2. Die Wellenfunktionen der Elektronen in Molekülen

Ein freies Atom oder Ion besitzt, wie wir bereits erkannt haben, die Symmetrie der Rotationsgruppe. Wenn dasselbe Atom oder Ion einen Teil eines Moleküls ausmacht, so ist diese Symmetrie nicht mehr vorhanden. Betrachten wir jedoch nochmals als Beispiel das Methanmolekül, das wir uns schon in Kapitel V vorgenommen hatten. Es besitzt die Symmetrie der Punktgruppe $\bar{4}3m(T_d)$. Als Folge aus dem WIGNERschen Theorem muß sich die Wellenfunktion des Moleküls daher gemäß einer der irreduziblen Darstellungen dieser Punktgruppe transformieren. Wenn wir annehmen, daß man die Wellenfunktion des gesamten Moleküls durch Funktionen der Koordinaten jedes einzelnen Elektrons allein ausdrücken kann, so müssen sich die Wellenfunktionen aller Elektronen im Molekül gemäß einer der irreduziblen Darstellungen der Punktgruppe transformieren. Die Wellenfunktion eines Elektrons in einem Molekül heißt *molekulare Elektronenbahn*, und jedes Elektron, wie nahe es auch im allgemeinen einem speziellen Atom stehen mag, ist tatsächlich im strengen Sinne in einer molekularen Bahn. Eine Näherung ist jedoch deshalb möglich, weil nur die äußersten Elektronen eines Atoms mit den anderen Atomen im Molekül in Verbindung treten, während die inneren Elektronen durch die übrigen Atome beinahe vollkommen unbeeinflußt bleiben. Die Welt, in der sich diese bewegen, ist daher weiterhin nahezu räumlich symmetrisch, so daß sich die Wellenfunktionen dieser Elektronen ebenfalls gemäß $\boldsymbol{D}^l\{\alpha\beta\gamma\}$ transformieren müssen. Das gesamte Schema der inneren Niveaus ist daher unverändert wie im Falle des freien Atoms. Nur die Wellenfunktionen der äußersten Elektronen gehören anstatt zu den Darstellungen der Rotationsgruppe nun zu den Darstellungen einer der Punktgruppen, die natürlich alle in einfachen Beziehungen zu den Untergruppen der Rotationsgruppe stehen. Die Elektronenstruktur des freien Kohlenstoffatoms ist $1s^2 2s^2 2p^2$, die des Wasserstoffatoms ist $1s$. Die Valenz des Kohlenstoffatoms ist daher vier, wobei ein Band aus einem Elektron der $2s^2 2p^2$-Schale und einem Elektron eines Wasserstoffatoms gebildet wird. Sobald diese vier Elektronen die vier Bänder im Methanmolekül gebildet haben, sind sie nicht mehr unterscheidbar, und es ist nicht mehr länger möglich zu sagen, es handle sich um ein s-Elektron oder um ein p-Elektron. Die Chemiker bezeichnen diese Tatsache als *Hybridisierung* der atomaren Elektronenbahnen. Bezüglich verschiedener Formen von Hybridbahnen siehe zum Beispiel COULSON (1952), Kapitel VIII. In unserer Ausdrucksweise heißt das, daß sich die Wellenfunktionen der vier Elektronen des Kohlenstoffatoms, die sich nun in C—H-Bändern befinden, gemäß einer der Darstellungen der Punktgruppe $\bar{4}3m(T_d)$ transformieren müssen. Man kann jedoch die Wellenfunktionen der Hybridbahnen durch Linearkombinationen der atomaren Elektronenbahnen dieser Elektronen im freien Kohlenstoffatom ausdrücken. Wir betrachten ein Elektron als in einem der C—H-Bänder lokalisiert und suchen eine Situation zu erreichen, in der die vier C—H-Bänder für einen äußeren Beobachter gleiches Aussehen haben. Dies ist nur näherungsweise der Fall, hat jedoch zweierlei Nutzen. Wenn man die Form des Moleküls kennt, so läßt sich herausfinden, welche atomaren Bahnen bei der Symmetrie erlaubt sind, welche in der Hybridisierung auftritt. Wenn man andererseits versucht, die Wellenfunktionen der Elektronen in den Hybridbahnen quantitativ zu berechnen, so darf man annehmen, daß die Wellenfunktion eine ***l**ineare **K**ombi-*

nation von *a*tomaren ***B***ahnen (LKAB) ist, und kann die Koeffizienten in diesen Linearkombinationen bestimmen. Wir wollen diese beiden Prozesse an Hand eines tetraedrischen Moleküls illustrieren.

Wir nehmen an, es sei bekannt, daß ein gewisses Molekül eine tetraedrische Struktur besitze (siehe Abb. 45). Wir können dann versuchen, die Art der Hybridbahnen zu bestimmen, die darin auftreten können. Aus Abschnitt 2.10 wissen wir, daß für ein gegebenes Molekül

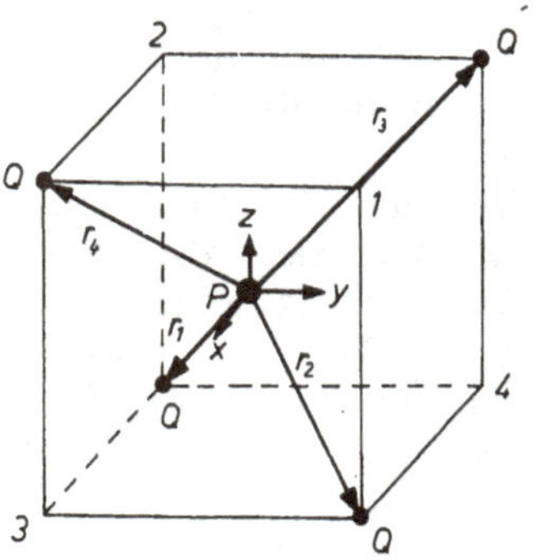

Abb. 45

jede beliebige physikalische Größe, wie zum Beispiel die Ladungsdichte $e|\Psi|^2$, bei jeder der Symmetrieoperationen der Punktgruppe des Moleküls unverändert bleibt. Auch wissen wir auf Grund des Wignerschen Theorems, daß die Wellenfunktion des gesamten Systems zu einer der irreduziblen Darstellungen der Punktgruppe des Moleküls gehören muß. Wir nehmen an, daß die vier Bänder r_1, r_2, r_3 und r_4 die Wellenfunktionen φ_1, φ_2, φ_3 und φ_4 besitzen und daß ein Elektron mit der Wellenfunktion φ_1 roh gesprochen im Band r_1 lokalisiert ist usw. Diese Bänder sind somit identisch, so daß unter den Symmetrieoperationen des Methanmoleküls diese Bänder ineinander übergeführt werden. Zum Beispiel bleiben die Funktionen φ_1, φ_2, φ_3 und φ_4 bei der Identität unverändert, C_{2x} vertauscht φ_1 mit φ_3 und φ_2 mit φ_4, d. h.

$$E\begin{pmatrix}\varphi_1\\ \varphi_2\\ \varphi_3\\ \varphi_4\end{pmatrix} = \begin{pmatrix}1 & 0 & 0 & 0\\ 0 & 1 & 0 & 0\\ 0 & 0 & 1 & 0\\ 0 & 0 & 0 & 1\end{pmatrix}\begin{pmatrix}\varphi_1\\ \varphi_2\\ \varphi_3\\ \varphi_4\end{pmatrix},$$

$$C_{2x}\begin{pmatrix}\varphi_1\\ \varphi_2\\ \varphi_3\\ \varphi_4\end{pmatrix} = \begin{pmatrix}0 & 0 & 1 & 0\\ 0 & 0 & 0 & 1\\ 1 & 0 & 0 & 0\\ 0 & 1 & 0 & 0\end{pmatrix}\begin{pmatrix}\varphi_1\\ \varphi_2\\ \varphi_3\\ \varphi_4\end{pmatrix}.$$

Die Spuren dieser Matrizen sind 4 und 0. Streng genommen haben wir hier eigentlich nicht das WIGNERsche Theorem angewandt. Aber der Gedanke der Hybridbahnen ist ohnedies nur eine Näherung (siehe Übung 8 am Ende dieses Kapitels). Die Operationen C_{3j}^{+} und C_{3j}^{-} lassen beide eines der Bänder unbewegt und permutieren die anderen drei, z. B. läßt $C_{3j}^{\pm}$ r_1 unbewegt, die Spuren der Matrizen dieser beiden Elemente sind daher $+1$. Die diagonalen Symmetrieebenen σ_{dp} enthalten jeweils zwei Bänder, z. B. enthält σ_{da} die Bänder r_3 und r_4, die Spuren sind daher $+2$. Die Operationen $S_{4m}^{\pm}$ schließlich bewegen alle vier Bänder, ihre Spuren sind daher 0. Mit anderen Worten, *die Spur der Matrix einer Symmetrieoperation ist gleich der Anzahl der bei der Operation nicht bewegten Bänder*. Die Spuren dieser Darstellung, die wir X nennen wollen, sind daher

	E	C_{2m}	$C_{3j}^{\pm}$	σ_{dp}	$S_{4m}^{\pm}$
X	4	0	1	2	0

Aus der Spurentafel der Punktgruppe $\bar{4}3m\,(T_d)$ dieses Moleküls im Anhang erkennen wir, daß diese Darstellung reduzibel ist. Ihre Reduktion ergibt

	E	C_{2m}	$C_{3j}^{\pm}$	σ_{dp}	$S_{4m}^{\pm}$
A_1	1	1	1	1	1
T_2	3	−1	0	1	−1
X	4	0	1	2	0

Unsere Hybridbahnen können daher durch eine Kombination von Funktionen, die zur Darstellung A_1 gehören, mit einer Menge von Funktionen, die zur entarteten Darstellung T_2 gehören, konstruiert werden. Aus der Spurentafel ersehen wir, daß zu A_1 die Funktion $(x^2 + y^2 + z^2)$ gehört, die räumlich symmetrisch ist und einer Wellenfunktion vom s-Typ entspricht. Zu T_2 gehören (x, y, z) und (yz, zx, xy). In Abschnitt 4.3 haben wir gezeigt, daß die Kugelflächenfunktion der Ordnung $l = 1$ proportional zu $(x + iy)$, z und $(x - iy)$ ist, so daß die Wellenfunktion des Atoms vom p-Typ $(l = 1)$ zur Darstellung T_2 gehört. Unsere Hybridbahnen, welche tetraedrische Symmetrie besitzen müssen, können daher sp^3-Bahnen sein. Für die äußersten Elektronen des Kohlenstoffs ist es somit möglich, daß sie an tetraedrisch gerichteten Bändern beteiligt sind, denn obwohl der Grundzustand des Moleküls der Zustand $1s^2 2s^2 2p^2$ ist, unterscheidet sich die Konfiguration $1s^2 2s 2p^3$ in der Energie nicht wesentlich davon. Aus der Spurentafel von $\bar{4}3m(T_d)$ finden wir auch, daß die Funktionen (yz, zx, xy) zu T_2 gehören, und man kann zeigen (siehe Übung 1 am Ende dieses Kapitels), daß alle diese Funktionen vom d-Typ sind. Es handelt sich also um Kugelflächenfunktionen der Ordnung $l = 2$ oder um Linearkombinationen davon. Eine andere Möglichkeit für die Bildung eines tetraedrischen Moleküls für das von uns mit P bezeichnete Atom bestünde darin, daß sich ein s- und drei d-Elektronen an den Bändern beteiligen und eine Menge von d^3s-

Hybridbahnen bilden. Das erfolgt natürlich nicht beim Kohlenstoffatom, es könnte jedoch grundsätzlich bei gewissen schwereren Atomen wie Ti ... $3p^6 3d^2 4s^2$ oder Zr ... $4p^6 4d^2 5s^2$ eintreten. Der Grund dafür ist, daß beim Kohlenstoffatom, da $1d$ und $2d$-Niveaus nicht auftreten können, die $3d$-Niveaus als die niedrigsten d-Niveaus eine weit höhere Energie besitzen als die $2s$- und $2p$-Niveaus, während in schwereren Atomen wie zum Beispiel dem Titanatom die Niveaus $3p$ und $3d$ sehr nahe benachbart und überdies nahe bei den $4s$-Niveaus liegen. Zur Erkennung der s-, p- und d-Funktionen ist es günstig, wenn man die Ausdrücke für die ersten paar Kugelflächenfunktionen als Funktionen der kartesischen Koordinaten zur Hand hat. Bis auf einen Normierungsfaktor handelt es sich dabei um die Funktionen

$$l = 0,\ s\text{-Funktion: } 1,$$

$$l = 1,\ p\text{-Funktionen: } z;\ x + iy;\ x - iy,$$

$$l = 2,\ d\text{-Funktionen: } (2z^2 - x^2 - y^2);\ z(x + iy);$$

$$z(x - iy);\ (x + iy)^2;\ (x - iy)^2.$$

Außerdem findet man geeignete LKAB zur Berechnung der molekularen Elektronenbahnen. Mit den schnellsten heute verfügbaren Digitalrechnern ist es möglich, die Wellenfunktionen der Atomelektronen (atomare Elektronenbahnen) sehr genau zu berechnen, indem man die HARTREE-FOCK-Gleichungen löst, siehe zum Beispiel HARTREE (1957). Wenn wir daher Linearkombinationen dieser atomaren Elektronenbahnen ausfindig machen, welche die für eine molekulare Elektronenbahn geforderte Symmetrie aufweisen, dann sind wir im Besitz von Wellenfunktionen, die einen geeigneten Ausgangspunkt für die Beschreibung der Elektronen in den Bändern des Moleküls bieten. Die Berechnung der molekularen Elektronenbahnen gehört eigentlich zur sogenannten „Quantenchemie". Umfangreiche Diskussionen über dieses Thema findet man bei EYRING, WALTER und KIMBALL

(1944). Wir betrachten hier nur den Fall einer molekularen sp^3-Hybridbahn des Methanmoleküls. Unser Ziel ist die Bestimmung passender Linearkombinationen von u_s, u_{px}, u_{py} und u_{pz}, der atomaren s-Elektronenbahn und der drei orthogonalen atomaren p-Elektronenbahnen. Wir schreiben

$$\begin{aligned}\varphi_1 &= a_{11}u_s + a_{12}u_{px} + a_{13}u_{py} + a_{14}u_{pz}\\ \varphi_2 &= a_{21}u_s + a_{22}u_{px} + a_{23}u_{py} + a_{24}u_{pz}\\ \varphi_3 &= a_{31}u_s + a_{32}u_{px} + a_{33}u_{py} + a_{34}u_{pz}\\ \varphi_4 &= a_{41}u_s + a_{42}u_{px} + a_{43}u_{py} + a_{44}u_{pz}\end{aligned}$$

und nehmen an, daß die a_{ij} reell sind. Diese molekularen Elektronenbahnen transformieren sich gemäß der vierdimensionalen Darstellung (X), die wir vorhin betrachtet haben, so daß zum Beispiel

$$C_{2x}\begin{pmatrix}\varphi_1\\ \varphi_2\\ \varphi_3\\ \varphi_4\end{pmatrix} = \begin{pmatrix}0&0&1&0\\ 0&0&0&1\\ 1&0&0&0\\ 0&1&0&0\end{pmatrix}\begin{pmatrix}\varphi_1\\ \varphi_2\\ \varphi_3\\ \varphi_4\end{pmatrix},$$

d. h. $C_{2x}\varphi_1 = \varphi_3$ usw.

Unter den Punktgruppenoperationen bleibt eine atomare Elektronenbahn vom s-Typ unverändert, da diese Bahnen sphärische Symmetrie besitzen. Die p_x, p_y und p_z verhalten sich bei den Operationen der Punktgruppe wie x, y und z. Ihr Verhalten ist daher durch die JONES-Symbole gegeben, siehe Abschnitt 5.2. Also gilt

$$C_{2x}(u_{px}, u_{py}, u_{pz}) = (u_{px}, -u_{py}, -u_{pz}).$$

Die Gleichung $C_{2x}\varphi_1 = \varphi_3$ geht über in

$$\begin{aligned}&a_{11}C_{2x}u_s + a_{12}C_{2x}u_{px} + a_{13}C_{2x}u_{py} + a_{14}C_{2x}u_{pz}\\ &= a_{11}u_s + a_{12}u_{px} - a_{13}u_{py} - a_{14}u_{pz}\\ &= a_{31}u_s + a_{32}u_{px} + a_{33}u_{py} + a_{34}u_{pz},\end{aligned}$$

so daß

$$a_{31} = a_{11},\ a_{32} = a_{12},\ a_{33} = -a_{13},\ a_{34} = -a_{14}.$$

Unter Verwendung ähnlicher Gleichungen, die man mit Hilfe der Wirkung der anderen Operationen der Punktgruppe herleitet, kann man weitere Beziehungen zwischen den Koeffizienten $a_{11}, a_{12}, \ldots, a_{44}$ erhalten, vollständig festgelegt werden sie jedoch dadurch nicht. Wir überlassen es dem Leser zu zeigen, daß man erhält

$$\begin{aligned}
\varphi_1 &= a_{11} u_s + a_{12} u_{px} + a_{12} u_{py} + a_{12} u_{pz} \\
\varphi_2 &= a_{11} u_s - a_{12} u_{px} - a_{12} u_{py} + a_{12} u_{pz} \\
\varphi_3 &= a_{11} u_s + a_{12} u_{px} - a_{12} u_{py} - a_{12} u_{pz} \\
\varphi_4 &= a_{11} u_s - a_{12} u_{px} + a_{12} u_{py} - a_{12} u_{pz}.
\end{aligned}$$

Soweit kann also die Gruppentheorie das Verfahren vereinfachen. Es bleiben noch zwei Konstante zu bestimmen, nämlich a_{11} und a_{12}. Diese bestimmt man auf Grund der Orthonormalität der Elektronenbahnen. Alle vier molekularen Bahnen müssen untereinander orthogonal und außerdem normiert sein, d. h., es muß gelten

$$\int \varphi_i^* \varphi_j \, d\tau = \delta_{ij} \quad \text{(d. h. } = 1, \text{ wenn } i = j, = 0 \text{ sonst).}$$

Da die atomaren Bahnen bereits orthonormal sind, ist diese Bedingung leicht zu erfüllen. Wenn die a_{ij} reell sind, muß gelten

$$\begin{aligned}
\int \varphi_1^* \varphi_1 \, d\tau &= a_{11}^2 + a_{12}^2 + a_{13}^2 + a_{14}^2 \\
&= a_{11}^2 + 3a_{12}^2 = 1,
\end{aligned}$$

und $$\int \varphi_1^* \varphi_2 \, d\tau = a_{11}^2 - a_{12}^2 - a_{12}^2 + a_{12}^2 = 0.$$

Also ist $a_{11}^2 = a_{12}^2$ und $a_{11} = \pm a_{12}$. Unter Berücksichtigung der Richtung r_1 in Abb. 45 wählen wir $a_{12} = -a_{11}$. Dann gilt

$$a_{11}^2 + 3a_{12}^2 = 4a_{11}^2 = 1,$$

und somit $a_{11} = \pm 1/2$. Wählt man das Pluszeichen, so ergeben sich die vier molekularen Bahnen

$$\varphi_1 = \tfrac{1}{2}(u_s - u_{px} - u_{py} - u_{pz})$$
$$\varphi_2 = \tfrac{1}{2}(u_s + u_{px} + u_{py} - u_{pz})$$
$$\varphi_3 = \tfrac{1}{2}(u_s - u_{px} + u_{py} + u_{pz})$$
$$\varphi_4 = \tfrac{1}{2}(u_s + u_{px} - u_{py} + u_{pz}).$$

Das Buch von COTTON (1963), Kapitel 6, enthält die Herleitung der Ausdrücke für Hybridbahnen von mehreren anderen allgemein bekannten molekularen Strukturen.

In den obigen Ausführungen haben wir angenommen, daß so etwas wie ein chemisches Band zwischen zwei Atomen existiert und daß ein am Band beteiligtes Elektron auf dieses Band beschränkt ist und sich nicht frei im Molekül bewegen kann. Dies ist nicht notwendig immer erfüllt. In manchen Fällen kann es sogar sehr schwer zu entscheiden sein, welche Atome wirklich an einem Band im Molekül beteiligt sind. Bei Benzol zum Beispiel nimmt man allgemein an, daß einige der Elektronen, anstatt an einem Band zwischen zwei Kohlenstoffatomen beteiligt zu sein, eine Bahn besitzen, die alle sechs Kohlenstoffatome des Benzolmoleküls umfaßt. Im allgemeinen ist es daher nicht möglich, das Elektron als an einem Atom lokalisiert aufzufassen, wie es beim $1s^2$-Elektron im C-Atom des Methanmoleküls der Fall ist, so daß es sich also näherungsweise in einer atomaren Bahn befindet. Auch die Auffassung, daß es auf ein Band zwischen zwei Atomen beschränkt sei, in der Art, wie wir es bei der Diskussion des Methanmoleküls angenommen haben, ist nicht immer möglich. Die Wellenfunktion muß dem Elektron bei einer der Wirklichkeit entsprechenden Beschreibung erlauben, sich überall im Molekül frei zu bewegen, auch wenn das Elektron von dieser Möglichkeit nicht voll Gebrauch macht. Auf diese Wellenfunktion kann man hierauf das WIGNERsche Theorem anwenden (molekulare Elektronenbahn) und zur Aussage kommen, daß, falls φ_i die (durch i gekennzeichnete) Wellenfunktion eines Elektrons ist, auch $R\varphi_i$ eine Wellenfunktion mit derselben Energie ist. Die Annahme, daß die molekularen Elektronenbahnen ein lokalisiertes Band bilden oder als Linearkombinationen von atomaren Elektronenbahnen ausgedrückt werden können, stellt eine Näherung dar, die in einem speziellen Fall nützlich, in anderen Fällen aber unbefriedigend erscheinen kann. Es handelt sich hier um Fragen, die in den Bereich der Quantenchemie fallen, und wir beabsichtigen nicht, uns weiterhin damit zu befassen. Der interessierte Leser möge sich an eines der vielen Bücher über dieses Thema wenden, z. B. an Eyring, Walter und Kimball (1944) oder Cotton (1963).

6.3. Der Jahn-Teller-Effekt

Eine interessante und sehr nützliche Anwendung der Gruppentheorie auf das Studium von Molekülen ist von Jahn und Teller (1937) und von Jahn (1938) durchgeführt worden. Diese beiden Arbeiten befassen sich mit dem Nachweis, daß die Gruppentheorie einige Beschränkungen dafür liefert, welche entarteten Wellenfunktionen in Molekülen erlaubt sind. Die erste der beiden Arbeiten ist in Teil 2 dieses Buches enthalten. Sie betrachtet nur den orbitalen Teil der Wellenfunktion und liefert die folgende Regel: *Außer im Falle linearer Moleküle gilt, wenn die Wellenfunktion eines Elektrons zu einer entarteten Darstellung* (d. h. zu einer Darstellung, die aus Matrizen von einer Dimension höher als 1 besteht) *der Punktgruppe des Moleküls gehört, daß das Molekül instabil ist.* Wir haben bereits erwähnt, daß der Hamilton- und der Lagrange-Operator eines Moleküls invariant unter den Symmetrieoperationen des Moleküls sein müssen (siehe Abschnitt 2.10 und 5.1). Bezüglich kleiner Verschiebungen des Atoms aus seiner Gleichgewichtslage muß die Energie daher ein Minimum besitzen. Das Molekül würde andernfalls instabil sein und würde bei dem geringsten äußeren Einfluß oder auf Grund seiner eigenen Wärmebewegung zerfallen. Da insbesondere eine allgemeine Schwingung des Moleküls als Summe der Beiträge aller Normalschwingungen aufgefaßt werden kann, muß die Energie des Moleküls bezüglich Verschiebungen minimal sein, die einer beliebigen Normalschwingung entsprechen. Nehmen wir an, es existiere ein Elektronenzustand, der zu einer der entarteten Darstellungen der Punktgruppe des Moleküls gehört, und daß sich die Atome im Molekül in ihrer Gleichgewichtslage befinden. Mit Ausnahme bei der vollkommen symmetrischen Schwingung ist dann bei jeder Normalschwingung die Symmetrie des Moleküls zerstört, wenn die Atome eine Verschiebung erleiden. Im allgemeinen wird bei einer solchen Schwingung daher die Entartung eines beliebigen Energieniveaus eines Elektrons aufgehoben. Es läßt sich zeigen, daß diese Aufspaltung nicht stattfinden kann, wenn das Molekül bezüglich dieser Verschiebungen stabil ist, indem man die Matrixelemente untersucht, die verschwinden müssen, wenn keine Aufspaltung erfolgt. Die Regel, die wir eben angegeben haben, leitet man auf diese Weise her. Dies ist in der Arbeit von Jahn und Teller (1937) durchgeführt, die wir in Teil 2 dieses Buches aufgenommen haben. Der Beweis erfolgt in zwei Teilen. In Abschnitt 3 wird gezeigt, daß die Stabilität einer Konfiguration von der Darstellung durch ein direktes Produkt φ^2 abhängt, wobei φ die Darstellung ist, zu der die Wellenfunktion des Elektrons gehört. In Abschnitt 4, Tabelle 3, ist dann die Darstellung φ^2 durch ein direktes Produkt für alle entarteten Darstellungen der Punktgruppe durchgeführt, und die Autoren können zeigen, daß ihr Theorem in keinem Fall verletzt wird. Wir haben bereits in Abschnitt 5.2 des vorangehenden Kapitels die Einschlägigkeit der Tabelle 1 von Jahn und Teller für das Problem der Bestimmung der Normalschwingungen diskutiert. Dem Leser wird geraten, diese Arbeit nun selbst zu lesen. Die zweite Arbeit (Jahn 1938), die den Spin in die Betrachtung einbezieht, wurde nicht aufgenommen. Der Leser, der sich von dem Thema angesprochen fühlt, wird sie jedoch ebenfalls studieren.

6.4. Die Aufspaltung der atomaren Energieniveaus in Kristallen

Im Abschnitt 6.1 haben wir kurz die Energieniveaus in einem freien Atom diskutiert. Im Atom haben zwei beliebige Elektronen mit demselben Paar von Haupt- und Nebenquantenzahl Wellenfunktionen, die zur selben irreduziblen Darstellung der Rotationsgruppe gehören. Diese Energieniveaus sind daher alle entartet. Zum Beispiel haben im Kohlenstoffatom mit der Elektronenstruktur $1s^2 2s^2 2p^2$ die zwei $2p$-Elektronen dieselbe Energie. Wenn sich ein Atom nicht frei im Raum befindet, sondern einem Kristallgitter angehört, so bewegen sich seine Elektronen in einem Potentialfeld, das nicht mehr länger räumliche Symmetrie, sondern nur mehr die Symmetrie des Kristalls aufweist. Dies resultiert oft in einer teilweisen oder vollständigen Aufhebung der Entartung für ein gegebenes l. Dies erfolgt sogar für die innersten Elektronen des Atoms, aber gewöhnlich liefert die Gruppentheorie keine Aussage über die Größe der auftretenden Aufspaltung. Wenn die Symmetrie des Kristalls bekannt ist, so kann die Gruppentheorie jedoch eine qualitative Beschreibung der Aufspaltung liefern, z. B. kann sie die Aussage ermöglichen, daß durch Einführung eines Atoms in einen Kristall mit gewisser Symmetrie die drei entarteten p-Niveaus (wenn man zwei Zustände, die sich nur durch ihre Spinquantenzahl unterscheiden, als ein Niveau betrachtet) in ein nicht-entartetes Niveau und in ein zweifach-entartetes Niveau zerfallen. Dies ist ein Beispiel für den in Abschnitt 2.8 erwähnten Prozeß der Subduktion. Reduziert man die Anzahl der Symmetrieoperationen, die auf Grund der Operationen der Rotationsgruppe vorliegen, auf die Operationen einer Punktgruppe, so kann die $(2l + 1)$-dimensionale Darstellung der Rotationsgruppe nun eine reduzible Darstellung der Punktgruppe liefern. Die Theorie der Aufspaltung der atomaren Energieniveaus durch das sogenannte „Kristallfeld“ wurde von Bethe (1929) gegeben. Die Arbeit von Bethe ist sehr umfangreich. Der erste Teil davon ist eine gruppentheoretische Diskussion der Aufspaltung der Energieniveaus eines Atoms, wenn es einem Kristall angehört. Der andere Teil befaßt sich mit den Versuchen einer quantitativen Berechnung der Aufspaltung und hat mit Gruppentheorie wenig zu tun. Es ist eine leicht lesbare Arbeit, nur ist zu bemerken, daß sich die Bezeichnungen der irreduziblen Darstellungen der Punktgruppen von den Bezeichnungen in den Spurentafeln im Anhang unterscheiden. Durch eine Untersuchung der Spurentafeln findet man den Zusammenhang zwischen den beiden Bezeichnungsarten. Aus unserem Anhang und aus Tabelle 1 der Arbeit von BETHE ergibt sich für die Punktgruppe 432(0) zum Beispiel der folgende Zusammenhang:

Dieses Buch	A_1	A_2	E	T_1	T_2
BETHE	Γ_1	Γ_2	Γ_3	Γ_4	Γ_5

Ähnliche Beziehungen findet man auch für die anderen Punktgruppen aus den Spurentafeln. Der Studierende soll sich durch die Tatsache, daß verschiedene Autoren verschiedene Bezeichnungen verwenden, nicht entmutigen lassen. Man vergeudet zwar sehr viel Zeit durch die Anstrengungen, verschiedene Bezeichnungsweisen in Beziehung zu setzen, aber dies ist unvermeidbar und kommt besonders oft in Zeiträumen vor, in denen ein neuer Gegenstand entwickelt wird. Wenn jedoch jemand vorsätzlich eine neue Bezeichnung einführt und dabei bereits vorhandene Einführungen mißachtet, so verdient er, daß man ihn zum Teufel wünscht. Die Tabellen 2, 4 und 6 in der Arbeit von BETHE versteht der Leser wahrscheinlich leichter, wenn er sich vorher durch das im folgenden gegebene Beispiel durcharbeitet. Die Abschnitte 6, 7 und 8 der Arbeit von BETHE befassen sich mit Doppelgruppen. Der Leser übergeht sie am besten, bis er in Kapitel VIII, Abschnitt 8.1, etwas über Doppelgruppen gelesen hat.

Wir wollen nur ein Beispiel einer Aufspaltung betrachten und nehmen an, es handle sich um ein p-Niveau eines freien Atoms, das dann in einen Kristall eingebettet wird, wo das Potentialfeld, in dem sich diese p-Elektronen bewegen, die Symmetrie der Punktgruppe $4mm(C_{4v})$ besitzt. Das ist die Gruppe am Quadrat, deren Spurentafel in Abschnitt 2.8 berechnet wurde und in Tabelle 14 und im Anhang angeführt ist. Im freien Raum gehören die Wellenfunktionen dieser Elektronen zur irreduziblen Darstellung $\boldsymbol{D}^1\{\alpha\beta\gamma\}$ der Rotationsgruppe. Im Kristall gehören sie nun zu den Darstellungen von $4mm(C_{4v})$. Es ist notwendig, daß man die Spiegelungsoperationen dieser Gruppe als Produkt der Inversion mit einer zweifältigen Rotation um eine Achse senkrecht zur in Frage stehenden Ebene ausdrückt. Eine Berechnung der EULERschen Winkel der reinen Rotationen (der Achsen $Oxyz$) E, C_{2z}, $C_{4z}^{\pm}$, C_{2x}, C_{2y}, C_{2a} und C_{2b} (siehe Abschnitt 3.2 für die Bezeichnung der Symmetrieoperationen) liefert die in Tabelle 24 angegebenen Werte. Unter Verwendung der in Abschnitt 4.2 für $\boldsymbol{D}^1\{\alpha\beta\gamma\}$ gefundenen Matrix findet man, daß die Spuren aller dieser Elemente durch

$$\tfrac{1}{2}e^{-i\alpha}(1+\cos\beta)e^{-i\gamma}+\cos\beta+\tfrac{1}{2}e^{i\alpha}(1+\cos\beta)e^{i\gamma}$$
$$=(1+\cos\beta)\cos(\alpha+\gamma)+\cos\beta$$

gegeben sind.

Tabelle 24

	α	β	γ		α	β	γ
E	0	0	0	C_{2x}	0	π	π
C_{4z}^+	$\frac{1}{2}\pi$	0	0	C_{2y}	0	π	0
C_{2z}	π	0	0	C_{2a}	$\frac{1}{2}\pi$	π	0
C_{4z}^-	$-\frac{1}{2}\pi$	0	0	C_{2b}	$\frac{1}{2}\pi$	π	π

Die Spuren dieser Elemente sind dann

	E	C_{2z}	$C_{4z}^{\pm}$	C_{2x} C_{2y}	C_{2a} C_{2b}
$\boldsymbol{D}^1\{\alpha\beta\gamma\}$	3	-1	1	-1	-1

In der Gruppe am Quadrat haben wir nun nicht C_{2x}, C_{2y}, C_{2a} und C_{2b}, sondern das I(Inversion)-fache dieser Elemente, d. h. σ_x, σ_y, σ_{da} und σ_{db}. Die Matrix $\boldsymbol{D}^l$ für die Inversion ist $+1$, wenn l gerade ist, und -1, wenn l ungerade ist (siehe Übung 9 am Ende dieses Kapitels). Die Spuren der Elemente der Gruppe am Quadrat, die den Symmetrieebenen entsprechen, sind daher $(-1)\times(-1) = +1$. Die Spuren in der Darstellung $\boldsymbol{D}^1\{\alpha\beta\gamma\}$ für die Punktgruppe $4mm(C_{4v})$, die Gruppe am Quadrat, sind daher

	E	C_{2z}	$C_{4z}^{\pm}$	σ_x σ_y	σ_{da} σ_{db}
$\boldsymbol{D}^1\{\alpha\beta\gamma\}$	3	-1	1	1	1

Das bedeutet, daß die Zurückführung der Darstellung $\boldsymbol{D}^1\{\alpha\beta\gamma\}$ der Rotationsgruppe auf die Gruppe am Quadrat zu einer Darstellung $\boldsymbol{D}^1\{\alpha\beta\gamma\}$ der Gruppe $4mm(C_{4v})$ führt. Auf Grund der Spurentafel von $4mm(C_{4v})$ läßt sich erkennen, daß diese Darstellung reduzibel ist. Wir könnten auch das in Abschnitt 2.8 angegebene Kriterium verwenden und die Größe

$$(1/N)\sum_{p=1}^{r} h_p(\chi_p)^*\chi_n$$

berechnen. Man zeigt leicht, daß ihr Wert für diese Darstellung $16/8 = 2$ ist, so daß die Darstellung also reduzibel ist. Durch Inspektion der Spurentafel oder durch Anwendung geeigneter in Abschnitt 2.8 gegebener Formeln finden wir daher als Reduktion für $\boldsymbol{D}^1\{\alpha\beta\gamma\}$

	E	C_{2z}	$C_{4z}^{\pm}$	σ_x σ_y	σ_{da} σ_{db}
A_1	1	1	1	1	1
E	2	2	0	0	0
$\boldsymbol{D}^1\{\alpha\beta\gamma\}$	3	−1	1	1	1

d. h. also $\boldsymbol{D}^1 = A_1 + E$.

Bei der Einbettung eines Atoms in einen Kristall, dessen Potential vom Atom aus gesehen die Symmetrie der Punktgruppe $4mm\,(C_{4v})$ besitzt, wird die dreifache Entartung eines p-Niveaus im Atom zum Teil zerstört. Es entstehen ein nicht-entartetes und ein zweifach-entartetes Niveau. Die Gruppentheorie sagt uns jedoch nichts über das Ausmaß der Aufspaltung aus. Sie gibt auch keine Auskunft darüber, welches Niveau, A_1 oder E, höher als das andere ist. Entfernt man das Atom nun aus diesem Kristall und bringt es in einen Kristall mit trikliner Symmetrie, wo die einzige Symmetrieoperation die Identität E ist, so wird die Entartung vollständig beseitigt, siehe Abb. 46. Wir sehen also, daß in der Regel

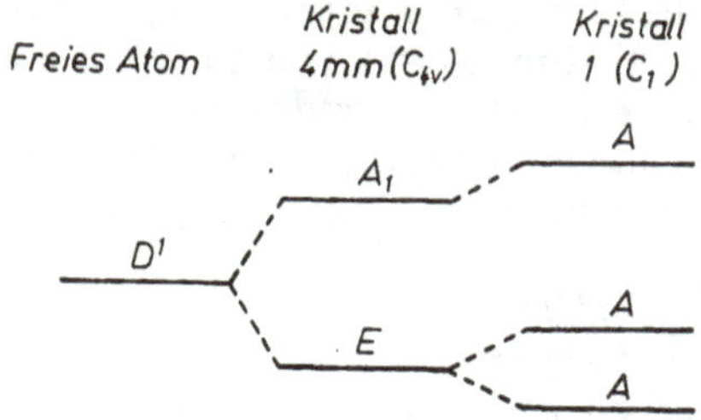

Abb. 46. Die Aufspaltung eines atomaren P-Terms im Kristallfeld mit der Symmetrie $4mm\,(C_{4v})$ und $1\,(C_1)$

eine Reduktion in der Symmetrie zu einer Beseitigung von Entartungen führt.

Die in der Arbeit von BETHE (1929) entwickelte Kristallfeldtheorie war, zumindest in den Folgerungen, eine Theorie mit einer Verteilung von klassischen elektrischen Punktladungen. Dies ist jedoch kein notwendiger Standpunkt. Die Symmetriebetrachtungen bleiben auch gültig, wenn ein weniger naiver Standpunkt eingenommen wird. Zur Beschreibung einer komplizierten Theorie verwendet man das Wort *Bindungsfeldtheorie.* Dabei werden die Wellenfunktionen der Elektronen untersucht. Es handelt sich dabei um eine Erweiterung der Theorie der molekularen Elektronenbahnen auf Festkörper. Eine gute Übersicht über die Kristallfeldtheorie wurde durch HERZFELD und MEIJER (1961) gegeben. Lesenswerte Beiträge findet man in Kapitel 8 des Buches von COTTON (1963) und in Kapitel 2 des Buches von JUDD (1963) und in dem Buch von DUNN, MCCLURE und PEARSON (1965). Brauchbare Tabellen wurden von KOSTER, DIMMOCK, WHEELER und STATZ (1963) angegeben.

6.5. Die Wellenfunktionen der Elektronen in Festkörpern

Wenn sich ein Elektron in einem Potentialfeld bewegt, das eine periodische Funktion des Raumes ist, wie es bei einem kristallinen Festkörper der Fall ist, so liegt eine Situation vor, die die Translationssymmetrie eines der BRAVAIS-Gitter aufweist. Auf Grund des WIGNERschen Theorems muß die Wellenfunktion des Elektrons zu einer der irreduziblen Darstellungen der Gruppe der Translationen des BRAVAIS-Gitters gehören. Das Theorem von BLOCH gibt uns dann Auskunft darüber, welche Form die Wellenfunktion haben muß, damit diese Bedingung erfüllt ist. Es sagt aus, daß $\psi(\boldsymbol{r})$ in der Form

$$\psi(\boldsymbol{r}) = e^{i\boldsymbol{k}\cdot\boldsymbol{r}}\, u_{\boldsymbol{k}}(\boldsymbol{r})$$

geschrieben werden kann, wobei $\boldsymbol{k}$ einer der erlaubten

Wellenvektoren in der BRILLOUIN-Zone des Kristalls ist, und $u_k(\boldsymbol{r})$ eine periodische Funktion, welche dieselbe Periode besitzt wie das Potential. Diese einfache Form der Wellenfunktion ergibt sich unter Ausnutzung der Translationssymmetrie des BRAVAIS-Gitters. Dabei wurde keine Rotations- oder Reflexionssymmetrie herangezogen, die der Festkörper außerdem haben mag. Das BLOCHsche Theorem für den eindimensionalen Fall wird in zahlreichen Büchern über Quantenmechanik behandelt. Seine Relevanz im Falle von Festkörpern wird zum Beispiel bei KOSTER (1957) diskutiert.

In einem Atom bilden die für ein Elektron erlaubten Energiewerte eine diskrete Menge. In einem Festkörper gibt es für einen gegebenen Wellenvektor, d. h. in einem

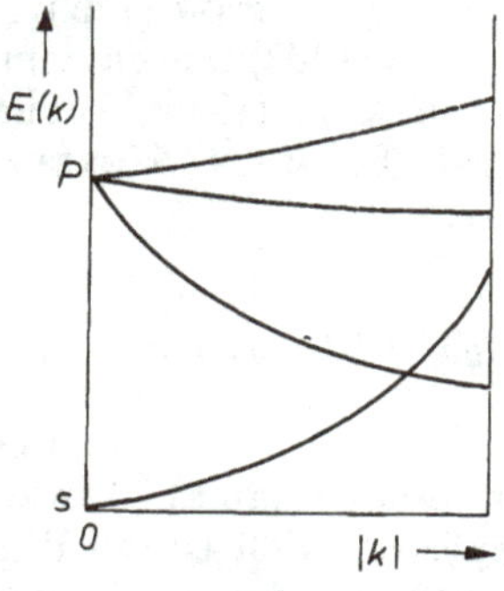

Abb. 47. Energiebänder $E(\boldsymbol{k})$ als Funktionen von $\boldsymbol{k}$ für einen Festkörper

Punkt der BRILLOUIN-Zone, ebenfalls eine diskrete Menge von Energieniveaus. Betrachtet man jedoch einen anderen Wellenvektor, so ist die wirkliche Lage dieser Energieniveaus verschieden. Die erlaubten Energiewerte variieren langsam gemäß stetiger Funktionen von $\boldsymbol{k}$. Folgt man daher einem Wellenvektor längs einer Geraden in der BRILLOUIN-Zone, so hat die stetige Änderung der Energie $E(\boldsymbol{k})$ als Funktion von $\boldsymbol{k}$ die in Abb. 47 angegebene Form.

Es ist auch möglich, die Rotations- oder Reflexionssymmetrie des Kristalls heranzuziehen, um für gewisse spezielle Wellenvektoren in der BRILLOUIN-Zone eine Vereinfachung der Funktion $u_{\boldsymbol{k}}(\boldsymbol{r})$ zu erreichen. Die Berechnung der Wellenfunktionen von Elektronen in Kristallen ist eine komplizierte Aufgabe, so daß jede mögliche Vereinfachung willkommen ist.

SEITZ (1936) zeigte in der in Teil 2 dieses Buches aufgenommenen Arbeit, daß sich die Wellenfunktion eines Elektrons mit einem Wellenvektor $\boldsymbol{k}$, der in einer BRILLOUIN-Zone selbst eine gewisse Symmetrie aufweist, unter den Operationen der Symmetriegruppe von $\boldsymbol{k}$ gemäß einer von deren irreduziblen Darstellungen transformieren muß. Die Arbeit ist jedoch mathematisch schwierig, und ein Physikstudent verliert nicht allzu viel, wenn er sie nicht liest. Im Falle des körperzentrierten kubischen Gitters zum Beispiel mit einem Atom in jedem Gitterpunkt, dessen BRILLOUIN-Zone in Abschnitt 5.4 abgeleitet und in Abb. 42 illustriert wurde, fallen die k_x-, k_y- und k_z-Achsen mit den x-, y- und z-Achsen des Kristalls zusammen, so daß zum Beispiel jeder längs der y-Achse gerichtete Wellenvektor durch die Rotationen vom Typ $C_{4z}^{\pm}$ und C_{2y} (siehe Abb. 48) unverändert bleibt. Im allgemeinen besitzt der periodische Teil $u_{\boldsymbol{k}}(\boldsymbol{r})$ der Wellenfunktion eines Elektrons überhaupt keine spezielle Symmetrie, wenn jedoch $\boldsymbol{k}$ in der BRILLOUIN-Zone eine

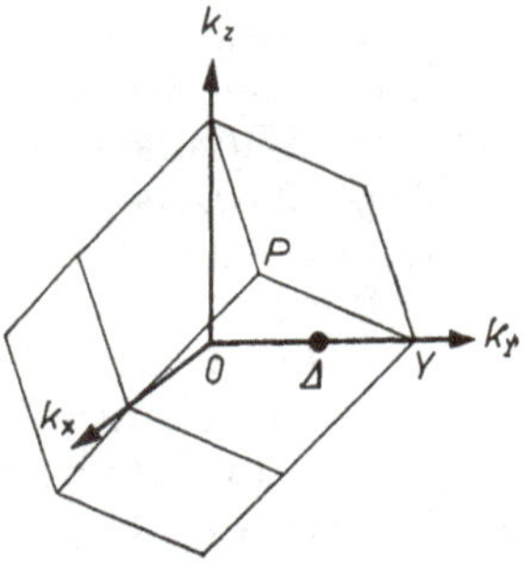

Abb. 48. Die BRILLOUIN-Zone für eine körperzentrierte kubische Struktur

spezielle symmetrische Position einnimmt, so besitzt $u_k(\boldsymbol{r})$ ebenfalls eine gewisse spezielle Symmetrie. Wenn wir also die Gruppe aller Operationen bestimmen können, welche den Vektor $\boldsymbol{O\Delta}$ unverändert lassen, dann wird sich die Funktion $u_k(\boldsymbol{r})$ eines Elektrons mit dem Wellenvektor $\boldsymbol{O\Delta}$ gemäß einer der irreduziblen Darstellungen dieser Gruppe transformieren. Wir verwenden zur Bezeichnung der Gruppe, die $\boldsymbol{O\Delta}$ invariant läßt, das Symbol $\overline{\boldsymbol{G}}^{\Delta}$. Sie besteht aus den Operationen E, $C_{4z}^{\pm}$, C_{2y}, σ_x, σ_z, σ_{dc} und σ_{de}, die natürlich eine Punktgruppe bilden, nämlich $4mm(C_{4v})$. Die Wellenfunktion eines Elektrons, dessen Wellenvektor in Richtung der y-Achse liegt, muß sich daher gemäß einer der Darstellungen A_1, A_2, B_1, B_2 oder E dieser Gruppe transformieren. Dies bringt eine wesentliche Vereinfachung bei der Berechnung der Wellenfunktionen und der Energieniveaus der Elektronen in symmetrischen Punkten der BRILLOUIN-Zone. Die erste Analyse der BRILLOUIN-Zonen einiger wichtiger Strukturen geht auf BOUCKAERT, SMOLUCHOWSKI und WIGNER (1936) zurück, deren Arbeit über dieses Thema in Teil 2 dieses Buches aufgenommen wurde. Sie bildet den Ausgangspunkt für den gesamten gegenwärtigen Bereich der Bänder-Struktur-Berechnungen. Eine einführende Übersicht über die Bändertheorie ist bei KITTEL (1953), Kapitel 11 und 13 zu finden, eine Übersicht über den gegenwärtigen Stand der Bänderstruktur-Berechnungen bei CALLAWAY.

Hier sind vielleicht ein oder zwei Bemerkungen angebracht, die dem Studierenden das Lesen der Arbeit von BOUCKAERT, SMOLUCHOWSKI und WIGNER erleichtern mögen. Da erstens zwei durch $2\pi \boldsymbol{g}_1$, $2\pi \boldsymbol{g}_2$ usw. getrennte Wellenvektoren äquivalent sind, kann die Gruppe eines Punktes an der Oberfläche der BRILLOUIN-Zone Operationen umfassen, die entweder den Wellenvektor invariant lassen oder ihn in einen äquivalenten Wellenvektor überführen. Zweitens haben wir bei der obigen Diskussion der Gruppe des Wellenvektors $\boldsymbol{O\Delta}$ die Tatsache ignoriert, daß die Symmetrieoperationen des

Kristalls wirklich Raumgruppenoperationen sind und nicht Punktgruppenoperationen. Obwohl diese Vereinfachung nicht streng wahr ist, gilt sie doch für symmorphe Gruppen. Die Verhältnisse bei nicht-symmorphen Gruppen wurden von HERRING (1942) betrachtet. In dieser Arbeit werden die irreduziblen Darstellungen der Punktgruppen in einer Weise bezeichnet, die von allen anderen bisher angetroffenen Arten abweicht.

Übungen

1. Man verwende die in Abschnitt 4.3 angegebene Formel, um Y_2^2, Y_2^1, Y_2^0, Y_2^{-1} und Y_2^{-2} durch x, y und z auszudrücken und hierauf die in diesem Kapitel ausgesprochene Behauptung zu rechtfertigen, daß die Funktionen yz, zx und xy Funktionen vom „d-Typ“ sind.

2. Man weise durch Symmetriebetrachtungen nach, daß im planaren XeF_4-Molekül die folgenden Hybridbahnen möglich sind: dsp^2 und d^2p^2. Welcher Typ tritt wirklich auf?

3. Man leite eine mögliche Struktur für ein Molekül mit (a) sp^2- und (b) sp-Hybridbahnen ab.

4. Man finde in der Literatur einige Beispiele für den JAHN-TELLER-Effekt.

5. Ein Atom werde der Reihe nach in ein Feld mit der Symmetrie der Punktgruppen $m3m$, 432, 23, $\bar{4}$ und 1 gebracht (O_h, O, T, S_4 und C_1). Es sei gegeben, daß das p-Niveau in $m3m$ nicht aufgespalten ist und zur (treuen Darstellung) T_1 von 432 gehört. Man zeichne die aus dem p-Niveau entstehenden Niveaus, wenn man die Symmetrie der Reihe nach abbaut.

6. Gegeben sei $\boldsymbol{D}^l(\{\alpha\beta\gamma\})_{m'm} = e^{im'\alpha\boldsymbol{d}l}(\beta)_{m'm}e^{im\gamma}$, wobei gelte $\boldsymbol{d}^l(0)_{m'm} = \delta_{m'm}$ und $\boldsymbol{d}^l(\pi)_{m',m} = (-1)^l\delta_{m',-m}$; Man berechne die Spuren in $\boldsymbol{D}^2\{\alpha\beta\gamma\}$ für die Elemente der Punktgruppe $4mm\,(C_{4v})$ unter Verwendung von Tabelle 24. Man leite hierauf ab, wie die Entartung des

d-Niveaus eines Atoms aufgehoben wird, wenn man das Atom in ein Feld mit der Symmetrie von $4mm(C_{4v})$ bringt.

7. Man schreibe in der Bezeichnungsweise dieses Buches und nicht in der von BOUCKAERT, SMOLUCHOWSKI und WIGNER (1936) die Symmetrieelemente der Gruppe des Wellenvektors in den Punkten Δ, Y und P aus Abb. 48 für das körperzentrierte kubische Gitter nieder.

8. In Abschnitt 6.2 wurde eine vierdimensionale Darstellung X für ein tetraedrisches Molekül PQ_4 konstruiert und die Aussage gemacht: „Streng genommen haben wir hier nicht das WIGNERsche Theorem angewandt.“ Was ist falsch an dem, was im Text beschrieben wurde?

9. Durch Betrachtung der Eigenschaften der Kugelflächenfunktionen (siehe Abschnitt 4.3) rechtfertige man die in Abschnitt 6.4 gemachte Behauptung, daß „$\boldsymbol{D}^l$ für die Inversion $+1$ ist, wenn l gerade ist, und -1, wenn l ungerade ist.“

KAPITEL VII

Atome, Atomkerne und Elementarteilchen

Bisher waren unsere Betrachtungen der Anwendungen der Gruppentheorie beinahe vollständig auf das Studium der Folgerungen aus der räumlichen Symmetrie eines Systems beschränkt. Das heißt, wir haben nur Anwendungen der Eigenschaften der reinen Rotationsgruppe oder der kristallographischen Punktgruppen betrachtet. In diesem Kapitel werden wir uns hauptsächlich mit Systemen von identischen oder pseudoidentischen Teilchen befassen und Folgerungen aus der Invarianz solcher Systeme unter den Permutationsgruppen $S(N)$ ziehen, wobei N die Anzahl der unter Betrachtung stehenden

Teilchen ist. Das bedeutet, daß wir vom Standpunkt der Vertauschbarkeit aus Systeme betrachten wollen, wie sie etwa von den Elektronen eines Atoms, den Neutronen und Protonen eines Atomkerns und schließlich den sogenannten „Elementarteilchen" gebildet werden.

7.1. Das Antisymmetrieprinzip und das Pauli-Verbot

Wenn wir ein System von identischen Teilchen vorliegen haben, das durch ψ beschrieben wird, und wir tauschen zwei davon untereinander aus, so ist das eine Symmetrieoperation des Systems, und jede physikalische Beobachtungsgröße muß bei dieser Operation unverändert bleiben. Wir schreiben die Wellenfunktion nach dem Austausch als $P\psi$. Die Wahrscheinlichkeitsdichte ist eine dieser Beobachtungsgrößen, so daß $\psi^*\psi$ unverändert bleibt. Die einzige Möglichkeit, dies zu erreichen, besteht in der Annahme $P\psi = \pm\psi$. Das heißt, daß die Wellenfunktion eines Systems von identischen Teilchen entweder symmetrisch oder antisymmetrisch bezüglich des Austausches zweier identischer Teilchen ist. Ob wir für eine gegebene Teilchenart das $+$-Zeichen oder das $-$ wählen, hängt von den in Frage stehenden Teilchen ab. Für Teilchen mit ganzzahligem Spin (einschließlich 0) nehmen wir das Pluszeichen, die Wellenfunktion ist somit symmetrisch, und diese Teilchen werden als *Bosonen* bezeichnet. Für Teilchen mit halbzahligem Spin nehmen wir das Minuszeichen, die Wellenfunktion ist antisymmetrisch, und die Teilchen werden als *Fermionen* bezeichnet. Die Spin-Wellenfunktion von Bosonen gehört daher zu einer der eindeutigen Darstellungen $\boldsymbol{D}^l\{\alpha\beta\gamma\}$ der Rotationsgruppe, wobei l eine ganze Zahl ist (der Spin des Teilchens), und die Spin-Wellenfunktion eines Fermions gehört zu einer der zweiwertigen Darstellungen $\boldsymbol{D}^l\{\alpha\beta\gamma\}$, wobei l halbzahlig ist.

Wenn wir wie in Abschnitt 6.1 zulassen, daß die Wellenfunktion des Gesamtsystems als Produkt der

Wellenfunktionen der einzelnen Teilchen ausgedrückt werden kann,

$$\psi(1, 2, 3, \ldots, N) = \psi_1(1)\psi_2(2), \ldots \psi_N(N),$$

so läßt sich zeigen (siehe zum Beispiel Schiff (1955), Kapitel IX), daß es notwendig ist, daß man nicht nur ein einfaches Produkt von Wellenfunktionen betrachtet, sondern eine antisymmetrische Summe von Produkten von Wellenfunktionen

$$\psi = \sum (\pm 1)^p \boldsymbol{P} \psi_1(1)\psi_2(2) \ldots \psi_N(N),$$

wobei für Bosonen das Pluszeichen, für Fermionen das Minuszeichen verwendet wird, und der Operator $\boldsymbol{P}$ eine Permutation der N Teilchen zwischen den verschiedenen Wellenfunktionen $\psi_1, \psi_2, \ldots \psi_N$ bedeutet. Die Summation ist über alle möglichen Permutationen der Teilchen zu erstrecken, während p die Parität der Permutation bedeutet. Um dies klar zu machen, setzen wir $N = 3$, der erste Ausdruck für ψ ist dann

$$\psi(1, 2, 3) = \psi_1(1)\,\psi_2(2)\,\psi_3(3),$$

und dieser ist weder symmetrisch noch antisymmetrisch bezüglich des Austausches von zwei Teilchen. Der zweite Ausdruck ist, wenn wir den Fall von Fermionen betrachten, gegeben durch

$$\begin{array}{rl|c}
\psi(1, 2, 3) = & \psi_1(1)\,\psi_2(2)\,\psi_3(3) & 0 \\
& -\,\psi_1(1)\,\psi_2(3)\,\psi_3(2) & 1 \\
& -\,\psi_1(3)\,\psi_2(2)\,\psi_3(1) & 1 \\
& -\,\psi_1(2)\,\psi_2(1)\,\psi_3(3) & 1 \\
& +\,\psi_1(2)\,\psi_2(3)\,\psi_3(1) & 2 \\
& +\,\psi_1(3)\,\psi_2(1)\,\psi_3(2) & 2
\end{array}$$

wobei p in einer Zusatzspalte neben den Funktionen angegeben ist. p ist die Anzahl der Austausche von zwei Teilchen, die nötig ist, um die endgültige Anordnung ausgehend von der Reihenfolge in der ersten Funktion zu erhalten. Für Bosonen würden alle Minuszeichen durch Pluszeichen zu ersetzen sein. Für Fermionen kann die antisymmetrisierte Wellenfunktion als Determinante geschrieben werden,

$$\psi = \begin{vmatrix} \psi_1(1) & \psi_1(2) & \cdot & \cdot & \cdot & \cdot & \psi_1(N) \\ \psi_2(1) & \psi_2(2) & \cdot & \cdot & \cdot & \cdot & \psi_2(N) \\ \cdot & \cdot & \cdot & \cdot & \cdot & \cdot & \cdot \\ \psi_N(1) & \psi_N(2) & \cdot & \cdot & \cdot & \cdot & \psi_N(N) \end{vmatrix},$$

woraus ersichtlich ist, daß die Wellenfunktion 0 ist, wenn zwei Teilchen dieselbe Wellenfunktion besitzen, da dann die Determinante zwei gleiche Zeilen enthält. Somit erkennen wir das sogenannte PAULI-Verbot, das zum Inhalt hat, daß in einem System von identischen Fermionen keine zwei Teilchen dieselbe Wellenfunktion besitzen. Für Bosonen besteht kein derartiges Verbot. Für die Elektronen eines Atoms läßt sich das PAULI-Verbot so formulieren: „Zwei Elektronen in einem Atom dürfen nicht denselben Satz von Quantenzahlen n, l, m und s besitzen“ (s ist die Spinquantenzahl, die anderen Quantenzahlen sind in Kapitel VI erwähnt worden).

7.2. Die Kugelfunktionen und das Drehmoment

Die Kugelfunktionen sind in Abschnitt 4.3 definiert worden. Es wurde auch gesagt, daß sie die Basisfunktionen für die Darstellungen $\boldsymbol{D}^l\{\alpha\beta\gamma\}$ der Rotationsgruppe für ganzzahlige l-Werte bilden. Andererseits sind die Kugelfunktionen die Eigenfunktionen des quantenmechanischen Operators für das Quadrat des Drehimpulses eines Systems. Der Drehimpuls für ein Massenteilchen ist (siehe Abb. 49) gegeben durch $L = [\boldsymbol{r} \wedge \boldsymbol{p}]$, wobei $\boldsymbol{p}$ den linearen Impuls bedeutet.

Ersetzt man $\boldsymbol{p}$ durch $-i\hbar\nabla$, so erhält man die quantenmechanischen Operatoren L_x, L_y, und L_z,

$$L_x = -i\hbar\left(y\frac{\partial}{\partial z} - z\frac{\partial}{\partial y}\right)$$

$$L_y = -i\hbar\left(z\frac{\partial}{\partial x} - x\frac{\partial}{\partial z}\right)$$

$$L_z = -i\hbar\left(x\frac{\partial}{\partial y} - y\frac{\partial}{\partial x}\right).$$

Die Übung 1 am Ende dieses Kapitels faßt einige wichtige Eigenschaften dieser Operatoren zusammen. Dem Leser wird geraten, diese herzuleiten. Wir können leicht zeigen,

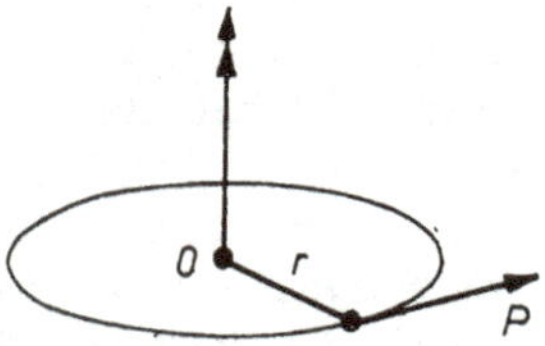

Abb. 49

daß die Kugelfunktionen die Eigenfunktionen von L^2 sind, dem Quadrat des Operators des Drehmoments, indem wir L^2 in sphärischen Polarkoordinaten anschreiben. Um seine Eigenwerte und Eigenfunktionen zu bestimmen, haben wir die Gleichung

$$L^2 X = \lambda X$$

zu lösen, wo λ eine numerische Konstante bedeutet. Diese Gleichung lautet (siehe Übung 1 (b) am Ende dieses Kapitels)

$$-\hbar^2\left\{\frac{\partial^2}{\partial\theta^2} + \cot\theta\frac{\partial}{\partial\theta} + \operatorname{cosec}^2\theta\frac{\partial^2}{\partial\varphi^2}\right\} X = \lambda X.$$

Dies ist aber gerade die Gleichung, die in Abschnitt 4.3 bei der Definition der Kugelfunktionen betrachtet wurde, wenn man $\lambda/\hbar^2 = l(l+1)$ setzt. Wir können also sagen, daß die Eigenfunktionen von L^2, dem quantenmechanischen Operator, welcher dem Quadrat des Drehmoments entspricht, die Kugelfunktionen $Y_l^m(\theta, \varphi)$ sind und daß die entsprechenden Eigenwerte von L^2 die Größen $l(l+1)\hbar^2$ sind. L^2 und L_z, die z-Komponente des Drehimpulses, sind vertauschbar (siehe Übung 1 am Ende dieses Kapitels), so daß $Y_l^m(\theta, \varphi)$ ebenfalls Eigenfunktionen von L_z sind. Man zeigt leicht, daß die Eigenwerte von L_z die Größen $m\hbar$ sind ($m = -l, -l+1, \ldots, +l$).

Behält man die in Abschnitt 6.1 für Atome verwendete sphärische Näherung bei, so ist der Raumanteil der Wellenfunktion eines Elektrons mit den Quantenzahlen n, l, und m im Atom durch $R_{nl}(r)\,Y_l^m(\theta, \varphi)$ gegeben. Dem Studierenden wird auf Grund seiner Kenntnisse aus der Atomphysik die zur Addition zweier Drehmomente l_1 und l_2 verwendete Methode bekannt sein. Die möglichen Werte der „Summe" zweier Drehmomente sind $l_1 + l_2$, $l_1 + l_2 - 1, \ldots, |l_1 - l_2|$, worauf diese Regel beruht, wird jedoch gewöhnlich nicht betrachtet. Wir legen nun ein gruppentheoretisches Argument für diese Regel dar, werden aber viele Einzelheiten der Begründung auslassen. Wenn ein System aus zwei Teilen 1 und 2 besteht, z. B. aus einem Proton und einem Elektron wie beim Wasserstoffatom, und wenn man annimmt, daß man die Wellenfunktionen u_1 und u_2 der beiden Teile getrennt finden kann, dann ist die Wellenfunktion des gesamten Systems das Produkt dieser beiden Wellenfunktionen $u_1 u_2$. Nimmt man weiterhin an, daß sich beide Teilchen in Situationen mit sphärischer Symmetrie befinden, dann gehört jede der beiden Wellenfunktionen u_1 und u_2 zu einer der irreduziblen Darstellungen der Rotationsgruppe. Das Produkt der Wellenfunktionen $u_1 u_2$ gehört dann zu einem direkten Produkt dieser beiden Darstellungen der Rotationsgruppe, siehe das

Ende von Abschnitt 3.3. $u_1 u_2$ ist also eine Basis für die Darstellung $\boldsymbol{D}^{l_1}\{\alpha\beta\gamma\} \otimes \boldsymbol{D}^{l_2}\{\alpha\beta\gamma\}$, die irreduzibel sein kann oder auch nicht. Nehmen wir an, sie sei reduzibel, dann ist

$$\boldsymbol{D}^{l_1}\{\alpha\beta\gamma\} \otimes \boldsymbol{D}^{l_2}\{\alpha\beta\gamma\} = \sum_i a_i \boldsymbol{D}^{l_i}\{\alpha\beta\gamma\}.$$

Die Tatsache, daß die Wechselwirkungen zwischen den beiden Systemen keine sphärische Symmetrie besitzen, kann dann als Störung betrachtet werden, die zur Folge hat, daß die mit l_i bezeichneten Energieniveaus des vollständigen Systems nicht mehr länger entartet sind. Die Aufspaltung dieser Niveaus hängt im einzelnen von der Form der Wechselwirkung ab. Es ist daher die Aufgabe der Gruppentheorie, die exakte Form des Ausdrucks für die Reduktion des direkten Produktes $\boldsymbol{D}^{l_1}\{\alpha\beta\gamma\} \otimes \boldsymbol{D}^{l_2}\{\alpha\beta\gamma\}$ aufzufinden. Das Ergebnis, das als Clebsch-Gordon-Formel bezeichnet wird, ist ganz einfach

$$\boldsymbol{D}^{l_1}\{\alpha\beta\gamma\} \otimes \boldsymbol{D}^{l_2}\{\alpha\beta\gamma\} = \sum_{l_i = l_1 + l_2}^{l_i = |l_1 - l_2|} \boldsymbol{D}^{l_i}\{\alpha\beta\gamma\}.$$

Ein leicht lesbarer Überblick über ihre Ableitung ist bei Meijer und Bauer (1962) zu finden, S. 152 und 177. Dies liefert uns einige Einsicht in die theoretische Begründung für die Aussage, daß die erlaubten Werte für die Summe zweier Drehmomente l_1 und l_2 die Werte

$$l_1 + l_2, l_1 + l_2 - 1, \ldots, |l_1 - l_2|$$

sind.

Eine gute Diskussion der Kugelfunktionen und des Drehmoments wurde von Davydov (1965) gegeben.

7.3. Auswahlregeln für die Atomelektronen

In Abschnitt 5.5 haben wir Prinzipien betrachtet, die zur Herleitung von Auswahlregeln mit spezieller Bezugnahme auf zwei Phänomene, den Raman-Effekt und die

Infrarotabsorption oder -emission durch Festkörper, gebraucht wurden. Die Wahrscheinlichkeit für einen Übergang aus dem Zustand 1 in den Zustand 2 unter einer gewissen Störung mit dem quantenmechanischen Operator $\boldsymbol{P}$ ist durch das Matrixelement $\int \psi_2^* \boldsymbol{P} \psi_1 \, d\tau$ bestimmt. Der Übergang ist verboten, wenn $\psi_2^* \boldsymbol{P} \psi_1$ nicht zur vollkommen symmetrischen Darstellung der Gruppe der Symmetrieoperationen des Systems gehört. Wir haben dieses Kriterium unter Hinzunahme der Theorie des Produktes zweier Darstellungen auf das Problem der Auffindung von Auswahlregeln für die Übergänge zwischen den Schwingungsniveaus in Molekülen und Festkörpern angewandt. In Abschnitt 5.5 machten wir die vereinfachende Annahme, daß wenigstens einer der Zustände, entweder der Anfangszustand oder der Endzustand, durch eine Wellenfunktion beschrieben wird, die zur vollkommen symmetrischen (eindimensionalen) Darstellung der Gruppe der Symmetrieoperationen des Systems gehört. Im allgemeinen läßt sich keine derartige vereinfachende Annahme treffen. Wir wenden uns nun den Auswahlregeln für die Übergänge zwischen verschiedenen Elektronenzuständen in einem Atom zu. Wenn wir ein Elektron betrachten, dessen Bewegung unter bekannten Symmetriebedingungen erfolgt, zum Beispiel ein Elektron, das sich in einer von uns als räumlich symmetrisch angenommenen Umgebung eines Atoms bewegt, dann muß, wie wir wissen, die Wellenfunktion dieses Elektrons zur einen oder anderen irreduziblen Darstellung der Gruppe der Symmetrieoperationen dieses Systems gehören. Wenn es also für eine gegebene Gruppe von Symmetrieoperationen möglich ist, die Basisfunktionen ihrer irreduziblen Darstellungen und deren direkte Produkte analytisch zu untersuchen, so ist auch eine Aussage darüber möglich, für welche Übergänge unter einem beliebigen gegebenen Einfluß die Matrixelemente verschwinden und daß diese Übergänge daher verboten sind. Es handelt sich dabei um ein absolutes Verbot für einen Übergang unter diesem Einfluß oder bei diesem speziellen Vorgang, obwohl natürlich irgendein anderer Einfluß einen Übergang zwischen diesen beiden Niveaus hervorrufen kann.

Lehrbücher über Atomphysik sind meist überhäuft mit allen Sorten von Auswahlregeln für alle Arten von verschiedenen Prozessen, und diese Regeln sind in der Tat experimentell gefunden worden. Dem Studierenden bleibt oft zu erraten, woher diese stammen, so daß wir trotz des Risikos, daß wir zu viele Wiederholungen machen, die folgenden Bemerkungen zusammenfassen:

1. In einem System mit gegebener Gruppe von Symmetrieoperationen gehört die Wellenfunktion ψ_i des Elektrons zu einer der irreduziblen Darstellungen dieser Gruppe.

2. Unter einem physikalischen Einfluß, der durch den quantenmechanischen Operator $\boldsymbol{P}$ repräsentiert ist, ist ein Übergang zwischen den Zuständen i und j verboten, wenn für die Übergangswahrscheinlichkeit gilt

$$\int \psi_j^* \boldsymbol{P} \psi_i \, d\tau = 0 .$$

In besonderen Fällen läßt sich analytisch zeigen, daß dieser Fall vorliegt.

3. $\int \psi_j^* \boldsymbol{P} \psi_i \, d\tau$ ist eine physikalische Beobachtungsgröße, die auf Grund von Abschnitt 2.10 zur vollkommen symmetrischen Darstellung der Gruppe gehört.

4. Bei einer Situation mit gegebener besonderer Symmetrie und gegebenem besonderen Einfluß $\boldsymbol{P}$ ist es die Aufgabe der Gruppentheorie, die Bedingungen aufzufinden, die für die zwei Zustände i und j erfüllt sein müssen, zwischen denen Übergänge untersucht werden sollen.

Das bedeutet, daß für einen erlaubten Übergang die Größe $\psi_j^* \boldsymbol{P} \psi_i$ zur vollkommen symmetrischen Darstellung der Gruppe der Symmetrieoperationen des Systems gehören muß. Wir können dies durch $\psi_j^* (\boldsymbol{P} \psi_i)$ beschreiben. Das direkte Produkt der beiden Darstellungen, zu denen ψ_j^* und $(\boldsymbol{P}\psi_i)$ gehören, muß also die vollkommen symmetrische Darstellung enthalten. ψ_j^* gehört zu einer der irreduziblen Darstellungen der Gruppe, aber $(\boldsymbol{P}\psi_i)$ kann reduzibel sein. Die Darstellung von $\boldsymbol{P}\psi_i$ als direktes Produkt muß daher die Darstellung enthalten, zu der ψ_j^* gehört, wenn das Matrixelement von Null verschieden sein soll.

Als rein abstraktes Beispiel nehmen wir $4mm(C_{4v})$, die Gruppe der Symmetrieoperationen am Quadrat. Die direkten Produkte ihrer Darstellungen haben wir in Abschnitt 3.3 und in Übung 12 am Ende von Kapitel III betrachtet. Wir nehmen an, daß ψ_i zur Darstellung E gehört und daß dieselbe von $\boldsymbol{P}$ gilt. Wir können nun herausfinden, zu welcher Darstellung ψ_j^* gehören darf, wenn ein Übergang zwischen den Zuständen i und j möglich sein soll. $(\boldsymbol{P}\psi_i)$ gehört also zur Darstellung $E \otimes E$, die gemäß Abschnitt 3.3 reduzibel ist, d. h.

$$E \otimes E = A_1 + A_2 + B_1 + B_2 .$$

Für einen erlaubten Übergang darf also die Wellenfunktion ψ_j^* zu einer der vier Darstellungen A_1, A_2, B_1 oder B_2 dieser Gruppe gehören, sie darf jedoch nicht zu E gehören. Es sind also die folgenden Übergänge erlaubt, $E \to A_1$, $E \to A_2$, $E \to B_1$, $E \to B_2$ und umgekehrt, der Übergang $E \to E$ ist verboten.

Es ist hier natürlich nicht Raum für den Versuch, Auswahlregeln für all die verschiedenen Typen von Übergängen in all den verschiedenen in der atomaren und molekularen Spektroskopie anzutreffenden Symmetrien abzuleiten. Wir wollen nur das Schema für einen besonderen Fall illustrieren. Die Spektroskopie von Atomen wird durch den Umstand vereinfacht, daß alle Atome als räumlich symmetrisch betrachtet werden. Wie in Abschnitt 6.1 bemerkt wurde, gehören die Wellenfunktionen der Elektronen daher zu einer der irreduziblen Darstellungen der Rotationsgruppe. Die Gültigkeit der Annahme einer räumlichen Symmetrie variiert leicht von Atom zu Atom. Die Wellenfunktionen der Elektronen gehören also zu $\boldsymbol{D}^{l}\{\alpha\beta\gamma\}$, und der quantenmechanische Operator $\boldsymbol{P}$ für einen Dipolübergang ist $e\boldsymbol{r}$, also proportional zum Vektor $\boldsymbol{r}$. Unter der Annahme, daß ein Elektron die Drehimpulsquantenzahl l_1 besitzt, ist die Wahrscheinlichkeit für einen Übergang zu einem Niveau mit der Drehimpulsquantenzahl l_2 proportional $\int \psi_{l_2}^* \boldsymbol{r} \psi_{l_1}\, d\tau$.

$\psi_{l_2}^*$ gehört zu $\boldsymbol{D}^{l_2}\{\alpha\beta\gamma\}$,

ψ_{l_1} gehört zu $\boldsymbol{D}^{l_1}\{\alpha\beta\gamma\}$,

$\boldsymbol{r}$ gehört zu $\boldsymbol{D}^{1}\{\alpha\beta\gamma\}$ (siehe Abschnitt 4.3),

und $\psi_{l_2}^* \boldsymbol{r} \psi_{l_1}$ muß zur vollkommen symmetrischen Darstellung $\boldsymbol{D}^{0}\{\alpha\beta\gamma\}$ gehören. $(\boldsymbol{r}\psi_{l_1})$ gehört zur Darstellung durch das direkte Produkt $\boldsymbol{D}^{1}\{\alpha\beta\gamma\} \otimes \boldsymbol{D}^{l_1}\{\alpha\beta\gamma\}$, die nach Abschnitt 7.2 gleich $\boldsymbol{D}^{l_1+1}\{\alpha\beta\gamma\} + \boldsymbol{D}^{l_1}\{\alpha\beta\gamma\} + \boldsymbol{D}^{l_1-1}\{\alpha\beta\gamma\}$ ist. Wenn also $\boldsymbol{D}^{l_2}\{\alpha\beta\gamma\}$ nicht eine dieser in $\boldsymbol{D}^{1}\{\alpha\beta\gamma\} \otimes \boldsymbol{D}^{l_1}\{\alpha\beta\gamma\}$ gefundenen Darstellungen ist, so verschwindet das Integral im Matrixelement, d. h.

$$\begin{aligned} l_2 &= l_1 + 1 \quad \text{oder} \\ &= l_1 \qquad\ \ \text{oder} \\ &= l_1 - 1 . \end{aligned}$$

Wenn aber $l_1 = 0$, dann gilt $\boldsymbol{D}^{1}\{\alpha\beta\gamma\} \otimes \boldsymbol{D}^{l_1}\{\alpha\beta\gamma\} = \boldsymbol{D}^{1}\{\alpha\beta\gamma\}$, so daß $l_2 = +1$ sein muß. Der Übergang von $l_1 = 0$ zu $l_2 = 0$ ist also verboten. Für einen Dipolübergang in einem Atom, an dem nur ein Elektron beteiligt ist, gilt also $\Delta l = 0, \ \pm 1$ (mit der Ausnahme, daß $l = 0$ nach $l = 0$ verboten ist). Andererseits könnten wir ψ_l proportional zu $P_l^m(\cos\theta)\, e^{im\varphi}$ ansetzen und das erhaltene Integral

$$\iiint P_{l_2}^{m_2}(\cos\theta)\, e^{-im_2\varphi}\, \boldsymbol{r}\, P_{l_1}^{m_1}(\cos\theta)\, e^{im_1\varphi}\, r^2 \sin\theta \, dr\, d\theta\, d\varphi$$

untersuchen, indem wir für die Komponenten von $\boldsymbol{r}$ der Reihe nach $(x + iy)$, $(x - iy)$ und z setzen. Dies wurde bei SCHIFF (1955), S. 264 durchgeführt.

Das eben erhaltene Resultat setzt perfekte räumliche

Symmetrie voraus, es gilt also nicht mehr, sobald ein anderer physikalischer Einfluß im Atom oder außerhalb davon zur Wirkung kommt. Man darf daher nicht erwarten, daß die von uns abgeleiteten Auswahlregeln automatisch über diese idealisierten Verhältnisse hinaus extrapoliert werden können. Wir haben nur elektrische Dipolübergänge betrachtet, wo der Operator $\boldsymbol{P}$ die Form $e\boldsymbol{r}$ besitzt oder Komponenten hat, die proportional x, y und z sind. Es gibt einige andere wichtige Formen, die der Operator $\boldsymbol{P}$ annehmen kann, zum Beispiel kann $\boldsymbol{P}$ ein Operator sein, der einem magnetischen Dipolmoment entspricht. Ein magnetisches Dipolmoment ist ein axialer Vektor, da er durch ein Vektorprodukt bestimmt ist (er ist proportional dem gewöhnlichen Drehimpuls $\boldsymbol{r} \times \boldsymbol{p}$). Ein anderes Beispiel für einen axialen Vektor ist eine infinitesimale Rotation, deren Komponenten wir mit I_x, I_y und I_z bezeichnet haben. Aus den Spurentafeln im Anhang können wir daher ersehen, zu welcher Darstellung einer beliebigen gegebenen Punktgruppe die Komponenten eines axialen Vektors gehören. Im Falle des Methanmoleküls zum Beispiel, dessen Punktgruppe $\bar{4}3m(T_d)$ ist, gehört das magnetische Dipolmoment zur Darstellung T_1, im Falle der Gruppe am Quadrat $4mm(C_{4v})$ gehören die Komponenten des magnetischen Dipols zu den Darstellungen A_2 und E. Eine weitere Form des Operators $\boldsymbol{P}$, die oft betrachtet wird, ist der elektrische Quadrupol. In diesem Fall sind die Komponenten von $\boldsymbol{P}$ dieselben wie die Komponenten, die wir im Zusammenhang mit dem RAMAN-Effekt betrachtet haben. Es handelt sich also um die quadratischen Funktionen x^2, y^2, z^2, yz, zx und xy. Wieder kann man diese Funktionen den irreduziblen Darstellungen einer beliebigen Punktgruppe zuordnen, indem man die Tabellen im Anhang verwendet. In der Praxis ist die Größe der Übergangswahrscheinlichkeit für einen elektrischen Quadrupolübergang gewöhnlich viel kleiner als für einen elektrischen Dipolübergang, und es ist selten notwendig, höhere Multipolordnungen zu betrachten.

Wir nehmen als Beispiel die Darstellungen von $4mm(C_{4v})$, der Gruppe der Symmetrieoperationen am Quadrat, zu welchen die Komponenten der verschiedenen gewöhnlich auftretenden Operatoren gehören. Man findet:

elektrischer Dipol: A_1, E,

magnetischer Dipol: A_2, E,

elektrischer Quadrupol: A_1, B_1, B_2, E.

Bei der Herleitung der Auswahlregeln ist also das gruppentheoretische Problem wohldefiniert, sobald entschieden ist, welche Symmetrie das System aufweist und welchen physikalischen Einfluß man als für den Übergang verantwortlich betrachten will. Wie immer kann die Anwendung der Gruppentheorie nur zu Ergebnissen führen, deren Korrektheit davon abhängt, inwieweit das anfangs gewählte Modell geeignet ist.

7.4. Spin, SU(2)

Wir haben bereits gesagt, daß wir nicht beabsichtigen, LIE-Gruppen in größeren Einzelheiten zu untersuchen. Sofern wir jedoch die Gruppentheorie auf Atomkerne und Elementarteilchen anwenden wollen, müssen wir doch einen kurzen Überblick über die Spinoperatoren geben. Die Operatoren des Drehmoments L_x, L_y und L_z haben wir schon kurz betrachtet. Wir haben gezeigt, daß die Eigenfunktionen von L^2 die Kugelflächenfunktionen $Y_l^m(\theta, \varphi)$ sind, die zugleich die Basisfunktionen der Darstellungen der Rotationsgruppe bilden (siehe Abschnitt 4.3). Für jeden ganzzahligen l-Wert gibt es eine $(2l + 1)$-dimensionale Darstellung der Rotationsgruppe mit den $Y_l^m(\theta, \varphi)$ als Basisfunktionen. Wenn l halbzahlig ist, gibt es ebenfalls noch eine Darstellung der Dimension $(2l + 1)$. Insbesondere liegt für $l = 1/2$ eine zweidimensionale Darstellung vor, deren Matrizen sämtliche zweidimensionale unitäre unimodulare Matrizen sind (unimodular bedeutet, daß die Determinante den Wert +1 hat). Die Eigenwerte der z-Komponente des Drehmoments sind $l\hbar$, $(l-1)\hbar, \ldots, -l\hbar$, so daß für den Fall eines Elektronenspins ($l = 1/2$) die Eigenwerte von s_z, der z-Komponente des Eigendrehmoments, $+\frac{1}{2}\hbar$ und $-\frac{1}{2}\hbar$ sind. Die gewöhnlichen Vertauschungsrelationen für die Drehmomentoperatoren (siehe Übung 1 am Ende dieses Kapitels) lassen sich auch auf den Fall der Spinoperatoren s_x, s_y, s_z und s^2 anwenden, die drei Komponenten des Eigendrehmoments und das Quadrat seines Betrages.[1]) Sie lauten

$$s_x s_y - s_y s_x = i\hbar s_z,$$
$$s_y s_z - s_z s_y = i\hbar s_x,$$
$$s_z s_x - s_x s_z = i\hbar s_y,$$
$$s^2 s_z = s_z s^2 = 0,$$

(ebenso gilt $s^2 s_x - s_x s^2 = 0$ und $s^2 s_y - s_y s^2 = 0$, wir benötigen diese Relationen jedoch nicht). s^2 und s_z sind vertauschbare Operatoren, sie besitzen also gleichzeitig Eigenfunktionen und Eigenwerte. Wie wohlbekannt ist, gibt es zwei Eigenfunktionen, die wir mit u_+ und u_- bezeichnen. Die entsprechenden Eigenwerte von s^2 sind $\frac{3}{4}\hbar^2$, die von s_z sind $\frac{1}{2}\hbar$ und $-\frac{1}{2}\hbar$. u_+ und u_- entsprechen also den beiden Zuständen eines Teilchens, die wir normalerweise als „Spin nach oben" und „Spin nach unten" bezeichnen. Wir fassen diese Ergebnisse in den Gleichungen

$$s^2 u_+ = \tfrac{3}{4}\hbar^2 u_+$$
$$s^2 u_- = \tfrac{3}{4}\hbar^2 u_-$$
$$s_z u_+ = \tfrac{1}{2}\hbar u_+$$
$$s_z u_- = -\tfrac{1}{2}\hbar u_-$$

[1]) Gewöhnlich schreibt man $s_x = {}^1\!/_2\hbar\sigma_x$, $s_y = {}^1\!/_2\hbar\sigma_y$ und $s_z = {}^1\!/_2\hbar\sigma_z$, wobei σ_x, σ_y und σ_z PAULI-Matrizen sind.

zusammen. Weder s_x noch s_y sind mit s_z vertauschbar. Da u_+ und u_- Eigenfunktionen von s_z sind, können sie nicht gleichzeitig auch Eigenfunktionen von s_x oder s_y sein. Wenn diese Operatoren auf u_+ und u_- wirken, so wird dadurch nichts Interessantes erzeugt. Definieren wir jedoch an Stelle von s_x und s_y die Operatoren

$$s_+ = s_x + i s_y$$

und

$$s_- = s_x - i s_y,$$

so sind diese zwar auch noch nicht mit s_z vertauschbar, aber sie zeigen eine interessante Wirkung auf die Eigenfunktionen u_+ und u_-. Sie führen die eine davon in die andere über, d. h.

$$s_+ u_- = \lambda u_+$$

$$s_- u_+ = \mu u_-,$$

wobei λ und μ gewisse Konstante sind. Diese Eigenschaft ist für das gewöhnliche Drehmoment zum Beispiel bei EDMONDS (1957), Abschnitt 2.3 gezeigt. Es ist wichtig zu bemerken, daß s_+ und s_- nicht neue Operatoren sind, die physikalischen Beobachtungsgrößen entsprechen würden, da wir mit s^2 und s_z bereits alle uns erlaubten Operatoren gebraucht haben. Es handelt sich dabei um rein mathematische Operatoren, welche die Zustände „Spin nach oben“ und „Spin nach unten“ vertauschen.

Man kann zeigen, daß diese Spinoperatoren die Erzeuger einer LIE-Gruppe sind, nämlich der Gruppe aller zweidimensionalen unitären unimodularen Matrizen, SU(2). Wir werden im Zusammenhang mit dem Spin im nächsten Kapitel, Abschnitt 8.1, auf die Betrachtung dieser Gruppe SU(2) zurückkommen. Die Algebra der Spinoperatoren s_x, s_y und s_z wurde bereits an dieser Stelle eingeführt, weil sie für Atomkerne und Elementarteilchen relevant ist.

7.5. Atomkerne und Isospin

Da sich Neutronen und Protonen in Wirklichkeit wenig voneinander unterscheiden, ausgenommen daß das Neutron keine Ladung besitzt, während das Proton die Ladung $+e$ trägt, ist es möglich, daß man beide eher als *zwei verschiedene Zustände desselben Teilchens* auffaßt denn als verschiedene Teilchen. Das erscheint besonders tunlich, da experimentell feststeht, daß die Kraft zwischen zwei Nukleonen nahezu unabhängig davon ist, ob es sich um zwei Protonen, zwei Neutronen oder um ein Proton und ein Neutron handelt. Das ist ein Beispiel für eine Erscheinung, die man gewöhnlich als *Ladungsunabhängigkeit der Kernkräfte* bezeichnet. Wir werden in Abschnitt 7.6 sehen, wie die Auffassung, daß zwei Elementarteilchen verschiedene Zustände eines Basisteilchens sind, erweitert werden kann. Für den Augenblick beschränken wir uns jedoch auf Protonen und Neutronen.

Ein bequemes Verfahren ergibt sich durch die Einführung einer besonderen zweiwertigen Variablen, die wir t nennen wollen, zusätzlich zur Position und zu den gewöhnlichen Spinkoordinaten. Die zwei Werte, die t annehmen kann, sind $-1/2$ für ein Neutron und $+1/2$ für ein Proton. Wir nennen sie die *Koordinate des Isobarenspin*. Es würde uns nichts daran hindern, die umgekehrte Vereinbarung zu treffen, nämlich $+1/2$ für ein Neutron und $-1/2$ für ein Proton. Der Isobarenspin heißt auch *Isotopenspin* oder einfach *Isospin*. Die Auffassung von einem Neutron und einem Proton als verschiedene Zustände desselben Teilchens ist von HEISENBERG eingeführt und in der Arbeit von WIGNER (1937), die in Teil 2 dieses Buches aufgenommen wurde, ausführlich diskutiert worden. WIGNER verwendet das Symbol τ und nimmt $+1$ und -1 an Stelle von $-1/2$ und $+1/2$ für das Neutron und das Proton. Es läßt sich zeigen, daß der Operator, dessen Eigenfunktionen durch den

t-Teil der Wellenfunktionen gegeben sind, derselben Algebra wie gewöhnliche Spinoperatoren s_x, s_y und s_z gehorcht (siehe zum Beispiel HEINE (1960), Abschnitt 28). Die Algebra der Operatoren des Isobarenspins t_x, t_y, t_z und t^2 ist dieselbe wie die der Operatoren s_x, s_y, s_z und s^2, solange wir atomare Einheiten verwenden, für die die Größe $\hbar$, die in den Gleichungen für die Spinoperatoren auftritt, gleich 1 ist. t^2 und t_z sind vertauschbar und haben gleichzeitig Eigenfunktionen u_+ und u_-. Ihre Eigenwerte sind 3/4 für t^2 und $\pm 1/2$ für t_z. In Analogie zum vorangehenden Abschnitt gilt daher

$$t^2 u_+ = \tfrac{3}{4} u_+$$
$$t^2 u_- = \tfrac{3}{4} u_-$$
$$t_z u_+ = \tfrac{1}{2} u_+$$
$$t_z u_- = -\tfrac{1}{2} u_- .$$

u_- ist also die dem Neutronenzustand entsprechende Eigenfunktion, u_+ entspricht dem Protonenzustand. Die Koordinaten des Isobarenspins sind gleich den Eigenwerten des Operators t_z. Wir haben darüber hinaus die wichtigen Operatoren

$$t_+ = t_x + i t_y$$

und

$$t_- = t_x - i t_y ,$$

die sich wie s_+ und s_- verhalten, so daß

$$t_+ u_- = \lambda u_+ \quad \text{und} \quad t_- u_+ = \mu u_- .$$

t_+ führt ein Neutron (u_-) in ein Proton (u_+) über und t_- ein Proton (u_+) in ein Neutron (u_-). Genauso wie der gewöhnliche Spin die Entartung der Energieniveaus der Elektronen im Atom verursacht, die unter gewissen Bedingungen aufgehoben werden kann, so verursacht auch der Isobarenspin eine Entartung der Kernenergieniveaus zusätzlich zur Entartung, die bereits vom gewöhnlichen

Spin herrührt. Für Nukleonen haben wir also nun zwei zweiwertige Koordinaten, den gewöhnlichen Spin s und den Isobarenspin t. Man kann diese, wenn man will, durch eine vierwertige Koordinate η ersetzen, wie es von WIGNER in Abschnitt 3 seiner Arbeit durchgeführt worden ist, und die Darstellungen der vierdimensionalen unitären Gruppe SU(4) an Stelle der zweidimensionalen unitären Gruppe SU(2) verwenden. Die Arbeit von WIGNER zeigt, wie man die Annahme, daß die Kräfte zwischen allen Nukleonen gleich sind, als Ausgangsnäherung benutzt und die Korrektur dieser Vorstellung als Störung einführt. Gewöhnlich betrachtet man jedoch den gewöhnlichen Spin und den Isobarenspin getrennt und behandelt nicht beide zugleich in allen Einzelheiten, wie es WIGNER tut.

Die Energieniveaus der Elektronen im Atom, die sich nur durch die Spinkoordinate unterscheiden, sind entartet, solange wir die Betrachtung so durchführen, daß wir die Energie der Elektronen als vom Spin unabhängig auffassen, d. h., solange wir annehmen, daß der HAMILTON-Operator die Spinkoordinaten nicht enthält. Dasselbe gilt für die nuklearen Energieniveaus. Solange wir annehmen, daß der HAMILTON-Operator unabhängig von den Koordinaten des Spins und des Isobarenspins der Nukleonen ist, treten zahlreiche Entartungen auf, die man beseitigt, wenn man die erwähnten Koordinaten in den HAMILTON-Operator aufnimmt. Daß der HAMILTON-Operator in Wirklichkeit den Isobarenspin sicher enthält, geht aus der Tatsache hervor, daß in der Praxis nicht alle möglichen Atomkerne mit einer gegebenen Massenzahl existieren. Zum Beispiel haben wir mit der Massenzahl 4 He_2^4 mit zwei Protonen und zwei Neutronen, Größen wie H_1^4 oder Li_3^4 scheinen jedoch nicht aufzutreten, und gewiß gibt es keine „Kerne“ mit vier Neutronen oder mit vier Protonen. Unter Verwendung der Gruppentheorie können wir also davon ausgehen, daß die nuklearen Kräfte angenähert von Spin und Isobarenspin unabhängig sind, und dann überprüfen, wie die Entartung der verschiedenen nuklearen Energieniveaus aufgehoben wird, wenn man diese Größen nacheinander als kleine Störungen einführt. In diesem Abschnitt befassen wir uns nur mit der Aufhebung der Entartung von Niveaus durch Einführung der Abhängigkeit der nuklearen Kräfte vom Isobarenspin als kleine Störung.

Setzt man für den Isobarenspin eines Protons $+1/2$, für den eines Neutrons $-1/2$, so ist der Isobarenspin des Kerns $= \frac{1}{2}$(Anzahl der Protonen — Anzahl der Neutronen). In Analogie zu S_z beim gewöhnlichen Spin nennen wir dies T_z. Es gibt eine ganze Menge von verschiedenen Kernen mit derselben Massenzahl, aber verschiedener Anzahl von Neutronen und daher auch verschiedener Anzahl von Protonen. Man spricht dann von *isobaren* Kernen, und dies ist der Ursprung des Terms *Isobarenspin*. Die erlaubten Werte für T_z sind dann ganzzahlig, wenn die Massenzahl gerade ist, und halbzahlig, wenn die Massenzahl ungerade ist. Die bei diesen Kernen tatsächlich vorhandenen Energieniveaus treten dann, wenn wir weiterhin die Ladungsunabhängigkeit der nuklearen Kräfte annehmen, in Multipletts auf, wobei jedes Multiplett durch einen T-Wert charakterisiert ist, nämlich durch den „Gesamtisobarenspin", und eine $(2T + 1)$-fache Entartung besitzt. Die innerhalb dieses Multipletts erscheinenden T_z-Werte sind

$$T_z = -T, -T + 1, \ldots, +T.$$

Für eine weitere Diskussion dieser Verhältnisse siehe man zum Beispiel BLATT und WEISSKOPF (1952) oder BRINK (1965).

Als Beispiel betrachten wir die drei isobaren Kerne B_5^{12}, C_6^{12} und N_7^{12}. Für diese ist $T_z = -1, 0$ und $+1$. Bei der Näherung, daß alle Kräfte zwischen Nukleonen ladungsunabhängig sind, treten alle Niveaus, die bei $T_z = -1$ (B_5^{12}) erscheinen, auch bei $T_z = +1$ (N_7^{12}) und $T_z = 0$ (C_6^{12}) auf. Diese Niveaus sind Isobarenspin-Tripletts, siehe Abb. 50. Man beachte, daß die drei

Glieder eines Isobarenspin-Tripletts in drei verschiedenen Kernen gefunden werden. Es gibt zusätzliche Niveaus, die nur bei $T_z = 0$ (C_6^{12}) auftreten, diese sind Isobarenspin-Singuletts. Diese Tatsache ist in Abb. 51 illustriert,

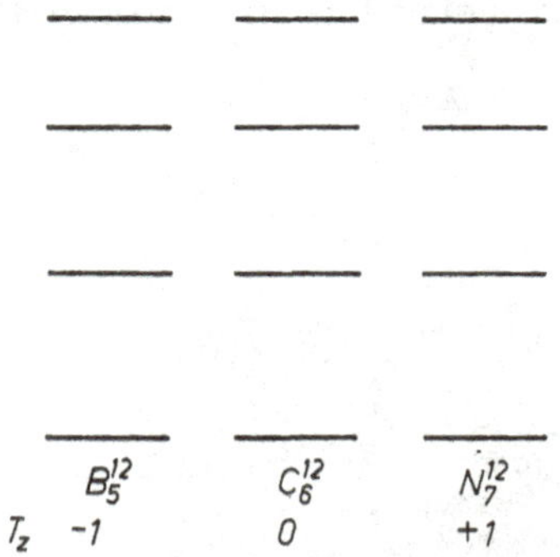

Abb. 50. Isobarenspin-Tripletts der Energieniveaus für B_5^{12} C_6^{12} und N_7^{12}

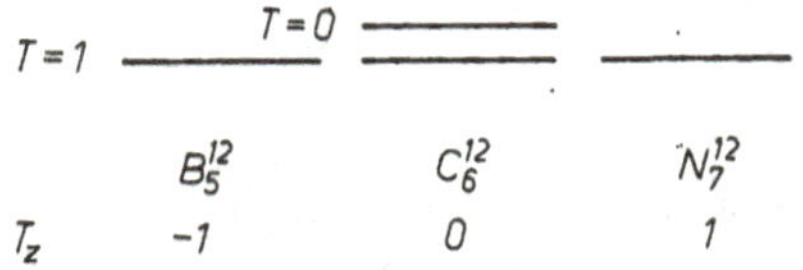

Abb. 51. Eine idealisierte Menge von Singuletts und Tripletts von Energieniveaus der isobaren Kerne B_5^{12}, C_6^{12} und N_7^{12}

wo die Glieder eines Isobarenspin-Tripletts auf demselben Niveau sind. Daß dies nicht zu weit von der Wirklichkeit entfernt ist, wird durch die experimentell bestimmten Energieniveaus einer ähnlichen Menge von drei isobaren Kernen B_4^{10}, B_5^{10} und C_6^{10} bewiesen, die in Abb. 52 dargestellt sind, wo man erkennen kann, daß die Entartung der Isobarenspin-Tripletts leicht aufgehoben ist.

Wir sehen also, wie man die Gruppe SU(2) zur Beschreibung von Kernen verwenden kann. Manche Leute lassen sich dadurch verwirren, daß die Gruppe aller zweidimensionalen unitären unimodularen Matrizen SU(2)

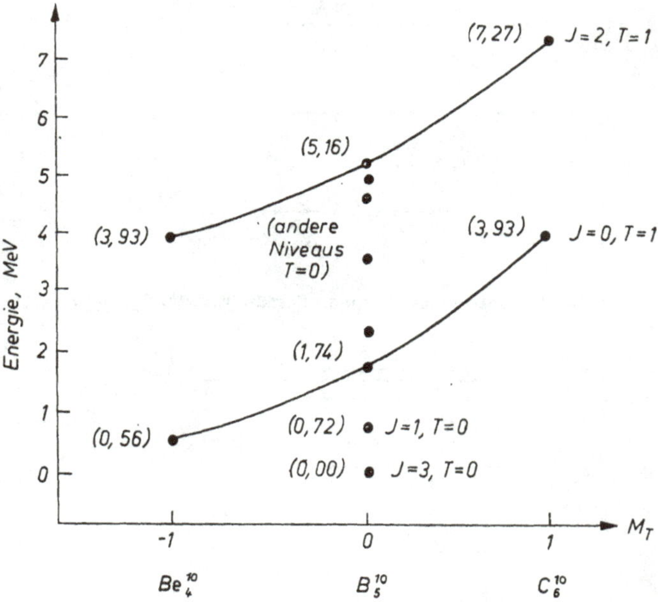

Abb. 52. Wirkliche Energieniveaus für die isobaren Kerne B_4^{10}, B_5^{10} und C_6^{10} (Heine 1960)

eine kontinuierliche Gruppe ist, während der gewöhnliche Spin und der Isobarenspin nur wenige diskrete Werte annehmen. Es ist wahr, daß verschiedene Aspekte der Gruppe auf verschiedene physikalische Situationen angewandt werden. In Abschnitt 8.1 werden wir uns mit den 2×2-Matrizen von SU(2) befassen, hier jedoch handelt es sich nur um die Spinoperatoren und deren mögliche Eigenwerte. Betrachten wir in Analogie dazu das ganzzahlige Drehmoment. $Y_l^m(\theta, \varphi)$ ist eine Funktion der beiden stetigen Variablen θ und φ und der zwei diskreten Variablen l und m. Manchmal, wie zum Beispiel bei der Betrachtung der wirklichen Form der Wellenfunktion eines Elektrons in einem Atom, interessiert uns das Verhalten von θ und φ, aber manchmal sind wir auch nur an m und l interessiert, zum Beispiel wenn wir die Klassifikation der Energieniveaus von Elektronen im Atom diskutieren. Auf ähnliche Art gibt es bei SU (2) stetige wie diskrete Aspekte.

7.6. „Elementarteilchen", SU (3), usw.

Die Verwendung der unitären unimodularen Gruppe in zwei Dimensionen SU (2) zur Beschreibung des Spins wurde in Abschnitt 7.4 erwähnt. Wir werden in Kapitel VIII darauf zurückkommen. Ebenso haben wir gerade besprochen, wie man den Begriff des Isobarenspins, der denselben algebraischen Regeln gehorcht wie der gewöhnliche Spin, einführen kann und wie dies ebenfalls mit Hilfe von SU (2) geschieht. Die Verwendung der unitären unimodularen Gruppe SU (4) in vier Dimensionen zur gleichzeitigen Behandlung beider Spinarten wird im Nachdruck der Arbeit von WIGNER (1937) diskutiert. Der Gedanke des Isobarenspins bei der Behandlung von Nukleonen, wo man zwei ursprünglich als verschieden betrachtete Teilchen als in Wirklichkeit nur verschiedene Zustände eines Teilchens auffaßt, läßt sich erweitern. Es war das Ziel der Physiker, die sich mit den Grundteilchen befaßten, ein brauchbares Schema für die Klassifikation der großen und noch immer zunehmenden Reihe von „Elementar-" oder „Fundamentalteilchen" zu erhalten. Dies ist eine notwendige Vorarbeit für das Verständnis des Verhaltens dieser Teilchen. Ein derartiges Schema scheint nun möglich zu sein und ist von einigen populärwissenschaftlichen Autoren als Leistung begrüßt worden, die in Analogie zu der Entdeckung des periodischen Systems der Elemente durch die Chemiker steht. Im letzten Abschnitt haben wir die in einem Kern auftretenden Teilchen als verschiedene Zustände eines fundamentalen Teilchens, des Nukleons, betrachtet, mit zwei zweiwertigen Koordinaten, die den Spin und den Isobarenspin darstellen. Verschiedene Erweiterungen dieses Schemas sind vorgeschlagen worden. Durch diese Vorgangsweise wurde es möglich, eine ganze Menge von Elementarteilchen, deren Massen nahe beisammen liegen, zusammenzufassen und sie als verschiedene Zustände eines zugrunde liegenden Basisteilchens aufzufassen.

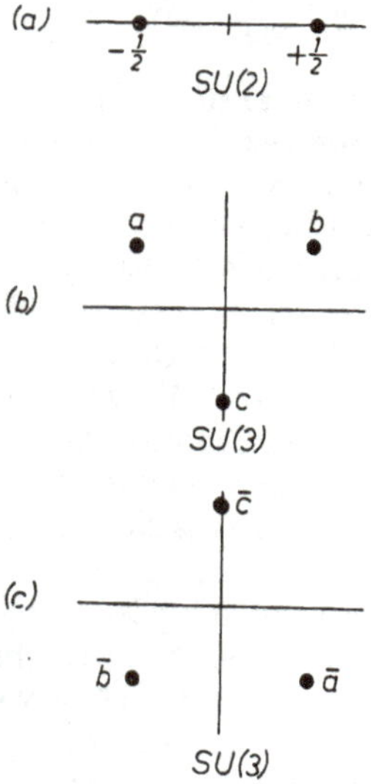

Abb. 53

Den „gewöhnlichen" oder „mechanischen" Spin der Teilchen betrachtet man als durch SU(2) beschrieben wie vorhin, der Begriff des Isobarenspins wird jedoch erweitert. Die Koordinate des Isobarenspins T_z kann zwei Werte annehmen, $T_z = \pm 1/2$, in Abb. 53(a) durch zwei Punkte auf einer Geraden dargestellt. Wir betrachten nun eine von GELL-MANN (1964) auf romantische Art als „*Quark*“ bezeichnete Größe, die einen der drei Werte a, b oder c in Abb. 53 (b) annehmen kann. Auf diese Weise wird SU (2) durch die Gruppe SU (3) der unitären unimodularen Matrizen in drei Dimensionen ersetzt. Ein „*Antiquark*“, das Gegenteil von einem Quark, ist in Abb. 53 (c) dargestellt. Durch Betrachtung verschiedener Kombinationen von Quarken und Antiquarken wurde es möglich, einen ganzen Satz von Elementarteilchen, deren Massen sich wenig unterscheiden, zusammenzufassen und als verschiedene Zustände eines zugrunde liegenden Basisteilchens aufzufassen. Wir wollen dies für Baryonen illustrieren. Alle diese Teilchen besitzen ungefähr die Masse eines Nukleons, nämlich die zwei Nukleonen (Neutron und Proton), das Sigma-, Lambda- und das Chi-Teilchen, die alle den Spin 1/2 haben. Die zwei Nukleonen haben wir bereits als die zwei Komponenten eines Isobarenspin-Dupletts betrachtet. Es gibt auch zwei Chi-Teilchen Ξ^- und Ξ^0, die ein zweites Isobarenspin-Duplett darstellen. Es gibt drei Sigma-Teilchen Σ^+, Σ^0 und Σ^-, mit den Ladungen $+e$, 0 und $-e$. Diese kann man als Isobarenspin-Triplett deuten. Schließlich gibt es das Lambda-Teilchen allein, das ein Isobarenspin-Singulett bildet. Das sogenannte SU (3)-Schema der Klassifikation dieser Teilchen erhält man durch Einführung des zusätzlichen Konzepts der *Hyperladung* Y. Die Hyperladung erhält man, indem man eines dieser Isobarenspin-Multipletts hernimmt und das zweifache der mittleren Ladung bildet. Diese Hyperladung ist natürlich eher eine Eigenschaft des Multipletts als der einzelnen Teilchen. Für die Nukleonen ist die mittlere Ladung $(0 + 1)/2$, die Hyperladung ist somit natürlich gerade 1. Die Hyperladung steht in einfacher Beziehung zur *Strangeness* S, die vielleicht die bekanntere Größe ist. Für Baryonen ist S gegeben durch

$$S = 2(Q - T_z) - 1\,,$$

wobei Q die Ladung und T_z den Isobarenspin des in Frage stehenden Baryons bedeutet. Die Strangeness ist für alle Glieder eines beliebigen dieser Isobarenspin-Multipletts dieselbe. Man kann die Hyperladung Y und die Strangeness S für diese vier Multipletts berechnen:

	Nukleon	Sigma	Lambda	Chi
Y	1	0	0	−1
S	0	−1	−1	−2

Wir bemerken, daß für jedes dieser Multipletts $Y = S + 1$ gilt. Das gewöhnlich von diesen acht Teilchen gezeichnete Bild, die man als acht verschiedene Zustände einer zugrunde liegenden fundamentalen Entität betrachtet, ist in Abb. 54 wiedergegeben. Andere Mengen von Teilchen mit wenig verschiedener Masse und dem gleichen gewöhnlichen Spin kann man zu Oktetten anordnen (siehe Übung 3 am Ende dieses Kapitels) oder zu anderen einfachen Mustern, die analog zu den Isobarenspin-Multipletts sind, die auf SU(2) beruhen und die wir bereits diskutiert haben. Die Einzelheiten dessen, wie man diese Muster aus den Quarken und Antiquarken herleitet, brauchen uns hier nicht berühren.

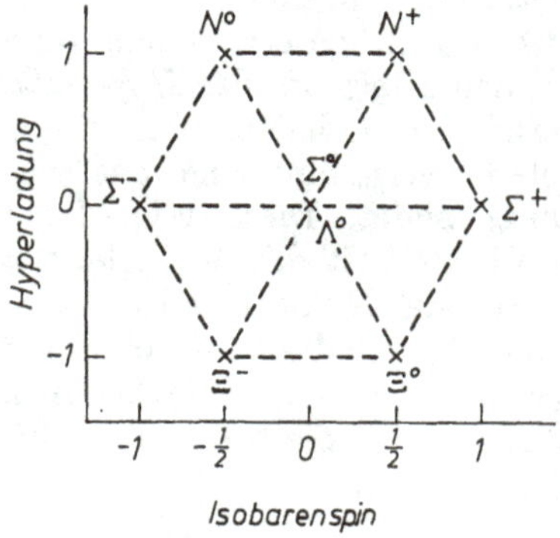

Abb. 54. SU(3)-Oktett für Baryonen

Dies ist ein hinreichend reichhaltiges Schema, einige Punkte sind jedoch noch zu behandeln. Betrachtet man erstens wie im letzten Abschnitt die Teilchen als verschiedene Zustände derselben Entität, so daß zum Beispiel bei Festhalten der Hyperladung durch Umkehr des Isobarenspins des Teilchens Σ^+ übergeht in Σ^- usw., wobei die Figur in Abb. 54 unverändert bleibt, so ist diese Auffassung nicht ganz richtig, da Σ^+ und Σ^- sich in der Masse unterscheiden. Zweitens haben wir das Schema nur für einen Satz von Teilchen beschrieben. Es bestehen ähnliche Schemata für andere Teilchenmengen, wobei alle Teilchen einer Figur vom Typ der Figur in Abb. 54 denselben Spin haben. Das SU(3)-Schema scheint mit dem Experiment übereinzustimmen. Der erste Erfolg in dieser Richtung scheint die Vorhersage der Existenz eines weiteren Teilchens (Ω^-) vom Spin 3/2 zu sein, wodurch eine dieser Figuren vervollständigt wird, siehe Abb. 55. Weitere Entdeckungen folgten, Barnes u. a. (1964). Die verschiedensten Erweiterungen von SU(3) stehen in Untersuchung. Die Situation in dieser Hinsicht ist gegenwärtig dauernd im Fluß. Durch Kombination des SU(3)-Schemas mit der Beschreibung durch den gewöhnlichen Spin mit Hilfe von SU(2) erhalten wir zum Beispiel ein Schema, das

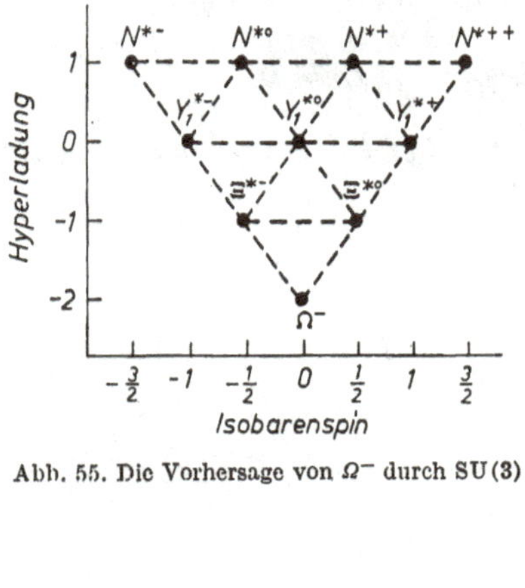

Abb. 55. Die Vorhersage von Ω^- durch SU(3)

durch die Gruppe der unitären unimodularen Matrizen SU(6) in sechs Dimensionen dargestellt wird. Und obwohl dies schließlich ein nettes Schema für die Klassifikation der Elementarteilchen ist, besteht der nächste Schritt in der Verwendung dieser Klassifikation zum Versuch, die Eigenschaften dieser Elementarteilchen und deren Wechselwirkungen verstehen zu lernen. Dies liegt jedoch außerhalb des Rahmens dieses Buches. Der interessierte Leser wende sich an GELL-MANN und NE'EMAN (1964), LIPKIN (1965) oder für eine einführende Übersicht an CHEW, GELL-MANN und ROSENFELD (1964). Eine gute Übersicht über die mathematische Theorie der LIE-Algebren mit besonderer Bezugnahme auf die Theorie der Elementarteilchen wurde von ROWLATT (1966) gegeben.

Übungen

1. Den quantenmechanischen Operator für das Drehmoment L erhält man, wenn man in $L = \boldsymbol{r} \times \boldsymbol{p}$ die Größe $\boldsymbol{p}$ durch $-i\hbar\nabla$ ersetzt.

(a) Man zeige, daß

$$L_x L_y - L_y L_x = i\hbar L_z,$$
$$L_y L_z - L_z L_y = i\hbar L_x,$$
$$L_z L_x - L_x L_z = i\hbar L_y,$$

und

$$L^2 L_z - L_z L^2 = 0.$$

(b) Man drücke L_x, L_y, L_z und L^2 durch sphärische Polarkoordinaten aus.

(c) Mit

$$L_+ = L_x + i L_y$$

und

$$L_- = L_x - i L_y,$$

zeige man, daß gilt

$$L_+ Y_l^m(\theta, \varphi) = a\, Y_l^{m+1}(\theta, \varphi)$$

und

$$L_- Y_l^m(\theta, \varphi) = b\, Y_l^{m-1}(\theta, \varphi)$$

wobei a und b gewisse Konstante sind.

(d) Unter Verwendung der in Abschnitt 4.3 gegebenen Definition der Kugelflächenfunktionen zeige man, daß die Eigenwerte von L_z die Größen $m\hbar$ sind ($m = -l, -l+1, \ldots, l$).

2. Man schreibe den Isobarenspin für alle folgenden Kerne an und diskutiere die Beziehungen, die gemäß SU(2) zwischen deren Energieniveaus bestehen:

(a) Na_{11}^{24}, Mg_{12}^{24}, Al_{13}^{24},

(b) K_{19}^{43}, Ca_{20}^{43}, Sc_{21}^{43}, Ti_{22}^{43}.

Bilden die Kerne in (b) ein Isobarenspin-Quadruplett? Man gebe die entsprechenden Erklärungen.

3. Die acht folgenden zu einem Isobaren-Multiplett zusammengefaßten Mesonen klassifiziere man gemäß SU(3). Man gebe für jedes Meson den Isobarenspin und für jedes Multiplett die Hyperladung an. Man konstruiere das konventionelle Oktett und gebe dabei die Ladung und die Hyperladung an, wie es in Abb. 54 für Baryonen ausgeführt wurde.

Meson	Ladung
K^+	+1
K°	0
π^+	+1
π°	0
π^-	−1
η	0
$\bar{K}^\circ$	0
K^-	−1

4. Man bestimme den vollständigen Satz von Auswahlregeln für die Punktgruppe $4mm(C_{4v})$, die Gruppe der Symmetrieoperationen am Quadrat, und zwar (a) für Dipolübergänge, (b) für magnetische Dipolübergänge und (c) für Quadrupolübergänge vom elektrischen Typ.

5. Man bestimme die irreduziblen Darstellungen, die in den einzelnen Darstellungen der Punktgruppe $3m(C_{3v})$ durch ein direktes Produkt auftreten. Hierauf bestimme man den vollständigen Satz von Auswahlregeln für diese Gruppe und zwar (a) für Dipolübergänge, (b) für magnetische Dipolübergänge und (c) für Quadrupolübergänge vom elektrischen Typ.

KAPITEL VIII

Weitere Untersuchungen

In diesem Kapitel betrachten wir die Erweiterung der Punktgruppen auf doppelte Punktgruppen und auf magnetische Gruppen, sowie die entsprechenden Erweiterungen der Raumgruppen. Wir befassen uns weiter mit einigen gemischten Problemen, die nicht direkt zu einem der vorangehenden Kapitel gehören.

8.1. Doppelte Gruppen

Bei der Diskussion der Rotationsgruppe in Kapitel IV haben wir bemerkt, daß zusätzlich zu den irreduziblen Darstellungen $\boldsymbol{D}^j\{\alpha\beta\gamma\}$, wobei j eine gewöhnlich mit l bezeichnete ganze Zahl bedeutet, mit den Kugelfunktionen der Ordnung l als Basisfunktionen eine zweite Menge von irreduziblen Darstellungen für halbzahlige j-Werte existiert. Die Matrix $\boldsymbol{D}^{1/2}\{\alpha\beta\gamma\}$ ist in Abschnitt 4.2 angegeben worden. Sie lautet

$$\pm\begin{pmatrix} e^{-i\alpha/2}\cdot\cos 1/2\beta\cdot e^{-i\gamma/2} & -e^{-i\alpha/2}\cdot\sin 1/2\beta\cdot e^{i\gamma/2} \\ e^{i\alpha/2}\cdot\sin 1/2\beta\cdot e^{-i\gamma/2} & e^{i\alpha/2}\cdot\cos 1/2\beta\cdot e^{i\gamma/2} \end{pmatrix}$$

(unsere Größen α, β und γ lassen sich leicht zu den von OPECHOWSKI (1940) verwendeten EULERschen Winkeln θ, φ und ψ in Beziehung setzen). Für ein bestimmtes Wertetripel $\{\alpha\beta\gamma\}$ kann man entweder das Plus- oder das Minuszeichen verwenden. Würden wir für jede Rotation $\{\alpha\beta\gamma\}$ in einer Gruppe, ob das nun die volle Rotationsgruppe oder nur eine der Punktgruppen ist, die ausschließlich Rotationen enthält, das Pluszeichen verwenden, so würde sich herausstellen, daß diese Matrizen keine Gruppe bilden. Nur wenn wir für jedes $\{\alpha\beta\gamma\}$ sowohl die + als auch die − Matrizen $\boldsymbol{D}^{1/2}\{\alpha\beta\gamma\}$ hinzuziehen, erhalten wir eine Gruppe, die somit zweimal so viele Elemente enthält wie die Gruppe der $\{\alpha\beta\gamma\}$. Die Tatsache, daß wir unter alleiniger Verwendung des Pluszeichens am Ende von Abschnitt 4.2 zeigen konnten, daß

$$\boldsymbol{D}^{1/2}(C_{4z}^+) \cdot \boldsymbol{D}^{1/2}(C_{2a}) = \boldsymbol{D}^{1/2}(C_{2x})$$

und

$$\boldsymbol{D}^{1/2}(C_{2a}) \cdot \boldsymbol{D}^{1/2}(C_{4z}^+) = \boldsymbol{D}^{1/2}(C_{2y}),$$

war ein reiner Zufall.

Wir illustrieren die Behauptung, daß man unter alleiniger Verwendung des Pluszeichens für $\boldsymbol{D}^{1/2}\{\alpha\beta\gamma\}$ keine Gruppe konstruieren kann, an Hand der einfachen Punktgruppe $4(C_4)$, deren Elemente E, C_{4z}^+, C_{2z} und C_{4z}^- sind. Die Matrizen $\boldsymbol{D}^{1/2}$ für diese Elemente sind in Tabelle 25 angegeben.

Nehmen wir zum Beispiel die Matrix $\boldsymbol{D}^{1/2}(C_{2z}) = \begin{pmatrix} -i & 0 \\ 0 & i \end{pmatrix}$ und quadrieren wie sie. Wir finden $\boldsymbol{D}^{1/2}(C_{2z})\,\boldsymbol{D}^{1/2}(C_{2z}) = \left(\boldsymbol{D}^{1/2}(C_{2z})\right)^2 = \begin{pmatrix} -i & 0 \\ 0 & i \end{pmatrix}\begin{pmatrix} -i & 0 \\ 0 & i \end{pmatrix} = \begin{pmatrix} -1 & 0 \\ 0 & -1 \end{pmatrix}$. Während also $C_{2z}^2 = E$ gilt, liefert $\left(\boldsymbol{D}^{1/2}(C_{2z})\right)^2$ nicht die Einheitsmatrix. Dasselbe Ergebnis erhält man auch, wenn man von der Matrix $\begin{pmatrix} i & 0 \\ 0 & -i \end{pmatrix}$ für $\boldsymbol{D}^{1/2}(C_{2z})$ ausgeht. Man sieht sich daher zu dem Schluß gezwungen, daß

Tabelle 25

E	Pluszeichen	Symbol	Minuszeichen	Symbol
E	$\begin{pmatrix} 1 & 0 \\ 0 & 1 \end{pmatrix}$	e	$\begin{pmatrix} -1 & 0 \\ 0 & -1 \end{pmatrix}$	e'
C_{4z}^+	$\frac{1}{\sqrt{2}}\begin{pmatrix} 1-i & 0 \\ 0 & 1+i \end{pmatrix}$	c_4^+	$\frac{1}{\sqrt{2}}\begin{pmatrix} -1+i & 0 \\ 0 & -1-i \end{pmatrix}$	$c_4^{+\prime}$
C_{2z}	$\begin{pmatrix} -i & 0 \\ 0 & i \end{pmatrix}$	c_2	$\begin{pmatrix} i & 0 \\ 0 & -i \end{pmatrix}$	c_2'
C_{4z}^-	$\frac{1}{\sqrt{2}}\begin{pmatrix} 1+i & 0 \\ 0 & 1-i \end{pmatrix}$	c_4^-	$\frac{1}{\sqrt{2}}\begin{pmatrix} -1-i & 0 \\ 0 & -1+i \end{pmatrix}$	$c_4^{-\prime}$

in einer zweiwertigen Darstellung nur eine Rotation um $4 \times 180°$, also eine zweimalige vollständige Drehung, der Identität entspricht. Verwenden wir die Symbole e, c_4^+, c_2 und c_4^- für die Matrizen in der linken Spalte und e', $c_4^{+\prime}$, c_2' und $c_4^{-\prime}$ für die in der rechten Spalte der Tabelle 25, so wird der Leser leicht verifizieren können, daß die Gruppenmultiplikationstafel für diese acht Matrizen durch die Tabelle 26 gegeben ist. Aus dieser Tabelle sieht man auch, daß die Ordnung der Elemente c_4^+, c_4^-, $c_4^{+\prime}$ und $c_4^{-\prime}$ 8 ist und nicht 4, d. h., die Identität entspricht

Tabelle 26

e	c_4^+	c_2	c_4^-	e'	$c_4^{+\prime}$	c_2'	$c_4^{-\prime}$
c_4^+	c_2	$c_4^{-\prime}$	e	$c_4^{+\prime}$	c_2'	c_4^-	e'
c_2	$c_4^{=\prime}$	e'	c_4^+	c_2'	c_4^-	e	$c_4^{+\prime}$
c_4^-	e	c_4^+	c_2'	$c_4^{-\prime}$	e'	$c_4^{+\prime}$	c_2
e'	$c_4^{+\prime}$	c_2'	$c_4^{-\prime}$	e	c_4^+	c_2	c_4^-
$c_4^{+\prime}$	c_2'	c_4^-	e'	c_4^+	c_2	$c_4^{-\prime}$	e
c_2'	c_4^-	e	$c_4^{+\prime}$	c_2	$c_4^{-\prime}$	e'	c_4^+
$c_4^{-\prime}$	e'	$c_4^{+\prime}$	c_2	c_4^-	e	c_4^+	c_2'

zwei vollen Drehungen, also einer Drehung um 720°. Diese Gruppe besitzt somit eine Spurentafel, die sich von der Spurentafel der Punktgruppe $4(C_4)$ unterscheidet. Für jedes der vier Elemente der Punktgruppe $4(C_4)$ gibt es also zwei Matrizen $\boldsymbol{D}^{1/2}\{\alpha\beta\gamma\}$. Damit die Abschlußbedingung für diese Gruppe von Matrizen erfüllt ist, muß man alle gemeinsam betrachten. Man hat also eine Gruppe der Ordnung acht zu bilden. Die Matrizen $\boldsymbol{D}^{1/2}\{\alpha\beta\gamma\}$ nennt man eine zweiwertige Darstellung der Rotationsgruppe. Analog dazu gibt es auch zweiwertige Darstellungen für die Punktgruppen. Daß man solche zweiwertigen Darstellungen verwendet, ist durch die Tatsache begründet, daß die Basen dieser Darstellung Spinoren sind, die, wie man zeigen kann, (siehe zum Beispiel TEMPLE (1960), Kapitel VII oder CORSON (1953), Kapitel II) gerade diejenigen Größen sind, die man zur Beschreibung des Spins eines Elektrons benötigt. Wenn wir also bei der Betrachtung eines Systems von Fermionen die Existenz eines Spins als gegeben hinnehmen, so verwendet man besser die zweiwertigen irreduziblen Darstellungen der Punktgruppen als die (gewöhnlichen) einwertigen Darstellungen, deren Spuren im Anhang gegeben sind. Die Deduktion der zweiwertigen Darstellungen der Punktgruppen ist nicht so mühsam, wie man vielleicht erwarten möchte. Die Arbeit von OPECHOWSKI (1940), deren Übersetzung in Teil 2 aufgenommen wurde, zeigt an Hand von Beispielen, wie man das durchführen kann. Man kann entweder sagen, daß jedem Element der Punktgruppe, in unserem Fall der Gruppe $4(C_4)$, zwei Matrizen entsprechen, oder man kann sagen, daß sich von dieser Gruppe eine Doppelgruppe ableiten läßt, die acht Elemente besitzt und deren Multiplikationstafel in Tabelle 26 gegeben ist. Beide Zugänge führen schließlich zum selben Ziel. Beim ersten Zugang können wir die in der Arbeit von OPECHOWSKI angegebenen Theoreme verwenden und damit die Spurentafel für die neuen zweiwertigen Darstellungen finden. Beim zweiten Zugang benutzen wir die größere Multiplikationstafel und stellen die Spurentafel wie in Abschnitt 2.8 auf (siehe Übung 4 am Ende dieses Kapitels). Bei der Untersuchung des auf dem zweiten Wege erhaltenen Ergebnisses findet man, daß bei manchen Darstellungen der Gruppe der Ordnung 8 die Spuren der zwei Elemente R und R' gleich sind, während sie sich bei anderen Darstellungen um einen Faktor -1 unterscheiden. Diese Darstellungen sind es, die man als zweiwertige Darstellungen der Punktgruppe $4(C_4)$ bezeichnet. Die Arbeit von Bethe über Kristallfeldtheorie (1929), die wir in Teil 2 hauptsächlich im Zusammenhang mit Abschnitt 6.4 aufgenommen haben, widmet den doppelten Punktgruppen ebenfalls eine gewisse Aufmerksamkeit.

8.2. Magnetische Punktgruppen und magnetische Raumgruppen

Die anscheinend unabhängigen Ableitungen der 230 Raumgruppen knapp vor 1900 durch Fedorov, Schoenflies und Barlow wurden ein halbes Jahrhundert lang als „allerletzte" Entwicklung in der Klassifikation der Symmetrietypen betrachtet. Shubnikov (1951) jedoch führte in die Untersuchungen von Punktgruppen und Raumgruppen den Gedanken der Antisymmetrie ein. Diese Arbeit ist nun ins Englische übersetzt worden (Shubnikov und Belov 1964) und daher verfügbar. Eine gute Übersicht über magnetische Gruppen wurde von Opechowski und Guccione (1965) gegeben. Der Hauptgedanke dabei ist, daß man zusätzlich zu den drei gewöhnlichen Ortsvariablen x, y und z, die bei der Herleitung der 230 Raumgruppen betrachtet werden, eine vierte, etwa mit s bezeichnete Variable betrachtet, die nur einen von zwei Werten annehmen kann, zum Beispiel + oder −, schwarz oder weiß, oder magnetisches Moment parallel oder antiparallel zu einer gegebenen Richtung. In Wirklichkeit ist dieser Gedanke schon bei Heesch (1930) zu finden, er wurde damals jedoch nicht weiter verfolgt. Jedem Punkt im Raum kommen dann gewisse Werte von x, y, z und s zu, und jede der in den Abschnitten 3.4 und 3.5 beschriebenen Raumgruppenoperationen wirkt auf die drei Variablen x, y und z und läßt s unverändert. Die Antisymmetrieoperationen lassen x, y und z unverändert und vertauschen den Wert von s, d. h. führen + in — und — in + über, oder weiß in schwarz und schwarz in weiß usw. Somit sind auch Operationen möglich, die sowohl aus einer Punktgruppen- oder einer Raumgruppen- und einer Antisymmetrieoperation bestehen. Die auf den Vektor (x, y, z, s) wirkenden 4×4-Matrizen lauten:

Punktgruppenoperation $$\begin{bmatrix} R_{11} & R_{12} & R_{13} & 0 \\ R_{21} & R_{22} & R_{23} & 0 \\ R_{31} & R_{32} & R_{33} & 0 \\ 0 & 0 & 0 & 1 \end{bmatrix}$$

Antisymmetrieoperation $$\begin{bmatrix} 1 & 0 & 0 & 0 \\ 0 & 1 & 0 & 0 \\ 0 & 0 & 1 & 0 \\ 0 & 0 & 0 & -1 \end{bmatrix}$$

Punktgruppenoperation
+ Antisymmetrieoperation $$\begin{bmatrix} R_{11} & R_{12} & R_{13} & 0 \\ R_{21} & R_{22} & R_{23} & 0 \\ R_{31} & R_{32} & R_{33} & 0 \\ 0 & 0 & 0 & -1 \end{bmatrix}.$$

In Kapitel III haben wir Punktgruppen und Raumgruppen betrachtet. Wenn G eine davon ist, und wenn man die Antisymmetrieoperation als eine mögliche Symmetrieoperation miteinbezieht, dann lassen sich neue Gruppen davon ableiten, die sogenannten *magnetischen Punktgruppen* oder *magnetischen Raumgruppen*. Faßt man die Antisymmetrieoperation als Richtungsumkehr eines magnetischen Moments auf, so kann man sie als Zeitumkehr oder als Zeitinversion betrachten. Eine Umkehr des Zeitablaufs würde die Richtung eines magnetischen Momentes umkehren, da dabei der Umlaufsinn der Elektronen im Atom geändert wird. Wie kann die Antisymmetrieoperation aber eine Symmetrieoperation am System darstellen? Dies kann auf zweierlei Wegen eintreten. Einmal kann s beide erlaubten Werte gleichzeitig annehmen, z. B. weiß und schwarz, so daß unter der Antisymmetrieoperation $\boldsymbol{R}$ weiß in schwarz übergeht und schwarz in weiß, und daher s weiterhin beide erlaubten Werte besitzt, also vom Zustand vor der Anwendung der Antisymmetrieoperation $\boldsymbol{R}$ nicht unterscheidbar ist. Andererseits kann $\boldsymbol{R}$ in Verbindung mit einer Punktgruppen- oder Raumgruppenoperation auftreten, d. h., es kann der Fall der letzten der drei oben angegebenen Matrizen vorliegen, und diese zusammengesetzte Operation kann das System in einen Zustand überführen, der vom ursprünglichen nicht unterscheidbar ist. Beim körperzentrierten kubischen Gitter Abb. 56(a) bedeutet zum Beispiel eine Translation des Gitters um einen Vektor,

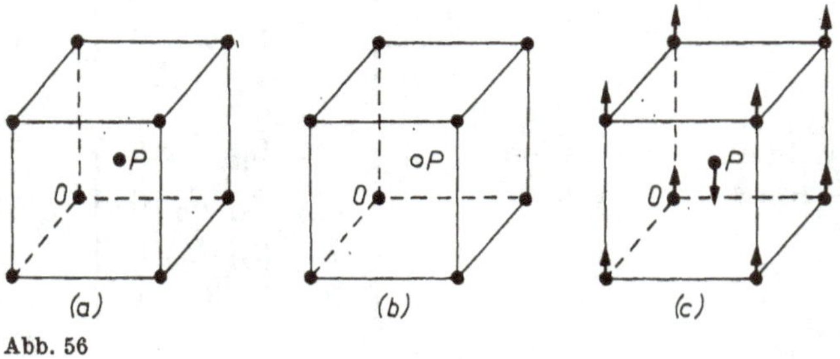

Abb. 56

der gleich der Hälfte einer Raumdiagonalen ist, also gleich $\boldsymbol{OP}$, eine Symmetrieoperation des Gitters. Färbt man wie in Abb. 56(b) die Atome schwarz und weiß, oder versieht man sie wie in Abb. 56 (c) mit kleinen Pfeilen, so ist die Translation um $\boldsymbol{OP}$ keine Symmetrieoperation mehr. Führt man gleichzeitig mit der Translation aber eine Antisymmetrieoperation durch, so ergibt sich von neuem eine Symmetrieoperation.

Man darf also sagen, daß es unter Einschluß der Antisymmetrieoperation drei mögliche Typen von Gruppen gibt:

1. *Gewöhnliche* Punktgruppen oder Raumgruppen $\boldsymbol{G}$,

2. *Graugruppen*, bei denen die Antisymmetrieoperation eine Symmetrieoperation des Systems ist. Jeder gewöhnlichen Punktgruppe oder Raumgruppe entspricht eine Graugruppe. Diese läßt sich durch $(\boldsymbol{G} + \boldsymbol{R}\boldsymbol{G})$ beschreiben,

3. *Schwarzweißgruppen*, bei denen $\boldsymbol{R}$ selbst nicht vorhanden ist. Genau die Hälfte der Operationen der Schwarzweißgruppen sind jedoch aus $\boldsymbol{R}$ und einer gewöhnlichen Punktgruppen- oder Raumgruppenoperation zusammengesetzt.

Die Graugruppen und die Schwarzweißgruppen nennt man gewöhnlich *magnetische Gruppen*, oder manchmal auch SHUBNIKOV-*Gruppen*, zu Ehren SHUBNIKOVS, der den Antisymmetriegedanken in die Untersuchung von Punktgruppen und Raumgruppen einführte.

Wir wollen ein Beispiel für die Herleitung einer Schwarzweißgruppe aus einer Punktgruppe in mehr Einzelheiten betrachten. Die Gruppe der Symmetrieoperationen am Quadrat bildet die Punktgruppe $4mm$, die wir bereits bei mehreren Gelegenheiten erwähnt haben. Diese Punktgruppe enthält die Elemente E, C_{4z}^+, C_{4z}^-, C_{2z}, σ_x, σ_y, σ_{da} und σ_{db}, siehe Abb. 57.

Wenn man das Quadrat in schwarze und weiße Flächen unterteilt, so werden alle Symmetrieoperationen zerstört. Nehmen wir jedoch an, daß auf gewisse regelmäßige Weise die eine Hälfte des Quadrats schwarz und die andere Hälfte weiß bemalt wird, wie zum Beispiel in Abb. 58 (a), dann bleiben einige dieser Symmetrieoperationen weiterhin Symmetrieoperationen für dieses weiß und schwarz gefärbte Quadrat. E, C_{2z}, σ_{da} und σ_{db} sind weiterhin Symmetrieoperationen, die anderen vier Operationen jedoch nicht mehr. C_{4z}^+ zum Beispiel dreht das Quadrat um 90° und führt weiße Felder in schwarze

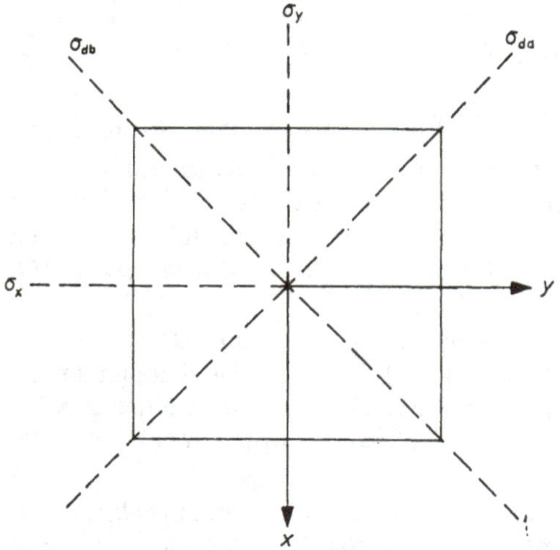

Abb. 57. Symmetrieebenen für ein Quadrat

über. Die vier Operationen $\boldsymbol{R}C_{4z}^+$, $\boldsymbol{R}C_{4z}^-$, $\boldsymbol{R}\sigma_x$ und $\boldsymbol{R}\sigma_y$ jedoch sind Symmetrieoperationen für das schwarzweiße Quadrat in Abb. 58 (a). $\boldsymbol{R}C_{4z}^+$ bedeutet zum Beispiel eine Drehung um 90° und einen Austausch von schwarzer mit weißer Farbe. Auf diese Weise entsteht ein Quadrat, das geradeso aussieht wie das Quadrat in Abb. 58 (a). Von der ursprünglichen Punktgruppe aus acht Elementen

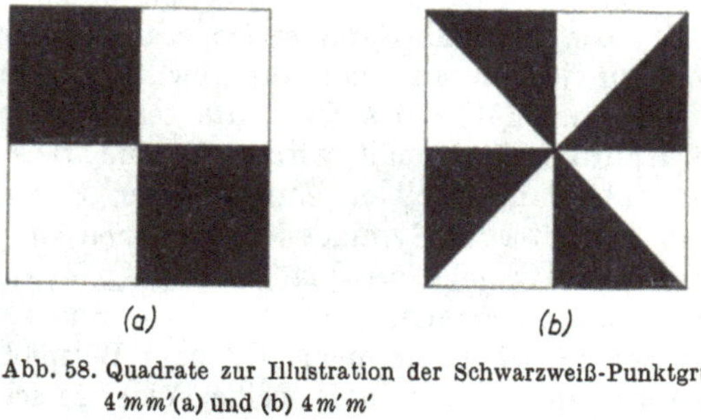

Abb. 58. Quadrate zur Illustration der Schwarzweiß-Punktgruppen $4'mm'$(a) und (b) $4m'm'$

erhalten wir also vier gefärbte und vier ungefärbte Elemente, so daß genau die Hälfte der Elemente dieser Gruppe ungefärbt bleibt. Wir hätten auch vier andere ungefärbte Elemente wählen können, und zwar dadurch, daß wir ein anderes schwarzweiß gefärbtes Quadrat benutzen, nämlich das in Abb. 58 (b). In diesem Fall sind die Operationen E, C_{4z}^{+}, C_{4z}^{-} und C_{2z} weiterhin Symmetrieoperationen, und die vier gefärbten Operationen sind $\boldsymbol{R}\sigma_x$, $\boldsymbol{R}\sigma_y$, $\boldsymbol{R}\sigma_{da}$ und $\boldsymbol{R}\sigma_{db}$. Von der Gruppe der acht Symmetrieoperationen am Quadrat, von der Gruppe $4mm$ also, leiten wir daher zwei magnetische Punktgruppen ab, nämlich

$$E,\ C_{2z},\ \sigma_{da},\ \sigma_{db},\ \boldsymbol{R}C_{4z}^{+},\ \boldsymbol{R}C_{4z}^{-},\ \boldsymbol{R}\sigma_x,\ \boldsymbol{R}\sigma_y$$

und

$$E,\ C_{4z}^{+},\ C_{4z}^{-},\ C_{2z},\ \boldsymbol{R}\sigma_x,\ \boldsymbol{R}\sigma_y,\ \boldsymbol{R}\sigma_{da},\ \boldsymbol{R}\sigma_{db}.$$

Man erkennt also, daß es im allgemeinen mehr magnetische, oder schwarzweiße, Punktgruppen als gewöhnliche Punktgruppen gibt. In Wirklichkeit gibt es achtundfünfzig solche Gruppen. Die Herleitung dieser achtundfünfzig Schwarzweiß-Punktgruppen ist durch Tavger und Zaitsev (1956) durchgeführt worden. Ihre Arbeit wurde in Teil 2 dieses Buches übernommen. Der Leser wird sie ohne Mühe lesen können, obwohl die Bezeichnung der Symmetrieoperationen mit der unseren nicht übereinstimmt.

Genauso wie es mehr schwarzweiße Punktgruppen als gewöhnliche Punktgruppen gibt, existieren auch mehr schwarzweiße Raumgruppen als gewöhnliche Raumgruppen. Die tatsächlichen Zahlen sind für jeden Typ in Tabelle 27 angegeben. Die 1191 schwarzweißen Raumgruppen zerfallen in zwei Typen, man siehe hierzu zum Beispiel Guccione (1963) oder Cracknell (1965). Die schwarzweißen Raumgruppen sind getrennt von Zamorzaev (1953) und von Belov, Neronova und Smirnova (1955) abgeleitet worden. Die korrigierte Übersetzung einer Zusammenfassung findet man bei Shubnikov und

Tabelle 27

Gruppentyp	Anzahl der Punkt-gruppen	Anzahl der Raum-gruppen
1. Gewöhnliche	32	230
2. Graue	32	230
3. Schwarzweiße	58	1191
Summe	122	1651

Belov (1964). Eine vollständige Zusammenfassung wurde auch von Opechowski und Guccione (1965) gegeben. Diese Gruppen sind nicht nur von akademischem Interesse. Sie dienen auch zur Beschreibung der magnetischen Eigenschaften von Kristallen. Ein gewöhnlicher paramagnetischer oder diamagnetischer Kristall hat kein resultierendes magnetisches Moment. Er ist bezüglich einer Zeitinversion daher invariant. Seine Symmetrie wird daher durch eine der grauen Gruppen beschrieben. Magnetische Kristalle jedoch, wie die ferromagnetischen und die antiferromagnetischen Kristalle usw., lassen sich durch eine der von uns erwähnten magnetischen Gruppen beschreiben. In den letzten Jahren hat sich herausgestellt, daß ein brauchbares Experiment zur Bestimmung magnetischer Strukturen die Neutronenstreuung ist, da die Intensität der Streuung von der relativen Orientierung der Eigendrehmomente der streuenden Atome und der gestreuten Neutronen abhängt. Eine kurze Beschreibung dieser Technik findet man zum Beispiel bei Weiss (1963). Eine Übersicht über magnetische Punktgruppen und deren Verwendung in der Physik bietet Birss (1964).

8.3. Die Zeitumkehr und die Kramerssche Entartung

Wenn man das Vorzeichen der Zeitkoordinate umkehrt, so ergibt sich ein wesentlicher Unterschied zwischen dem Verhalten von geladenen Teilchen in elektrischen und in magnetischen Feldern. Ein elektrisches Feld hängt von den Positionen aller zu seiner Erzeugung beitragenden elektrischen Ladungen ab, aber nicht von deren Geschwindigkeit. Ein magnetisches Feld jedoch entsteht als Ergebnis von elektrischen Strömen. Kehrt man also das Vorzeichen der Zeitkoordinate um, so wird auch die Richtung der Geschwindigkeit aller beteiligten elektrischen Ladungen umgekehrt und damit die Richtung des Magnetfeldes geändert. Grob ausgedrückt heißt das, daß ein magnetisches Feld weniger symmetrisch ist als ein elektrisches Feld. Es ist daher möglich, daß ein Magnetfeld imstande sein kann, gewisse Entartungen in den Energieniveaus eines Systems aufzuheben, was durch ein elektrisches Feld nicht erreicht wird.

Die zeitabhängige SCHRÖDINGER-Gleichung lautet

$$H\psi = i\hbar \frac{\partial \psi}{\partial t},$$

wobei ψ eine Funktion des Ortes, des Spins und der Zeit ist. Wir können mit dieser Gleichung zweierlei beginnen, wir können den konjugiert komplexen Wert nehmen,

$$H\psi^* = -i\hbar \frac{\partial \psi^*}{\partial t},$$

oder wir können das Vorzeichen von t ändern. Nehmen wir an, daß $\boldsymbol{R}$ der Operator der Zeitumkehr ist (vergleiche mit Abschnitt 8.2), dann gilt

$$\psi \to \boldsymbol{R}\psi,$$

und $\partial/\partial t \to -\partial/\partial t$. Ohne nähere Untersuchung des Zeitumkehroperators $\boldsymbol{R}$ stellen wir auf Grund des WIGNERschen Theorems, Abschnitt 2.10, fest, daß mit ψ auch $\boldsymbol{R}\psi$ eine Eigenfunktion des HAMILTON-Operators ist. Andererseits ist die Operation der Zeitumkehr eine sogenannte anti-unitäre Operation, so daß $\boldsymbol{R}\alpha\psi = \alpha^*\boldsymbol{R}\psi$, siehe zum Beispiel HEINE (1960), Abschnitt 19. Eine Folgerung aus der Tatsache, daß $\boldsymbol{R}$ anti-unitär ist, liegt darin, daß genau die Hälfte der Elemente in jeder der im letzten Abschnitt diskutierten magnetischen Gruppen anti-unitär sind. Es ist somit nicht möglich, eine Gruppe von unitären Matrizen zu finden, die eine unitäre Darstellung dieser Gruppe bilden. Betrachten wir eine Situation, wie sie zum Beispiel vorliegt, wenn kein magnetisches Feld vorhanden ist, in der bezüglich der Zeitumkehr Symmetrie herrscht, so daß $\boldsymbol{R}$ mit dem HAMILTON-Operator des Systems vertauschbar ist, dann sind entweder die durch ψ und $\boldsymbol{R}\psi$ repräsentierten Zustände verschiedene Zustände, die bei vorliegender Zeitumkehrsymmetrie entartet sind, oder sie sind überhaupt nicht getrennt, d. h., ψ und $\boldsymbol{R}\psi$ sind nicht linear unabhängig. Wenn ψ und $\boldsymbol{R}\psi$ nicht linear unabhängig sind, kann man schreiben

$$\boldsymbol{R}\psi = \alpha\psi,$$

wobei α eine gewisse komplexe Zahl vom Betrag 1 ist. Es gilt daher $\boldsymbol{R}^2\psi = \boldsymbol{R}\alpha\psi = \alpha^*\boldsymbol{R}\psi = \alpha^*\alpha\psi = |\alpha|^2\psi = \psi$. Befaßt man sich jedoch etwas sorgfältiger mit der Theorie des Zeitumkehroperators, so läßt sich zeigen (siehe zum Beispiel HEINE (1960), Abschnitt 19), daß

$\boldsymbol{R}^2\psi = +\psi$ für ein System mit einer geraden Anzahl von Elektronen,

$\boldsymbol{R}^2\psi = -\psi$ für ein System mit ungerader Anzahl von Elektronen gilt.

Der erste dieser beiden Fälle ist konsistent mit der Gleichung $\boldsymbol{R}\psi = \alpha\psi$, so daß bei einem System mit gerader Elektronenzahl ψ und $\boldsymbol{R}\psi$ nicht linear unabhängig sind. Der zweite Fall ist nicht konsistent mit $\boldsymbol{R}\psi = \alpha\psi$, so daß bei ungerader Elektronenanzahl ψ und $\boldsymbol{R}\psi$ linear unabhängig sind. Nun wurde bereits gesagt, daß in Abwesenheit eines magnetischen Feldes ψ und $\boldsymbol{R}\psi$ derselben Energie entsprechen. Wenn daher ψ und $\boldsymbol{R}\psi$ (linear) unabhängig sind, so gibt es zu jeder Energie E

zwei unabhängige Wellenfunktionen, d. h., *bei einem System mit ungerader Elektronenanzahl ist jedes Energieniveau mindestens zweifach entartet, und die Ordnung der Entartung ist gerade, vorausgesetzt, daß kein magnetisches Feld vorhanden ist.* Man nennt diese Aussage KRAMERS*sches Theorem* (KRAMERS, 1930), die Entartung heißt KRAMERS*sche Entartung.* Sie existiert nicht für Systeme mit gerader Elektronenanzahl, und sie verschwindet in Anwesenheit eines äußeren magnetischen Feldes, da das System dann keine Zeitumkehrsymmetrie mehr besitzt. Der Fall der vollständigen Abwesenheit eines Spins gleicht dem Fall einer geraden Zahl von Elektronen. Es gilt $\boldsymbol{R}^2\psi = \psi$, so daß in einer derartigen Situation die KRAMERSsche Entartung nicht auftritt.

8.4. Symmetrieeigenschaften von Tensoren

Viele physikalische Größen werden durch Tensoren repräsentiert. Aus Abschnitt 2.10 folgt daher, daß in einer physikalischen Situation mit einer gewissen gegebenen Symmetrie die Komponenten dieser Tensoren unter den Elementen der Gruppe der Symmetrieoperationen invariant sein müssen. Das bedeutet, daß sich die Komponenten des Tensors gemäß der vollkommen symmetrischen Darstellung dieser Gruppe transformieren müssen. Die Anwendung dieses Gedankens auf viele makroskopische Eigenschaften eines Kristalls liegt offen auf der Hand. Für einen Kristall ist zum Beispiel die Leitfähigkeit kein Skalar, sondern ein Tensor vom Rang 2, d. h.

$$j_p = \sum_q \sigma_{pq} E_q,$$

wobei j_p, E_q die Komponenten der elektrischen Stromdichte $\boldsymbol{j}$ und des elektrischen Feldes $\boldsymbol{E}$ bezüglich eines rechtwinkligen kartesischen Koordinatensystems sind. Die Tensorkomponenten σ_{pq} haben für verschiedene Koordinatensysteme verschiedene numerische Werte. Bei einem gewissen gegebenen elektrischen Feld $\boldsymbol{E}$ wird sich jedoch eine gewisse feste Stromdichte j einstellen, die durch die physikalischen Eigenschaften des Kristalls bestimmt ist und die unabhängig davon ist, welches Koordinatensystem ein äußerer Beobachter wählt. Der Physiker sagt in diesem Fall, dies bedeute, daß ein Tensor eine physikalische Entität ist, während die in einem beliebigen gegebenen Koordinatensystem zur Darstellung benutzte Matrix eine mathematische Abstraktion ist, die von der Wahl der Achsen abhängt. Wenn σ_{pq} ein Tensor ist, dann bestehen im allgemeinen Fall eines triklinen Kristalls überhaupt keine besonderen Beziehungen zwischen den verschiedenen Komponenten des Tensors. Wenn die Symmetrie des Systems nun bis zur Symmetrie einer der anderen Punktgruppen vergrößert wird, so treten zwischen einigen Komponenten σ_{pq} spezielle Relationen auf, und einige der σ_{pq} können verschwinden. Im Falle der kubischen Symmetrie schließlich reduzieren sich die Komponenten σ_{pq} auf $\sigma\delta_{pq}$, wobei σ ein Skalar ist, so daß die durch σ_{pq} repräsentierte physikalische Größe in diesem stark symmetrischen Fall bereits durch einen Skalar σ spezifiziert wird. Die Theorie, welche der Bestimmung der speziellen Relationen zwischen den Komponenten eines Tensors bei einem Sachverhalt mit gewisser besonderer Symmetrie zugrunde liegt, wurde von NYE (1957) in einer Abhandlung beschrieben, die sehr klar ist und ohne explizite Bezugnahme auf die Gruppentheorie auskommt. In NYEs Buch werden alle Punktgruppen und Tensoren verschiedenen Ranges berücksichtigt (der *Rang* eines Tensors ist gleich der Anzahl seiner Indizes, er hat nichts damit zu tun, wieviele Werte ein Index wie zum Beispiel p in σ_{pq} annehmen kann).

Wir können die Anwendung der Gruppentheorie auf die Bestimmung der Symmetrieeigenschaften eines Tensors illustrieren, indem wir einen speziellen Fall betrachten. Wir befassen uns mit dem Leitfähigkeitstensor in einer Umgebung mit der Symmetrie der Punktgruppe $4/mmm$ (dieselbe Antwort erhält man in Wirklichkeit auch für eine beliebige andere tetragonale Punktgruppe). Läßt man $\boldsymbol{j}$ und $\boldsymbol{E}$ unbewegt und ändert man die Achsen $Oxyz$ in Abb. 59 gemäßt einer der Symmetrieoperationen der Punktgruppe ab, dann gilt vor der Operation

$$j_p = \sum_q \sigma_{pq} E_q .$$

$\boldsymbol{R}$ sei die dieser Symmetrieoperation entsprechende Matrix.

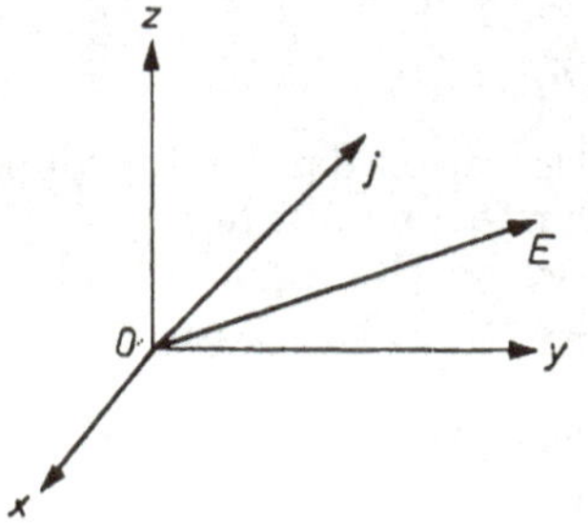

Abb. 59

Wir haben dann

$$\boldsymbol{j}' = \boldsymbol{R}\boldsymbol{j}, \qquad \text{oder} \qquad j'_l = \sum_p R_{lp} j_p$$

$$\boldsymbol{E}' = \boldsymbol{R}\boldsymbol{E}, \qquad \text{oder} \qquad E'_m = \sum_q R_{mq} E_q .$$

Daher gilt
$$j'_l = \sum_p R_{lp} j_p = \sum_p \sum_q R_{lp} \sigma_{pq} E_q$$
$$= \sum_p \sum_q \sum_m \sum_s R_{lp} \sigma_{pq} R^{-1}_{qm} R_{ms} E_s$$
$$= \sum_p \sum_q \sum_m R_{lp} \sigma_{pq} R^{-1}_{qm} E'_m ,$$

und daher
$$j'_l = \sum_m \sigma'_{lm} E'_m .$$

Das heißt, die Komponenten σ'_{lm} des Leitfähigkeitstensors bezüglich des neuen Achsensystems, ausgedrückt durch die Kompoenten σ_{pq} bezüglich der alten Achsen, sind

$$\sigma'_{lm} = \sum_p \sum_q R_{lp}\sigma_{pq}R^{-1}_{qm} = \sum_p \sum_q R_{lp}R_{mq}\sigma_{pq},$$

da für eine Punktgruppenoperation $\boldsymbol{R}$ eine orthogonale Matrix ist, d. h. $R^{-1}_{qm} = R_{mq}$. Die Tensorkomponenten müssen unter allen Operationen der Punktgruppe $4/mmm$ invariant sein. Es muß also gelten

$$\sigma'_{lm} = \sigma_{lm}$$

(und daher $\sigma_{lm} = \sum_p \sum_q R_{lp}R_{mq}\sigma_{pq}$, wobei $\boldsymbol{R}$ eine Matrix ist, die einer beliebigen Operation der Punktgruppe entspricht. Sie gehört zur Darstellung mit der Basis (x, y, z) und kann daher durch direkte Überlegungen oder unter Verwendung der Jones-Symbole aus Abschnitt 5.2 erhalten werden).

Wir können also die verschiedenen Symmetrieoperationen der Punktgruppe zusammen mit der Gleichung

$$\sigma_{lm} = \sum_p \sum_q R_{lp}R_{mq}\sigma_{pq}$$

verwenden und die speziellen Relationen aufsuchen, die zwischen den Komponenten des Leitfähigkeitstensors bestehen. Betrachten wir die Identität E. Für diese gilt $R_{lp} = \delta_{lp}$, $R_{mq} = \delta_{mq}$, und daher $\sigma_{lm} = \sigma_{lm}$, was ohne Interesse ist. Für C^+_{4z} gilt aus Abschnitt 2.5

$$\boldsymbol{R} = \begin{pmatrix} 0 & -1 & 0 \\ 1 & 0 & 0 \\ 0 & 0 & 1 \end{pmatrix}$$

und daher

$$\sigma_{11} = \sum_p \sum_q R_{1p}R_{1q}\sigma_{pq} = (-1)(-1)\sigma_{22} = \sigma_{22},$$

d. h. $\sigma_{11} = \sigma_{22}$

$$\sigma_{12} = \sum_p \sum_q R_{1p}R_{2q}\sigma_{pq} = (-1)(+1)\sigma_{21} = -\sigma_{21},$$

d. h. $\sigma_{12} = -\sigma_{21}$.

Aber für σ_2 $(= \sigma_{db})$ gilt

$$\boldsymbol{R} = \begin{pmatrix} 0 & 1 & 0 \\ 1 & 0 & 0 \\ 0 & 0 & 1 \end{pmatrix}$$

und daher

$$\sigma_{12} = \sum_p \sum_q R_{1p} R_{2q} \sigma_{pq} = (+1)(+1)\sigma_{21} = \sigma_{21},$$

d. h. $\sigma_{12} = \sigma_{21}$.

Kombiniert man diese beiden Ergebnisse, so erhält man $\sigma_{12} = -\sigma_{21} = +\sigma_{21} = 0$. Auf ähnliche Weise zeigt man auch, daß $\sigma_{23} = \sigma_{32} = 0$, $\sigma_{13} = \sigma_{31} = 0$. Nur die Diagonalkomponenten von σ_{pq} sind daher von Null verschieden. Wir haben schon gezeigt, daß $\sigma_{11} = \sigma_{22}$ gilt. Die Form des Leitfähigkeitstensors ist, da keine weitere Vereinfachung möglich ist (man überzeuge sich davon durch eigene Versuche),

$$\begin{bmatrix} \sigma_1 & 0 & 0 \\ 0 & \sigma_1 & 0 \\ 0 & 0 & \sigma_3 \end{bmatrix}.$$

Bei einem tetragonalen Kristall braucht man daher nur zwei Komponenten der Leitfähigkeit zu spezifizieren. Der Leser, der sich mehr für diesen Gegenstand interessiert, wende sich entweder an Nye (1957), Birss (1963, 1964) oder an Bhagavantam (1966).

8.5. Wellenleiterverbindungen

Die Ausbreitung von elektrischen und magnetischen Feldern in einem einzelnen Wellenleiter mit gleichfolgendem Querschnitt und halbwegs einfacher geometrischer Form ist wohlbekannt, siehe zum Beispiel Lamont (1942). Das Problem besteht in solchen Fällen in der Lösung der Maxwellschen Gleichungen bei ziemlich einfachen Randbedingungen. Will man jedoch untersuchen, was beim

Aufeinandertreffen von Wellenleitern an deren Verbindungsstelle geschieht, so werden sogar bei T- oder X-Verbindungen wie in Abb. 60 die Randbedingungen sofort weitaus komplizierter. In manchen Fällen kann man genau sehen, was geschieht, wenn ein spezieller Wellentyp aus einer bestimmten Richtung in die Verbindung einfällt. Im allgemeinen ist das jedoch keinesfalls leicht. Man kann dann zweierlei unternehmen.

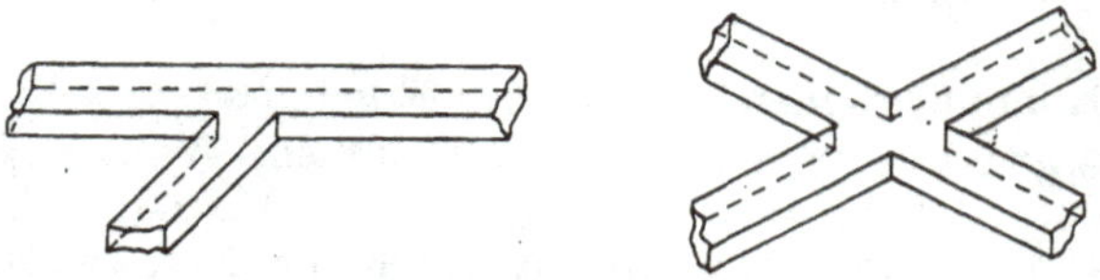

Abb. 60. Beispiele für symmetrische Wellenleiterverbindungen

Erstens kann man versuchen, die tatsächliche Verteilung der elektrischen und magnetischen Felder in der Umgebung des Verbindungsstückes zu bestimmen. Zweitens kann man eine Welle betrachten, die aus wesentlicher Entfernung vom Verbindungsstück aus einem Arm in dieses Verbindungsstück einfällt, man kann hierauf in sämtlichen Armen der Verbindung die vom Verbindungsstück weglaufenden Wellen untersuchen. Die erste Aufgabe ist bei weitem schwieriger. Glücklicherweise ist in der Praxis jedoch die zweite Aufgabe die nützlichere. In diesem Fall führt man die Analyse gewöhnlich mit Hilfe der Streumatrix $\boldsymbol{S}$ aus, die sich in der folgenden Weise ergibt. Wenn die Wellenleiterverbindung n Arme besitzt und die Amplituden a_n der in den einzelnen Armen $(n = 1, 0, \ldots, N)$ einfallenden Wellen als die Komponenten eines Vektors $\boldsymbol{A}$ betrachtet werden, dann bilden die Amplituden b_n der in diesen Armen auslaufenden Wellen einen Vektor $\boldsymbol{B}$, der durch

$$\boldsymbol{B} = \boldsymbol{S}\boldsymbol{A}$$

gegeben ist, wobei $\boldsymbol{S}$ eine konstante $N \times N$-Matrix ist, die also unabhängig von a_n, b_n und der Zeit ist. Daß dies möglich ist, ist eine Folge der Linearität der MAXWELLschen Gleichung. $\boldsymbol{S}$ heißt die *Streumatrix* der Wellenleiterverbindung. Die Matrix ist symmetrisch ($S_{ij} = S_{ji}$), und für eine verlustfreie Verbindung ist sie auch unitär $\left((S^{-1})_{ij} = S_{ji}\right)$. Es ist hier nicht der Platz für eine detaillierte Betrachtung dessen, wie die Natur der Welle in einem einzelnen Wellenleiter von der Form des Wellenleiters und den Randbedingungen abhängt. Der interessierte Leser wende sich an LAMONT (1942).

Wenn eine Wellenleiterverbindung eine gewisse Symmetrie aufweist, so kann man die Gruppe der Symmetrieoperationen dazu verwenden, die Form der Streumatrix $\boldsymbol{S}$ zu vereinfachen. Besondere Aufmerksamkeit widmet diesem Punkt Kapitel 12 von MONTGOMERY, DICKE und PURCELL (1948). $\boldsymbol{S}$ kann als Tensor vom Range 2 aufgefaßt werden, der die zwei Vektoren $\boldsymbol{A}$ und $\boldsymbol{B}$ in Beziehung setzt. Es besteht daher eine direkte Analogie zum Leitfähigkeitstensor im letzten Abschnitt, wobei der Unterschied möglich ist, daß die Dimension der Vektoren $\boldsymbol{A}$ und $\boldsymbol{B}$ nicht notwendig drei, sondern gleich der Anzahl der Verbindungsarme ist. $\boldsymbol{S}$ ist daher eine physikalische Beobachtungsgröße. Auf Grund des NEUMANNschen Prinzips muß $\boldsymbol{S}$ daher unter allen Symmetrieoperationen der Wellenleiterverbindung invariant sein. Übernimmt man das Ergebnis aus Abschnitt 8.4, dann hat man analog zu

$$\sigma'_{lm} = \sum_p \sum_q R_{lp} R_{mq} \sigma_{pq} = \sigma_{lm}$$

die Beziehung

$$S'_{lm} = \sum_p \sum_q R_{lp} R_{mq} S_{pq} = S_{lm},$$

wobei $\boldsymbol{R}$ die Matrix bedeutet, die einem Element der Gruppe der Symmetrieoperationen der Verbindung entspricht. Auf diese Weise lassen sich daher die Beziehungen zwischen den Elementen von $\boldsymbol{S}$ bestimmen, die auf Grund der Symmetrie der Verbindung bestehen müssen.

Als Beispiel könnten wir eine Wellenleiterverbindung mit tetragonaler Symmetrie wählen, wie sie in Abb. 61 dargestellt ist, wobei alle Arme aus rechteckigen Wellenleitern mit demselben Querschnitt bestehen, die sich im rechten Winkel treffen. Diese Verbindung besitzt die volle

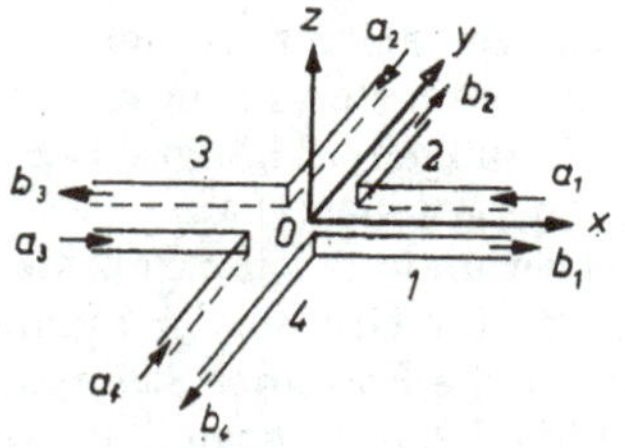

Abb. 61

tetraedrische Symmetrie der Punktgruppe $4/mmm(D_{4h})$. Und es ist möglich, die Streumatrix $\boldsymbol{S}$ anzuschreiben,

$$\boldsymbol{B} = \boldsymbol{S}\boldsymbol{A}$$

oder

$$\begin{pmatrix} b_1 \\ b_2 \\ b_3 \\ b_4 \end{pmatrix} = \begin{pmatrix} S_{11} & S_{12} & S_{13} & S_{14} \\ S_{21} & S_{22} & S_{23} & S_{24} \\ S_{31} & S_{32} & S_{33} & S_{34} \\ S_{41} & S_{42} & S_{43} & S_{44} \end{pmatrix} \begin{pmatrix} a_1 \\ a_2 \\ a_3 \\ a_4 \end{pmatrix}.$$

Wir können daher in derselben Weise wie im letzten Abschnitt vorgehen und die Matrizen $\boldsymbol{R}$ ausfindig machen, welche die Wirkung der Symmetrieoperationen auf das System der vier Wellenleiter wiedergeben. Diese verwenden wir hierauf in der Beziehung

$$S'_{lm} = \sum_p \sum_q R_{lp} R_{mq} S_{pq} = S_{lm},$$

d. h. in

$$\boldsymbol{S}' = \boldsymbol{R}\boldsymbol{S}\boldsymbol{R}^{-1} = \boldsymbol{S},$$

und bestimmen dadurch die Relationen, die zwischen den Elementen von $\boldsymbol{S}$ bestehen müssen, wodurch wir die einfachste Form von $\boldsymbol{S}$ erhalten. Man braucht daher nur die erzeugenden Elemente $\boldsymbol{R}$ der Gruppe zu verwenden und nicht alle Elemente der Punktgruppe der Verbindung. Die erzeugenden Elemente der Punktgruppe $4/mmm(D_{4h})$ der Verbindung in Abb. 61 sind C_{4z}^+, C_{2x} (und I, was uns nichts Neues bietet). C_{4z}^+ führt den Arm 1 in eine Lage über, die vorher von Arm 2 eingenommen wurde, Arm 2 in eine Lage, die vorher von Arm 3 eingenommen wurde usw., so daß

$$C_{4z}^+ \begin{pmatrix} 1 \\ 2 \\ 3 \\ 4 \end{pmatrix} = \begin{pmatrix} 4 \\ 1 \\ 2 \\ 3 \end{pmatrix} = \begin{pmatrix} 0 & 0 & 0 & 1 \\ 1 & 0 & 0 & 0 \\ 0 & 1 & 0 & 0 \\ 0 & 0 & 1 & 0 \end{pmatrix} \begin{pmatrix} 1 \\ 2 \\ 3 \\ 4 \end{pmatrix},$$

d. h.

$$\boldsymbol{R} = \begin{pmatrix} 0 & 0 & 0 & 1 \\ 1 & 0 & 0 & 0 \\ 0 & 1 & 0 & 0 \\ 0 & 0 & 1 & 0 \end{pmatrix}.$$

Ähnlich gilt für C_{2x}

$$\boldsymbol{R} = \begin{pmatrix} 1 & 0 & 0 & 0 \\ 0 & 0 & 0 & 1 \\ 0 & 0 & 1 & 0 \\ 0 & 1 & 0 & 0 \end{pmatrix}.$$

Wir überlassen es dem Leser als Übung zu zeigen, daß unter Verwendung dieses Ergebnisses in $\boldsymbol{S}' = \boldsymbol{R}\boldsymbol{S}\boldsymbol{R}^{-1} = \boldsymbol{S}$ die Matrix $\boldsymbol{S}$ sich auf

$$\begin{pmatrix} S_{11} & S_{12} & S_{13} & S_{12} \\ S_{12} & S_{11} & S_{12} & S_{13} \\ S_{13} & S_{12} & S_{11} & S_{12} \\ S_{12} & S_{13} & S_{12} & S_{11} \end{pmatrix}$$

vereinfacht, oder kurz auf

$$\begin{pmatrix} a & b & c & b \\ b & a & b & c \\ c & b & a & b \\ b & c & b & a \end{pmatrix}.$$

8.6. Campanologische Gruppen

Eine interessante Anwendung der Permutationsgruppe bietet das Problem des Glockenläutens. Die dabei vorkommenden Gruppen tragen den Namen *campanologische Gruppen*. Eine Reihe von, sagen wir, sechs Kirchenglocken werden in einer gewissen Reihenfolge angeläutet, sagen wir in der Reihenfolge 123456. Hierauf läutet man sie wieder an, diesmal jedoch in einer verschiedenen Reihenfolge und mit der Einschränkung (die vermutlich auf humanitäre Überlegungen zurückgeht), daß keine Glocke in der Folge um mehr als eine Position verschoben werden darf. Für die zweite Folge sind somit die Folgen

213456

132465

und 124365

gestattet, aber zum Beispiel nicht

142365

und auch nicht 215643,

da die unterstrichenen Glockennummern um mehr als einen Platz aus der Ausgangslage verschoben wurden. Jede Folge der Glocken heißt ein „Wechsel". Die bei einem Wechsel auftretenden Operationen sind dann natürlich einige, aber nicht alle Operationen der Permutationsgruppe S(6) von sechs identischen Objekten. Für eine weitere Diskussion dieses Gegenstandes sei der Leser auf die Arbeit von Fletcher (1956) verwiesen.

Übungen

1. Man gebe für jede der zwölf Operationen der Punktgruppe $23(T)$ die EULERschen Winkel an und berechne hierauf die Matrizen der zweiwertigen Darstellung $\boldsymbol{D}^{1/2}\{\alpha\beta\gamma\}$. Man bestimme die Ordnung von $\boldsymbol{D}^{1/2}(C_{31}^{+})$ und $\boldsymbol{D}^{1/2}(C_{2x})$ und kommentiere die erhaltenen Werte.

2. Unter Verwendung der in der Arbeit von OPECHOWSKI (1940) (siehe Teil 2 dieses Buches) angegebenen Methode leite man die zweiwertigen Darstellungen der folgenden Punktgruppen her:

(a) $222\,(D_2)$, (b) $422\,(D_4)$, (c) $23\,(\boldsymbol{T})$.

3. Durch Beschränkung der Darstellung $\boldsymbol{D}^{l}\{\alpha\beta\gamma\}$ (l ganzzahlig) der vollen Rotationsgruppe auf die Elemente einer Punktgruppe erhält man eine oder mehrere irreduzible Darstellungen der Punktgruppe, die im Anhang angegeben sind. Man diskutiere, ob dasselbe auch zutrifft, wenn l halbzahlig ist.

4. Unter Verwendung der in Abschnitt 2.8 gegebenen Methode leite man die Spurentafel der Gruppe ab, deren Multiplikationstafel durch Tabelle 26 gegeben ist. Man diskutiere dieses Problem auch auf dem von OPECHOWSKI (1940) angegebenen Wege.

5. Die Punktgruppe des regulären Oktaeders ist $m3m(O_h)$. Man schreibe alle Elemente dieser Gruppe an und gebe bei jedem an, ob es in der in Abb. 62 gezeigten schwarzweißen Punktgruppe des Oktaeders gefärbt ist oder nicht.

6. Unter Verwendung der Bezeichnungsweise in Abschnitt 3.2 und nicht der von TAVGER und ZAITSEV (1956) schreibe man die Elemente aller fünf aus $4/mmm(D_{4h})$ ableitbaren magnetischen Punktgruppen an.

7. Aus den gewöhnlichen BRAVAIS-Gittern lassen sich auch schwarzweiße BRAVAIS-Gitter ableiten. Ein Beispiel

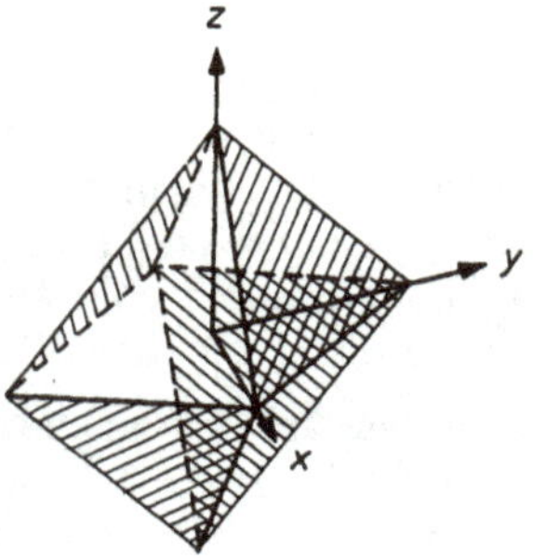

Abb. 62

dafür, das vom einfachen kubischen Gitter abgeleitet wurde, ist in Abb. 56 (b) dargestellt. In mathematischer Ausdrucksweise läßt sich sagen, wenn $\boldsymbol{t}_0$ den Vektor $\boldsymbol{OP}$ bedeutet, dann ist $\boldsymbol{R}\{E \mid \boldsymbol{t}_0\}$ eine Symmetrieoperation des schwarzweißen BRAVAIS-Gitters und $(\boldsymbol{R}\{E \mid \boldsymbol{t}_0\})^2$, d. h. $\{E \mid 2\boldsymbol{t}_0\}$ ist eine Symmetrieoperation des gewöhnlichen Gitters. Man zeige, daß man sich vom flächenzentrierten kubischen Gitter ein schwarzweißes BRAVAIS-Gitter ableiten kann, vom körperzentrierten jedoch nicht.

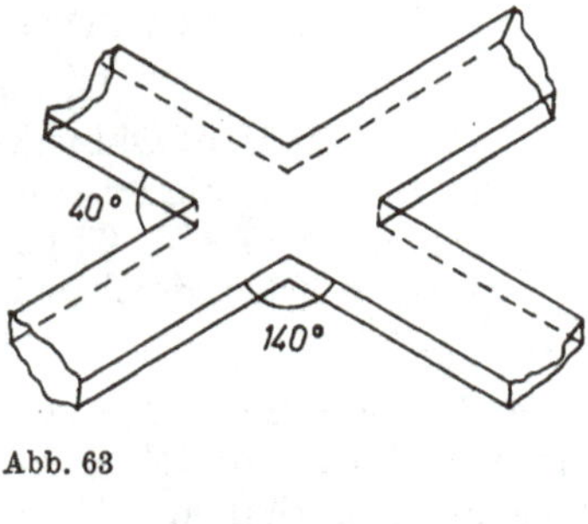

Abb. 63

8. Man zeige, daß die Streumatrix für die in Abb. 63 dargestellte Wellenleiterverbindung mit einer vertikalen zweizähligen Achse und zwei vertikalen Reflexionsebenen

(Punktgruppe $2mm(C_{2v})$) die Form

$$\begin{bmatrix} a & b & c & d \\ b & a & d & c \\ c & d & a & b \\ d & c & b & a \end{bmatrix}$$

hat.

9. Man zeige, daß für einen beliebigen rhombischen Kristall der Leitfähigkeitstensor Diagonalform besitzt, daß aber alle drei Diagonalelemente verschieden sind.

Literatur

Kurze Kapitel über Gruppentheorie findet man bei STEPHENSON (1961), MARGENAU und MURPHY (1965) und bei MATHEWS und WALKER (1964). In keinem der genannten Werke wird jedoch näher auf die Gruppentheorie eingegangen.

Teil I von COTTON (1963) gibt eine sehr gute und verständliche Übersicht über die Gruppentheorie, während der ebenfalls ausgezeichnete Teil II nur die für Chemiker interessanten Anwendungen enthält, d. h. die Anwendungen auf die elektronischen Eigenschaften und die Schwingungseigenschaften von Molekülen. Das Buch ist für Chemiker im ersten Studienabschnitt geeignet, ebenso wie das Buch von JAFFÉ und ORCHIN (1965).

Zwei Bücher, die relativ leicht verständlich sind, die sich jedoch nur mit den Anwendungen der Gruppentheorie in der Festkörperphysik befassen, sind die von MARIOT (1962) und von KNOX und GOLD (1964). Letzteres enthält eine gute Auswahl von Nachdrucken.

Es gibt eine Reihe von guten Büchern über die Anwendungen der Gruppentheorie in der Physik, die für Fortgeschrittene geeignet sind. In der Tat kann man beinahe sagen, daß auf diesem Niveau auf diesem Gebiet eine Übersättigung an guten Büchern eingetreten ist. Geordnet nach abnehmendem Interesse für Physiker und steigendem Interesse für Mathematiker gehören dazu die Bücher von HEINE (1960), TINKHAM (1964), MCWEENY (1963), HIGMAN (1955), MEIJER und BAUER (1962), HAMERMESH (1962), LYUBARSKII (1960), WIGNER (1959), LITTLEWOOD (1940) und LOMONT (1959).

Zu den Büchern, die sich nur mit den mathematischen

Aspekten der Gruppentheorie befassen, gehört BURNSIDE (1911), das für den Durchschnittsphysiker nicht allzu schwer ist (vielleicht deshalb, weil es aus einer Zeit stammt, in der die Mathematiker noch nicht begonnen hatten, die Dinge so viel als möglich zu verschleiern). Kapitel über die mathematischen Aspekte der Gruppentheorie findet man bei ALTMANN (1962) und MESSIAH (1962). Geeignet für Mathematiker, die sich nur für Darstellungstheorie interessieren, sind BOERNER (1962) und CURTIS und REINER (1962).

Es existieren darüber hinaus gewisse Bücher, die eine gute Behandlung spezieller Gruppen bieten, die aus deren Titel hervorgehen, zum Beispiel EDMONDS (1957), GEL'-FAND, MINLOS und SHAPIRO (1963), LIPKIN (1965), ROWLATT (1966), MURNAGHAN (1962), KOSTER, DIMMOCK, WHEELER und STATZ (1963), BUERGER (1965) und SHUBNIKOV und BELOV (1964). Die beiden letzten bieten einen guten deskriptiven Überblick und eine Zusammenfassung aller kristallographischen Gruppen und der magnetischen Gruppen.

Schließlich existieren vielseitige interessante Bücher über Symmetrien von EHRENFEUCHT (1964) und FEJES TÓTH (1964). Ein Buch über Gruppentheorie, aufgefaßt als Teil der „modernen Mathematik", von PAPY (1964) ist für den Schulunterricht geeignet. Keines dieser drei Bücher hat besondere Beziehungen zu den Anwendungen der Gruppentheorie.

Literatur

ALTMANN, S. L., Quantum Theory, Bd. 2, Kap. 2, Hrsg. D. R. BATES, Academic Press, New York 1962.

BARNES, V. E. u. a.[1]), Phys. Rev. Lett. 12, 204 (1964).

BELOV, N. V., NERONOVA, N. N. and SMIRNOVA, T. S., Trudy Inst. Kristall. 11, 33 (1955).

BERGMANN, P. G., Introduction to the Theory of Realitivity. Prentice-Hall, Englewood Cliffs 1942.

---

[1]) Diese Arbeit hat die überraschend hohe Anzahl von dreiunddreißig Autoren; sie sind hier nicht alle aufgeführt.

BETHE, H. A.[1]), Annln. Phys. **3**, 133 (1929).

BHAGAVANTAM, S., Crystal Symmetry and Physical Properties, Academic Press, London 1966.

BIRSS, R. R., Rep. Prog. Phys. **26**, 307 (1963).

BIRSS, R. R., Symmetry and Magnetism. North-Holland, Amsterdam 1964.

BLATT, J. M. and WEISSKOPF, V. F., Theoretical Nuclear Physics. Wiley, New York 1952.

BOERNER, H., Representations of Groups. North-Holland, Amsterdam 1963.

BOUCKAERT, L. P., SMOLUCHOWSKI, R. and WIGNER, E.[1]), Phys. Rev. **50**, 58 (1936).

BRAVAIS, A., J. Math. Pures Appl. **14**, 141 (1849).

BRINK, D. M., Nuclear Forces. Pergamon, Oxford 1965.

BUERGER, M. J., Elementary Crystallography. Wiley, New York 1956.

BURNSIDE, W., Theory of Groups of Finite Order. University Press, Cambridge (1911) (Neuauflage (1955) by Dover Books, New York.)

CALLAWAY, J., Energy Band Theory. Academic Press, New York 1964.

CHEW, G. T., GELL-MANN, M. and ROSENFELD, A. H., Scient. Am. Feb. 1964, p. 74.

CORSON, E. M., Introduction to Tensors, Spinors, and Relativistic Wave-Equations. Blackie, London 1953.

COTTON, F. A., Chemical Applications of Group Theory. Wiley, New York 1963.

COULSON, C. A., Valence. University Press, Oxford 1952.

CRACKNELL, A. P., Prog. Theor. Phys., Kyoto **33**, 812 (1965).

CURTIS, C. W. and REINER, I., Representation Theory of Finite Groups and Associative Algebras. Wiley, New York 1962.

DAVYDOV, A. S., Quantum Mechanics. Pergamon, Oxford 1965.

DUNN, T. M., MCCLURE, D. S. and PEARSON, R. G., Some Aspects of Crystal Field Theory. Harper & Row, New York 1965.

ECKART, C., Rev. Mod. Phys. **2**, 305 (1930).

EDMONDS, A. R., Angular Momentum in Quantum Mechanics. University Press, Princeton 1957.

EHRENFEUCHT, A., The Cube Made Interesting. Pergamon, Oxford 1964.

---

[1]) Enthalten in Teil II dieses Buches.

EYRING, H., WALTER, J. and KIMBALL, G. E., Quantum Chemistry. Wiley, New York 1944.

FEJES TÓTH, L., Regular Figures. Pergamon, Oxford 1964.

FLETCHER, T. J., Am. Math. Mon. **63**, 619 (1956).

GEL'FAND, I. M., MINLOS, R. A. and SHAPIRO, Z. YA., Representations of the Rotation and Lorentz Groups and their Applications. Pergamon, Oxford 1963.

GELL-MANN, M., Phys. Lett. **8**, 214 (1964).

GELL-MANN, M. and NE'EMAN, Y., The Eightfold Way. Benjamin, New York 1964.

GOLDSTEIN, H., Classical Mechanics. Addison-Wesley, Reading, Mass. 1950.

GUCCIONE, R., Phys. Lett. **5**, 105 (1963).

HAMERMESH, M., Group Theory and its Application to Physical Problems. Addison-Wesley, Reading, Mass. 1962.

HARTREE, D. R., The Calculation of Atomic Structures. Wiley, New York 1957.

HAÜY, R. J., J. des Mines **37**, 215, 347; **38**, 5, 161 (1815).

HEADING, J., Matrix Theory for Physicists. Longmans, London 1958.

HEESCH, H., Z. Kristallogr. **73**, 325 (1930).

HEINE, V., Group Theory in Quantum Mechanics. Pergamon, Oxford 1960.

HERRING, C., J. Franklin Inst. **233**, 525 (1942).

HERZFELD, C. M. and MEIJER, P. H. E., Solid St. Phys. **12**, 1 (1961).

HIGMAN, B., Applied Group-Theoretic and Matrix Methods. University Press, Oxford 1955.

INTERNATIONAL UNION OF CRYSTALLOGRAPHY, International Tables for X-ray Crystallography. Kynoch, Birmingham 1952.

JAFFÉ, H. H. and ORCHIN, M., Symmetry in Chemistry. Wiley, New York 1965.

JAHN, H. A., Proc. Roy. Soc. A **164**, 117 (1938).

JAHN, H. A. and TELLER, E.[1]), Proc. Roy. Soc. A **161**, 220 (1937).

JOHNSTON, D. F., Rep. Prog. Phys. **23**, 66 (1960).

JONES, H., The Theory of Brillouin Zones and Electronic States in Crystals. North-Holland, Amsterdam 1960.

JUDD, B. R., Operator Techniques in Atomic Spectroscopy. McGraw-Hill, New York 1963.

[1]) Enthalten in Teil II dieses Buches.

KITTEL, C., Introduction to Solid State Physics. Wiley, New York 1953.

KNOX, R. S. and GOLD, A., Symmetry in the Solid State. Benjamin, New York 1964.

KOSTER, G. F., Solid St. Phys. **5**, 173 (1957).

KOSTER, G. F., DIMMOCK, J. O., WHEELER, R. G. and STATZ, H., Properties of the Thirty-two Point Groups. M.I.T. Press, Cambridge, Mass. 1963.

KRAMERS, H. A., Proc. Acad. Sci. Amsterdam **33**, 959 (1930).

LAMONT, H. R. L., Wave Guides. Methuen, London 1942.

LIPKIN, H. J., Lie Groups for Pedestrians. North-Holland, Amsterdam 1965.

LITTLEWOOD, D. E., The Theory of Group Characters and Matrix Representations of Groups. University Press, Oxford 1940.

LOMONT, J. S., Applications of Finite Groups. Academic Press, New York 1959.

LOUDON, R., Adv. Phys. **13**, 423 (1964).

LYUBARSKII, G. YA., The Application of Group Theory in Physics. Pergamon, Oxford 1960.

MARGENAU, H. and MURPHY, G. M., The Mathematics of Physics and Chemistry, 2. Aufl. Van Nostrand, New York 1956.

MARIOT, L., Group Theory and Solid State Physics. Prentice Hall, Englewood Cliffs 1962.

MATHEWS, J. and WALKER, R. L., Mathematical Methods of Physics. Benjamin, New York 1964.

McWEENY, R., Symmetry: An Introduction to Group Theory and its Applications. Pergamon, Oxford 1963.

MEIJER, P. H. E. and BAUER, E., Group Theory: The Application to Quantum Mechanics. North-Holland, Amsterdam 1962.

MESSIAH, A., Quantum Mechanics, Bd. II. North-Holland, Amsterdam 1962.

MITRA, S. S., Solid St. Phys. **13**, 1 (1962).

MONTGOMERY, C. G., DICKE, R. H. and PURCELL, E. M., Principles of Microwave Circuits. McGraw-Hill, New York 1948.

MURNAGHAN, F. D., The Unitary and Rotation Groups. Spartan, Washington, D.C. 1962.

NYE, J. F., Physical Properties of Crystals. University Press, Oxford 1957.

OPECHOWSKI, W.,[1]) Physica, Eindhoven **7**, 552 (1940).

OPECHOWSKI, W. and GUCCIONE, R., Magnetism, Bd. II A,

---

[1]) Enthalten in Teil II dieses Buches.

Kap. 3, Hrsg. G. T. RADO and H. SUHL. Academic Press, New York 1965.

PAPY, G., Groups. Macmillan, London 1964.

PHILLIPS, F. C., An Introduction to Crystallography. Longmans, London 1963.

RICHTMYER, F. K., KENNARD, E. H. and LAURITSEN, T., Introduction to Modern Physics. McGraw-Hill, New York 1955.

ROSENTHAL, J. E. and MURPHY, G. M., Rev. Mod. Phys. **8**, 317 (1936).

ROWLATT, P. A., Group Theory and Elementary Particles. Longmans, London 1966.

SCHIFF, L. I., Quantum Mechanics. McGraw-Hill, New York 1955.

SEITZ, F.[1]), Ann. Math. **37**, 17 (1936).

SHUBNIKOV, A. V., Symmetry and Antisymmetry of Finite Figures. Moscow 1951 (In Russ.; Engl. Übersetzung in: SHUBNIKOV und BELOV, 1964.)

SHUBNIKOV, A. V. and BELOV, N. V., Colored Symmetry. Pergamon, Oxford 1964.

SNEDDON, I. N., Special Functions of Mathematical Physics and Chemistry. Oliver & Boyd, Edinburgh 1956.

SOKOLNIKOFF, I. S. and REDHEFFER, R. M., Mathematics of Physics and Modern Engineering. McGraw-Hill, New York 1958.

STEPHENSON, G., Mathematical Methods for Science Students. Longmans, London 1961.

SYMON, K. R., Mechanics. Addison-Wesley, Reading, Mass. 1960.

TAVGER, B. A. and ZAITSEV, V. M.,[1]) Soviet Phys. JETP **3**, 430 (1956).

TEMPLE, G., Cartesian Tensors. Methuen, London 1960.

TINKHAM, M., Group Theory and Quantum Mechanics. McGraw-Hill, New York 1964.

WEISS, R. J., Solid State Physics for Metallurgists. Pergamon, Oxford 1963.

WIGNER, E. P.,[1]) Nachr. Ges. Wiss. Göttingen 133 (1930).

WIGNER, E. P.,[1]) Phys. Rev. **51**, 106 (1937).

WIGNER, E. P., Group Theory and its Application to the Quantum Mechanics of Atomic Spectra. Academic Press, New York 1959.

WILSON, E. B.,[1]) J. Chem. Phys. **2**, 432 (1934).

WILSON, E. B., DECIUS, J. C. and CROSS, P. C., Molecular Vibrations. McGraw-Hill, New York 1955.

ZAMORZAEV, A. M., Generalization of the Space Groups. Dissertation, Leningrad University 1953 (in Russ.).

ZIMAN, J. M., Electrons and Phonons. University Press, Oxford 1960.

[1]) Enthalten in Teil II dieses Buches.

Teil II

1. Über die elastischen Eigenschwingungen symmetrischer Systeme*)

E. WIGNER**)

1. Bekanntlich kann man in der Quantenmechanik die Symmetrieeigenschaften eines Systems zur Bestimmung seiner Bewegungstypen nutzbar machen. Durch die Angabe „die Energie[1]) ist E“ ist eine endliche Mannigfaltigkeit von Zuständen in drehungsinvarianter Weise charakterisiert. So etwas ist in der klassischen Mechanik im allgemeinen nicht möglich, weil die Anfangsbedingungen eine zu große Rolle spielen.

Eine Ausnahme hiervon bilden die elastischen Schwingungen eines Punktsystems um seine Gleichgewichtskonfiguration. Die Bewegungsgleichungen sind in diesem Falle linear (d. h. die Superposition zweier möglicher Schwingungen ist wieder eine mögliche Schwingung), so daß die Verhältnisse ganz analog zu denen der Quantenmechanik sind. Es ist daher zu erwarten, daß man mit denselben Mitteln, die man dort gebrauchen kann, auch hier zum Ziele kommt.

Die Frage der elastischen Schwingungen symmetrischer Gebilde, die wir hier untersuchen wollen, bildet auch den Gegenstand einer älteren Arbeit von BRESTER[2]), der sie

---

*) Nachr. Ges. Wiss. Göttingen, Math. Phys. Klasse, **133** (1930).

**) Anstelle von Normalschwingungen spricht WIGNER von Eigenschwingungen. Gemeint ist dasselbe. Auch sonst ist in den folgenden Arbeiten des Teiles II die Terminologie uneinheitlich, da in deutscher Sprache vorliegende Originalarbeiten nicht rückübersetzt wurden (Anm. d. Übers.).

[1]) Wenn E eine Stelle des diskreten Spektrums mit nur endlich vielen Eigenfunktionen ist.

[2]) C. J. BRESTER, Diss. Utrecht 1923, angefertigt im Göttinger Institut für theor. Physik. S. 8–90. Einen speziellen Fall behandelt auch D. M. DENNISON, Astroph. Journ. **62**, 87, 1925, den der Schwingungen eines CH_4-Moleküls, den wir als Beispiel gebrauchen werden.

mit ganz elementaren Hilfsmitteln vollständig gelöst hat. Wenn hier diese Aufgabe noch einmal behandelt wird, so sei das damit entschuldigt, daß die eingangs erwähnten gruppentheoretischen Mittel ihr ganz besonders angepaßt erscheinen und daß man mit ihrer Hilfe auch zu einer besseren Übersicht der BRESTERschen Theorie gelangt.

Wir betrachten im folgenden die Schwingungen eines Systems von n Punkten, die durch elastische Kräfte aneinandergebunden sind.[1]) Der Schwerpunkt des Systems befinde sich im Nullpunkt des Koordinatensystems; in der Ruhelage seien die Koordinaten der Atome die Komponenten der Vektoren[2]) $\boldsymbol{r}_1, \boldsymbol{r}_2, \ldots, \boldsymbol{r}_n$, während die Verrückungen aus den Gleichgewichtslagen durch die Vektoren $\boldsymbol{s}_1, \boldsymbol{s}_2, \ldots, \boldsymbol{s}_n$ gegeben sind, die Koordinaten der Teilchen die Komponenten von $\boldsymbol{r}_1 + \boldsymbol{s}_1, \boldsymbol{r}_2 + \boldsymbol{s}_2, \ldots, \boldsymbol{r}_n + \boldsymbol{s}_n$ sind. Die $\boldsymbol{s}_k$ hängen noch von der Zeit ab, aber sie sind immer klein gegen die $\boldsymbol{r}_k$, für die Eigenschwingungen ist die Zeitabhängigkeit der $\boldsymbol{s}_k$ durch einen Faktor $\sin p(t - t_0)$ gegeben. Die n Vektoren $\boldsymbol{s}_1, \boldsymbol{s}_2, \ldots, \boldsymbol{s}_n$, einer Verrückung kann man auch zu einem $3n$-dimensionalen Vektor $\boldsymbol{s}$ zusammenfassen.

Das ganze System soll eine Symmetrie haben, d. h. es soll eine Gruppe $\boldsymbol{G}$ von dreidimensionalen Drehungen[3]) $(R_{\alpha\beta})$ existieren, die die Gleichgewichtskonfiguration in sich überführt. Es gilt also für jede Transformation R der Gruppe und alle k und α.

$$\sum_{\beta=1}^{3} R_{\alpha\beta} \boldsymbol{r}_{k\beta} = \boldsymbol{r}_{l\alpha} \quad \text{oder einfach} \quad R\boldsymbol{r}_k = \boldsymbol{r}_l, \tag{1}$$

---

[1]) Man denke etwa an ein CH_4-Molekül, wobei die Atome durch Punkte idealisiert sind.

[2]) Die Vektoren $\boldsymbol{r}$ sind hierdurch noch nicht eindeutig bestimmt, weil eine Drehung des ganzen Systems noch frei ist. Im folgenden denken wir sie irgendwie willkürlich festgelegt (etwa $\boldsymbol{r}_1$ liege in der Z-Achse, $\boldsymbol{r}_2$ in der ZY-Ebene).

[3]) Die Indizes α, β beziehen sich immer auf die Koordinatenachsen $X_1 = X$, $X_2 = Y$, $X_3 = Z$ und werden zur Kennzeichnung der Komponenten eines Vektors als untere Indizes angefügt.

wobei noch das k-te und das l-te Teilchen gleichartig (z. B. beide Wasserstoffatome) sein müssen.[1]) Die Nummer l des Teilchens, auf dessen Platz das k-te Teilchen durch R gerückt wird, nennen wir $R(k)$, dann lautet (1)

$$\sum_{\beta=1}^{3} R_{\alpha\beta} \boldsymbol{r}_{k\beta} = \boldsymbol{r}_{R(k),\alpha}; \quad R\boldsymbol{r}_k = \boldsymbol{r}_{R(k)}. \tag{1a}$$

Eine Eigenschwingung (Normalschwingung) des Systems kann durch die n Vektoren $\mathbf{s}_1, \mathbf{s}_2, \ldots, \mathbf{s}_n$ beschrieben werden, die die Verrückung der Atome aus den Gleichgewichtslagen angeben, wenn die Amplitude der Schwingung eben im Maximum ist. Sind $\mathbf{s}_1, \mathbf{s}_2, \ldots, \mathbf{s}_n$ Amplituden einer Eigenschwingung und unterwirft man die durch sie gegebene Konfiguration des Systems einer Transformation R der Gruppe $\boldsymbol{G}$, so erhält man wieder die Konfiguration einer Eigenschwingung derselben Frequenz, weil man ja die relative Konfiguration der Teilchen gar nicht geändert hat. Die Koordinate des k-ten Punktes ist jetzt $R\boldsymbol{r}_k + R\mathbf{s}_k = \boldsymbol{r}_{R(k)} + R\mathbf{s}_k$, auch jetzt ist in der Nähe einer jeden Gleichgewichtslage ein Punkt.

Man kann daher eine mit dieser Konfiguration identische auch durch kleine Verrückungen der Punkte aus ihren Gleichgewichtslagen erzeugen: man muß hierzu das $l = R(k)$-te Teilchen um $R\mathbf{s}_k = R\mathbf{s}_{R^{-1}(l)}$ verschieben. **Die Verrückungen**

$$R\mathbf{s}_{R^{-1}(1)},\ R\mathbf{s}_{R^{-1}(2)},\ \ldots,\ R\mathbf{s}_{R^{-1}(n)},$$

$$\bar{R}\mathbf{s}_l = R\mathbf{s}_{R^{-1}(l)}; \quad \bar{R}\mathbf{s}_{l\alpha} = \sum_{\beta} R_{\alpha\beta} \mathbf{s}_{R^{-1}(l),\beta} \tag{2}$$

bilden das Amplitudensystem $\bar{R}\mathbf{s}$ einer Eigenschwingung, die die gleiche Frequenz wie die Eigenschwingung s hat. Die Operationen R ersetzen die „Drehungen" und „Vertauschungen von Elektronen" der Quantenmechanik.

---

[1]) Man bezeichnet in der Kristallographie Punkte, die durch Symmetrieelemente ineinander übergeführt werden, als „gleichwertig". Gleichwertige Punkte sind immer auch gleichartig, aber nicht notwendig umgekehrt.

Bezeichnet man die linear unabhängigen Eigenschwingungen einer bestimmten Frequenz mit $\mathbf{s}^{(1)}, \mathbf{s}^{(2)}, \ldots, \mathbf{s}^{(f)}$, so müssen die $\bar{R}\mathbf{s}^{(\varkappa)}$ durch diese linear ausdrückbar sein,

$$\bar{R}\mathbf{s}^{(\varkappa)} = \sum_{\lambda=1}^{f} D(R)_{\lambda\varkappa}\mathbf{s}^{(\lambda)}, \tag{3}$$

und man schließt ebenso wie in der Quantenmechanik durch Anwendung einer weiteren Operation $\bar{S}$, die einem Element S der Gruppe $\boldsymbol{G}$ zugeordnet ist,

$$\bar{S}\bar{R}\mathbf{s}^{(\varkappa)} = \sum_{\lambda=1}^{f} D(R)_{\lambda\varkappa}\bar{S}\mathbf{s}^{(\lambda)} = \sum_{\lambda=1}^{f}\sum_{\mu=1}^{f} D(R)_{\lambda\varkappa}D(S)_{\mu\lambda}\mathbf{s}^{(\mu)}$$
$$= \sum_{\mu=1}^{f} D(SR)_{\mu\varkappa}\mathbf{s}^{(\mu)},$$

daß die f-dimensionalen Matrizen $(D(R)_{\lambda\varkappa})$ eine Darstellung der Gruppe $\boldsymbol{G}$ bilden. Es wird auf diese Weise jeder Eigenfrequenz eine Darstellung zugeordnet. Man schließt weiter ebenso, wie in der Quantenmechanik, daß diese Darstellungen als irreduzibel angenommen werden können. **Es gibt also so viele Typen von Eigenschwingungen, als[1]) $\boldsymbol{G}$ irreduzible Darstellungen, d. h. Klassen hat, die Anzahl der linear unabhängigen Eigenschwingungen einer Frequenz ist durch die Dimension der zugehörigen Darstellungen gegeben.**

2. Es interessiert noch die Frage, zu wie vielen Frequenzen eine vorgegebene Darstellung gehört, wie viele Eigenfrequenzen eines bestimmten Typs existieren. Die analoge Frage konnte in der Quantenmechanik nicht auftreten, weil diese Zahlen dort alle unendlich waren.

---

[1]) Eigentlich kommen nur die in reellen irreduziblen Darstellungen in Frage, und die Eigenfrequenzen, zu denen eine komplexe Darstellung gehört, fallen immer mit einer Eigenfrequenz zusammen, zu der die konjugiert komplexe Darstellung gehört. Hierdurch kommen bei den Gruppen, bei denen die im Reellen irreduziblen Darstellungen nicht auch im Komplexen irreduzibel sind, sogenannte zufällige Entartungen zustande, die jedoch leicht zu übersehen und für das Folgende belanglos sind.

Es läßt sich bekanntlich jede Bewegung des Systems, bei der die Gleichgewichtslagen nicht verändert werden, aus Eigenschwingungen zusammensetzen. Zur Erzeugung jeder Bewegung muß man noch die drei Parallelverschiebungen in Richtung der drei Koordinatenachsen und die Drehungen um die drei Achsen hinzunehmen (es wird angenommen, daß die Punkte nicht alle auf einer Geraden liegen). Diese Verrückungen können auch als Eigenschwingungen aufgefaßt werden, nur sind ihre Frequenzen Null. Die zugehörige Darstellung ist im ersten Fall $D^{(v)}(R)$, die Darstellung polarer, im zweiten Fall $D^{(v')}(R)$, die Darstellung axialer Vektoren.

Bezeichnen wir das Amplitudensystem der Verrückung, bei der nur das k-te Teilchen seinen Platz und dieses nur in der X_α-Richtung um die Einheit verändert hat, mit $e^{(k\alpha)}$ (d. h. es sei $e^{(k\alpha)}_{l\beta} = \delta^{kl}\delta^{\alpha\beta}$). Man kann durch die $e^{(k\alpha)}$ alle Verrückungen linear ausdrücken:

$$\mathbf{s}^{(\varkappa)} = \sum_{k=1}^{n} \sum_{\alpha=1}^{3} \mathbf{s}^{(\varkappa)}_{k\alpha} e^{(k\alpha)}. \tag{4}$$

Umgekehrt kann man auch durch die $\mathbf{s}$ (wenn man auch die Verrückungsvektoren der Translation und Rotation hinzunimmt) die e ausdrücken (ihre Zahl ist also $3n$), die Koeffizienten seien[1])

$$e^{(k\alpha)} = \sum_{\substack{\varkappa \\ \text{Alle Eigen-} \\ \text{schwingungen}}} \mathbf{s}_{k\alpha;\varkappa} \mathbf{s}^{(\varkappa)}. \tag{4a}$$

Denken wir uns jetzt für einen Augenblick, daß wir die Amplitudensysteme aller $3n$ Eigenschwingungen kennen. Für die zur gleichen Frequenz gehörigen gilt (3), für das ganze System also

$$\bar{R}\,\mathbf{s}^{(\varkappa)} = \sum_{\lambda} \Delta(R)_{\lambda\varkappa} \mathbf{s}^{(\lambda)}, \tag{5}$$

---

[1]) Wegen der Orthogonalität der $\mathbf{s}$ ist in Wirklichkeit, wenn man die $\mathbf{s}$ normiert annimmt, $\mathbf{s}^{(\varkappa)}_{k\alpha} = \mathbf{s}_{k\alpha;\varkappa}$.

wo $\Delta(R)$ eine Darstellung der Gestalt

$$\Delta(R) = \begin{pmatrix} D^{(1)}(R) & 0 & \dots \\ 0 & D^{(2)}(R) & \dots \\ \dots & \dots & \dots \end{pmatrix} \tag{5a}$$

ist. In (5a) sind die $D^{(1)}(R)$, $D^{(2)}(R)$, ... die den einzelnen Frequenzen im Sinne von (3) zugeordneten Darstellungen. Wenn wir also wissen wollen, wie viele Frequenzen eine gewisse Darstellung gemeinsam haben, so müssen wir bestimmen, wie oft diese Darstellung in $\Delta(R)$ vorkommt.[1]) Hierzu genügt es bekanntlich, den Charakter von $\Delta(R)$, die Summe $\sum_\varkappa \Delta(R)_{\varkappa\varkappa}$, für alle R zu kennen. Diesen können wir folgendermaßen bestimmen.

Wenn wir in (5) mit Hilfe von (4), (4a) an Stelle der s die e einführen und $R e^{(k\alpha)}$ durch die $e^{(j\beta)}$ linear ausdrücken,

$$\bar{R} e^{(k\alpha)} = \sum_{j=1}^{n} \sum_{\beta=1}^{3} \bar{\Delta}(R)_{j\beta;k\alpha} e^{(j\beta)}, \tag{6}$$

so bilden die Koeffizienten wiederum eine Darstellung $\bar{\Delta}(R)$ der Gruppe G, die zu $\Delta(R)$ äquivalent ist und aus ihr durch Ähnlichkeitstransformation mit der $3n$-dimensionalen Matrix $s_{k\alpha;\varkappa}$ hervorgeht. Ihr Charakter $\chi(R) = \sum_{j\beta} \bar{\Delta}(R)_{j\beta;j\beta}$ ist also gleich dem von $\Delta(R)$, und es genügt, den ersteren zu bestimmen.

Nun ist $e^{(k\alpha)}$ die Verrückung, die das k-te Teilchen in der X_α-Richtung um 1 verschiebt, die anderen in der Gleichgewichtslage läßt, $\bar{R} e^{(k\alpha)}$ entsteht aus dieser Verrückung, indem man das ganze Punktsystem um R dreht. Dann ist jede Gleichgewichtslage besetzt, nur das $R(k)$-te, wo das k-te Teilchen hinkommt, nicht: dieses hat nach (2) die Verrückungskomponenten $R_{1\alpha}$, $R_{2\alpha}$, $R_{3\alpha}$. Es ist also

$$\bar{R} e^{(k\alpha)} = \sum_{\beta} R_{\alpha\beta} e^{(R^{-1}(k),\beta)} = \sum_{j\beta} \bar{\Delta}(R)_{j\beta;k\alpha} e^{(j\beta)}. \tag{7}$$

---

[1]) Siehe Abschnitt 5.1 und 5.2 in Teil I dieses Buches (A. P. C.).

Gleichung (7) bestimmt die Darstellung $\bar{\Delta}(R)$. Um noch ihren Charakter zu berechnen, müssen wir die Summe der Diagonalelemente bilden. Nun steht in der $k\alpha$-Spalte in der Hauptdiagonale sicher Null, wenn $k \neq R^{-1}(k)$ ist, in diesem Fall braucht man ja $e^{(k\alpha)}$ zum Ausdrücken von $\bar{R}e^{(k\alpha)}$ gar nicht. Ist dagegen $k = R^{-1}(k)$, so steht in $\Delta(R)$ in der k-Spalte in der Hauptdiagonale $R_{\alpha\alpha}$. Es ist daher

$$\bar{\Delta}(R)_{k\alpha;k\alpha} = \begin{matrix} 0 & \text{für } R(k) \neq k \\ R_{\alpha\alpha} & \text{für } R(k) = k \end{matrix} \tag{8}$$

und daher

$$\sum_{\alpha} \bar{\Delta}(R)_{k\alpha;k\alpha} = \begin{matrix} 0 & \text{für } R(k) \neq k \\ \sum_{\alpha} R_{\alpha\alpha} = \text{Spur}\,(R) & \text{für } R(k) = k. \end{matrix} \tag{8a}$$

Bezeichnen wir noch die Anzahl der Gleichgewichtslagen, die R unverändert läßt, mit u_R, so wird

$$\begin{aligned} \chi(R) &= \sum_{k} \sum_{\alpha} \bar{\Delta}(R)_{k\alpha;k\alpha} = u_R \,\text{Spur}\,(R) \\ &= \pm u_R(1 + 2\cos\varphi_R), \end{aligned} \tag{9}$$

wo Spur $(R) = \pm(1 + 2\cos\varphi_R)$ eingesetzt ist: φ_R ist der Drehwinkel von R, und es gilt das obere oder das untere Vorzeichen, je nachdem ob R eine reine Drehung oder eine Drehspiegelung ist. Aus (9) kann man den Charakter von $\chi(R)$ berechnen, es genügt natürlich, dies für je ein Element jeder Klasse zu tun.

Schreibt man $\chi(R)$ als Linearkombination der Charaktere $\chi^{(1)}(R), \chi^{(2)}(R), \ldots$ der verschiedenen irreduziblen Darstellungen von $\boldsymbol{G}$

$$\chi(R) = a_1'\chi^{(1)}(R) + a_2'\chi^{(2)}(R) + \cdots, \tag{10}$$

so geben die Koeffizienten $a_1', a_2', \ldots$ an (sie sind nichtnegative ganze Zahlen), wie viele Eigenfrequenzen des Problems zu den verschiedenen Darstellungen $D^{(1)}(R)$, $D^{(2)}(R), \ldots$ gehören. Die Zahlen $a_1', a_2', \ldots$ kann man auch mit Hilfe der expliziten Formeln

$$a'_p = \frac{1}{h} \sum_R \chi(R)\chi^{(p)}(R) \tag{11}$$

berechnen, wo die Summation über alle h Gruppenelemente von $\boldsymbol{G}$ zu erstrecken ist. Es ist indessen zu beachten, daß man auf diese Weise auch die beiden entarteten Schwingungen, die Translationen und Drehungen mitbekommt. Will man diese nicht haben, so muß man aus dem nach (9) bestimmten $\chi(R)$ die Charaktere dieser abziehen. Für die Translation ist dies der Charakter von $D^{(v)}(R)$, d. i. $\pm(1 + 2\cos\varphi_R)$, für die Drehungen der von $D^{(v')}(R)$, d. i. $+(1 + 2\cos\varphi_R)$. Im ganzen muß man also aus dem Charakter der reinen Drehungen $2(1 + 2\cos\varphi_R)$ abziehen, den der Dreispiegelungen unverändert lassen. Für die Anzahlen a der nichtentarteten Eigenfrequenzen der verschiedenen Typen erhält man

$$a_1\chi^{(1)}(R) + a_2\chi^{(2)}(R) + \cdots$$
$$= \Xi(R) = \begin{matrix} (u_R - 2)(1 + 2\cos\varphi_R) & R \text{ reine Drehung} \\ -u_R(1 + 2\cos\varphi_R) & R \text{ Drehspiegelung} \end{matrix} \tag{10a}$$

oder die explizite Formel[1])

$$a_p = \frac{1}{h} \sum_R \chi^{(p)}(R)\,\Xi(R)$$
$$= \frac{1}{h} \sum{}' (u_R - 2)(1 + 2\cos\varphi_R)\chi^{(p)}(R)$$
$$- \frac{1}{h} \sum{}'' u_R(1 + 2\cos\varphi_R)\chi^{(p)}(R), \tag{11a}$$

wo die erste Summation über die reinen Drehungen, die zweite über die Drehspiegelungen von $\boldsymbol{G}$ zu erstrecken

---

[1]) in der verbesserten Fassung nach Knox und Gold (1964).

ist. Dabei ist u_R die Anzahl der Teilchen, die durch R nicht verrückt werden, $\chi^{(p)}(R)$ der Charakter der irreduziblen Darstellung des betreffenden Typus. Die Anzahl der linear unabhängigen Eigenschwingungen, die zu einer Eigenschwingung eines bestimmten Typs gehören, ist die Dimension der zugehörigen Darstellung.

Die Charaktere der irreduziblen Darstellungen der meisten Symmetriegruppen hat H. BETHE[1]) bestimmt; da sie für verschiedene Probleme der Quantenmechanik wichtig sind, sind sie am Schlusse der Arbeit alle zusammengestellt.[2])

Die Symmetriegruppe des Methans ist die Tetraedergruppe T_d, sie besteht aus der Einheit E, vier dreizähligen Drehachsen C_3 (acht Gruppenelemente), drei zweizähligen C_2 (drei Elemente), sechs Spiegelebenen σ_d (sechs Elemente) und drei vierzähligen Drehspiegelachsen S_4 (sechs Elemente). Die Charaktere der fünf irreduziblen Darstellungen sind (die Gruppe ist der symmetrischen vierten Grades holomorph) in der Tab. 1 zusammengestellt.

Tabelle 1

	$E(1)$	$C_3(8)$	$C_2(3)$	$\sigma_d(6)$	$S_4(6)$
$\chi^{(1)}$	1	1	1	1	1
$\chi^{(2)}$	2	−1	2	0	0
$\chi^{(3)}$	3.	0	−1	1	−1
$\chi^{(4)}$	3	0	−1	−1	1
$\chi^{(5)}$	1	1	1	−1	−1

Um den Charakter von $\Delta(R)$ zu bestimmen, stellen wir in einer zweiten Tabelle die Anzahl u_R der unverändert gelassenen Atome, die Drehwinkel φ_R, die Größen $\pm(1 + 2\cos\varphi_R)$, die Charaktere $\chi(R)$, die die entarteten Schwingungen noch mitenthalten, und schließ-

[1]) Ann. d. Phys. (5) 3, 133, 1929 (Siehe Arbeit 4 in Teil II dieses Buches (A. P.C.).

[2]) vgl. den Anhang dieses Buches.

lich den Charakter $\Xi(R)$, wo diese schon abgezogen sind, zusammen.

Mit Hilfe von (10a) oder auch direkt nach (11a) ergibt sich

$$\Xi(R) = \chi^{(1)}(R) + \chi^{(2)}(R) + 2\chi^{(3)}(R).$$

Die Eigenschwingungen des Methans haben (außer den Nullfrequenzen) vier verschiedene Frequenzen, zu einer gehört eine, zu einer anderen zwei und zu den beiden letzten je drei Eigenschwingungen.

Tabelle 2

	E	$C_3(8)$	$C_2(3)$	$\sigma_d(6)$	$S_4(6)$
u_R	5	2	1	3	1
φ_R	0	$2\pi/3$	π	π	$\pi/4$
$\pm(1+2\cos\varphi_R)$	3	0	−1	1	−1
$\chi(R)$	15	0	−1	3	−1
$\Xi(R)$	9	0	1	3	−1

Den letzten Teil der Rechnung kann man sich ziemlich vereinfachen, indem man die Tabelle 2 nicht für das ganze System auf einmal, sondern für alle gleichwertigen Punkte separat aufstellt (also separat für das C-Atom und dann separat für die vier H-Atome). Dann muß man in allen Tabellen bei den $\chi(R)$ stehen bleiben und nur in einer die Charaktere der Translation und Drehung abziehen, d. h. zu den $\Xi(R)$ übergehen, diese Tabelle muß allerdings, damit diese Abziehung möglich sei, Punkte enthalten, die nicht auf einer Geraden liegen, während bisher dies nur von der Gesamtheit aller Punkte verlangt wurde. Die Vereinfachung liegt darin, daß man die einzelnen $\chi(R)$ bzw. das $\Xi(R)$ einfacher in eine Summe irreduzibler Charaktere zerlegen kann als die in der Tabelle 2 auftretende Summe dieser. Das gesamte a_p erhält man in diesem Fall durch Addition der aus den einzelnen Tabellen gewonnenen a_p.

3. Es ist noch leicht, die „aktiven" Eigenschwingungen zu bestimmen, deren Anregung mit einer Dipolstrahlung verbunden ist. Bezeichnen wir den Gesamtpolarisationsvektor mit $\boldsymbol{S}$

$$\boldsymbol{S}_\alpha^{(\varkappa)} = e_1 \mathbf{s}_{1\alpha}^{(\varkappa)} + e_2 \mathbf{s}_{2\alpha}^{(\varkappa)} + \cdots + e_n \mathbf{s}_{n\alpha}^{(\varkappa)}, \tag{12}$$

so berechnet sich aus (3)

$$\begin{aligned} \overline{R}\boldsymbol{S}_\alpha^{(\varkappa)} &= \sum_{\lambda=1}^{f} D(R)_{\lambda\varkappa} (e_1 \mathbf{s}_{1\alpha}^{(\lambda)} + e_2 \mathbf{s}_{2\alpha}^{(\lambda)} + \cdots + e_n \mathbf{s}_{n\alpha}^{(\lambda)}) \\ &= \sum_{\lambda=1}^{f} D(R)_{\lambda\varkappa} \boldsymbol{S}_\alpha^{(\lambda)}. \end{aligned} \tag{13}$$

Andererseits transformiert sich $\boldsymbol{S}$ offenbar wie ein Vektor

$$\overline{R}\boldsymbol{S}_\alpha^{(\varkappa)} = \sum_{\beta=1}^{3} R_{\alpha\beta} \boldsymbol{S}_\beta^{(\varkappa)}. \tag{13a}$$

Es ergibt sich

$$\sum_{\beta=1}^{3} R_{\alpha\beta} \boldsymbol{S}_\beta^{(\varkappa)} = \sum_{\lambda=1}^{f} D(R)_{\lambda\varkappa} \boldsymbol{S}_\alpha^{(\lambda)};$$

$$\boldsymbol{S}_\beta^{(\lambda)} = \sum_{\lambda} \sum_{\alpha} R_{\alpha\beta} D(R)_{\lambda\varkappa} \boldsymbol{S}_\alpha^{(\lambda)}. \tag{14}$$

Summiert man die rechte Seite über alle Gruppenelemente R von $\boldsymbol{G}$, so ergibt sich Null, wenn die Matrizen $(R_{\alpha\beta})$ als Darstellung von $\boldsymbol{G}$ die irreduzible Darstellung $D(R)$ der betreffenden Eigenfrequenz nicht enthalten.[1]) Die Be-

[1]) Die Höchstzahl der aktiven Eigenschwingungstypen ist also drei, diese müssen dann alle „unentartet" sein, d. h. zu einer Eigenfrequenz dieser Typen kann nur je eine Eigenschwingung gehören. Es können auch zwei Typen aktiv sein, zu den Eigenfrequenzen einer dieser Typen gehören dann je zwei Eigenschwingungen. Schließlich ist es möglich, daß nur ein dreifach entarteter Eigenschwingungstyp aktiv ist (wie im Falle der Tetraedersymmetrie). Dies folgt daraus, daß $(R_{\alpha\beta})$ entweder aus drei eindimensionalen oder aus einer ein und einer zweidimensionalen oder schließlich aus einer dreidimensionalen irreduziblen Darstellung von $\boldsymbol{G}$ bestehen kann.

dingung hierfür ist, daß

$$\sum_{\substack{\text{reine}\\\text{Drehungen}}}' (1 + 2\cos\varphi_R)\chi^{(p)}(R) - \sum_{\substack{\text{Dreh-}\\\text{spiegelungen}}}'' (1 + 2\cos\varphi_R)\chi^{(p)}(R) \tag{15}$$

verschwindet. In diesem Fall ist die Schwingung inaktiv, sonst aktiv.[1]) Im vorangehenden Beispiel sind nur die beiden dreifachen Eigenschwingungen aktiv.

In ähnlicher Weise kann man auch über das Vorhandensein oder Verschwinden höherer Momente Rechenschaft geben.

Zur expliziten Bestimmung der Amplitudensysteme der einzelnen Eigenschwingungen geht man am besten von einem Vergleich der Formeln (2) und (3) aus. Dies ergibt

$$\bar{R}\,\mathbf{s}_{l\alpha}^{(\varkappa)} = \sum_{\beta} R_{\alpha\beta}\mathbf{s}_{R^{-1}(l),\beta}^{(\varkappa)} = \sum_{\lambda} D(R)_{\varkappa\lambda}\mathbf{s}_{l\alpha}^{(\lambda)}, \tag{16}$$

woraus man

$$\mathbf{s}_{R^{-1}(l)\cdot\beta}^{(\varkappa)} = \sum_{\beta=1}^{3}\sum_{\lambda=1}^{f} R_{\alpha\beta}D(R)_{\varkappa\lambda}\mathbf{s}_{l\alpha}^{(\lambda)} \tag{17}$$

erhält. Dies ist eine Gleichung zwischen den Verrückungen lauter gleichwertiger Punkte, die in vielen Fällen die Eigenschwingungen schon ganz zu bestimmen gestattet. Sonst muß man noch die Bewegungsgleichungen zu Hilfe nehmen.

Um hierin an Stelle der Darstellungskoeffizienten $D(R)_{\lambda\varkappa}$ die Charaktere einzuführen, multipliziert man (16) mit dem Charakter $\chi^{(p')}(R)$ einer irreduziblen Darstellung von $\boldsymbol{G}$ und summiert über alle Gruppenelemente. Man erhält mit Hilfe der Orthogonalitätsrelationen der Dar-

---

[1]) Es ist zu beachten, daß die Tabellen 1 und 2 für je eine Klasse nur eine Spalte enthalten, deshalb muß man jedes Produkt so oft nehmen, als die betreffende Klasse Elemente hat. Zum Beispiel ist $\sum \chi^{(4)}(R)(1 + 2\cos\varphi_R) = 1.3.3 + 8.0.0 + 3. - 1. - 1. + 6. - 1.1 + 6.1. - 1 = 0$.

stellungskoeffizienten

$$\sum_R \sum_\beta \chi^{(p')}(R) R_{\alpha\beta} \mathbf{s}^{(\varkappa)}_{R^{-1}(l),\beta}$$
$$= \sum_R \sum_\lambda \chi^{(p')}(R) D^{(p)}(R)_{\lambda\varkappa} \mathbf{s}^{(\lambda)}_{l\alpha} = \frac{h}{f_p} \delta_{p'p} \mathbf{s}^{(\varkappa)}_{l\alpha}, \qquad (18)$$

also insbesondere Null, wenn $\chi^{(p')}(R)$ der Charakter einer von $D^{(p)}(R)$ verschiedenen Darstellung ist.

4. Die Eigenfrequenzen sind die Quadratwurzeln der Eigenwerte einer $3n$-dimensionalen symmetrischen Matrix $\boldsymbol{H}_{k\beta;l\alpha}$, die zugehörigen Eigenvektoren bilden das Amplitudensystem der entsprechenden Eigenschwingungen. Bezeichnen wir die zu der Darstellung $D^{(p)}(R)$ gehörigen Eigenfrequenzen mit $\nu_{p1}, \nu_{p2}, \ldots, \nu_{pa}, \ldots$, die zu ν_{pa} gehörigen f_p Eigenschwingungen mit $\mathbf{s}^{(pa1)}, \ldots, \mathbf{s}^{(paf)}$ so gilt

$$\sum_{l\alpha} \boldsymbol{H}_{k\beta;l\alpha} \mathbf{s}^{(pa\varkappa)}_{l\alpha} = \nu^2_{pa} \mathbf{s}^{(pa\varkappa)}_{k\beta}, \qquad (19)$$

und wenn man die $\mathbf{s}^{(pa\varkappa)}$ normiert annimmt, $\sum_{l\alpha} \left(\mathbf{s}^{(pa\varkappa)}_{l\alpha}\right)^2 = 1$,

$$\sum_p \sum_a \sum_\varkappa \nu^2_{pa} \mathbf{s}^{(pa\varkappa)}_{k\beta} \mathbf{s}^{(pa\varkappa)}_{l\alpha} = \boldsymbol{H}_{k\beta;l\alpha}. \qquad (19\text{a})$$

Wenn man hierin $R^{-1}(l)$ für k einsetzt, mit $R_{\alpha\beta}$ und dem Charakter $\chi^{(p')}(R)$ einer irreduziblen Darstellung multipliziert, über β und über alle Gruppenelemente summiert, erhält man

$$\sum_p \sum_a \sum_\varkappa \nu^2_{pa} \mathbf{s}^{(pa\varkappa)}_{l\alpha} \sum_\beta \sum_R R_{\alpha\beta} \chi^{(p')}(R) \mathbf{s}^{(pa\varkappa)}_{R^{-1}(l),\beta}$$
$$= \sum_\beta \sum_R R_{\alpha\beta} \chi^{(p')}(R) \boldsymbol{H}_{R^{-1}(l)\beta;l\alpha}. \qquad (20)$$

Dies ist nach (18)

$$\sum_p \sum_a \sum_\varkappa \nu^2_{pa} \mathbf{s}^{(pa\varkappa)}_{l\alpha} \frac{h}{f_p} \delta_{pp'} \mathbf{s}^{(pa\varkappa)}_{l\alpha}$$
$$= \sum_\beta \sum_R R_{\alpha\beta} \chi^{(p')}(R) \boldsymbol{H}_{R^{-1}(l),\beta;l\alpha}, \qquad (20\text{a})$$

was über l und α summiert wegen der Normierung der Eigenvektoren

$$\frac{h}{f_{p'}} \sum_{a} \nu_{p'a}^2 = \sum_{\alpha\beta} \sum_{R} \sum_{l} R_{\alpha\beta} \chi^{(p')}(R) \boldsymbol{H}_{R^{-1}(l)\beta;l\alpha} \qquad (21)$$

für die Summe der Quadrate aller zur Darstellung $D^{(p')}(R)$ gehörigen Eigenfrequenzen ergibt. Die Summe rechts in (21) läßt sich, wenn die Bewegungsgleichungen des Systems, also die Matrix $\boldsymbol{H}_{k\beta;l\alpha}$ bekannt ist, mühelos berechnen, (21) entspricht genau den HEITLERschen Mittelwertformeln[1]). Sie genügt zur Berechnung der Frequenzen derjenigen Eigenschwingungen, zu deren Darstellung keine andere Eigenschwingung mehr gehört.

Ist dies nicht der Fall, so muß man dem HEISENBERGschen Verfahren[2]) entsprechend das Quadrat, die dritte Potenz usw. von $\boldsymbol{H}_{k\beta;l\alpha}$ bilden, dessen Eigenwerte die vierten, sechsten usw. Potenzen der Eigenfrequenzen sind, während die zugehörigen Eigenvektoren die $\mathbf{s}^{(p\alpha\varkappa)}$ bleiben. Wendet man auf diese das vorher für $\boldsymbol{H}_{k\beta;l\alpha}$ geschilderte Verfahren an, so erhält man Formeln für die Summe der vierten, sechsten usw. Potenzen der zu derselben Darstellung gehörigen Eigenfrequenzen:

$$\frac{h}{f_p} \sum_{a} \nu_{pa}^{2t} = \sum_{\alpha\beta} \sum_{\varkappa} \sum_{l} R_{\alpha\beta} \chi^{(p)}(R) \boldsymbol{H}^{(t)}_{R(l^{-1}),\beta;l\alpha}, \qquad (21\,\mathrm{a})$$

wo die $\boldsymbol{H}^{(t)}_{k\beta;l\alpha}$ Matrixelemente der t-ten Potenzmatrix von $\boldsymbol{H}_{k\beta;l\alpha}$ sind.

Aus diesen Gleichungen (sie sind der sogenannten irreduziblen Säkulargleichung der Quantenmechanik äquivalent) kann man die Eigenfrequenzen verhältnismäßig leicht berechnen.[3])

---

[1]) W. HEITLER, Zs. f. Phys. **46**, 47 (1927).

[2]) W. HEISENBERG, Zs. f. Phys. **49**, 619 (1928).

[3]) Der Rest dieser Arbeit besteht aus einer Zusammenstellung von Tabellen der 32 Punktgruppen; sie werden hier weggelassen, weil sie im Anhang in der Bezeichnung gegeben sind, die wir in diesem Buch verwendet haben (A. P. C.).

2. Entartung, Auswahlregeln und andere Eigenschaften der Normalschwingungen gewisser polyatomarer Moleküle*)

E. BRIGHT WILSON JR.

In der vorliegenden Arbeit werden die Anzahl, die Entartungen und die Symmetrien der Normalschwingungen für Moleküle betrachtet, bei welchen mehrere Atome an ein zentrales Atom gebunden sind. Neunundneunzig Symmetrien, einschließlich aller möglichen Strukturen mit drei bis sieben Atomen und die wichtigsten Strukturen mit acht und neun Atomen sind in Tabellen zusammengefaßt worden. Weiter werden die Auswahlregeln für das RAMAN-Spektrum und das Infrarotspektrum angegeben, sowie die Polarisationseigenschaften der RAMAN-Linien und die Rotationsstruktur der Schwingungsbänder. Bei einer Reihe von wichtigen Fällen sind Abbildungen bereitgestellt worden, welche die Normalschwingungen darstellen. Zahlreiche Beispiele von Molekülen, von denen man annimmt, daß sie eine gewisse Struktur besitzen, wurden in die Tabellen aufgenommen, wobei auf Arbeiten experimenteller Art verwiesen wurde, die sich damit befassen.

Will man von beobachteten RAMAN- und Infrarotspektren auf die zugrunde liegenden Strukturen schließen, so muß man die Anzahl der Normalschwingungen und die Auswahlregeln kennen, welche die verschiedenen möglichen Atomkonfigurationen charakterisieren. Die von BRESTER[1]) begründete Theorie der Anzahl und der Entartung von Normalschwingungen symmetrischer Moleküle hat durch WIGNER[2]) unter Verwendung der Gruppentheorie eine bündige Fassung erhalten. Die Auswahl-

*) J. Chem. Phys. 2, 432 (1934).

[1]) C. J. BRESTER, Kristallsymmetrie und Reststrahlen, Utrecht, 1923; Zeitschrift für Physik 24, 324 (1924).

[2]) E. WIGNER, Gött. Nach. 133 (1930), siehe S. 223 dieses Buches.

regeln für die RAMAN- und Infrarotlinien wurden dagegen von PLACZEK[3]), TISZA[4]) und anderen diskutiert.

Um eine Darstellung der wichtigen Ergebnisse dieser Theorien für eine spezielle Klasse von Molekülen in einer Tabellenform zu ermöglichen, die ohne jede Kenntnis von der Gruppentheorie verwendbar ist, wurden die Entartungen, die Anzahl der erlaubten RAMAN- und Infrarot-Grundschwingungen und die Polarisationseigenschaften der RAMAN-Linien für Moleküle berechnet, in welchen zwei oder mehrere Atome (die identisch sein können oder verschieden) an ein einziges zentrales Atom gebunden sind. Die Darstellung soll bis zum Fall von sechs gebundenen Atomen vollständig sein. Das heißt also, daß für derartige Moleküle alle möglichen Symmetrien angegeben werden, auch jene, die physikalisch nicht sehr sinnvoll sind. Für Moleküle mit sieben und acht gebundenen Atomen werden nur einige wenige sinnvolle Strukturen betrachtet, da man nur wenige Moleküle von dieser Klasse kennt, während eine große Zahl von Symmetrien möglich ist.

Die gruppentheoretische Methode zur Bestimmung der Anzahl und der Entartungen der Normalschwingungen ist in einer früheren Arbeit[5]) beschrieben worden, wo sie zur Herleitung der Normalkoordinaten und der Frequenzformeln für Benzol gebraucht wurde. Auch die Auswahlregeln wurden durch Anwendung der Gruppentheorie erhalten[4]), die Ergebnisse sind, wo es möglich war, mit den Tabellen von PLACZEK[3]) verglichen worden. (Die folgenden Abweichungen von dessen Ergebnissen wurden festgestellt: S. 81 der Übersetzung ins Englische[6]), Punktgruppe S_{up}, Zeile B_1, fünfte Spalte: lies „alle Null mit Ausnahme von C_{xy}“, Zeile B_2, fünfte Spalte: „alle Null mit Ausnahme von $C_{xx} = -C_{yy}$; Zeile C, fünfte Spalte:

---

[3]) G. PLACZEK, Leipziger Vorträge, S. 71, 1931; Zeits. f. Physik **70**, 84 (1931). G. PLACZEK und E. TELLER, Zeitschr. f. Physik **81**, 209 (1933).

[4]) L. TISZA, Zeitschr. f. Physik **82**, 48 (1933).

[5]) E. BRIGHT WILSON, JR., Phys. Rev. **45**, 706 (1934).

[6]) P. DEBYE, The Structure of Molecules, Blackie & Sons, Ltd., London, 1932.

„$C_{xy} = C_{ii} = 0$"; Zeile D, sechste Spalte: „$C_{xx} = -C_{yy}$, $C_{ii} = 0$".)

Bei der Verwendung dieser Ergebnisse im Zusammenhang mit experimentell beobachteten Spektren sind gewisse Vorsichtsmaßnahmen am Platz. Die Anzahl der gefundenen RAMAN-Linien kann aus zweierlei Gründen mit der theoretisch vorhergesagten Anzahl nicht übereinstimmen. Erstens können Linien, die durch Symmetriebedingungen nicht verboten wären, so schwach sein, daß sie unter gewöhnlichen Bedingungen nicht erscheinen, und zweitens können in speziellen Fällen Oberschwingungen und Kombinationen auftreten. Letzteres beobachtet man ziemlich häufig trotz der Tatsache, daß Oberschwingungen und Kombinationen beim RAMAN-Spektrum viel weniger von Bedeutung sind als beim Infrarotspektrum. Ein anderes manchmal auftretendes Phänomen, zum Beispiel in CO_2 und in CCl_4, das die Ursache für Abweichungen von den einfachen Auswahlregeln darstellt, ist die quantenmechanische Resonanz zwischen gewissen Energiezuständen des Moleküls auf Grund von zufälliger Koinzidenz oder angenäherter Koinzidenz der Niveaus, die den verschiedenen Schwingungstypen entsprechen. Dieser Effekt läßt sonst verbotene Linien im Spektrum erscheinen, er ist jedoch wahrscheinlich nicht allzu häufig.

Erklärung der Tabellen

Die Ergebnisse sind in getrennten Tabellen angegeben, geordnet nach der Anzahl der Atome im Molekül. In Tabelle 1 werden daher dreiatomige Moleküle vom Typ AB_2 und ABB′ angeführt, in Tabelle 2 solche vom Typ AB_3, AB_2B' und ABB′B″ usw. A ist aus Symmetriegründen nicht äquivalent einem der B (obwohl es ein Atom vom selben Element sein kann wie zum Beispiel in N—N—O).

Die Numerierung in der ersten Spalte der Tabellen

dient zur Angabe der Nummer und des Charakters des betreffenden Atoms. Die Zahl vor dem Punkt gibt die Gesamtanzahl der gebundenen Atome an, während die Ziffern nach dem Punkt über die Anzahl der durch Symmetrie verbundenen Atome Aufschluß geben. 6.6 bedeutet daher, daß es sich um das Molekül AB_6 handelt, in dem alle sechs B-Atome vom Standpunkt der Symmetrie aus äquivalent sind. 6.42 bezieht sich auf $AB_4B'_2$ usw. Wenn es mehrere Moleküle vom gleichen Typ aber verschiedenen Symmetrien gibt, so werden diese durch a, b, c usw. unterschieden. Der in der zweiten Spalte erscheinende Name dürfte deskriptiv genug sein, um die Struktur, wenn möglich, zu charakterisieren. Zusätzlich werden jedoch bei der Diskussion der einzelnen Typen die Koordinaten der Atome angegeben. Die Bezeichnung R und L nach dem Namen einer Struktur weist darauf hin, daß Rechtssystem- und Linkssystemformen möglich sind.

Die mit I bezeichnete Spalte gibt die Punktgruppensymmetrie der Struktur an. Es werden die Symbole von SCHÖNFLIES verwendet[7]), welche die Symmetrieebenen, die Symmetrieachsen und die anderen Symmetrieelemente des Moleküls darstellen. Die Spalte mit dem Kopf II gibt an, ob das Molekül ein linearer Rotator L ist, ein sphärischer Kreisel Sp (mit drei gleichen Trägheitsmomenten), ein symmetrischer Kreisel S (mit zwei gleichen und einem verschiedenen Trägheitsmoment) oder ein asymmetrischer Kreisel A (mit drei verschiedenen Trägheitsmomenten).

Die mit ν_1, ν_2, ν_3 bezeichneten Spalten enthalten die Anzahl der einfach, zweifach und dreifach entarteten Frequenzen der Normalschwingungen. Nur Moleküle mit kubischer Punktgruppen-Symmetrie können dreifach entartete Frequenzen haben. Unter R ist die Anzahl der Grundfrequenzen der Schwingung angeführt, die im RAMAN-Spektrum erscheinen dürfen, wenn diese erlaubten Linien auch sehr geringe Intensität besitzen können. In

---

[7]) H. HILTON, Mathematical Crystallography, Kapitel V, VI. Oxford; 1903.

Klammern folgt die Anzahl der RAMAN-Grundschwingungen mit der speziellen Depolarisation $\varrho = 3/4$ für den Fall, daß man in einer Ebene polarisiertes Licht einfallen läßt. ϱ ist das Verhältnis der Intensitäten der senkrechten und der parallelen Komponenten des Streulichtes. Für unpolarisiertes einfallendes Licht wird $\varrho = 6/7$.

Unter I.R. ist die Anzahl der Grundfrequenzen angegeben, die im Infrarot-Absorptionsspektrum auftreten, die Ziffern in Klammern bedeuten die Anzahl dieser Bänder, die vom ‖-Typ[8]) sind, wenn das Molekül ein symmetrischer Kreisel ist. Die letzte Spalte schließlich gibt die Symmetrien der möglichen Normalschwingungen an, die Grade der Faktoren, in welche die Säkulargleichung für das Normalkoordinatenproblem unter Verwendung der Symmetrie des Moleküls zerlegt werden kann, die Entartungen dieser Schwingungen und die Schwingungen, die im RAMAN- und im Infrarotspektrum aktiv sind. Zum Beispiel: 2^R, 0, 2^{RI}, 1^R, 2_2^{RI} nach 4.4d bedeutet, daß es hier zwei Frequenzen mit der Symmetrie Γ_1 oder A_1 gibt, der ersten irreduziblen Darstellung der Punktgruppe V_d, keine mit der Symmetrie Γ_2 oder A_2, zwei mit Γ_3 oder B_2, eine mit Γ_4 oder B_1, und zwei doppelt entartete Frequenzen mit der Symmetrie Γ_5 oder E_1, wobei die Entartung durch den Index angezeigt wird. Die Bedeutung des Terms „irreduzible Darstellung" wurde in der bereits zitierten Arbeit über das Benzol-Molekül[5]) erklärt. Die Reihenfolge Γ_1, Γ_2 usw. wurde von WIGNER[2]) bei seiner Tabellierung der irreduziblen Darstellungen der kristallographischen Punktgruppen verwendet. Es werden einige Punktgruppen verwendet, die in der Kristallographie nicht erscheinen, nämlich: $D_{\infty h}$, $C_{\infty v}$, D_{5h}, C_{5v}, C_{7h}, C_{7v}, C_{8h}, C_{8v} und D_{4d}. Die Spuren für deren irreduzible Darstellungen sind den allgemeinen Tabellen von TISZA[4]) entnommen. Die Zahlen mit dem oberen Index R geben die Frequenzen an, die im RAMAN-Spektrum aktiv sind, während ein oberer Index I be-

---

[8]) D. M. DENNISON, Rev. Mod. Phys. 3, 314 (1931).

deutet, daß die betreffende Frequenz infrarotaktiv ist. Die Zahlen selbst stellen, neben der ihnen oben zugedachten Bedeutung, die Grade der Faktoren dar, in die die Säkulargleichung zerfällt. Für lineare Moleküle, auf die die WIGNERschen Tabellen nicht anwendbar sind, wurde für die irreduziblen Darstellungen die Bezeichnungsweise von TISZA[4]) benutzt.

Diskussion der Ergebnisse

In der Diskussion der einzelnen Fälle, die oben angegeben wurden, folgen auf die Zahl und den Namen der Struktur die kartesischen Koordinaten der verschiedenen Atome, wobei A stets den Ursprung darstellt. u, v, w stellen Parameter dar, welche durch die Symmetrie nicht festgelegt sind, während der Buchstabe o für die Null steht. Die Bezeichnungsweise folgt hauptsächlich der in einer Tabellierung von NOWACKI[9]) für die äquivalenten Positionen bei den Punktgruppen verwendeten. (In dieser Arbeit wurden zwei leichte Druckfehler entdeckt: In Tabelle III, S. 28 sollte die zweite Zeile nach $D_{2d} \equiv V$ (4) heißen $|xxz|\bar{x}x\bar{z}|\bar{x}\bar{x}z|x\bar{x}\bar{z}|$ (C_s), und nach D_{3d} (6) (b) sollte die zweite Zeile lauten $|\bar{x}0x\bar{z}|x\bar{x}0\bar{z}|0x\bar{x}\bar{z}|$ (C_s).) Wo es möglich war, wurden Beispiele für Moleküle angegeben, die man gefunden hat oder von denen man glaubt, daß sie zum gegebenen Typ gehören. Bei einer Reihe von Beispielen, die wichtig zu sein scheinen und die meines Wissens noch nicht behandelt wurden, sind Abbildungen aufgenommen worden, welche die Normalschwingungen zeigen, die aus den von der Gruppentheorie gelieferten Symmetrierestriktionen abgeleitet wurden. Die in den Diagrammen verwendete Anordnung deckt sich mit der Anordnung in der letzten Spalte der Tabellen. Nur ein Vertreter einer Menge von entarteten Schwingungen wird gezeigt. Ein Beispiel ist Abb. 2.2, das die Normalschwingungen für 5.32 a zeigt. Es handelt sich um das rhomboedrische Bipyramidenmodell von AB_3B_2'. Die letzte Spalte von

[9]) W. NOWACKI, Z. f. Kristallographie (A) 86, 19 (1933).

Tabelle 4 lautet: 2^R, 0, 3_2^{RI}; 0, 2^I, 1_2^R. Die ersten zwei Bewegungen in Abb. 2.2, die mit ν_1 und ν_2 bezeichnet sind, gehören daher zu Γ_1 oder A_1', der ersten irreduziblen Darstellung der WIGNERschen Tabelle für D_{3h}. Da 2^R den oberen Index R hat, sind sie RAMAN-aktiv. Die nächsten drei Bewegungen ν_3', ν_4', ν_5' gehören zu Γ_3 oder E_1'. Sie sind sowohl im RAMAN-Spektrum als auch im Infrarotsprektrum aktiv und sind zweifach entartet, d. h., für beide existiert eine andere gleichartige Bewegung mit derselben Frequenz, die sich nur in der räumlichen Orientierung der Bewegungsrichtungen unterscheidet. Die Apostrophe bei den ν weisen darauf hin, daß man, um die wahren drei Normalschwingungen zu erhalten, diese drei in eckigen Klammern eingeschlossenen Bewegungen kombinieren muß, wobei die Verhältnisse durch die Kraftkonstanten bestimmt sind.

Viele der einfacheren Strukturen aus den Tabellen 1—7 sind früher schon untersucht worden, und obwohl es untunlich ist, so viele Referenzen anzugeben, besteht die Hoffnung, daß mit Hilfe der angegebenen Liste alle anderen gefunden werden können.

Mein besonderer Dank gilt Herrn Professor LINUS PAULING für zahlreiche wertvolle Hinweise im Zusammenhang mit dieser Arbeit.

Tabelle 1. *Moleküle mit drei Atomen*

Nr.	Name	I	II	ν_1	ν_2	R	$I.$ $R.$	Irreduzible Darstellungen
2.2a	Symmetrisch kollinear	$D_{\infty h}$	L	2	1	1 (0)	2	A_{1g}^R, A_{2u}^I, E_{1u}^I (2).
2.2b	Symmetrisch geneigt	C_{2v}	A	3		3 (1)	3	2^{RI}, 0, 0, 1^{RI}.
2.11a	Unsymmetrisch kollinear	$C_{\infty v}$	L	2	1	3 (1)	3	$2 A_1^{RI}$, E_1^{RI} (2).
2.11b	Unsymmetrisch geneigt	C_s	A	3		3 (0)	3	3^{RI}, 0.

Moleküle mit drei Atomen

2.2a. Symmetrisch kollinear. B: oow, $oo\bar{w}$. CO_2[10,11]) CS_2[10,12]) Normalkoordinaten.[10])
2.2b. Symmetrisch geneigt. B: uow. $\bar{u}ow$. H_2O,[10]) SO_2,[10]) H_2S[10]) Normalkoordinaten.[10])
2.11a. Unsymmetrisch kollinear. B: oow. B' : oow'. N_2O,[10,13]) COS.[14]) Normalkoordinaten.[10])
2.11b. Unsymmetrisch geneigt. B: uow. B' : u'ow'. H^1H^2O,[15]) H^1H^2S. Normalkoordinaten.[10,16])

Moleküle mit vier Atomen

3.3a. Ebenes gleichseitiges Dreieck. B: (ovo) $(\sqrt{3}v/2, -v/2, o)$ $(-\sqrt{3}v/2, -v/2, o)$. CO_3^{--},[17]) NO_3^{-}[17]) Normalkoordinaten.[17,18])
3.3b. Reguläre Pyramide. B: (o, v, w) $(\sqrt{3}v/2, -v/2, w)$ $(-\sqrt{3}v/2, -v/2, w)$. NH_3,[19]), $AsCl_3$,[17,20]) PCl_3,[17,20]) AsF_3,[20]) usw.[21]) Normalkoordinaten.[17])
3.21a. Ebenes gleichschenkliges Dreieck. B: uvo, $\bar{u}vo$. B': ov'o. H_2CO.[22]) Angenähert Normalkoordinaten.[22,23])
3.21b. Pyramide mit gleichschenkliger Basis. B: uvw, $\bar{u}vw$. B': ov'w'. PCl_2Br[24],) PClBr,[24]) NH_2Cl.

---

[10]) K. W. F. KOHLRAUSCH, Der Smekal-Raman-Effekt, Springer, Berlin, 1931, S. 169–186.
[11]) A. ADEL und D. M. DENNISON, Phys. Rev. **44**, 99 (1933).
[12]) G. PLACZEK, Zitat 3, S. 88.
[13]) E. K. PLYLER und E. F. BARKER, Phys. Rev. **38**, 1827 (1931).
[14]) C. R. BAILEY und A. B. D. CASSIE, Proc. Roy. Soc. A **135**, 375 (1932).
[15]) R. W. WOOD, Nature **132**, 970 (1933).
[16]) P. C. CROSS und J. H. VAN VLECK, J. Chem. Phys. **1**, 350 (1933).
[17]) KOHLRAUSCH, Zitat 10, S. 195–205.
[18]) H. H. NIELSEN, Phys. Rev. **32**, 773 (1928).
[19]) C. M. LEWIS und W. V. HOUSTON, Phys. Rev. **44**, 903 (1933).
[20]) D. M. YOST und J. E. SHERBORNE, J. Chem. Phys. **2**, 125 (1934).
[21]) J. H. HIBBEN, Chem. Rev. **13**, 345 (1933).
[22]) KOHLRAUSCH, Zitat 10, S. 211–212.
[23]) F. MATOSSI und H. ADERHOLD, Zeits. f. Physik **68**, 683 (1931).
[24]) B. TRUMPY, Zeitschr. f. Physik **68**, 675 (1931).

3.111a. Linear. B: oow. B′: oow′. B″: oow″.
3.111b. Ebenes ungleichseitiges Dreieck. B: uvo. B′: u′v′o. B″: u″v″o. H^1H^2CO.
3.111c. Pyramide mit ungleichseitiger Basis. B: uvw. B′: u′v′w′. B″: u″v″w″.

Tabelle 2. *Moleküle mit vier Atomen*

Nr.	Name	I	II	ν_1	ν_2	*R*	*I.R.*	Irreduzible Darstellungen
3.3a	Ebenes gleichseitiges Dreieck	D_{3h}	S	2	2	3(2)	3(1)	$1^R, 0, 2_2^{RI}, 0, 1^I, 0.$
3.3b	Reguläre Pyramide	C_{3v}	S	2	2	4(2)	4(2)	$2^{RI}, 0, 2_2^{RI}.$
3.21a	Ebenes gleichschenkliges Dreieck	C_{2v}	A	6		6(3)	6	$3^{RI}, 1^{RI}, 0, 2^{RI}.$
3.21b	Pyramide	C_s	A	6		6(2)	6	$4^{RI}, 2^{RI}.$
3.111a	Linear	$C_{\infty v}$	L	3	2	5(2)	5	$3A_1^{RI}, 2E_1^{RI}$ (2).
3.111b	Ebenes ungleichseitiges Dreieck	C_s	A	6		6(1)	6	$5^{RI}, 1^{RI}.$
3.111c	Pyramide (R+L)	C_1	A	6		6(0)	6	$6^{RI}.$

Moleküle mit fünf Atomen

4.4a. Reguläres Tetraeder. B: www, $\overline{w}w\overline{w}$, $\overline{w}\overline{w}w$, $w\overline{w}\overline{w}$. CCl_4,[25]) CBr_4,[25]) $SiCl_4$,[25]) usw. Normalkoordinaten.[25,26])
4.4.b. Ebenes Quadrat. B: woo, owo, $\overline{w}oo$, $o\overline{w}o$. $PtCl_4^{--}$, $PdCl_4^{--}$.
4.4c. Pyramide mit quadratischer Basis. B: wov, owv, $\overline{w}ov$, $o\overline{w}v$, SCl_4, $TeCl_4$. Normalkoordinaten.[27])
4.4d. Tetragonales Sphenoid. B: wwv, $\overline{w}w\overline{v}$, $\overline{w}\overline{w}v$, $w\overline{w}\overline{v}$.

---

[25]) Kohlrausch, Zitat 10, S. 212–218.
[26]) D. M. Yost, C. C. Steffens und S. T. Gross, J. Chem. Phys. 2, 311 (1934).
[27]) V. Guillemin, Ann. d. Physik 81, 173 (1926).

Tabelle 3. *Moleküle mit fünf Atomen*

Nr.	Name	I	II	ν_1	ν_2	ν_3	*R*	*I.R.*	Irreduzible Darstellungen
4.4a	Reguläres Tetraeder	T_d	Sp	1	1	2	4(3)	2	1^R, 0, 1_2^R, 2_3^{RI}, 0.
4.4b	Ebenes Quadrat	D_{4h}	S	5	2		3(2)	(31)	1^R, 0, 1^R, 1^R, 0 0, 1^I, 0, 1, 2_2^I.
4.4c	Quadratische Pyramide	C_{4v}	S	5	2		7(5)	4(2)	2^{RI}, 0, 2^R, 1^R, 2_2^{RI}.
4.4d	Tetragonales Sphenoid	V_d	S	5	2		7(5)	4(2)	2^R, 0, 2^{RI}, 1^R, 2_2^{RI}.
4.4e	Ebenes Rechteck	V_h	A	9			3(1)	5	2^R, 0, 1^R, 0; 1, 2^I, 1^I, 2^I.
4.4f	Rhombisches Sphenoid (R+L)	V	A	9			9(6)	6	3^R, 2^{RI}, 2^{RI}, 2^{RI}.
4.4g	Rechteckige Pyramide	C_{2v}	A	9			9(6)	7	3^{RI}, 2^{RI}, 2^R, 2^{RI}.
4.31a	Rhomboedrische Pyramide	C_{3v}	S	3	3		6(3)	6(3)	3^{RI}, 0, 3_2^{RI}.
4.22a	Linear	$D_{\infty h}$	L	4	3		3(1)	4	$2A_{1g}^R$, $2A_{2u}^I$, $E_{1g}^R(2)$ $2E_{1u}^I(2)$.
4.22b	Ebener Rhombus	V_h	A	9			3(1)	6	2^R, 0, 1^R, 0; 0, 2^I, 2^I, 2^I.
4.22c	Ebenes Trapezoid	C_{2v}	A	9			9(5)	8	4^{RI}, 1^{RI}, 1^R, 3^{RI}.
4.22d	Rhombische Pyramide	C_{2v}	A	9			9(5)	8	4^{RI}, 2^I, 1^R, 2^{RI}.
4.22e	Ebenes Parallelogramm	C_{2h}	A	9			3(0)	9	3^R, 0, 2^I, 4^I.
4.22f	Trapezoidale Pyramide	C_s	A	9			9(4)	6	5^{RI}, 4^{RI}.

Tabelle 3 (Forts.)

Nr.	Name	I	II	ν_1	ν_2	ν_3	*R*	*I.R.*	Irreduzible Darstellungen
.22 g	Monoklines Sphenoid (R + L)	C_2	A	9			9 (4)	9	5^{RI}, 4^{RI}.
.211 a	Ebene	C_{2v}	A	9			9 (5)	9	4^{RI}, 2^{RI}, 0, 3^{RI}.
.211 b	Monoklines Sphenoid	C_s	A	9			9 (3)	9	6^{RI}, 3^{RI}.
.1111 a	Linear	$C_{\infty v}$	L	4	3		7 (3)	7	$4\,A_1^{RI}$, $3\,E_1^{RI}(2)$.
.1111 b	Ebene	C_s	A	9			9 (2)	9	7^{RI}, 2^{RI}.
.1111 c	Allgemein (R+L)	C_1	A	9			9 (0)	9	9^{RI}.

4.4e. Ebenes Rechteck. B: uvo, $\bar{u}\bar{v}$o, $\bar{u}$vo, u$\bar{v}$o.

4.4f. Rhombisches Sphenoid. B: uvw, u$\bar{v}\bar{w}$, $\bar{u}$v$\bar{w}$, $\bar{u}\bar{v}$w.

4.4g. Pyramide mit rechteckiger Basis. B: uvw, $\bar{u}\bar{v}$w, $\bar{u}$vw, u$\bar{v}$w.

4.31. Rhomboedrische Pyramide. B: (o, v, w) $(\sqrt{3}\,v/2, -v/2, w)$ $(-\sqrt{3}\,v/2, -v/2, w)$. B': oow'. CH_3Cl,[28] CH_3Br,[28] usw.

4.22a. Linear. B: woo, oo$\bar{w}$. B': oow', oo$\bar{w}$', C_3O_2.[29]

4.22b. Ebener Rhombus. B: oow, $\bar{u}$oo. B': ov'o, o$\bar{v}$'o.

4.22c. Ebenes reguläres Trapezoid. B: uvo, $\bar{u}$vo. B': u'v'o, $\bar{u}$'v'o.

4.22d. Rhombische Pyramide. B: uow, $\bar{u}$ow. B': ov'w', o$\bar{v}$'w'. Wenn die zwei B'-Atome über A und die zwei B-Atome unterhalb davon angeordnet sind, so handelt es sich bei dieser Struktur um ein gestörtes Tetraeder. CH_2Cl_2,[30] CF_2Cl_2.[31]

---

[28] Kohlrausch, Zitat 10, S. 208.

[29] L. O. Brockway und Linus Pauling, Proc. Nat. Acad. Sci. 19, 860 (1933).

[30] Kohlrausch, Zitat 10, S. 305.

[31] C. A. Bradley, Jr., Phys. Rev. 40, 908 (1932).

4.22e. Ebenes Parallelogramm. B: uvo, $\bar{u}\bar{v}$o. B': u'v'o, $\bar{u}'{-}'$o.
4.22f. Pyramide mit einem Trapezoid als Basis. B: uvw, $\bar{u}$vw. B': u'v'w', $\bar{u}$'v'w'.
4.22g. Monoklines Sphenoid. B: uvw, $\bar{u}\bar{v}$w, B': u'v'w', $\bar{u}'\bar{v}'$w·. Wenn B und B' auf derselben Seite von A sind, so handelt es sich um eine Pyramide mit einem Parallelogramm als Basis.
4.211a. Ebene. B: uow, $\bar{u}$ow. B': oow'. B'': oow''. CH_2CO.
4.211b. Monoklines Sphenoid. B: uvw, uv$\bar{w}$. B': u'v'o. B'': u''v''o. $CHFCl_2$.[31])
4.1111a. Linear. B: oow. B': oow'. B'': oow''. B''': oow'''.
4.111b. Ebene. B: uvo. B': u'v'o. B'': u''v''o. B''': u'''v'''o.
4.1111c. Allgemein. Keine Symmetrie.

Moleküle mit sechs Atomen

5.5a. Ebenes Fünfeck. B: (o, v, o) (av, bv, o) (cv, −dv, o) (−cv, −dv, o) (−av, bv, o). Hier a = sin 72°, b = cos 72°, c = sin 36°, d = cos 36°.
5.5b. Fünfeckige Pyramide. B: (o, v, w) (av, bv, w) (cv, −dv, w) (−cv, −dv, w) (−av, bv, w). a, b, c wie in 5.5a.
5.41a. Quadratische Pyramide. B: uuw, u$\bar{u}$w, $\bar{u}\bar{u}$w, $\bar{u}$uw. B': oow', PF_5.[32]) Schwingungsformen siehe Abb. 2.1.
5.41b. Rechteckige Pyramide. B: uvw, $\bar{u}\bar{v}$w, $\bar{u}$vw. u$\bar{v}$w B': oow'.
5.32a. Rhomboedrische Bipyramide. B: (o, v, o) $\left(\sqrt{3}\,v/2,\ -v/2,\ o\right)$ $\left(-\sqrt{3}\,v/2,\ -v/2,\ o\right)$. B': (oow') (oo$\bar{w}$'). PF_3Cl_2. Schwingungsformen Abb. 2.2.
5.311a. Polare rhomboedrische Bipyramide. B: (o, v, w) $\left(\sqrt{3}\,v/2,\ -v/2,\ w\right)$ $\left(-\sqrt{3}\,v/2,\ -v/2,\ w\right)$. B': (oow'). B'': (oow''). PF_3CClI, CH_3CN.

---

[32]) L. O. Brockway. Private Mitteilung. Untersuchungen der Elektronenbeugung ergeben für PF_5 diese Struktur.

Tabelle 4. *Moleküle mit sechs Atomen*

Nr.	Name	I	II	ν_1	ν_2	*R*	*I.R.*	Irreduzible Darstellungen
.5a	Ebenes Fünfeck	D_{5h}	S	2	5	3(2)	3(1)	1^R, 0, 2^I_2, 2^R_2; 1^I, 0, 0, 1_2.
.5b	Fünfeckige Pyramide	C_{5v}	S	2	5	7(5)	4(2)	2^{RI}, 0, 2^{RI}_2, 3^R_2.
.41a	Quadratische Pyramide	C_{4v}	S	6	3	9(6)	6(3)	3^{RI}, 0, 2^R, 1^R, 3^{RI}_2.
.41b	Rechteckige Pyramide	C_{2v}	A	12		12(8)	10	4^{RI}, 3^{RI}, 2^R, 3^{RI}.
.32a	Rhombo-edrische Bipyramide	D_{3h}	S	4	4	6(4)	5(2)	2^R, 0, 3^{RI}_2; 0, 2^I, 1^R_2.
.311a	Polare rhom-boedrische Bipyramide	C_{3v}	S	4	4	8(4)	8(4)	4^{RI}, 0, 4^{RI}_2.
.221a	Ebene	C_{2v}	A	12		12(7)	11	5^{RI}, 4^{RI}, 1^R, 2^{RI}.
.221b	Dreieckige Bipyramide	C_{2v}	A	12		12(7)	11	5^{RI}, 3^{RI}, 1^R, 3^{RI}.
.221c	Trapezoidale Pyramide	C_s	A	12		12(5)	12	7^{RI}, 5^{RI}.
.221d	(R + L)	C_2	A	12		12(6)	12	6^{RI}, 6^{RI}.
.2111a	Dreieckige Bipyramide	C_s	A	12		12(4)	12	8^{RI}, 4^{RI}.
11111a	Linear	$C_{\infty v}$	L	5	4	9(4)	9	$5\,A^{RI}_1$, $4\,E^{RI}_1$ (2).
11111b	Ebene	C_s	A	12		12(3)	12	9^{RI}, 3^{RI}.
11111c	Allgemein (R + L)	C_1	A	12		12(0)	12	12^{RI}.

5.221a. Ebene. B: uow, ūow. B′: u′ow′, ū′ow′. B″: oow″.

5.221b. Trigonale Bipyramide. B: uow, ūow. B′: ov′w′, o$\bar{\text{v}}$′w′. B″: oow″.

5.221c. Trapezoidale Pyramide. B: uvw, uv$\overline{w}$. B′: u′v′w′, u′v′$\overline{w}$′. B″: u″v″o.

5.221d. B: uvw, $\overline{u}\overline{v}$w. B′: u′v′w′, $\overline{u}$′$\overline{v}$′w′. B″: oow″.

5.2111a. Dreieckige Bipyramide. B: uvw, uv$\overline{w}$. B′: u′v′o. B″: u″v″o. B‴: u‴v‴o.

5.11111a. Linear. $B^{(i)}$: oow$_i$.

5.11111b. Ebene. $B^{(i)}$: $u_i v_i$o.

5.11111c. Allgemein. Keine Symmetrie.

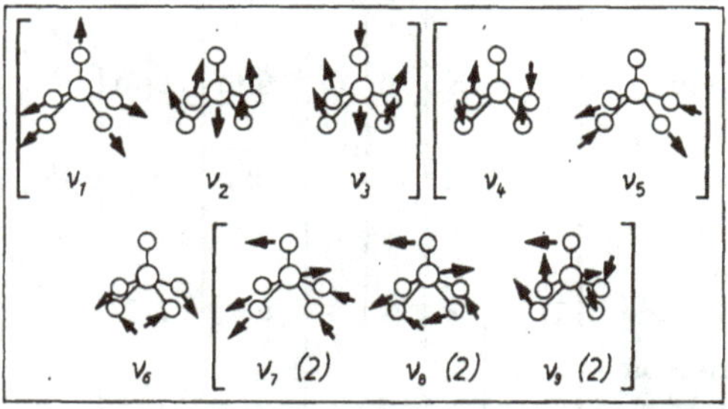

Abb 2.1. Die Schwingungsformen von 5.41a, der quadratischen Pyramide. Die in Klammern gesetzten Bewegungen müssen kombiniert werden, um die wirklichen Schwingungsformen zu erhalten.

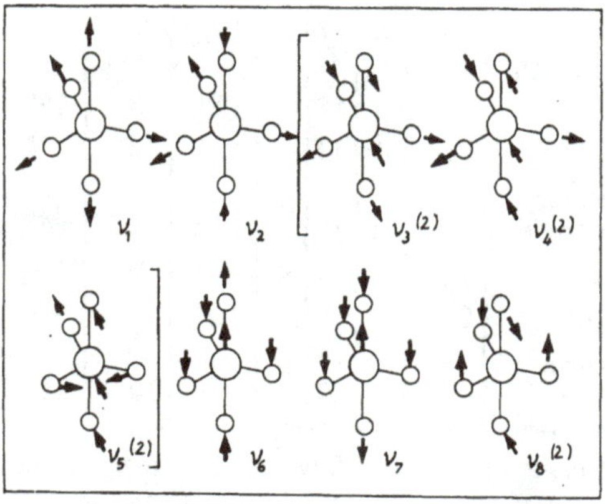

Abb. 2.2. Schwingungsformen von 5.32a, der rhomboedrischen Bipyramide. Die in Klammern gesetzten Bewegungen müssen kombiniert werden, um die wirklichen Schwingungsformen zu erhalten.

Moleküle mit sieben Atomen

6.6a. Rechteckiges Oktaeder. B: uoo, $\bar{u}$oo, ouo, o$\bar{u}$o, oou, oo$\bar{u}$, SF_6,[26] SeF_6,[26] TeF_6.[26] Schwingungsformen siehe Abb. 2.3. Normalfrequenzen.[26]

6.6b. Reguläres ebenes Sechseck. B: (o, v, o) $(\sqrt{3}v/2, v/2, o)$ $(\sqrt{3}v/2, -v/2, o)$ $(o, \bar{v}, o)$ $(-\sqrt{3}v/2, -v/2, o)$ $(-\sqrt{3}v/2, v/2, o)$.

6.6c. Hexagonale Pyramide. B: (ovw) $(\sqrt{3}v/2, v/2, w)$ $(\sqrt{3}v/2, -v/2, w)$ $(o, \bar{v}, w)$ $(-\sqrt{3}v/2, -v/2, w)$ $(-\sqrt{3}v/2, v/2, w)$.

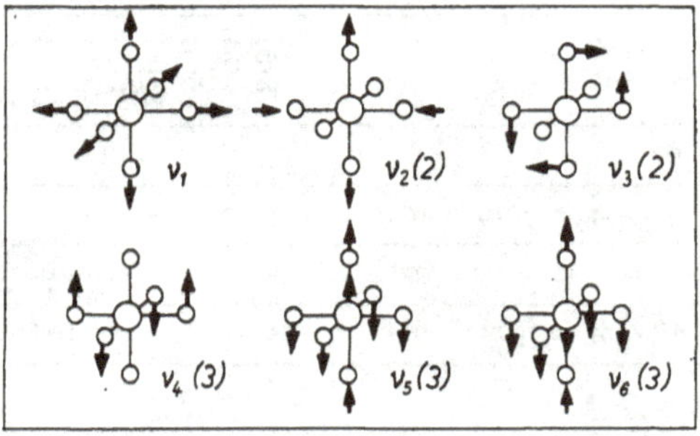

Abb. 2.3. Schwingungsformen von 6.6a, dem regulären Oktaeder.

6.6d. Rhomboedrisches Prisma. B: (o, v, w) $(\sqrt{3}v/2, -v/2, w)$ $(-\sqrt{3}v/2, -v/2, w)$ $(o, v, \bar{w})$ $(\sqrt{3}v/2, -v/2, w)$ $(-\sqrt{3}v/2, -v/2, \bar{w})$.

6.6e. Rhomboedrisches ebenes Sechseck. B: (u, v, o) (u, v, o) $(\sqrt{3}v/2 + u/2, -v/2 + \sqrt{3}u/2, o)$ $(\sqrt{3}v/2 - u/2, -v/2, -\sqrt{3}u/2, o)$ $(-\sqrt{3}v/2 + u/2, -v/2 - \sqrt{3}u/2, o)$ $(-\sqrt{3}v/2 - u/2, -v/2 + \sqrt{3}u/2, o)$.

6.6f. Gedrehtes rhomboedrisches Prisma. B: (o, v, w) $(\sqrt{3}v/2, -v/2, w)$ $(-\sqrt{3}v/2, -v/2, w)$ $(o, \bar{v}, \bar{w})$ $(-\sqrt{3}v/2, \dot{v}/2, w)$ $(\sqrt{3}v/2, v/2, w)$.

Tabelle 5. *Moleküle mit sieben Atomen*

Nr.	Name	I	II	ν_1	ν_2	ν_3	*R*	*I.R.*	Irreduzible Darstellungen
6.6a	Reguläres Oktaeder	O_h	Sp	1	1	4	3(2)	2	$1^R, 0, 1_2^R, 1_3^R, 0; 0, 0, 0, 1_3, 2_3^I$.
6.6b	Reguläres ebenes Sechseck	D_{6h}	S	5	5		3(2)	3(1)	$1^R, 0, 0, 1, 2_2^R, 0; 0, 1^I, 1, 1, 1_2, 2_2^I$.
6.6c	Hexagonale Pyramide	C_{6v}	S	5	5		7(5)	4(2)	$2^{RI}, 0, 2, 1, 3_2^R, 2_2^{RI}$.
6.6d	Rhomboedrisches Prisma	D_{3h}	S	5	5		7(5)	5(2)	$2^R, 0, 3_2^{RI}; 1^I, 2, 2_2^R$.
6.6e	Rhomboedrisches ebenes Sechseck	D_{3h}	S	5	5		7(5)	5(1)	$2^R, 1, 4_2^{RI}; 1, 1^I, 1_2^R$.
6.6f	Gedrehtes rhomboedrisches Prisma	D_{3d}	S	5	5		4(2)	5(2)	$2^R, 0, 2_2^R; 2, 1^I, 3_2^I$.
6.6g	Gedrehtes rhomboedrisches Prisma (R + L)	D_3	S	5	5		8(5)	7(2)	$3^R, 2^I, 5_2^{RI}$.
6.6h	Rhomboedrische sechseckige Pyramide	C_{3v}	S	5	5		8(5)	8(3)	$3^{RI}, 2, 5_2^{RI}$.
6.51a	Pentagonale Pyramide	C_{5v}	S	3	6		9(6)	6(3)	$3^{RI}, 0, 3_2^{RI}, 3_2^R$.
6.42a	Tetragonales Oktaeder	D_{4h}	S	7	4		5(3)	5(2)	$2^R, 0, 1^R, 1^R, 1_2^R; 0, 2^I, 0, 1, 3_2^I$.
6.42b		V_d	S	7	4		11(8)	7(3)	$3^R, 0, 3^{RI}, 1^R, 4_2^{RI}$.
6.42c	Rechteckige Bipyramide	V_h	A	15			6(3)	8	$3^R, 1^R, 1^R, 1^R; 1, 3^I, 2^I, 3^I$.
6.42d	Ebene	V_h	A	15			6(3)	8	$3^R, 1^R, 2^R, 0; 1, 3^I, 2^I, 3^I$.
6.42e	(R + L)	V	A	15			15(11)	11	$4^R, 4^{RI}, 3^{RI}, 4^{RI}$.
6.42f		C_{2v}	A	15			15(10)	12	$5^{RI}, 3^{RI}, 3^R, 4^{RI}$.
6.42g		C_{2h}	A	15			6(2)	9	$4^R, 2^R, 4^I, 5^I$.
6.411a	Polares tetragonales Oktaeder	C_{4v}	S	7	4		11(7)	8(4)	$4^{RI}, 0, 2^R, 1^R, 4_2^{RI}$.

Nr.	Name	I	II	ν_1	ν_2	ν_3	R	$I.R.$	Irreduzible Darstellungen
6.411 b	Polare rechteckige Bipyramide	C_{2v}	A	15			15(10)	13	$5^{RI}, 4^{RI}, 2^{R}, 4^{RI}.$
6.33 a	Ebene	D_{3h}	S	5	5		7(5)	6(2)	$2^{R}, 1, 4_2^{RI}; 0, 2^{I}, 1_2^{R}.$
6.33 b	Ebene	C_{3h}	S	5	5		8(5)	6(2)	$3^{R}, \underbrace{4^{RI}, 4^{RI}}; 2^{I}, \underbrace{1^{R}, 1^{R}}.$
6.33 c	Pyramide oder Prisma	C_{3v}	S	5	5		9(5)	9(4)	$4^{RI}, 1, 5_2^{RI}.$
6.33 d	Pyramide oder Prisma (R + L)	C_3	S	5	5		10(5)	10(5)	$5^{RI}, \underbrace{5^{RI}, 5^{RI}}.$
6.3111 a	Rhomboedrische Bipyramide	C_{3v}	S	5	5		10(5)	10(5)	$5^{RI}, 0, 5_2^{RI}.$
6.222 a	Linear	$D_{\infty h}$	L	6	5		5(2)	6	$3A_{1g}^{R}, 3A_{2u}^{I}, 3E_{1u}^{I}, 2E_{1g}^{R}.$
6.222 b	Rhombisches Oktaeder	V_h	A	15			6(3)	9	$3^{R}, 1^{R}, 1^{R}, 1^{R}; 0, 3^{I}, 3^{I}, 3^{I}.$
6.222 c	Trapezoidale Bipyramide	C_{2v}	A	15			15(9)	13	$6^{RI}, 4^{RI}, 2^{R}, 3^{RI}.$
6.222 d	Ebene	C_{2h}	A	15			6(1)	9	$5^{R}, 1^{R}; 3^{I}, 6^{I}.$
6.222 e	Monoklines Oktaeder	C_{2h}	A	15			6(2)	9	$4^{R}, 2^{R}, 3^{I}, 6^{I}.$
6.222 f	Triangulares Prisma	C_s	A	15			15(7)	15	$8^{RI}, 7^{RI}.$
6.222 g	Monoklines Oktaeder (R + L)	C_2	A	15			15(7)	15	$8^{RI}, 7^{RI}.$
6.222 h	Triklines Oktaeder	C_i	A	15			6(0)	9	$6^{R}, 9^{I}.$
6.2211 a	Rhombisches Oktaeder	C_{2v}	A	15			15(9)	14	$6^{RI}, 4^{RI}, 1^{R}, 4^{RI}.$
6.2211 b	Heptaeder	C_s	A	15			15(6)	15	$9^{RI}, 6^{RI}.$
6.2211 c	Monoklines Oktaeder (R + L)	C_2	A	15			15(8)	15	$7^{RI}, 8^{RI}.$
6.21111 a		C_s	A	15			15(5)	15	$10^{RI}, 5^{RI}.$
6.111111 a	Linear	$C_{\infty v}$	L	6	5		11(5)	11	$6A_1^{RI}, 5E_1^{RI}.$
6.111111 b	Ebene	C_s	A	15			15(4)	15	$11^{RI}, 4^{RI}.$
6.111111 c	Allgemein	C_1	A	15			15(0)	15	$15^{RI}.$

6.6g. Gedrehtes rhomboedrisches Prisma. B: $(\bar{u}, v, w)$ $(u, v, \bar{w})$ $(\sqrt{3}v/2 + u/2, -v/2 + \sqrt{3}u/2, \bar{w})$ $(\sqrt{3}v/2 - u/2, -v/2 - \sqrt{3}u/2, w)$ $(-\sqrt{3}v/2 + u/2, -v/2 - \sqrt{3}u/2, w)$ $(-\sqrt{3}v/2 - u/2, -v/2 + \sqrt{3}u/2, \bar{w})$.

6.6h. Rhomboedrische sechseckige Pyramide. B: $(\bar{u}, v, w)$ (u, v, w) $(\sqrt{3}v/2 + u/2, -v/2 + \sqrt{3}u/2, w)$ $(\sqrt{3}v/2 - u/2, -v/2 - \sqrt{3}u/2, w)$ $(-\sqrt{3}v/2 + u/2, -v/2 - \sqrt{3}u/2, w)$ $(-\sqrt{3}v/2 - u/2, -v/2 + \sqrt{3}u/2, w)$.

6.51a. Fünfeckige Pyramide. B: (o, v, w) (av, bv, w) (cv, —dv, w) (—cv, —dv, w) (—av, bv, w). B′: (oow′). a, b, c, d wie in 5.5a.

6.42a. Tetragonales Oktaeder. B: uoo, $\bar{u}$oo, ouo, o$\bar{u}$o. B′: oou′, oo$\bar{u}$′.

6.42b. uow, $\bar{u}$ow, ou$\bar{w}$, o$\bar{u}\bar{w}$. B′: oow′, oo$\bar{w}$′.

6.42c. Rechteckige Bipyramide. B: uvo, $\bar{u}\bar{v}$o, $\bar{u}$vo, u$\bar{v}$o. B′: oow′, oo$\bar{w}$′.

6.42d. Ebene. B: uvo. $\bar{u}\bar{v}$o, $\bar{u}$vo, u$\bar{v}$o. B: u′oo, $\bar{u}$′oo.

6.42e. B′: uvw, u$\bar{v}\bar{w}$, $\bar{u}$v$\bar{w}$, $\bar{u}\bar{v}$w. B′: oow′, oo$\bar{w}$′.

6.42f. B: uvw, u$\bar{v}$w, $\bar{u}\bar{v}$w, $\bar{u}$v$\bar{w}$. B′: u′ow′, $\bar{u}$′ow′. $(CH_2)_2O$.

6.42g. B: uvw, u$\bar{v}$w, $\bar{u}\bar{v}\bar{w}$, $\bar{u}$vw. B′: u′ow′, $\bar{u}$′o$\bar{w}$′.

6.411a. Polare tetragonale Bipyramide. B: uow, $\bar{u}$ow, ouw, o$\bar{u}$w. B′: oow′. B″: oow″.

6.411b. Polares rechteckiges Oktaeder. B: uvw, $\bar{u}\bar{v}$w, $\bar{u}$vw, u$\bar{v}$w. B′: oow′. B″: oow″.

6.33a. Ebene. B: (o, v, o) $\sqrt{3}v/2, -v/2$, o) $(-\sqrt{3}v/2, -v/2$, o). B′: (o, $\bar{v}$, o) $(-\sqrt{3}v/2, v/2$, o) $(\sqrt{3}v/2, v/2$, o).

6.33b. Ebene. B: (o, v, o) $(\sqrt{3}v/2, -v/2$, o) $(-\sqrt{3}v/2, -v/2$, o). B′: (u′, v′, o) $(\sqrt{3}v'/2 - u'/2, -v'/2 - \sqrt{3}u'/2$, o) $(-\sqrt{3}v'/2 - u'/2, -v'/2 + \sqrt{3}u'/2$, o).

6.33c. Pyramide oder Prisma. B: (o, v, w) $(\sqrt{3}v/2, -v/2, w)$ $(-\sqrt{3}v/2, -v/2, w)$. B′: (o, v′, w′) $(\sqrt{3}v'/2, -v'/2, w')$ $(-\sqrt{3}v'/2, -v'/2, w')$.

6.33d. Pyramide oder Prisma. B: (o, v, w) $(\sqrt{3}v/2, -v/2, w)$ $(-\sqrt{3}v/2, -v/2, w)$. B′: (u′, v′, w′)

$(\sqrt{3}v'/2 - u'/2, -v'/2 - \sqrt{3}u'/2, w')$ $(-\sqrt{3}v'/2 - u'/2, -v'/2 + \sqrt{3}u'/2, w')$.

6.3111a. Rhomboedrische Bipyramide. B: (o, v, w) $(\sqrt{3}v/2, -v/2, w)$ $(-\sqrt{3}v/2, -v/2, w)$. B': oow'. B'': oow''. B''': oow'''. CH_3NCO.

6.222a. Linear. B: oow, $oo\bar{w}$. B': oow', $oo\bar{w}'$. B'': oow'', $oo\bar{w}''$.

6.222b. Rhombisches Oktaeder. B: uoo, $\bar{u}oo$. B': $ov'o$, $o\bar{v}'o$, B'': oow'', $oo\bar{w}''$.

6.222c. Trapezoidale Bipyramide. B: uow, $\bar{u}ow$. B': $u'ow'$, $\bar{u}'ow'$. B'': $ov''w''$. $o\bar{v}''w''$.

6.222d. Ebene. B: uvo, $\bar{u}\bar{v}o$. B': $u'v'o$, $\bar{u}'\bar{v}'o$. B'': $u''v''o$, $\bar{u}''\bar{v}''o$.

6.222e. Monoklines Oktaeder. B: uvo, $\bar{u}\bar{v}o$, B': $u'v'o$, $\bar{u}'\bar{v}'o$. B'': oow'', $oo\bar{w}''$.

6.222f. Dreieckiges Prisma. B: uvw, $uv\bar{w}$. B': $u'v'w'$, $u'v'\bar{w}'$. B'': $u''v''w''$, $u''v''\bar{w}''$.

6.222g. Monoklines Oktaeder. B: uvw, $\bar{u}\bar{v}w$. B': $u'v'w'$, $\bar{u}'\bar{v}'w'$. B'': $u''v''w''$, $\bar{u}''\bar{v}''w''$.

6.222h. Triklines Oktaeder. B: uvw, $\bar{u}\bar{v}\bar{w}$. B': $u'v'w'$, $\bar{u}'\bar{v}'\bar{w}'$. B'': $u''v''w''$, $\bar{u}''\bar{v}''\bar{w}''$.

6.2211a. Rhombisches Oktaeder. B: uow, $\bar{u}ow$. B': $ov'w'$ $o\bar{v}'w'$. B'': oow''. B''': oow'''.

6.2211b. Heptaeder. B: uvw, $uv\bar{w}$. B': $u'v'w'$, $u'v'\bar{w}'$. B'': $u''v''o$. B''': $u'''v'''o$.

6.2211c. Monoklines Oktaeder. B: uvw, $\bar{u}\bar{v}w$. B': $u'v'w'$, $\bar{u}'\bar{v}'w'$. B'': oow''. B''' oow'''.

6.21111a. B: uvw, $uv\bar{w}$. B': $u'v'o$. B'': $u''v''o$. B''': $u'''v'''o$. B'''': $u''''v''''o$.

6.111111a. Linear. $B^{(i)}$: oow_i.

6.111111b. Ebene. $B^{(i)}$: $u_i v_i o$.

6.111111c. Allgemein. Keine Symmetrie. $B^{(i)}$ $u_i v_i w_i$.

Moleküle mit acht Atomen

Nur der Typ AB_7 wird vollständig behandelt. Die anderen angeführten Strukturen wurden gewählt, weil sie vom physikalischen Standpunkt aus am wahrschein-

Tabelle 6. *Moleküle mit acht Atomen*

Nr.	Name	I	II	ν_1	ν_2	*R*	*I. R.*	Irreduzible Darstellungen
7.7a	Ebenes Heptagon	D_{7h}	S	2	8	3(2)	3(1)	1^R, 0, 2_2^I, 2_2^R, 2_2 0. 1^I, 0, 1_2, 1_2.
7.7b	Heptagonale Pyramide	C_{7v}	S	2	8	7(5)	4(2)	2^{RI}, 0, 2_2^{RI}, 3_2^R, 3_2
7.52a	Pentagonale Bipyramide	D_{5h}	S	4	7	5(3)	5(2)	2^R, 0, 3_2^I, 2_2^R; 2^I 0, 1_2^R, 1_2.
7.331a		C_{3v}	S	6	6	11(6)	11(5)	5^{RI}, 1, 6_2^{RI}.
7.331b	Verkürzte rhomboedrische Bipyramide	C_{3v}	S	6	6	11(6)	11(5)	5^{RI}, 1, 6_2^{RI}.
7.421a		C_{2v}	A	18		18(12)	15	6^{RI}, 5^{RI}, 3^R, 4^{RI}

lichsten sind. IF_7 gehört vermutlich zu einer der unten angegebenen Klassen.

7.7a. Ebenes Heptagon. B: (o, v, o) (gv, hv, o) (jv, kv, o) (ev, fv, o) (—ev, fv, o) (—jv, kv, o) (—gv, hv, o): $g = \sin\varphi$, $h = \cos\varphi$, $j = \sin 2\varphi$, $k = \cos 2\varphi$, $e = \sin 3\varphi$, $f = \cos 3\varphi$. $\varphi = 2\pi/7$.

7.7b. Heptagonale Pyramide. B: (o, v, w) (gv, hv, w) (jv, kv, w) (ev, fv, w) (—ev, fv, w) (—jv, kv, w) (—gv, hv, w). g, h, j, k, e, f wie in 7.7a.

7.52a. Pentagonale Bipyramide. B: (o, v, o) (av, bv, o) (cv, —dv, o) (—cv, —dv, o) (—av, bv, o). B': (oow') (oo$\overline{w}$').

7.331a, b. B: (o, v, w) $(\sqrt{3}\,v/2, -v/2, w)$ $(-\sqrt{3}\,v/2, -v/2, w)$. B': (o, v', w') $(\sqrt{3}\,v'/2, -v'/2, w')$ $(-\sqrt{3}\,v'/2, -v'/2, w')$. B'': oow''.

7.421a. B: uvw, $\bar{u}\bar{v}$w, $\bar{u}$vw, u$\bar{v}$w. B': u'ow', $\bar{u}$'ow'. B'': oow''.

Tabelle 7. *Moleküle mit neun Atomen*

Nr.	Name	I	II	ν_1	ν_2	ν_3	R	$I.R.$	Irreduzible Darstellungen
.8a	Würfel	O_h	Sp	2	2	5	4(3)	2	$1^R, 0, 1_2^R, 2_3^R, 0; 0, 1, 1_2, 1_3, 2_3^I$.
.8b	Ebenes Achteck	D_{8h}	S	5	8		4(3)	3(1)	1^R, 0, 1, 1, 1_2^R, 0, 2_2^R; 0, 1^I, 0, 1, 2_2^I, 2_2, 1_2.
.8c	Oktogonale Pyramide	C_{8v}	S	5	8		7(5)	4(2)	2^{RI}, 0, 1, 2, 2_2^{RI}, 3_2, 3_2^R.
.8d	Archimedisches Anti-Prisma	D_{4d}	S	5	8		7(5)	5(2)	2^R, 0, 1, 2^I, 3_2^I, 2_2^R, 3_2^R.
.8e	Ebenes tetragonales Achteck	D_{4h}	S	11	5		7(5)	5(1)	2^R, 1, 2^R, 2^R, 1_2^R; 1, 1^I, 1, 1, 4_2^I.
.8f	Tetragonales Parallelepiped	D_{4h}	S	11	5		7(5)	5(2)	2^R, 0, 1^R, 2^R, 2_2^R; 1, 2^I, 2, 1, 3_2^I.
.8g	Gedrillter Würfel	D_4	S	11	5		14(11)	7(2)	$3^R, 2^I, 3^R, 3^R, 5_2^{RI}$.
.8h	Tetragonale Pyramide	C_{4v}	S	11	5		14(11)	8(3)	$3^{RI}, 2, 3^R, 3^R, 5_2^{RI}$.
8i	Gedrilltes tetragonales Parallelepiped	V_d	S	11	5		14(11)	8(3)	3^R, 2, 3^{RI}, 3^R, 5_2^{RI}.
8j	Rechteckiges Parallelepiped	V_h	A	21			9(6)	9	3^R, 2^R, 2^R, 2^R; 3, 3^I, 3^I; 3^I.

Moleküle mit neun Atomen

Nur der Typ AB_8 wird betrachtet. OsF_8[33]) zählt man zu 8.8a oder 8.8d.

8.8a. Würfel. B: uuu, ūūū, ūuū, uūu, ūūu, uuū, uūū, ūuu.

[33]) H. Braune und S. Knoke, Naturwiss. 21, 349 (1933).

8.8b. Ebenes Achteck. B: (o, v, o) (mv, mv, o) (v, o, o) (mv, —mv, o) (o, $\bar{v}$, o) (—mv, —mv, o) ($\bar{v}$, o, o) (—mv, mv, o). $m = \sqrt{2}/2$.

8.8c. Oktogonale Pyramide. B: (o, v, w) (mv, mv, w) (v, o, w) (mv, —mv, w) (o, $\bar{v}$, w) (—mv, —mv, w) ($\bar{v}$, o, w) (—mv, mv, w). $m = \sqrt{2}/2$.

8.8d. Archimedisches Anti-Prisma. B: (uuw) ($\bar{u}\bar{u}w$) ($\bar{u}uw$) ($u\bar{u}w$) (pu, o, $\bar{w}$) (o, p$\bar{u}$, $\bar{w}$) (p$\bar{u}$, o, $\bar{w}$) (o, pu, $\bar{w}$). $p = \sqrt{2}$.

8.8e. Ebenes tetragonales Achteck. B: uvo, $\bar{u}\bar{v}o$, $\bar{u}vo$, $u\bar{v}o$, $v\bar{u}o$, $\bar{v}uo$, vuo, $\bar{v}\bar{u}o$.

8.8f. Tetragonales Parallelepiped. B: uow, $\bar{u}o\bar{w}$, $\bar{u}ow$, $uo\bar{w}$, $o\bar{u}w$, ouw, $ou\bar{w}$, $o\bar{u}\bar{w}$.

8.8g. Gedrillter Würfel. B: uvw, $\bar{u}v\bar{w}$, $\bar{u}\bar{v}w$, $u\bar{v}\bar{w}$, $v\bar{u}w$, $\bar{v}uw$, $vu\bar{w}$, $\bar{v}\bar{u}\bar{w}$.

8.8h. Tetragonale achteckige Pyramide. B: uvw, $\bar{u}\bar{v}w$, $\bar{u}vw$, $u\bar{v}w$, $v\bar{u}w$, $\bar{v}uw$, vuw, $\bar{v}\bar{u}w$.

8.8i. Gedrilltes tetragonales Parallelepiped. B: uvw, $\bar{u}v\bar{w}$, $\bar{u}\bar{v}w$, $u\bar{v}\bar{w}$, $v\bar{u}\bar{w}$, $\bar{v}u\bar{w}$, vuw, $\bar{v}\bar{u}w$.

8.8j. Rechteckiges Parallelepiped. B: uvw, $\bar{u}\bar{v}\bar{w}$, $\bar{u}v\bar{w}$, $u\bar{v}w$, $\bar{u}\bar{v}w$, $uv\bar{w}$, $u\bar{v}\bar{w}$, $\bar{u}vw$.

3. Stabilität polyatomarer Moleküle in entarteten Elektronenzuständen I. Bahnentartung*)

H. A. Jahn und E. Teller

Einleitung

Im folgenden werden die Bedingungen untersucht, unter denen ein polyatomares Molekül eine stabile Gleichgewichtskonfiguration haben kann, wenn seine Elektronenzustände eine Bahnentartung besitzen, d. h. eine Entartung, die nicht vom Spin herrührt. Wir werden zeigen, daß Stabilität und Entartung nicht gleichzeitig möglich sind, außer wenn es sich um ein lineares Molekül handelt, d. h. um ein Molekül, bei dem in der Gleichgewichtskonfiguration alle Atomkerne auf einer Geraden liegen. Wir werden zeigen, daß die Instabilität nur leicht ist, wenn die Entartung nur von den Elektronen herrührt, die keinen großen Einfluß auf die Bindung des Moleküls haben.

Wenn man von zufälligen Entartungen absieht (d. h. von nicht auf Symmetrie beruhenden Entartungen), dann setzt ein entarteter Elektronenzustand notwendig eine symmetrische nukleare Konfiguration voraus. Um alle Fälle zu erfassen, betrachten wir daher zuerst alle möglichen Typen von Symmetrien gesondert und diskutieren, welche nuklearen Konfigurationen mit den einzelnen Symmetrien konsistent sind. Ein gegebenes Molekül besitzt eine stetige Menge von Konfigurationen, die mit einem bestimmten Symmetrietyp konsistent sind. Unter all diesen Konfigurationen wird eine mit minimaler Elektronenenergie sein. Diese Konfiguration ist dann stabil in bezug auf alle vollkommen symmetrischen nuklearen Verschiebungen (d. h. Verschiebungen, welche die Symmetrie nicht zerstören). Wir haben ihre Stabilität

*) Proc. Roy. Soc. A **161**, 220 (1937).

bezüglich allen anderen nuklearen Verschiebungen zu untersuchen.

Eine nukleare Konfiguration kann nicht stabil sein, wenn die Elektronenenergie für benachbarte Konfigurationen in linearer Form von irgendeiner nuklearen Verschiebung abhängt. Aus Symmetriegründen kann jedoch eine lineare Abhängigkeit ausgeschlossen sein. Wir wollen ihr Auftreten oder Nicht-Auftreten an Hand der folgenden zwei Beispiele illustrieren. Bei diesen Beispielen besteht die zusätzliche Schwierigkeit, daß die in Frage stehenden nuklearen Verschiebungen eine Aufspaltung der entarteten Elektronenzustände in Zustände mit verschiedenen Energien bewirken. Diese Schwierigkeit entspricht eher der Regel als der Ausnahme, da die Verschiebungen die Symmetrie der ursprünglichen Konfiguration reduzieren. Eine lineare Abhängigkeit der Energie von einer nuklearen Verschiebung bei irgendeinem dieser durch Aufspaltung entstandenen Zustände genügt dann, um Instabilität hervorzurufen.

1. Zwei Beispiele

In unserem ersten Beispiel betrachten wir die Bewegung eines einzelnen Elektrons im Feld von drei auf einer Geraden liegenden Atomkernen. Die Zustände des Elektrons können dann durch σ, π, δ usw. klassifiziert werden, wobei es sich um Zustände handelt, die den verschiedenen Werten der Komponente des Bahndrehmoments des Elektrons längs der Kernachse 0, ± 1, ± 2 usw. (in Einheiten $h/2\pi$) entsprechen. Die α-Zustände sind nicht entartet, während die π-, δ-Zustände und alle weiteren eine zweifache Entartung aufweisen, entsprechend der Tatsache, daß sich das Elektron entweder im Uhrzeigersinn oder im Gegenuhrzeigersinn um die Kernachse bewegen kann. Wenn nun einer der Atomkerne, sagen wir der mittlere, um die Entfernung d senkrecht zur Achse verschoben wird, dann ist die axiale

Symmetrie zerstört, und die Entartung wird aufgehoben. Jeder zweifach entartete Zustand wird in zwei Zustände aufgespalten, wobei einer davon symmetrisch ist bezüglich Spiegelungen in der Kernebene, der andere antisymmetrisch bezüglich derselben Ebene. Diese Zustände haben die verschiedenen Energien E_s und E_a. Variiert man die nukleare Verschiebung, so ändern sich die Zustände und ihre Energien stetig, ihre Symmetrien bleiben jedoch, und es ist klar, daß bei der Verschiebung $-d$

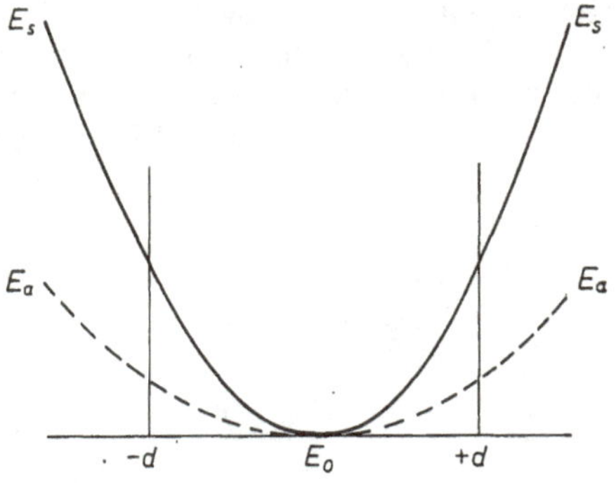

Abb. 3.1

die Zustände und Energien dieselben sind wie zuvor. Die zwei Energien E_s und E_a müssen daher gerade Funktionen von d sein, und alles, was für die Stabilität bezüglich dieser nuklearen Verschiebungen gefordert ist, ist nur, daß die Funktion in beiden Fällen positiv ist (siehe Abb. 3.1).

In unserem zweiten Beispiel betrachten wir die Bewegung eines einzelnen Elektrons im Feld einer ebenen quadratischen Konfiguration von vier gleichartigen Atomkernen. Es besteht insofern eine Ähnlichkeit zwischen den beiden Beispielen, als im ersten Beispiel die Wellenfunktion, sobald sie auf einer der Halbebenen gegeben ist, in jeder anderen solchen Halbebene ebenfalls bestimmt ist: Eine Drehung um den Winkel θ multipliziert die Wellenfunktion mit dem Faktor $e^{i\lambda\theta}$, wobei λ die axiale Komponente des Bahndrehmomentes ist. Im zweiten Beispiel andererseits wird die Wellenfunktion, obwohl die Symmetrie um die Achse durch das Zentrum des Quadrats beträchtlich reduziert ist, weiterhin auf vier beliebigen Halbebenen, die rechtwinklig aufeinander stehen, bestimmt, sobald sie auf einer davon gegeben ist. Die Funktion wird wieder mit $e^{i\lambda\theta}$ multipliziert, wobei hier θ auf die Werte $\pm\pi/2$, π beschränkt ist und λ die Werte 0, ± 1 haben kann. Der Zustand mit $|\lambda| = 1$ ist wieder zweifach entartet. Wir wollen die Stabilität der quadratischen Konfiguration für diesen entarteten Elektronenzustand untersuchen. Wir betrachten die zwei verschobenen Konfigurationen I und II in Abb. 3.2.

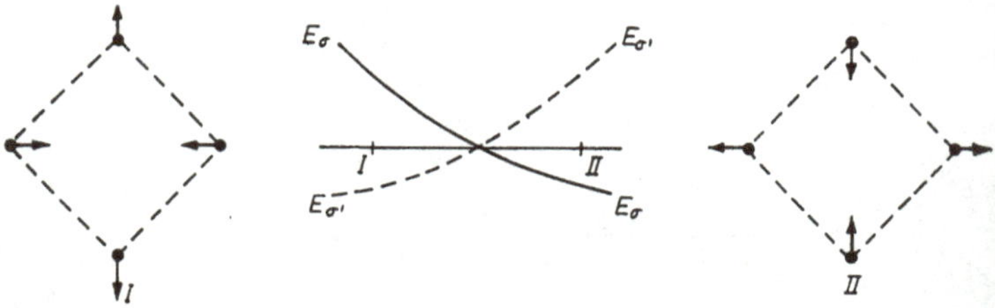

Abb. 3.2

Diese lassen sich natürlich so auffassen, daß sie zum positiven und negativen Wert derselben nuklearen Verschiebung gehören. Die nukleare Verschiebung zerstört die vierzählige axiale Symmetrie und ersetzt sie durch eine zweizählige. Der entartete Zustand zerfällt in zwei Zustände φ_σ und $\varphi_{\sigma'}$, der erste besitzt einen Knoten in der horizontalen Symmetrieebene σ, der zweite einen Knoten in der vertikalen Symmetrieebene σ'. Da die Konfigurationen I und II geometrisch kongruent sind und da die Ebenen σ, σ' in II den Ebenen σ, σ' in I entsprechen, ist es klar, daß die Energie von φ_σ für die Konfiguration I gleich der Energie von $\varphi_{\sigma'}$ für die Konfiguration II sein muß. Wenn also E_σ und $E_{\sigma'}$ die entsprechenden Energien sind, so haben wir die Beziehungen

$$E_\sigma(\mathrm{I}) = E_{\sigma'}(\mathrm{II})$$

und

$$E_\sigma(\mathrm{II}) = E_{\sigma'}(\mathrm{I}).$$

Die beiden Energieniveaus E_σ und $E_{\sigma'}$ kreuzen sich also bei der Energie E_0 der unverschobenen Konfiguration (siehe Abb. 3.2). Hier liegt also kein Grund für eine Symmetrie vor, die eine lineare Abhängigkeit der Energieniveaus von der nuklearen Verschiebung in einer Umgebung von E_0 ausschließen würde. Es gibt daher für den entarteten Elektronenzustand im allgemeinen keine stabile Gleichgewichtskonfiguration.

2. Allgemeines Theorem

Bei den obigen zwei Beispielen haben wir gesehen, wie der Typ der molekularen Symmetrie festlegt, ob die Energie eines entarteten Elektronenzustands linear von nuklearen Verschiebungen abhängt oder nicht. Es ist unser Ziel, diesen Einfluß für alle möglichen Symmetrietypen zu untersuchen. Wir führen dies unter Anwendung der Gruppentheorie auf die Störungsrechnung durch. Wir beschränken uns in dieser Arbeit auf Bahnentartungen und verschieben die Untersuchung der speziellen von der Spinentartung herrührenden Effekte auf eine zweite Arbeit. Die Elektronenenergieniveaus der verschobenen Konfiguration sind die charakteristischen Werte einer Störungsmatrix, deren Elemente durch Potenzreihen in der nuklearen Verschiebung ausgedrückt werden können. Wenn nicht alle bezüglich der nuklearen Verschiebung linearen Elemente der Störungsmatrix verschwinden, so hängt mindestens ein gestörtes Energieniveau linear von der nuklearen Verschiebung ab. Die Elemente dieser Matrix sind jedoch Integrale, die bezüglich der Symmetriegruppe der Gleichgewichtskonfiguration invariant sind. Die Integranden andererseits sind Produkte, deren Transformationseigenschaften durch jene der entarteten Wellenfunktionen der Elektronen und der nuklearen Verschiebungen bestimmt sind. Aus der Erforschung dieser Transformationseigenschaften kann man ableiten, ob die Invarianz der Integrale und die Transformationseigenschaften der Integranden kompatibel sind. Wenn dies nicht der Fall ist, so verschwinden die Integrale. Sind sie jedoch kompatibel, so sind im allgemeinen die linear von den nuklearen Verschiebungen abhängigen Matrixelemente von Null verschieden. Man findet, daß notwendigerweise alle linearen Matrixelemente nur dann verschwinden, wenn die nukleare Konfiguration vollkommene Symmetrie aufweist, d. h. nur dann, wenn alle Kerne im Molekül auf einer Geraden liegen. *Alle nicht-linearen nuklearen Konfigurationen sind daher für einen Elektronenzustand mit Bahnentartung instabil.* Wissen wir daher von einem polyatomaren Molekül, daß bei der Gleichgewichtskonfiguration nicht alle Atome auf einer Geraden liegen, dann wissen wir gleichzeitig, daß sein Elektronengrundzustand keine Bahnentartung besitzt. Wir müssen jedoch solche Elektronenzustände mit Bahnentartung aus der Betrachtung ausschließen, bei denen die entarteten Elektronen nicht merkbar zur Molekülbindung beitragen und durch nukleare Verschiebungen daher nicht gestört werden. Dies ist der Fall für die inneren entarteten Elektronenschalen der seltenen paramagnetischen, ionisierten Erdsalze. Wenn ein nicht-lineares Molekül, abgesehen von solchen Umständen, paramagnetisch ist, so dürfen wir schließen, daß dieser Paramagnetismus auf der Wirkung des Spins allein beruht. Es ist nämlich wohlbekannt, daß ein nicht entarteter Bahnzustand weder ein mittleres Bahndrehmoment noch ein mittleres magnetisches Moment haben kann (siehe VAN VLECK, 1932).

3. Mathematische Formulierung und gruppentheoretische Betrachtungen

Wir werden nukleare Konfigurationen Q zu betrachten haben, die man aus gegebenen symmetrischen Konfigurationen Q_0 erhält, indem man eine lineare Kombination aus einem vollständigen Satz von verschobenen Konfigurationen Q_r hinzunimmt, die so gewählt werden können, daß sie zueinander orthogonal sind, sowie orthogonal zu den Translationen und Rotationen und zu allen vollkommen symmetrischen Verschiebungen:

$$Q = Q_0 + \sum_r Q_r \eta_r .$$

In diesem Ausdruck bedeuten die η_r infinitesimale Größen, die wir als die (nicht vollständig symmetrischen) Normalverschiebungen der Konfiguration Q_0 bezeichnen wollen. Man beachte, daß die η_r so gewählt werden können, daß sie sich gemäß einer der irreduziblen Darstellungen der Symmetriegruppe von Q_0 transformieren (vgl. WIGNER, 1930).

Der Energieoperator $H(Q)$ für die Bewegung der Elektronen im Feld der bei der Konfiguration Q fixierten Atomkerne läßt sich in eine Potenzreihe in den η_r entwickeln:

$$H = H_0 + \sum_r V_r(q)\eta_r + \sum_{rs} V_{rs}(q)\eta_r\eta_s + \cdots,$$

wobei die V_r, V_{rs} Funktionen von den Koordinaten q der Elektronen allein sind, da die kinetische Energie der Elektronen bereits im Energieoperator H_0 enthalten ist.

Es sei E_0 das Energieniveau des entarteten Elektronenzustands und φ_ϱ eine vollständige Menge von orthogonalen Wellenfunktionen mit

$$H_0\varphi_\varrho = E_0\varphi_\varrho .$$

Bei der Konfiguration Q kann dieses Energieniveau entweder in mehrere verschiedene Niveaus aufgespalten werden, oder es wird nur verschoben (d. h., die Entartung bleibt). Die Konfiguration Q_0 kann bezüglich aller nuklearen Verschiebungen nur dann stabil sein, wenn jedes dieser Energieniveaus E_α ein Minimum bei $Q = Q_0$ hat. Wir bezeichnen den von den linearen Termen $\sum V_r \eta_r$ herrührenden Beitrag zur gestörten Energie E_α mit E_α^I und setzen

$$E_\alpha = E_0 + E_\alpha^I + \cdots$$

Die Theorie der Störungsrechnung zeigt, daß die Störungsenergien E_α^I die charakteristischen Werte (Eigenwerte) einer Störungsmatrix mit den Elementen

$$M_{\varrho\sigma} = \sum \eta_r \int \varphi_\varrho^* V_r \varphi_\sigma \, d\tau$$

sind. Wenn E ein charakteristischer Wert dieser Matrix für einen gegebenen Satz von Werten der η_r ist, dann ist natürlich $-E$ ein charakteristischer Wert für die Konfiguration, die man durch Umkehr des Vorzeichens aller η_r erhält. Wenn also nicht alle charakteristischen Werte dieser Matrix verschwinden (in welchem Fall die gesamte Matrix verschwindet), kann die Konfiguration Q_0 daher nicht stabil sein.

Wenn die Darstellung der Symmetriegruppe der Konfiguration Q_0, die von den Produkten $\varphi_\varrho^* V_r \varphi_\sigma$ beansprucht wird, die identische Darstellung nicht enthält, dann verschwinden die Integrale $\int \varphi_\varrho^* V_r \varphi_\sigma \, d\tau$, da diese notwendig invariant gegenüber Symmetrieoperationen sind. Ist diese Bedingung nicht erfüllt, dann verschwinden die Integrale im allgemeinen nicht. Nun können aber die Normalverschiebungen η_r so gewählt werden, daß sich die V_r gemäß der irreduziblen Darstellung V der Symmetriegruppe transformieren. Die entartete Wellenfunktion φ_ϱ beansprucht ebenfalls eine Darstellung φ der Symmetriegruppe, die im allgemeinen irreduzibel ist. Eine Ausnahme davon tritt ein, wie WIGNER (1932) gezeigt hat, wenn die von der Invarianz der Wellengleichung bezüglich einer Zeitumkehr herrührende Entartung Gegenstand der Betrachtung ist. Es kann sich dabei um eine „zufällige“ Entartung handeln, so daß die Wellenfunktionen der Energieniveaus eine Darstellung verlangen, welche die Summe zweier irreduzibler Darstellungen ist. Für unsere Zwecke kann man jedoch diese doppelte Darstellung φ so behandeln, als ob sie eine einzige wäre. Es läßt sich dann zeigen, daß man unter der Beschränkung auf Bahnentartungen (d. h. ohne Berücksichtigung der Spinwellenfunktionen) die Darstellung φ und somit auch die Wellenfunktionen φ_ϱ stets reell wählen kann. Die Produkte $\varphi_\varrho V_r \varphi_\sigma$ sind linear unabhängig, jedoch gilt natürlich

$$\varphi_\sigma V_r \varphi_\varrho = \varphi_\varrho V_r \varphi_\sigma .$$

Diese Produkte transformieren sich daher gemäß der Produktdarstellung $V[\Phi^2]$, wobei $[\Phi^2]$ die Darstellung des symmetrischen Produktes von Φ mit sich selbst bezeichnet (vgl. WEYL, 1928). Wenn es daher eine Normalverschiebung gibt (die nicht die vollkommen symmetrische ist), für die $V[\Phi^2]$ die identische Darstellung enthält, so ist die Konfiguration Q_0 nicht stabil.

Wir illustrieren diese allgemeinen Betrachtungen, indem wir sie auf die in der Einleitung betrachteten Beispiele anwenden. Im ersten Beispiel ist die Symmetriegruppe für eine allgemeine Lage der Atomkerne auf der Achse die Gruppe C_∞^v. Alle entarteten irreduziblen Darstellungen sind zweidimensional. Es gibt davon eine unendliche Folge, deren Elemente mit $E_1, E_2, \ldots, E_k, \ldots$ bezeichnet seien. Man kann zeigen (vgl. TISZA, 1933), daß die Darstellung des symmetrischen Produktes von E_k gegeben ist durch

$$[E_k^2] = A_1 + E_{2k},$$

wobei A_1 die Einheitsdarstellung ist. PLACZEK (1934) hat gezeigt, daß für lineare nukleare Konfigurationen alle nicht vollständig symmetrischen Schwingungen vom Typ E_1 sind. Man findet

$$E_1[E_k^2] = E_1(A_1 + E_{2k}) = E_1 + E_{2k+1} + E_{2k-1},$$

so daß das Produkt $V[\Phi^2]$ bei keiner nicht vollständig symmetrischen Schwingung die identische Darstellung A_1 enthält. Der entartete Elektronenzustand darf dabei beliebig sein. Wie wir bereits früher gesehen haben, besteht hier also von der Symmetrie her kein Grund, warum die lineare nukleare Konfiguration in einem beliebigen entarteten Zustand nicht stabil sein sollte. Im zweiten Beispiel ist das Gegenteil der Fall. Hier ist die Gruppe der Symmetrieoperationen die Gruppe D_4^h, und es gibt nur zwei entartete Darstellungen, nämlich E_g und E_u, wobei sich g und u auf gerade und ungerade Darstellung bezüglich einer Inversion am Symmetriezentrum beziehen. Beide Darstellungen sind zweidimensional. Die Untersuchungen von WIGNER (1930) zeigen, daß die quadratische Konfiguration nicht vollständig symmetrische Verschiebungen vom Typ B_{1g}, B_{1u}, B_{2g} und E_u besitzt. Da man zeigen kann, daß

$$[E_g^2] = [E_u^2] = A_{1g} + B_{1g} + B_{2g},$$

und da $B_{1g}^2 = B_{2g}^2 = A_{1g}$, erkennt man, daß $B_{1g}[E_g^2]$, $B_{1g}[E_u^2]$, $B_{2g}[E_g^2]$ und $B_{2g}[E_u^2]$ die identische Darstellung A_{1g} enthalten. Die Normalverschiebungen vom Typ B_{1g} und B_{2g} lassen also bei beliebigem entarteten Elektronenzustand die quadratische Konfiguration instabil werden. Man verifiziert leicht, daß die im Beispiel betrachtete nukleare Verschiebung vom Typ B_{2g} ist.

4. Beweis des allgemeinen Theorems

Schließt man die Gruppen mit vollständiger axialer Symmetrie aus, so haben wir für alle Konfigurationen und für beliebige entartete einwertige Darstellungen der Symmetriegruppe zu zeigen, daß eine symmetrische nukleare Konfiguration notwendig nicht vollständig symmetrische Normalverschiebungen besitzt, die sich gemäß irreduziblen Darstellungen V transformieren, die so beschaffen sind, daß $V[\Phi^2]$ die identische Darstellung enthält. Dies ist äquivalent zum Nachweis dafür, daß $[\Phi^2]$ in seiner reduzierten Form mindestens eine der Darstellungen V enthält.

Wigner (1930) hat nun gezeigt, wie man bei einer gegebenen nuklearen Konfiguration berechnen kann, wie viele Normalverschiebungen von jedem irreduziblen Typ auftreten. Um dieses Verfahren von Wigner auf alle möglichen symmetrischen Moleküle anzuwenden, bemerken wir, daß jede symmetrische Konfiguration äquivalente Kerne enthalten muß, deren Positionen durch die verschiedenen Symmetrieoperationen ineinander übergeführt werden. Für eine gegebene Symmetriegruppe bestehen viele verschiedene Möglichkeiten für solche Mengen äquivalenter Atomkerne, je nachdem, ob die Punkte auf keinem Symmetrieelement liegen, auf einem, auf zweien oder auf mehreren davon. Wir haben die Methode von Wigner auf alle möglichen Mengen von äquivalenten Punkten für die verschiedenen Symmetriegruppen angewandt. Die Ergebnisse unserer Rechnungen sind in Tabelle 1 dargestellt.

In dieser Tabelle wird die Beziehung von Placzek (1934), Mulliken (1933), Lennard-Jones (1934) und Tisza (1933) für die Symmetriegruppen und deren irreduzible Darstellungen verwendet. Spalte I enthält die Bezeichnung der Gruppe, die Spalten II und III enthalten die irreduziblen Konstituenten der Translationen und Rotationen. Die Spalte IV enthält die Bezeichnung der verschiedenen Arten von äquivalenten Punkten für jede Gruppe, Spalte V gibt die Anzahl der äquivalenten Punkte in jeder einzelnen Menge an, die Spalte VI gibt die Symmetrieelemente an, auf welchen diese Punkte, wenn überhaupt, liegen, während die Spalte VII die irreduziblen Konstituenten für die Menge der nuklearen

Tabelle 1

I	II	III	IV	V	VI	VII
C_∞^v	$A_1 + E_1$	E_1	a	1	Alle	$A_1 + E_1$
$C_\infty^{vi} = D_\infty^h$	$A_{1u} + E_{1u}$	E_{1g}	a	2	C_∞, σ_v	$A_{1g} + A_{1u} + E_{1g} + E_{1u}$
			b	1	Alle	$A_{1u} + E_{1u}$
C_{2p+1}	$A + E_1$	$A + E_1$	a	$2p+1$	Keine	$3(A + E_1 + \cdots + E_p)$
			b	1	C_{2p+1}	$A + E_1$
C_{2p}	$A + E_1$	$A + E_1$	a	$2p$	Keine	$3(A + B + E_1 + \cdots + E_{p-1})$
			b	1	C_{2p}	$A + E_1$
D_{2p+1}	$A_2 + E_1$	$A_2 + E_1$	a	$2(2p+1)$	Keine	$3(A_1 + A_2) + 6(E_1 + E_2 + \cdots + E_p)$
			b	$2p+1$	C_2	$A_1 + 2A_2 + 3(E_1 + E_2 + \cdots + E_p)$
			c	2	C_{2p+1}	$A_1 + A_2 + 2E_1$
			d	1	Alle	$A_2 + E_1$
D_{2p}	$A_2 + E_1$	$A_2 + E_1$	a	$4p$	Keine	$3(A_1 + A_2 + B_1 + B_2) + 6(E_1 + E_2 + \cdots + E_{p-1})$
			b	$2p$	C_2	$A_1 + 2A_2 + B_1 + 2B_2 + 3(E_1 + E_2 + \cdots + E_{p-1})$
			c	$2p$	C_2'	$A_1 + 2A_2 + 2B_1 + B_2 + 3(E_1 + E_2 + \cdots + E_{p-1})$
			d	2	C_{2p}	$A_1 + A_2 + 2E_1$
			e	1	Alle	$A_2 + E_1$

C^i_{2p+1} $= S_{2(2p+1)}$	$A_u + E_{1u}$	$A_g + E_{1g}$	a	$2(2p+1)$	Keine	$3(A_g + A_u + E_{1g} + E_{1u} \cdots + E_{pg} + E_{pu})$
			b	2	C_{2p+1}	$A_g + A_u + E_{1g} + E_{1u}$
			c	1	Alle	$A_u + E_{1u}$
$C^i_{2p} = C^h_{2p}$	$A_u + E_{1u}$	$A_g + E_{1g}$	a	$4p$	Keine	$3(A_g+A_u+B_g+B_u+E_{1g}+E_{1u}+\cdots+E_{p-1,g}+E_{p-1,u})$
			b	$2p$	σ_h	$2A_g+A_u+\left\{\begin{matrix}B_g+2B_u(p \text{ ungerade})\\2B_g+B_u(p \text{ gerade})\end{matrix}\right\}+E_{1g}+2E_{1u}+2E_{2g}+E_{2u}+\cdots+\left\{\begin{matrix}2E_{p-1,g}+E_{p-1,u}(p \text{ ungerade})\\E_{p-1,g}+2E_{p-1,u}(p \text{ gerade})\end{matrix}\right.$
			c	2	C_{2p}	$A_g + A_u + E_{1g} + E_{1u}$
			d	1	Alle	$A_u + E_{1u}$
D^i_{2p+1} $= D^d_{2p+1}$	$A_{2u} + E_{1u}$	$A_{2g} + E_{1g}$	a	$4(2p+1)$	Keine	$3(A_{1g} + A_{1u} + A_{2g} + A_{2u}) + 6(E_{1g} + E_{1u} + \cdots + E_{pg} + E_{pu})$
			b	$2(2p+1)$	σ_d	$2A_{1g} + A_{1u} + A_{2g} + 2A_{2u} + 3(E_{1g} + E_{1u} + \cdots + E_{pg} + E_{pu})$
			c	$2(2p+1)$	C_2	$A_{1g} + A_{1u} + 2A_{2g} + 2A_{2u} + 3(E_{1g} + E_{1u} + \cdots + E_{pg} + E_{pu})$
			d	2	C_{2p+1}, σ_d	$A_{1g} + A_{2u} + E_{1g} + E_{1u}$
			e	1	Alle	$A_{2u} + E_{1u}$
$D^i_{2p} = D^h_{2p}$	$A_{2u} + E_{1u}$	$A_{2g} + E_{1g}$	a	$8p$	Keine	$3(A_{1g} + A_{1u} + A_{2g} + A_{2u} + B_{1g} + B_{1u} + B_{2g} + B_{2u}) + 6(E_{1g} + E_{1u} + \cdots + E_{p-1,g} + E_{p-1,u})$
			b	$4p$	σ	$2A_{1g}+A_{1u}+A_{2g}+2A_{2u}+\left\{\begin{matrix}B_{1g}+2B_{1u}+2B_{2g}+B_{2u} \ (p \text{ ungerade})\\2B_{1g}+B_{1u}+B_{2g}+2B_{2u} \ (p \text{ gerade})\end{matrix}\right. + 3(E_{1g} + E_{1u} + \cdots + E_{p-1,g} + E_{p-1,u})$

Tabelle 1 (Forts.)

I	II	III	IV	V	VI	VII
$D^i_{2p} = D^h_{2p}$	$A_{2u} + E_{1u}$	$A_{2g} + E_{1g}$	c	$4p$	σ'	$2A_{1g} + A_{1u} + A_{2g} + 2A_{2u} + \begin{cases} 2B_{1g} + B_{1u} + B_{2g} + 2B_{2u} \text{ (p ungerade)} \\ B_{1g} + 2B_{1u} + 2B_{2g} + B_{2u} \text{ (p gerade)} \end{cases}$ $+ 3(E_{1g} + E_{1u} + \cdots + E_{p-1,g} + E_{p-1,u})$
			d	$4p$	σ_h	$2A_{1g} + A_{1u} + 2A_{2g} + A_{2u} + \begin{cases} B_{1g} + 2B_{1u} + B_{2g} + 2B_{2u} \text{ (p ungerade)} \\ 2B_{1g} + B_{1u} + 2B_{2g} + B_{2u} \text{ (p gerade)} \end{cases}$ $+ 2E_{1g} + 4E_{1u} + 4E_{2g} + 2E_{2u}$ $+ \cdots + \begin{cases} 4E_{p-1,g} + 2E_{p-1,u} \text{ (p ungerade)} \\ 2E_{p-1,g} + 4E_{p-1,u} \text{ (p gerade)} \end{cases}$
			e	$2p$	σ_h, C_2, σ	$A_{1g} + A_{2g} + A_{2u} + \begin{Bmatrix} B_{1u} \text{ (p ungerade)} \\ B_{1g} \text{ (p gerade)} \end{Bmatrix} + B_{2g} + B_{2u}$ $+ E_{1g} + 2E_{1u} + 2E_{2g} + E_{2u}$ $+ \cdots + \begin{cases} 2E_{p-1,g} + E_{p-1,u} \text{ (p ungerade)} \\ E_{p-1,g} + 2E_{p-1,u} \text{ (p gerade)} \end{cases}$
			f	$2p$	σ_h, C_2', σ'	$A_{1g} + A_{2g} + A_{2u} + B_{1g} + B_{1u} + \begin{cases} B_{2u} \text{(p ungerade)} \\ B_{2g} \text{(p gerade)} \end{cases}$ $+ E_{1g} + 2E_{1u} + 2E_{2g} + E_{2u}$ $+ \cdots + \begin{cases} 2E_{p-1,g} + E_{p-1,u} \text{ (p ungerade)} \\ E_{p-1,g} + 2E_{p-1,u} \text{ (p gerade)} \end{cases}$
			g	2	C_{2p}, σ, σ'	$A_{1g} + A_{2u} + E_{1g} + E_{1u}$
			h	1	Alle	$A_{2u} + E_{1u}$

$C^h_{2p+1} = S_{2p+1}$	$A'' + E'_1$	$A' + E''_1$	a	$2(2p+1)$	Keine	$3(A' + A'' + E'_1 + E''_1 + \cdots + E'_p + E''_p)$
			b	$2p+1$	σ_h	$2A' + A'' + 2E'_1 + E''_1 + 2E'_2 + E''_2 + \cdots + 2E'_p + E''_p$
			c	2	C_{2p+1}	$A' + A'' + E'_1 + E''_1$
			d	1	Alle	$A'' + E'_1$
$D^h_{2p+1} = D^v_{2p+1}$	$A''_2 + E'_1$	$A'_2 + E''_1$	a	$4(2p+1)$	Keine	$3(A'_1 + A''_1 + A'_2 + A''_2) + 6(E'_1 + E''_1 + \cdots + E'_p + E''_p)$
			b	$2(2p+1)$	σ_v	$2A'_1 + A''_1 + A'_2 + 2A''_2 + 3(E'_1 + E''_1 + \cdots + E'_p + E''_p)$
			c	$2(2p+1)$	σ_h	$2A'_1 + A''_1 + 2A'_2 + A''_2 + 4E'_1 + 2E''_1 + \cdots + 4E'_p + 2E''_p$
			d	$2p+1$	σ_h, σ_v, C_2	$A'_1 + A'_2 + A''_2 + 2E'_1 + E''_1 + \cdots + 2E'_p + E''_p$
			e	2	C_{2p+1}	$A'_1 + A''_2 + E'_1 + E''_1$
			f	1	Alle	$A''_2 + E'_1$
C^v_{2p+1}	$A_1 + E_1$	$A_2 + E_1$	a	$2(2p+1)$	Keine	$3(A_1 + A_2) + 6(E_1 + \cdots + E_p)$
			b	$2p+1$	σ	$2A_1 + A_2 + 3(E_1 + \cdots + E_p)$
			c	1	Alle	$A_1 + E_1$
C^v_{2p}	$A_1 + E_1$	$A_2 + E_1$	a	$4p$	Keine	$3(A_1 + A_2 + B_1 + B_2) + 6(E_1 + \cdots + E_{p-1})$
			b	$2p$	σ	$2A_1 + A_2 + 2B_1 + B_2 + 3(E_1 + \cdots + E_{p-1})$
			c	$2p$	σ'	$2A_1 + A_2 + B_1 + 2B_2 + 3(E_1 + \cdots + E_{p-1})$
			d	1	Alle	$A_1 + E_1$

Tabelle 1 (Forts.)

I	II	III	IV	V	VI	VII
S_{4p}	$B + E_1$	$A + E_{2p-1}$	*a*	$4p$	Keine	$3(A + B + E_1 + \cdots + E_{2p-1})$
			b	2	C_{2p}	$A + B + E_1 + E_{2p-1}$
			c	1	Alle	$B + E_1$
$S_{4p}^v = D_{dp}^2$	$B_1 + E_1$	$A_2 + E_{2p-1}$	*a*	$8p$	Keine	$3(A_1 + A_2 + B_1 + B_2) + 6(E_1 + E_2 + \cdots + E_{2p-1})$
			b	$4p$	σ_v	$2A_1 + A_2 + 2B_1 + B_2 + 3(E_1 + E_2 + \cdots + E_{2p-1})$
			c	$4p$	C_2	$A_1 + 2A_2 + 2B_1 + B_2 + 3(E_1 + E_2 + \cdots + E_{2p-1})$
			d	2	C_{2p}	$A_1 + B_1 + E_1 + E_{2p-1}$
			e	1	Alle	$B_1 + E_1$
T	F	F	*a*	12	Keine	$3A + 3E + 9F$
			b	6	C_2	$A + E + 5F$
			c	4	C_3	$A + E + 3F$
			d	1	Alle	F
T_d	F_2	F_1	*a*	24	Keine	$3A_1 + 3A_2 + 6E + 9F_1 + 9F_2$
			b	12	σ	$2A_1 + A_2 + 3E + 4F_1 + 5F_2$
			c	6	C_3, σ	$A_1 + E + 2F_1 + 3F_2$
			d	4	C_2, σ	$A_1 + E + F_1 + 2F_2$
			e	1	Alle	F_2
$T_h = i \times T$	F_u	F_g	*a*	24	Keine	$3A_g + 3A_u + 3E_g + 3E_u + 9F_g + 9F_u$
			b	12	σ	$2A_g + A_u + 2E_g + E_u + 4F_g + 5F_u$

			c	8	C_3	$A_g + A_u + E_g + E_u + 3F_g + 3F_u$
			d	6	C_2, σ	$A_g + E_g + 2F_g + 3F_u$
			e	1	Alle	F_u
O	F_1	F_1	a	24	Keine	$3A_1 + 3A_2 + 6E + 9F_1 + 9F_2$
			b	12	$6C_2$	$A_1 + 2A_2 + 3E + 5F_1 + 4F_2$
			c	8	$3C_2$	$A_1 + A_2 + 2E + 3F_1 + 3F_2$
			d	6	$3C_2$, C_4	$A_1 + E + 3F_1 + 2F_2$
			e	1	Alle	F_1
$O_h = i \times O$	F_{1u}	F_{1g}	a	48	Keine	$3(A_{1g} + A_{1u} + A_{2g} + A_{2u})$ $+ 6(E_g + E_u) + 9(F_{1g} + F_{1u} + F_{2g} + F_{2u})$
			b	24	σ_h	$2(A_{1g} + A_{2g}) + A_{1u} + A_{2u} + 4E_g + 2E_u$ $+ 4(F_{1g} + F_{2g}) + 5(F_{1u} + F_{2u})$
			c	24	σ_d	$2A_{1g} + A_{1u} + A_{2g} + 2A_{2u} + 3E_g + 3E_u + 4F_{1g}$ $+ 5F_{1u} + 5F_{2g} + 4F_{2u}$
			d	12	C_2^d, σ_h, σ_d	$A_{1g} + A_{2g} + A_{2u} + 2E_g + E_u + 2F_{1g} + 3F_{1u}$ $+ 2F_{2g} + 2F_{2u}$
			e	8	C_3, σ_d	$A_{1g} + A_{2u} + E_g + E_u + F_{1g} + 2F_{1u} + 2F_{2g} + F_{2u}$
			f	6	C_2^v, C_4, σ_h, σ_d	$A_{1g} + E_g + F_{1g} + 2F_{1u} + F_{2g} + F_{2u}$
			g	1	Alle	F_{1u}
I	F_1	F_1	a	60	Keine	$3A + 9(F_1 + F_2) + 12G + 15H$
			b	30	C_2	$A + 5(F_1 + F_2) + 6G + 7H$
			c	20	C_3	$A + 3(F_1 + F_2) + 4G + 5H$

Tabelle 1 (Forts.)

I	II	III	IV	V	VI	VII
			d	12	C_5	$A + 3F_1 + F_2 + 2G + 3H$
			e	1	Alle	F_1
$I = i \times I$	F_{1u}	F_{1g}	a	120	Keine	$3(A_g + A_u) + 9(F_{1g} + F_{1u} + F_{2g} + F_{2u}) + 12(G_g + G_u) + 15(H_g + H_u)$
			b	60	σ	$2A_g + A_u + 4F_{1g} + 5F_{1u} + 4F_{2g} + 5F_{2u} + 6(G_g + G_u) + 8H_g + 7H_u$
			c	30	C_2, σ	$A_g + 2F_{1g} + 3F_{1u} + 2F_{2g} + 3F_{2u} + 3(G_g + G_u) + 4H_g + 3H_u$
			d	20	C_3, σ	$A_g + F_{1g} + 2F_{1u} + F_{2g} + 2F_{2u} + 2(G_g + G_u) + 3H_g + 2H_u$
			e	12	C_5, σ	$A_g + F_{1g} + 2F_{1u} + F_{2u} + G_g + G_u + 2H_g + H_u$
			f	1	Alle	F_{1u}

Verschiebungen, einschließlich Translationen, Rotationen und Normalverschiebungen, für ein „Molekül" angibt, das aus den in Spalte VI angegebenen äquivalenten Punkten besteht. Zieht man die Translationen und Rotationen von dieser letzten Spalte ab, so finden wir, welche Typen von Normalschwingungen erscheinen. Dies wurde in der Tabelle nicht ausgeführt, da bei jedem Molekül mehr als eine Menge von äquivalenten Punkten auftreten kann (d. h., daß mehr als eine Spalte der Tabelle erforderlich wäre, oder dieselbe Spalte mehrmals), während die Subtraktion der Translation und der Rotation natürlich nur einmal auszuführen ist. Die Tabelle dient nicht nur zum Beweis unseres Theorems, sondern auch zum Nachweis, welche Normalverschiebungen ein beliebiges gegebenes Molekül besitzt. Tabellen für diesen Zweck mit Beschränkung auf die kristallographischen Punktgruppen sind bereits von PLACZEK (1934) veröffentlicht worden. Weitere Tabellen für spezielle Moleküle sind von BRIGHT WILSON angegeben worden (1934).

Zum Nachweis, daß unser Theorem für jede Symmetriegruppe gilt, müssen wir untersuchen, aus welcher minimalen Zahl von Punkten ein Molekül mit der entsprechenden Symmetrie zusammengesetzt sein kann. Wenn wir zum Beispiel ein Molekül mit der Symmetrie T konstruieren wollen, so genügt es nicht, wenn wir sechs Atome nehmen und sie auf einer zweizähligen Achse anordnen (die Punkte (b) in Tabelle 1), da diese Konfiguration die höhere Symmetrie O_h besitzt. Zu diesem Zweck stellen wir in Tabelle 2 die minimale Anzahl der verschiedenen Arten von Punkten zusammen, die notwendig und hinreichend sind, um die einzelnen Symmetriegruppen zu erzeugen. In dieser Tabelle bedeutet eine Eintragung wie zum Beispiel 2(a), daß man zwei vollständige Punktmengen vom Typ (a) benötigt, um die notwendige Symmetrie zu erzeugen. Nicht angeführte Typen können die Symmetrie nicht erzeugen, wie viele vollständige Mengen solcher Typen man auch nimmt. Das gilt zum Beispiel für den Typ (b) bei der Gruppe T.

Wir benötigen darüber hinaus die symmetrischen Produkte der einzelnen entarteten Darstellungen. Diese kann man aus einer Arbeit von Tisza (1933) übernehmen, da diese identisch sind mit den Darstellungen, die von den ersten Oberschwingungen der entsprechenden Normalschwingungen beansprucht werden. Der Bequemlichkeit halber haben wir in Tabelle 3 diese symmetrischen Produkte für alle entarteten Darstellungen zusammengefaßt.

Unter Verwendung der Tabellen 1, 2 und 3 läßt sich

Tabelle 2

Gruppe	Minimale Punktezahl zur Erzeugung der Symmetriegruppe
C_{∞}^{v}	2(*a*)
C_{∞}^{vi}	(*a*)
C_{2p+1}	2(*a*)
C_{2p}	2(*a*)
D_{2p+1}	(*a*)
D_{2p}	(*a*)
C_{2p+1}^{i}	(*a*)
C_{2p}^{i}	2(*a*), 2(*b*) oder (*a*) + (*b*)
D_{2p+1}^{i}	(*a*) oder (*b*)
D_{2p}^{i}	(*a*), (*b*), (*c*), (*d*), (*e*) oder (*f*)
C_{2p+1}^{h}	2(*a*), 2(*b*) oder (*a*) + (*b*)
D_{2p+1}^{h}	(*a*), (*b*), (*c*) oder (*d*)
C_{2p+1}^{v}	2(*a*), 2(*b*), (*a* + (*b*), (*a*) + (*c*) oder (*b*) + (*c*)
C_{2p}^{v}	2(*a*), 2(*b*), 2(*c*), (*a*) + (*b*), (*a*) + (*c*), (*a*) + (*d*), (*b*) + (*c*), (*b*) + (*d*) oder (*c*) + (*d*)
S_{4p}	2(*a*)
S_{4p}^{v}	(*a*) oder (*b*)
T	(*a*)
T_d	(*a*), (*b*) oder (*d*)
T_h	(*a*) oder (*b*)
O	(*a*)
O_h	(*a*), (*b*), (*c*), (*d*), (*e*) oder (*f*)
I	(*a*)
I_h	(*a*), (*b*), (*c*), (*d*) oder (*e*)

Tabelle 3

Gruppe	Symmetrisches Produkt der entarteten Darstellungen
C_{∞}^{v}	$[E_k^2] = A_1 + E_{2k} \quad (k = 1, 2, \ldots)$
C_{∞}^{vi}	$[E_{kg}^2] = [E_{ku}^2] = A_{1g} + E_{2k,g} \quad (k = 1, 2, \ldots)$
C_{2p+1}	$[E_k^2] = A + E_{2k}$ für $k \leqq p/2$
	$= A + E_{2p+1-2k}$ für $k > p/2 \quad (k = 1, 2, \ldots, p)$
C_{2p}	$[E_k^2] = A + E_{2k}$ für $k < p/2$
	$= A + 2B$ für $k = p/2$
	$= A + E_{2p-2k}$ für $k > p/2 \quad (k = 1, 2, \ldots, p-1)$
D_{2p+1} und C_{2p+1}^{v}	$[E_k^2] = A_1 + E_{2k}$ für $k \leqq p/2$
	$= A_1 + E_{2p+1-2k}$ für $k > p/2 \quad (k = 1, \ldots, p)$
D_{2p} und C_{2p}^{v}	$[E_k^2] = A_1 + E_{2k}$ für $k < p/2$
	$= A_1 + B_1 + B_2$ für $k = p/2$
	$= A_1 + E_{2p-2k}$ für $k > p/2 \quad (k = 1, \ldots, p-1)$
C_{2p+1}^{i}	$[E_{kg}^2] = [E_{ku}^2] = A_g + E_{2k,g}$ für $k \leqq p/2$
	$= A_g + E_{2p+1-2k,g}$ für $k > p/2$
	$(k = 1, \ldots, p)$
C_{2p}^{i}	$[E_{kg}^2] = [E_{ku}^2] = A_g + E_{2k,g}$ für $k < p/2$
	$= A_g + 2B_g$ für $k = p/2$
	$= A_g + E_{2p-2k,g}$ für $k > p/2$
	$(k = 1, \ldots, p-1)$
D_{2p+1}^{i}	$[E_{kg}^2) = [E_{ku}^2] = A_{1g} + E_{2k,g}$ für $k \leqq p/2$
	$= A_{1g} + E_{2p+1-2k,g}$ für $k > p/2$
	$(k = 1, \ldots, p)$
D_{2p}^{i}	$[E_{kg}^2] = [E_{ku}^2] = A_{1g} + E_{2k,g}$ für $k < p/2$
	$= A_{1g} + B_{1g} + B_{2g}$ für $k = p/2$
	$= A_{1g} + E_{2p-2k,g}$ für $k > p/2$
	$(k = 1, \ldots, p-1)$
C_{2p+1}^{h} und D_{2p+1}^{h}	$[E_k'^2] = [E_k''^2] = A' + E_{2k}'$ für $k \leqq p/2$
	$= A' + E_{2p+1-2k}'$ für $k > p/2$
	$(k = 1, \ldots, p)$
S_{4p}	$[E_k^2] = A + E_{2k}$ für $k < p$
	$= A + 2B$ für $k = p$
	$= A + E_{4p-2k}$ für $k > p \quad (k = 1, \ldots, 2p-1)$
S_{4p}^{v}	$[E_k^2] = A_1 + E_{2k}$ für $k < p$
	$= A_1 + B_1 + B_2$ für $k = p$
	$= A_1 + E_{4p-2k}$ für $k > p \quad (k = 1, \ldots, 2p-1)$
T	$[E^2] = A + E$
	$[F^2] = A + E + F$

Tabelle 3 (Forts.)

Gruppe	Symmetrisches Produkt der entarteten Darstellungen
T_d und O	$[E^2] = A_1 + E$
	$[F_1^2] = [F_2^2] = A_1 + E + F_2$
T_h	$[E_g^2] = [E_u^2] = A_g + E_g$
	$[F_g^2] = [F_u^2] = A_g + E_g + F_g$
O_h	$[E_g^2] = [E_u^2] = A_{1g} + E_g$
	$[F_{1g}^2] = [F_{1u}^2] = [F_{2g}^2] = [F_{2u}^2] = A_{1g} + E_g + F_{2g}$
I	$[F_1^2] = [F_2^2] = A + H$
	$[G^2] = A + G + H$
	$[H^2] = A + G + 2H$
I_h	$[F_{1g}^2] = [F_{1u}^2] = [F_{2g}^2] = [F_{2u}^2] = A_g + H_g$
	$[G_g^2] = [G_u^2] = A_g + G_g + H_g$
	$[H_g^2] = [H_u^2] = A_g + G_g + 2H_g$

unser Theorem leicht verifizieren. Gemäß Tabelle 2 zum Beispiel kann man die Symmetriegruppe O_h leicht durch eine vollständige Menge von äquivalenten Punkten einer der Typen (*a*), (*b*), (*c*), (*d*), (*e*) oder (*f*) herstellen. Aus Tabelle 1 sehen wir jedoch, daß jede dieser Punktmengen Normalverschiebungen vom Typ E_g besitzt, und gemäß Tabelle 3 enthält $E_g[\Phi^2]$ stets die identische Darstellung für jede entartete Darstellung Φ der Gruppe O_h. Wir müssen natürlich stets beachten, daß man Verschiebungen vom Typ A_{1g} (oder A_1 oder A oder A_g) nicht benützen darf, da man die molekularen Konfigurationen bezüglich der vollständig symmetrischen Verschiebungen stets als stabil betrachtet.

5. Schlußfolgerungen

Am Ende sei nochmals darauf hingewiesen, daß die Kräfte, welche die symmetrischen Konfigurationen zu zerstören suchen und von denen wir in den Fällen der Bahnentartung gezeigt haben, daß sie existieren, nur dann von Bedeutung sein werden, wenn die entarteten Elektronen stark an der Bindung des Moleküls beteiligt sind. Der Effekt wird gering sein, wenn die entarteten Elektronen in den inneren Schalen liegen oder wenn sie in hoch angeregtem Zustand sind. Auch die Spinentartung kann ähnliche Effekte hervorrufen, jedoch sind auch diese geringfügig, da die Kopplung von Spin und nuklearer Bewegung von der Wechselwirkung des Spins mit der Bahnbewegung der Elektronen abhängt. Diese Wechselwirkung ist zumindest für leichte Elemente schwach. Ein allgemeines Theorem von Kramers (1930) und Wigner (1932) zeigt darüber hinaus, daß für Moleküle, die eine ungerade Anzahl von Elektronen enthalten, eine zweifache Spinentartung besteht, die durch elektrische Kräfte nicht aufspaltbar ist. Eine derartige zweifache Spinentartung kann daher keine Instabilität der molekularen Konfiguration erzeugen. Man kann jedoch zeigen, daß mit Ausnahme dieses einen Typs der Entartung alle entarteten Elektronenzustände nichtlinearer Moleküle instabil sind, ob nun die Entartung von der Bahnbewegung herrührt oder vom Spin. Der Beweis für diese Aussage und eine genauere Diskussion der Größe der Aufspaltung werden in einer zweiten Arbeit gegeben werden.

Die Autoren schulden Professor L. Landau Dank für eine Diskussion, die zur Formulierung des hier aufgestellten Theorems führte. Die Forschungsarbeit wurde in den Sir William Ramsay Laboratorien für Anorganische und Physikalische Chemie am University College in London durchgeführt. Großen Dank schulden wir auch den Imperial Chemical Industries, Ltd., für Stipendien, die uns die Ausführung der Arbeit ermöglichten. Besonderer Dank gilt aber Herrn Professor F. G. Donnan, Laboratoriumsdirektor, für seine Gastfreundschaft und sein herzliches Interesse.

Zusammenfassung

Es wird gezeigt, daß elektronische Bahnentartung und Stabilität einer nuklearen Konfiguration inkompatibel sind, außer die Atome des Moleküls liegen auf einer Geraden. Der Beweis beruht auf der Gruppentheorie, er gilt daher nur dann, wenn zufällige Entartungen außer acht bleiben. Wenn die die Entartung hervorrufenden Elektronen für die Molekülbindung nicht wesentlich sind, so tritt nur eine leichte Instabilität ein. Die zum Beweis des Theorems verwendete Tabelle 1 kann auch dazu benutzt werden, um die Anzahl der Eigenschwingungen eines gegebenen Symmetrietyps für ein beliebiges polyatomares Molekül zu finden.

Literatur

BRIGHT WILSON, E., J. Chem. Phys. **2**, 432 (1934).
KRAMERS, H. A., Proc. Acad. Sci. Amst. **33**, 959 (1930).
LENNARD-JONES, J. E., Trans. Faraday Soc. **30**, 70 (1934).
MULLIKEN, R. S., Phys. Rev. **43**, 279 (1933).
PLACZEK, G., Handbuch der Radiologie, **6**, II, 205 (1934).
TISZA, L., Z. Phys. **82**, 48 (1933).
VAN VLECK, Electric and Magnetic Susceptibilities, S. 273. Oxford 1932.
WEYL, Gruppentheorie und Quantenmechanik, S. 115. Leipzig 1928.
WIGNER, E., Nachr. Ges. Wiss. Göttingen, S. 133 (1930).
WIGNER, E., Nachr. Ges. Wiss. Göttingen, S. 546 (1932).

4. Termaufspaltung in Kristallen*)

H. Bethe

Der Einfluß eines elektrischen Feldes von vorgegebener Symmetrie (Kristallfeld) auf ein Atom wird wellenmechanisch behandelt. Die Terme des Atoms spalten auf in einer Weise, die von der Symmetrie des Feldes und vom Drehimpuls l (bzw. j) des Atoms abhängt. s-Terme spalten allgemein, p-Terme in Feldern von kubischer Symmetrie *nicht* auf. Für den Fall, daß die einzelnen Elektronen des Atoms separat behandelt werden dürfen (aufgehobene Wechselwirkung im Atom), werden zu jedem Term im Kristall die Eigenfunktionen nullter Näherung angegeben; aus diesen ergibt sich eine für den Term charakteristische Gruppierung der Elektronendichte nach den Symmetrieachsen des Kristalls. — Die *Größe* der Termaufspaltung bewegt sich in der Ordnung einiger hundert cm^{-1}. — Bei tetragonaler Symmetrie kann ein quantitatives Maß für die Abweichung von der kubischen Symmetrie definiert werden, welches eindeutig die stabilste Elektronenanordnung im Kristall bestimmt.**)

1. Einleitung

Für die Wellenmechanik der Kristalle bieten sich von vornherein zwei Ausgangspunkte: Entweder wir behandeln den Kristall als fertiges Ganzes, beschreiben ihn also etwa durch ein räumlich-periodisches Potentialfeld und Eigenfunktionen von derselben räumlichen Periodizität, auf deren Modulation durch die feinere Struktur der im Kristall enthaltenen Atome wir erst in zweiter Linie eingehen. Dieser Weg ist vor allem von Bloch[1]) zur Behandlung der elektrischen Leitfähigkeit verwendet

*) Ann. d. Phys. 3, 133 (1929).

**) Diese Arbeit enthält 23 Abschnitte in 4 Teilen, hier werden nur die ersten 2 Teile abgedruckt (A. P. C.).

[1]) F. Bloch, Ztschr. f. Phys. 52, S. 555 (1929).

worden und erscheint als besonders angemessen im Falle weitgehend „freier“ Elektronen. Andererseits kann man vom freien Atom ausgehen und dessen Störung im Kristall analog zum Verfahren von LONDON und HEITLER[2]) behandeln, man wird dies Verfahren vor allem zur Berechnung von Gitterenergie, Gitterabständen usw. benutzen können.

Eine Störung des freien Atoms beim Einfügen in einen Kristall ist aus zweierlei Ursachen zu erwarten: Einerseits wird das Atom in Elektronenaustausch mit den anderen Atomen des Kristalls treten, d. h., seine Permutationsgruppe wird geändert. Dieser Austauscheffekt wird ganz analog zu behandeln sein wie in einem Molekül, höchstens besteht ein rein quantitativer Unterschied bezüglich der Anzahl der Nachbarn, mit denen ein Austausch stattfinden kann. *Andererseits* wirkt auf das Atom im Kristall ein von den übrigen Atomen herrührendes elektrisches Feld von bestimmter Symmetrie, welches die Richtungsentartung des freien Atoms aufhebt. In dieser verschiedenen räumlichen Symmetrie ist der *qualitative* Unterschied zwischen dem Molekülproblem und dem Kristallproblem zu suchen. Wir wollen in dieser Arbeit die durch die Symmetrie des Kristalls bedingten spezifischen Störungen des freien Atoms behandeln, ohne vorerst auf die Elektronenaustauschphänomene zwischen den Atomen des Kristalls einzugehen; gleichzeitig wollen wir damit einen Ausgangspunkt für die Behandlung der letzteren schaffen.

Ein elektrisches Feld von bestimmter Symmetrie wird eine Aufspaltung der Terme des ungestörten Atoms verursachen, die analog ist zur Starkeffektaufspaltung und charakteristisch sein wird eben für die Symmetrie des Feldes, d. h. für die Symmetrie der Lage des Atoms im Kristall. Die Anzahl der Komponenten, in die ein Term

---

[2]) F. LONDON und W. HEITLER, Ztschr. f. Phys. 44, S. 455 (1927).

des freien Atoms aufspaltet, wächst mit abnehmender Symmetrie.*)

Wir werden folgende Quantenzahlen zur Beschreibung der STARK-Effekt-Aufspaltung benutzen:

λ azimutale Kristallquantenzahl zur Kennzeichnung der Einstellung des Bahndrehimpulses des Atoms im Kristall.

λ_i azimutale Kristallquantenzahl des einzelnen ($i$ten), Elektrons.

l_i gewöhnliche azimutale Quantenzahl des einzelnen Elektrons im freien Atom.

μ innere Kristallquantenzahl (Einstellung des Gesamtdrehimpulses j des Atoms im Kristall).

Da es sich bei den Kristallquantenzahlen im allgemeinen um keine „echten" Quantenzahlen handelt, die etwa als Drehimpuls um eine Achse oder ähnlich gedeutet werden könnten, sondern nur um die Unterscheidung verschiedener gruppentheoretischer Darstellungseigenschaften der einzelnen Terme, so schreiben wir sie nicht als Zahlen, sondern als griechische Buchstaben.**)

Zunächst werden wir die drei möglichen Fälle — Einstellung des Bahnimpulses des Einzelelektrons, des gesamten Bahnimpulses oder des Gesamtdrehimpulses des Atoms im Kristall — gemeinsam behandeln und die jeweilige Anzahl der Aufspaltungskomponenten eines Terms bei gegebenem Drehimpuls (Darstellung der Drehgruppe) und gegebener Symmetrie der Lage des Atoms im Kristall gruppentheoretisch berechnen. Dabei wird der Fall der Einstellung eines halbzahligen Gesamtdrehimpulses (zweideutige Darstellung der Drehgruppe) gesondert zu behandeln sein. Hierauf werden wir die zu den einzelnen Aufspaltungskomponenten gehörigen win-

---

*) Einige kurze Abschnitte über die Größenordnung der Aufspaltung von Atomenergieniveaus werden weggelassen (A. P. C.).

**) Eine kurze Diskussion über die Größenordnung der Aufspaltung von Atomenergieniveaus wird weggelassen (A. P. C.).

kelabhängigen Faktoren der Eigenfunktionen nullter Näherung angeben, wie sie für Austauschrechnungen benötigt werden. Dann werden wir die drei durch die Größenordnung der Kristallaufspaltung unterschiedenen Fälle einzeln diskutieren und dabei besondere Rücksicht auf die Symmetrie der Elektronendichteverteilung nehmen. Schließlich werden wir für Ionenkristalle die Größe der Aufspaltung berechnen.

I. Gruppentheoretische Lösung

2. Gang der Lösung

Die SCHRÖDINGERsche Differentialgleichung des freien Atoms ist bekanntlich invariant gegenüber beliebigen Drehungen des Koordinatensystems sowie gegenüber einer Inversion am Kern (und gegenüber Vertauschung der Elektronen, die uns aber vorerst nicht interessiert). Ihre Substitutionsgruppe[1]) ist u. a. die Drehungsgruppe der Kugel, welche je eine irreduzible Darstellung von der Dimension $2l+1$ besitzt ($l = 0, 1, 2 \ldots$).

Setzen wir nun das Atom in einen Kristall hinein, so reduziert sich die Symmetrie des Potentialansatzes von Kugelsymmetrie auf die Symmetrie der Lage, welche das Atom im Kristall einnimmt, z. B. bei Einfügung in einen Kristall vom NaCl-Typ auf kubisch-holoedrische, beim ZnS-Typ auf kubisch-hemiedrische Symmetrie. Die Substitutionsgruppe der SCHRÖDINGERschen Differentialgleichung für das betrachtete Atom umfaßt nur mehr solche Symmetrieoperationen, welche die Lage des Kerns des betrachteten Atoms ungeändert lassen und gleichzeitig den ganzen Kristall in sich überführen (Symmetriegruppe des Kristallatoms). Der Weg, eine solche Verminderung der Symmetrie zu behandeln, ist allgemein von WIGNER angegeben worden. Man hat einfach die zu einem bestimmten Term des ungestörten Atoms ge-

[1]) E. WIGNER, Ztschr. f. Phys. **43**, S. 624 (1927).

hörige Darstellung der ursprünglichen Substitutionsgruppe als Darstellung der neuen Substitutionsgruppe, welche ja eine Untergruppe der früheren ist, auszureduzieren und erhält damit Anzahl und Vielfachheit der Terme, in welche der betrachtete ungestörte Term bei der vorgenommenen Verminderung der Symmetrie zerfällt. Dabei ist es bekanntlich ganz belanglos, ob die Störung klein oder groß und überhaupt von welcher Form sie im einzelnen ist, ob man die Störungsenergie nur in erster oder in beliebig hoher Ordnung berechnet: Die Feststellung einer bestimmten *Symmetrie* des Störungspotentials genügt vollkommen.

Um die $(2l + 1)$-dimensionale Darstellung der Drehgruppe praktisch als Darstellung einer bestimmten Kristallsymmetriegruppe (z. B. der Oktaedergruppe) auszureduzieren, verwenden wir den fundamentalen Satz der Gruppentheorie: Jede reduzible Darstellung einer Gruppe läßt sich auf eine und nur eine Weise in ihre irreduziblen Bestandteile zerlegen, dabei ist der Chrakter jedes Gruppenelements in der reduziblen Darstellung gleich der Summe der Charaktere, die dem Element in den irreduziblen Bestandteilen zukommen. Wir müssen also den Charakter jeder Symmetrieoperation des Kristalls, welche den Atomkern in seiner Lage beläßt, kennen: einerseits in den irreduziblen Darstellungen der Substitutionsgruppe des Kristallatoms; andererseits in den irreduziblen Darstellungen der Substitutionsgruppe des freien Atoms.

Jede Symmetrieoperation des Kristallatoms läßt sich nun zusammensetzen aus einer reinen Drehung und evtl. einer Inversion am Kern, ebenso wie jede Symmetrieoperation des freien Atoms. Wir brauchen aber nur den Charakter einer vorgegebenen *Drehung* in der $(2l + 1)$-dimensionalen Darstellung der Drehgruppe zu berechnen, fügt man der Drehung eine Inversion hinzu, so multipliziert sich der Charakter einfach mit $+1$ oder -1, je nachdem ob es sich um einen positiven oder einen negativen Term handelt.[1]) Die allgemeinste Drehung ist diejenige um eine beliebige Achse um den Winkel Φ. Ihre einfachste Darstellung wird vermittelt durch die Transformation der auf die Drehachse bezogenen Kugelfunktionen mit unterem Index l:

$$f_\mu(x) + P_l^\mu(\cos\vartheta)e^{i\mu\Phi}.$$

Unsere Drehung R soll θ in sich, φ in $\varphi + \Phi$ überführen, also $f_\mu(x)$ in:

$$f_\mu(Rx) = P_l^\mu(\cos\vartheta)e^{i\mu(\varphi+\Phi)},$$

d. h., unsere Drehung wird dargestellt durch die Matrix[1]):

$$\begin{pmatrix} e^{-il\Phi} & 0 \ldots\ldots\ldots\ldots & 0 \\ 0 & e^{-i(l-1)\Phi} \ldots & 0 \\ \ldots\ldots & \ldots\ldots\ldots\ldots & \ldots \\ 0 & 0 \ldots\ldots\ldots & e^{il\Phi} \end{pmatrix}$$

mit dem Charakter:

$$\chi(\Phi) = \frac{\sin(l + 1/2)\Phi}{\sin 1/2\Phi}. \tag{1}$$

3. *Holoedrische und hemiedrische Symmetrie*

Wenn ein Atom im Kristall holoedrische Symmetrie besitzt, so muß es Symmetriezentrum des ganzen Kristalles sein. Dann lassen sich seine Symmetrieoperationen in zwei Kategorien von je gleichviel Elementen zusammenfassen, die reinen Drehungen einerseits und die Spiegelungen und Drehspiegelungen andererseits. Dabei bilden die reinen Drehungen einen Normalteiler der Gruppe. Aus jeder Klasse reiner Drehungen geht durch Multiplikation mit der Inversion am Atomkern eine Klasse von Spiegelungen oder Drehspiegelungen hervor.

---

[1]) Vgl. E. Wigner und J. v. Neumann, Ztschr. f. Phys. 49, S. 73, 91 (1928).

Denn, nehmen wir an, C sei eine Klasse des aus den reinen Drehungen bestehenden Normalteilers N, d. h., wenn X irgendein Element des Normalteilers:

$$X^{-1} C X = C.$$

J sei die Inversion, welche natürlich mit jeder Drehung vertauschbar ist ($J^2 = E$). Dann folgt zunächst, daß C auch eine Klasse in der *ganzen* Gruppe bildet:

$$(J X)^{-1} C J X = C.$$

Ferner bildet aber auch $J C$ eine Klasse der Gruppe:

$$X^{-1} J C X = J C,$$

w. z. b. w. (Vgl. das Beispiel im folgenden Paragraphen.)

Die Gruppe besteht also aus genau doppelt so vielen Elementen in genau doppelt so vielen Klassen wie der erwähnte Normalteiler und besitzt demnach doppelt so viele Darstellungen wie dieser, nämlich erstens die positiven Darstellungen, in welchen die Inversion durch die Einheitsmatrix dargestellt wird und die Spiegelungsklasse $J C$ denselben Charakter hat wie die Drehklasse C, zweitens die negativen Darstellungen, bei denen die Inversion durch die negative Einheitsmatrix dargestellt wird und bei Multiplikation einer Klasse C mit der Inversion der Charakter sich mit -1 multipliziert. Man sieht sofort durch Vergleich mit der Definition Wigners und v. Neumanns[1]): Ein positiver Term des freien Atoms zerfällt in einer Lage von holoedrischer Symmetrie in lauter positive, ein negativer in lauter negative Kristallterme. Im übrigen braucht man sich um die Inversion nicht weiter zu kümmern, sondern nur die Darstellungen der Kugeldrehgruppe als Darstellungen der aus den reinen Drehungen des Kristalls um den Atomkern bestehenden Gruppe auszureduzieren, welche wir als Kri-

---

1) E. Wigner und J. v. Neumann a. a. O. S. 91.

stalldrehgruppe (tetragonale, hexagonale Drehgruppe) bezeichnen wollen.

Durch Fortfall der Hälfte aller Symmetrieelemente und der Hälfte aller Symmetrieklassen entsteht aus der holoedrischen eine hemiedrische Symmetriegruppe, vorausgesetzt, daß die übrig bleibenden Elemente eine Gruppe bilden. Gehört die Inversion auch zu den Elementen der *hemiedrischen* Symmetriegruppe, so kann man wie bei holoedrischer Symmetrie schließen und die Betrachtung auf die aus reinen Drehungen bestehenden Elemente der Gruppe beschränken. Die Aufspaltung eines Terms des freien Atoms liefert dann im allgemeinen *mehr* Komponenten als bei holoedrischer Symmetrie. Ist die Inversion *nicht* Element der hemiedrischen Symmetriegruppe, so kann man die hemiedrische Gruppe durch Multiplikation mit der Inversion zur holoedrischen Symmetriegruppe ergänzen, wobei wie oben jeder Klasse der hemiedrischen Gruppe *zwei* Klassen der holoedrischen entsprechen. Also entspricht jede hemiedrische Symmetriegruppe, welche die Inversion nicht enthält, Klasse für Klasse dem aus den reinen Drehungen bestehenden Normalteiler der holoedrischen Gruppe, hat also auch genau dieselben Darstellungen wie dieser. (Der Normalteiler selbst bildet natürlich auch eine hemiedrische Symmetriegruppe, die wir als Dreh-Hemiedrie bezeichnen können, daneben sind aber auch andere Hemiedrien ohne Inversionszentrum denkbar.)

Nun wollen wir eine Darstellung einer hemiedrischen Symmetriegruppe positiv-gleich einer Darstellung der Drehhemiedriegruppe nennen, wenn entsprechende Klassen der beiden Gruppen durchweg denselben Charakter besitzen. Negativ-gleich wollen wir zwei Darstellungen der Gruppen nennen, wenn nur die Drehklassen der hemiedrischen Symmetriegruppe genau den gleichen Charakter haben wie die entsprechenden Klassen der Drehhemiedriegruppe, die Charaktere der Spiegelungsklassen der hemiedrischen Symmetriegruppe dagegen entgegengesetzt gleich sind den Charakteren der entsprechenden Drehklassen in der vergleichsweise herangezogenen Darstellung der Drehhemiedriegruppe.

Ein Term des freien Atoms spaltet bei einer hemiedrischen Symmetrie der Lage des Atoms im Kristall, bei welcher dieses kein Inversionszentrum bildet, in genau ebensoviele Komponenten auf wie bei der zugehörigen holoedrischen Symmetrie. Die Darstellungen der Terme, die aus einem positiven Term des freien Atoms in einer Lage von hemiedrischer Symmetrie entstehen, sind dabei positiv-gleich den irreduziblen Darstellungen der Kristalldrehgruppe (Drehhemiedrie), welche man durch Ausreduktion derjenigen Darstellung der Kugeldrehgruppe erhält, die zu dem Term des freien Atoms gehört. Aus einem negativen Term des freien Atoms dagegen entstehen in einer Lage von hemiedrischer Symmetrie Terme, deren Darstellungen negativ-gleich den entsprechenden Darstellungen der Kristall-Drehgruppe sind.

Nunmehr gehen wir an die Betrachtung einzelner Symmetriegruppen.

4. Kubisch-holoedrische Symmetrie (z. B. NaCl, Ca in CaF_2)

Wir nehmen an, daß sämtliche Drehachsen und Spiegelebenen der kubisch-holoedrischen Symmetrie durch den Kern des betrachteten Atoms hindurchgelegt werden können. Die 24 reinen Drehungen der kubisch-holoedrischen Symmetriegruppe, welche mit den Drehungen der Oktaedergruppe identisch sind, ordnen sich in 5 Klassen:

E Identität.

C_2 Drehung um die drei 4zähligen Achsen (Würfelkanten) um π (3 Elemente).

C_3 Drehung um die 4zähligen Achsen um $\pm\pi/2$ (6 Elemente).

C_4 Drehung um die sechs 2zähligen Achsen (Flächendiagonalen des Würfels) um π (6 Elemente).

C_4 Drehung um die vier 3zähligen Achsen (Würfeldiagonalen) um $\pm 2\pi/3$ (8 Elemente).

Durch Multiplikation mit der Inversion entstehen hieraus:

J Inversion.

JC_2 Spiegelung an den zu den 4zähligen Achsen senkrechten Ebenen (3 Elemente).

JC_3 Drehspiegelung an den 4zähligen Achsen (Drehung um $\pm \pi/2 +$ Spiegelung an der zur Achse senkrechten Ebene) (6 Elemente).

JC_4 Spiegelung an den durch je eine 4zählige und eine dazu senkrechte 2zählige Achse gelegten Ebenen (6 Elemente).

JC_5 Drehung um die 3zählige Achse (6zählige Drehspiegelachse) um $\pm \pi/3$ mit gleichzeitiger Spiegelung an der zur Achse senkrechten Ebene (8 Elemente).

Die aus 24 Elementen bestehende Oktaedergruppe besitzt also fünf irreduzible Darstellungen. Die Quadratsumme der Dimensionen aller Darstellungen muß gleich der Anzahl der Gruppenelemente sein; wir müssen also 24 als Summe von 5 Quadraten darstellen. Die einzige Möglichkeit ist die Zerlegung:

$$24 = 3^2 + 3^2 + 2^2 + 1^2 + 1^2.$$

Das heißt, die Oktaedergruppe besitzt zwei dreidimensionale, eine zweidimensionale und zwei eindimensionale Darstellungen. Jeder Term des ungestörten Atoms von höherer als dreifacher Richtungsentartung *muß* also im Kristall von kubisch-holoedrischer Symmetrie aufspalten. Um nun die Charaktere der Darstellungen der Oktaedergruppe zu berechnen, gehen wir aus von der Formel[1]):

$$h_i h_k \chi_i \chi_k = \chi_1 \sum c_{ikl} h_l \chi_l .$$

[1]) A. SPEISER, Theorie der Gruppen. 1. Aufl. S. 163, 2. Aufl. S. 171.

Die Produkte je zweier Klassen sind:

$$\begin{aligned} C_2^2 &= 3E + 2C_2, & C_2C_3 &= C_3 + 2C_4, \\ C_3^2 &= 6E + 2C_2 + 3C_5, & C_2C_4 &= 2C_3 + C_4, \\ C_4^2 &= 6E + 2C_2 + 3C_5, & C_2C_5 &= 3C_5, \\ C_5^2 &= 8E + 8C_2 + 4C_5, & C_3C_4 &= 4C_2 + 3C_5, \\ & & C_3C_5 &= C_4C_5 = 4C_3 + 4C_4. \end{aligned}$$

Daraus ergeben sich die folgenden Charakterensysteme.

Tabelle 1*)

Darstellung	Klasse				
	E	C_2	C_3	C_4	C_5
Γ_1	1	1	1	1	1
Γ_2	1	1	−1	−1	1
Γ_3	2	2	0	0	−1
Γ_4	3	−1	1	−1	0
Γ_5	3	−1	−1	1	0

In der $2l + 1$-dimensionalen Darstellung der Drehgruppe entsprechen den Klassen der Oktaedergruppe gemäß dem Ende von 2. die folgenden Charaktere:

Klasse E

Drehung um $\Phi = 0 \qquad \chi_E = 2l + 1,$

Klassen C_2 u. C_4

$$\text{Drehung um } \Phi = \pi \quad \chi_2 = \chi_4 = \frac{\sin\left(l + \frac{1}{2}\right)\pi}{\sin\frac{\pi}{2}} = (-1)^l,$$

*) Die Gegenüberstellung zwischen diesen Bezeichnungen und denen dieses Buches ist in Abschnitt 6.4 in Teil I dieses Buches gegeben (A. P. C.).

Diese Arbeit	Γ_1	Γ_2	Γ_3	Γ_4	Γ_5
Anhang dieses Buches	A_1	A_2	E	T_1	T_2

Klassen C_3

$$\text{Drehung um}\quad \Phi = \pi/2\ \chi_3 = \frac{\sin\left(\frac{l}{2}+\frac{1}{4}\right)\pi}{\sin\frac{\pi}{4}}$$

$$= \begin{cases} (-1)^{l/2}, & \text{wenn } l \text{ gerade,} \\ (-1)^{(l-1)/2}, & \text{wenn } l \text{ ungerade,} \end{cases}$$

Klasse C_5

$$\text{Drehung um}\quad \Phi = 2\pi/3\ \chi_5 = \frac{\sin\left(\frac{2l}{3}+\frac{1}{3}\right)\pi}{\sin\frac{\pi}{3}}$$

$$= \begin{cases} 1, & \text{wenn } l = 3m, \\ 0, & \text{wenn } l = 3m+1, \\ -1, & \text{wenn } l = 3m+2. \end{cases}$$

Im einzelnen entsprechen den Darstellungen der Kugeldrehgruppe die in der folgenden Tabelle aufgeführten Charaktere der einzelnen Klassen der Oktaedergruppe, aus denen sich die rechts verzeichneten Zerlegungen in irreduzible Darstellungen der Oktaedergruppe ergeben.

S- und *P*-Term des ungestörten Atoms spalten demnach *nicht auf*, wenn man das Atom in eine Lage von kubisch-holoedrischer Symmetrie in einem Kristall bringt. Vom *D*-Term ab spaltet *jeder* Term auf, und zwar allgemein in höchstens so viele Komponenten wie die azimutale Quantenzahl l angibt, also in weniger Komponenten, als beim STARK-Effekt im homogenen Feld auftreten.[1]) Für $l = 12$ (allgemein für $l = 12m$) sind die Charaktere aller Klassen der Oktaedergruppen gleich $+1$, nur der Charakter des Einheitselements $= 25$ $(24m + 1)$.

[1]) Wenn bei der Ausreduktion zwei Terme mit gleicher Darstellung auftreten, so sind diese natürlich trotzdem verschieden, ebenso wie ihre Eigenfunktionen verschiedene Winkelabhängigkeit im einzelnen besitzen und nur bei den speziellen Symmetrieoperationen des Kristallatoms sich in gleicher Weise transformieren.

Tabelle 2*)

Charaktere der Klassen der Oktaedergruppe in der $(2l+1)$-dimensionalen Darstellung der Drehgruppe						Zerlegung der $(2l+1)$-dimensionalen Darstellung der Drehgruppe in irreduzible Darstellungen der Oktaedergruppe	Anzahl der Terme
l	E	C_2	C_3	C_4	C_5		
0	1	1	1	1	1	Γ_1	1
1	3	−1	1	−1	0	Γ_4	1
2	5	1	−1	1	−1	$\Gamma_3 + \Gamma_5$	2
3	7	−1	−1	−1	1	$\Gamma_2 + \Gamma_4 + \Gamma_5$	3
4	9	1	1	1	0	$\Gamma_1 + \Gamma_3 + \Gamma_4 + \Gamma_5$	4
5	11	−1	1	−1	−1	$\Gamma_3 + 2\Gamma_4 + \Gamma_5$	4
6	13	1	−1	1	1	$\Gamma_1 + \Gamma_2 + \Gamma_3 + \Gamma_4 + 2\Gamma_5$	6
12	25	1	1	1	1	$2\Gamma_1 + \Gamma_2 + 2\Gamma_3 + 3\Gamma_4 + 3\Gamma_5$	11

Also enthält die 25dimensionale Darstellung der Drehgruppe, als Darstellung der Oktaedergruppe ausreduziert, genau einmal die reguläre Darstellung und noch einmal die identische Darstellung dieser Gruppe extra. (In der regulären Darstellung sind ja alle Charaktere Null, nur der des Einheitselements gleich der Anzahl der Gruppenelemente, hier 24.) Generell folgt, daß die $[2(12m+k)+1]$-dimensionale Darstellung der Drehgruppe m mal die reguläre Darstellung der Oktaedergruppe enthält und dazu die gleichen Darstellungen wie die $(2k+1)$-dimensionale Darstellung der Drehgruppe. Reduziert man die $[24m-(2k+1)]$-dimensionale Darstellung aus, so fehlen gerade die Bestandteile der $(2k+1)$-dimensionalen Darstellung an der m-fachen regulären Darstellung.

Anmerkung: Fast das gleiche Problem wie das in diesem Paragraphen und in §§ 12, 13 behandelte hat bereits EHLERT[1]) von einer ganz anderen Seite her gelöst. Es handelt sich bei ihm um

*) Siehe Fußnote zu Tabelle 1 (A. P. C.).

[1]) W. EHLERT, Ztschr. f. Phys. **51**, S. 8 (1928).

die Aufsuchung von Kernschwingungsfunktionen mit vorgegebenem Hundschen Symmetriecharakter bezüglich Vertauschung der Protonen eines Moleküls vom Typ CH_4. Dies führt u. a. auf die Untersuchung der Transformation von Kugelflächenfunktionen bei Vertauschung der Eckpunkte eines Tetraeders.*)

5. *Hexagonale, tetragonale und rhombische (holoedrische) Symmetrie*

a) Die *hexagonale* Symmetriegruppe umfaßt 12 reine Drehungen, die sich in 6 Klassen ordnen:

E Identität.

C_2 Drehung um die hexagonale Achse um π (1 Element).

C_3 Drehung um die hexagonale Achse um $\pm 2\pi/3$ (2 Elemente).

C_4 Drehung um die hexagonale Achse um $\pm\pi/3$ (2 Elemente).

C_5 Drehung um eine der drei 2zähligen Kristallachsen um π (3 Elemente).

C_6 Drehung um eine der drei zu den vorigen senkrechten 2zähligen Achsen um π (3 Elemente).

Dazu kämen die durch Multiplikation mit der Inversion entstehenden 6 Spiegelungs- bzw. Drehspiegelungsklassen, um die wir uns aber nicht zu kümmern brauchen (3.). Die Dimensionen der 6 Darstellungen ergeben sich aus der Zerlegung von 12 in die Summe von 6 Quadraten, die nur in der Form

$$12 = 2^2 + 2^2 + 1^2 + 1^2 + 1^2 + 1^2$$

möglich ist: Es gibt vier eindimensionale und zwei zweidimensionale Darstellungen der hexagonalen Drehgruppe; also muß bereits der P-Term eines freien Atoms aufspalten, wenn das Atom in eine Lage von hexagonal-

*) Eine kurze Beschreibung von Ehlerts Methode ist weggelassen (A. P. C.).

holoedrischer Symmetrie in einem Kristall gebracht wird.

Die Produkte von je zwei Klassen ergeben:

$$
\begin{aligned}
C_2^2 &= E, & C_2C_3 &= C_4,\\
C_3^2 = C_4^2 &= 2E + C_3, & C_2C_4 &= C_3,\\
C_5^2 = C_6^2 &= 3E + 3C_3, & C_2C_5 &= C_6,\\
C_3C_4 &= 2C_2 + C_4, & C_2C_6 &= C_5,\\
C_5C_6 &= 3C_2 + 3C_4, & C_3C_5 &= C_4C_6 = 2C_5,\\
& & C_3C_6 &= C_4C_5 = 2C_6.
\end{aligned}
$$

Daraus erhält man als Charaktere der irreduziblen Darstellungen der hexagonal-holoedrischen Gruppe:

Tabelle 3*)

	E	C_2	C_3	C_4	C_5	C_6
Γ_1	1	1	1	1	1	1
Γ_2	1	1	1	1	−1	−1
Γ_3	1	−1	1	−1	1	−1
Γ_4	1	−1	1	−1	−1	1
Γ_5	2	2	−1	−1	0	0
Γ_6	2	−2	−1	1	0	0

In der $(2l + 1)$-dimensionalen Darstellung der Kugeldrehgruppe kommen den Klassen der hexagonalen Dreh-

*) Die Gegenüberstellung zwischen diesen Bezeichnungen und denen im Anhang dieses Buches, Punktgruppe 622 (D_6), ist:

Diese Arbeit	Γ_1	Γ_2	Γ_3	Γ_4	Γ_5	Γ_6
Anhang dieses Buches	A_1	A_2	B_1	B_2	E_2	E_1
oder			B_2	B_1		

wobei die Übereinstimmung zwischen Γ_3, Γ_4 und B_1, B_2, nicht ganz genau festgelegt ist (A. P. C.).

gruppe gemäß 2, Ende, die folgenden Charaktere zu:

$$\chi_E = 2l + 1,$$

$$\chi_2 = \chi_5 = \chi_6 = (-1)^l,$$

$$\chi_3 = \frac{\sin \frac{2l+1}{3}\pi}{\sin \frac{\pi}{3}} = \begin{cases} 1, \text{ wenn } l = 3m, \\ 0, \text{ wenn } l = 3m+1, \\ -1, \text{ wenn } l = 3m+2, \end{cases}$$

$$\chi_4 = \frac{\sin \frac{2l+1}{6}\pi}{\sin \frac{\pi}{6}} = \begin{cases} 1, \text{ wenn } l \equiv 0 \text{ oder } 2 \pmod 6, \\ 2, \text{ wenn } l \equiv 1 \pmod 6, \\ -1, \text{ wenn } l \equiv 3 \text{ oder } 5 \pmod 6, \\ -2, \text{ wenn } l \equiv 4 \pmod 6. \end{cases}$$

Im einzelnen ergibt sich

Tabelle 4*)

Charaktere der Klassen der hexagonalen Drehgruppe in der $(2l+1)$-dimensionalen Darstellung der Kugeldrehgruppe							Zerlegung der $(2l+1)$-dimensionalen Darstellung der Drehgruppe in irreduzible Darstellungen der hexagonalen Drehgruppe	Anzahl der Terme
	E	C_2	C_3	C_4	C_5	C_6		
0	1	1	1	1	1	1	Γ_1	1
1	3	−1	0	2	−1	−1	$\Gamma_2 + \Gamma_6$	2
2	5	1	−1	1	1	1	$\Gamma_1 + \Gamma_5 + \Gamma_6$	3
3	7	−1	1	−1	−1	−1	$\Gamma_2 + \Gamma_3 + \Gamma_4 + \Gamma_5 + \Gamma_6$	5
4	9	1	0	−2	1	1	$\Gamma_1 + \Gamma_3 + \Gamma_4 + 2\Gamma_5 + \Gamma_6$	6
5	11	−1	−1	−1	−1	−1	$\Gamma_2 + \Gamma_3 + \Gamma_4 + 2\Gamma_5 + 2\Gamma_6$	7
6	13	1	1	1	1	1	$2\Gamma_1 + \Gamma_2 + \Gamma_3 + \Gamma_4 + 2\Gamma_5 + 2\Gamma_6$	9

*) Siehe Fußnote zu Tabelle 3 (A. P. C.).

Die $[2(6m + k) + 1]$-dimensionale Darstellung der Drehgruppe enthält m-mal die reguläre und außerdem dieselben Darstellungen der hexagonalen Gruppe wie die $(2k+1)$-dimensionale Darstellung der Kugeldrehgruppe. Der $(2l+1)$fach entartete Term des freien Atoms spaltet, wie man leicht nachrechnet, im hexagonalen Kristall in $\left[\frac{4}{3}l\right]+1$ Terme auf, wovon $2\left[\frac{l}{3}\right]+1$ Terme einfach, die übrigen $\left[\frac{2l-1}{3}\right]+1$ zweifach entartet sind.

b) Die *tetragonale* Symmetriegruppe enthält 8 Drehungen in 5 Klassen:

E Identität.
C_2 Drehung um die tetragonale Achse um π.
C_3 Drehung um die tetragonale Achse um $\pm\pi/2$ (2 Elemente).
C_4 Drehung um eine dazu senkrechte zweizählige Achse um π (2 Elemente).
C_5 Drehung um die Winkelhalbierenden der vorigen Achsen um π (2 Elemente).

Die Gruppe besitzt vier eindimensionale und eine zweidimensionale Darstellung, die Charaktere sind:

Tabelle 5*) Charaktere der tetragonalen Drehgruppe

	E	C_2	C_3	C_4	C_5
Γ_1	1	1	1	1	1
Γ_2	1	1	1	−1	−1
Γ_3	1	1	−1	1	−1
Γ_4	1	1	−1	−1	1
Γ_5	2	−2	0	0	0

*) Die Gegenüberstellung zwischen diesen Bezeichnungen und denen im Anhang dieses Buches, Punktgruppe 422 (D_4), ist:

Diese Arbeit	Γ_1	Γ_2	Γ_3	Γ_4	Γ_5
Anhang dieses Buches	A_1	A_2	B_1	B_2	E
oder			B_2	B_1	

wobei die Übereinstimmung zwischen Γ_3, Γ_4 und B_1, B_2 nicht ganz genau festgelegt ist (A. P. C.).

Die Charaktere der tetragonalen Drehungen in der $(2l+1)$-dimensionalen Darstellung der Kugeldrehgruppe sind (s. 2):

$$\chi_E = 2l + 1,$$

$$\chi_2 = \chi_4 = \chi_5 = (-1)^l,$$

$$\chi_3 = (-1)^{\left[\frac{l}{2}\right]}.$$

Daraus ergibt sich die Zerlegung der $(2l+1)$-dimensionalen Darstellung der Kugeldrehgruppe in irreduzible Darstellungen der tetragonalen Drehgruppe allgemein wie folgt:

Tabelle 6*)

Wenn $l =$	4λ	$4\lambda+1$	$4\lambda+2$	$4\lambda+3$,
so ist enthalten die Darstellung (Γ_i) ... (n_i) mal:				
Γ_1	$\lambda+1$	λ	$\lambda+1$	λ
Γ_2	λ	$\lambda+1$	λ	$\lambda+1$
Γ_3	λ	λ	$\lambda+1$	$\lambda+1$
Γ_4	λ	λ	$\lambda+1$	$\lambda+1$
Γ_5	2λ	$2\lambda+1$	$2\lambda+1$	$2\lambda+2$

*) Siehe Fußnote zu Tabelle 5 (A. P. C.).

Man überzeugt sich leicht, daß hierdurch die Charakterbeziehungen erfüllt sind. Allgemein spaltet der $(2l+1)$-fach entartete Term des freien Atoms in $\left[\frac{3}{2}\,l\right]+1$ Terme auf, von denen $\left[\frac{l+1}{2}\right]$ Terme zweifach entartet und $2\left[\frac{l}{2}\right]+1$ Terme einfach entartet sind.

c) *Rhombische Symmetrie.* Die 4 Drehungen (Identität und Drehung um jede der drei Achsen um π) bilden je eine Klasse für sich. Die Gruppe besitzt vier eindimensionale Darstellungen, jeder Term des freien Atoms spaltet *vollkommen* auf in $2l + 1$ *einfache* Terme. Dasselbe geschieht bei noch niedrigerer Symmetrie.

6. *Einstellung eines halbzahligen Drehimpulses im Kristall. Zweideutige Gruppendarstellungen*

Wenn die Stark-Effekt-Aufspaltung im Kristall klein ist gegen den Abstand der Terme eines und desselben Multipletts des freien Atoms, so stellt sich der *Gesamt*drehimpuls j des Atoms im Kristall ein (jede Komponente eines Multipletts spaltet einzeln auf) (1. Fall 3). Besitzt nun das in den Kristall einzufügende Atom *gerade* Termmultiplizität (ungerade Ordnungszahl), so ist der Drehimpuls j halbzahlig, ebenso wie auch für ein einzelnes Elektron, und es gehört zu ihm eine *zweideutige* Darstellung der räumlichen Drehgruppe. Der Drehung um eine beliebige Achse um den Winkel Φ kommt nämlich der Charakter

$$\chi(\Phi) = \frac{\sin(j + 1/2)\Phi}{\sin \Phi/2} \tag{2}$$

zu, ganz analog zu Formel (1). $j + 1/2$ ist aber ganzzahlig, und deshalb wird

$$\sin(j + 1/2)(\Phi + 2\pi) = \sin(j + 1/2)\Phi,$$

während früher bei ganzzahligem l

$$\sin(l + 1/2)(\Phi + 2\pi) = -\sin(l + 1/2)\Phi$$

galt. Da aber für den Nenner gilt:

$$\sin 1/2(\Phi + 2\pi) = -\sin \Phi/2,$$

so folgt für halbzahlige j:

$$\chi(2\pi \pm \Phi) = -\chi(\Phi).$$

Jeder Charakter ändert bei Zufügung einer Drehung um 2π sein Vorzeichen, d. h., jeder Charakter ist zweideutig. Auch der Charakter der identischen Drehung kann entweder

$$\chi(0) = 2l + 1$$

oder

$$\chi(2\pi) = -(2l + 1)$$

betragen. Eindeutig ist nur der Charakter der Drehung um eine beliebige Achse um π,

$$\chi(\pi) = \chi(3\pi) = 0,$$

und allgemein gilt:

$$\chi(\Phi) = \chi(4\pi - \Phi).$$

Eine derartige zweideutige Darstellung der Kugeldrehgruppe kann natürlich nur zweideutige Darstellungen der Kristalldrehgruppen als irreduzible Bestandteile enthalten. Um diese zweideutigen Darstellungen zu erhalten, machen wir die Fiktion, der Kristall ginge bei Drehung um irgendeine Achse um 2π nicht in sich über, sondern erst bei Drehung um 4π. Wir definieren also ein neues Gruppenelement R, die Drehung um 2π (um irgendeine Achse) und ergänzen die Elemente der Kristalldrehgruppe durch diejenigen, welche durch Multiplikation mit R aus ihnen entstehen. Wir wollen die so entstehende Gruppe, welche doppelt so viele Elemente enthält wie die ursprüngliche, als *Kristalldoppelgruppe* bezeichnen und fragen nach ihren irreduziblen Darstellungen. Damit ist unser Ziel erreicht, jedes Element der einfachen Gruppe durch *zwei* Matrizen (eine zweideutige Matrix) darzustellen. Dieser Weg entspricht etwa der Konstruktion der RIEMANNschen Fläche zur Untersuchung mehrdeutiger Funktionen.

Die Doppelgruppe umfaßt mehr, aber nicht doppelt so viele Klassen wie die einfache. Denn die Drehung um Φ um eine bestimmte Achse gehört bei der Doppelgruppe im allgemeinen nicht in dieselbe Klasse wie die Drehung um die gleiche Achse um $2\pi \pm \Phi$; denn die Charaktere der beiden Drehungen sind ja in den reduziblen Darstellungen der Doppelgruppe[1]) verschieden. Ausgenommen hiervon ist der Fall $2\pi - \Phi = \Phi = \pi$, $\chi(\Phi) = 0$. Alle Drehungsklassen der einfachen Kristalldrehgruppe, welche Drehungen um π enthalten, entsprechen also je *einer*, alle anderen je *zwei* Klassen der Doppelgruppe.*) Dies werden wir bei Untersuchung der einzelnen „Doppelgruppen" bestätigt finden.

7. *Die tetragonale Doppelgruppe*

Die *einfache* Gruppe der tetragonalen Drehungen läßt sich vollständig aufbauen aus den beiden Elementen

A = Drehung um die tetragonale Achse um $\pi/2$,
B = Drehung um irgendeine zweizählige Achse um π, wobei für die einfache Gruppe $A^4 = B^2 = E$ gilt.

Es umfaßt die Klasse

E der einfachen Gruppe	das Element $E = A^4$,
C_2	das Element A^2,
C_3	die Elemente A, A^3,
C_4	die Elemente B, A^2B,
C_5	die Elemente AB, A^3B, $(AB)^2 = E$.

Wir erwarten, daß in der Doppelgruppe den Klassen E und C_3 der einfachen Gruppe je zwei, den übrigen je eine Klasse entspricht. Die Doppelgruppe erhalten wir, indem wir nunmehr

$$A^4 = B^2 = R, \qquad R^2 = E$$

[1]) Die zweideutigen Darstellungen der Drehgruppe sind ja reduzible Darstellungen der Kristalldoppelgruppen.

*) Das stimmt nicht ganz; siehe die Arbeit von OPECHOWSKI, „Kristallographische Doppelgruppen", auf S. 406 (A. P. C.).

setzen. R ist vertauschbar mit allen übrigen Elementen der Gruppe. Man erhält folgende Klassen der Doppelgruppe:

$$\begin{aligned}
&E,\\
&R,\\
&C_2 = A^2, A^6,\\
&C_3' = A, A^7,\\
&C_3'' = A^3, A^5,\\
&C_4 = B, A^2B, A^4B = RB = B^3, A^6B = (A^2B)^3,\\
&C_5 = AB, A^3B, A^5B, A^7B.
\end{aligned}$$

Die 16 Elemente der Doppelgruppe ordnen sich also in 7 Klassen, zur Feststellung der Dimensionen der irreduziblen Darstellungen ist 16 in eine Summe von 7 Quadraten zu zerspalten:

$$16 = 2^2 + 2^2 + 2^2 + 1^2 + 1^2 + 1^2 + 1^2.$$

Aus den Relationen zwischen den Klassen:

$$\begin{aligned}
R^2 &= E, & C_2^2 &= 2(E + R),\\
RC_2 &= C_2, & C_2C_3' &= C_2C_3'' = C_3' + C_3'',\\
RC_3' &= C_3'', & C_2C_4 &= 2C_4,\\
RC_3'' &= C_3', & C_2C_5 &= 2C_5,\\
RC_4 &= C_4, & C_3'^2 &= C_3''^2 = 2E + C_2,\\
C_5 &= C_5, & C_3'C_3'' &= 2R + C_2,\\
& & C_3'C_4 &= C_3''C_4 = 2C_5,\\
& & C_3'C_5 &= C_3''C_5 = 2C_4,\\
& & C_4^2 &= C_5^2 = 4E + 4R + 4C_2,\\
& & C_4C_5 &= 4C_3' + 4C_3''
\end{aligned}$$

folgt für die Charaktere der irreduziblen Darstellungen der tetragonalen Doppelgruppe das Schema der Tabelle 7: Die ersten 5 Darstellungen sind die eindeutigen, die letzten beiden die zweideutigen Darstellungen der tetragonalen Drehgruppe.

Tabelle 7 Charaktere der tetragonalen Doppelgruppe

	E	R	C_2	C_3'	C_3''	C_4	C_5
Γ_1	1	1	1	1	1	1	1
Γ_2	1	1	1	1	1	−1	−1
Γ_3	1	1	1	−1	−1	1	−1
Γ_4	1	1	1	−1	−1	−1	1
Γ_5	2	2	−2	0	0	0	0
Γ_6	2	−2	0	$\sqrt{2}$	$-\sqrt{2}$	0	0
Γ_7	2	−2	0	$-\sqrt{2}$	$\sqrt{2}$	0	0

Wir haben noch die zweideutigen Darstellungen der Kugeldrehgruppe als Darstellungen der tetragonalen Doppelgruppe auszureduzieren. Die Charaktere der Klassen der tetragonalen Doppelgruppe in der $(2j + 1)$-dimensionalen Darstellung der Kugeldrehgruppe sind nach Formel (1)

$$\chi = \frac{\sin (j + 1/2)\Phi}{\sin \Phi/2} \quad (j + 1/2) = \text{ganze Zahl:} \qquad (2)$$

Drehwinkel — Charakter

$\Phi = 0$ — $\chi_E = 2j + 1$

$\Phi = 2\pi$ — $\chi_R = -(2j + 1)$

$\Phi = \pm\pi$ — $\chi_2 = \chi_4 = \chi_5 = 0$

$$\Phi = \pm\frac{\pi}{2} \qquad \chi_3' = \frac{\sin\left(j + \frac{1}{2}\right)\frac{\pi}{2}}{\sin\frac{\pi}{4}}$$

$$= \begin{cases} \sqrt{2}, \text{ wenn } j \equiv 1/2 & (\text{mod } 4) \\ 0, \text{ wenn } j \equiv 3/2, 7/2 & (\text{mod } 4) \\ -\sqrt{2}, \text{ wenn } j \equiv 5/2 & (\text{mod } 4) \end{cases}$$

$$\Phi = \pm\frac{3\pi}{2} \qquad \chi_3'' = -\chi_3'.$$

Wesentlich sind nur χ_E und χ_3'. Alle anderen Charaktere leiten sich eindeutig aus diesen beiden ab oder verschwinden. Man erhält im einzelnen:

Tabelle 8

j	Klassencharaktere in der reduziblen Darstellung, d. h. in der $(2j+1)$-dimensionalen Darstellung der Kugeldrehgruppe		Zerlegung der reduziblen Darstellung in irreduzible Bestandteile
	E	C_3'	
1/2	2	$\sqrt{2}$	Γ_6
3/2	4	0	$\Gamma_6 + \Gamma_7$
5/2	6	$-\sqrt{2}$	$\Gamma_6 + 2\Gamma_7$
7/2	8	0	$2\Gamma_6 + 2\Gamma_7$
$4\lambda + j'$	$8\lambda + 2j' + 1$	wie für j'	$2\lambda(\Gamma_6 + \Gamma_7)$ plus irreduzible Bestandteile für $j = j'$

8. *Zweideutige Darstellungen der hexagonalen und kubischen Symmetriegruppe*

a) Von den 6 Klassen der *einfachen* hexagonalen Drehgruppe entsprechen drei einer Drehung um $\pm\pi$ und infolgedessen je *einer* Klasse der hexagonalen Doppelgruppe, die anderen drei (E, C_3, C_4) umfassen Drehungen um 0, $\pm\frac{2\pi}{3}$, $\pm\frac{\pi}{3}$ und entsprechen daher je 2 Klassen der Doppelgruppe. Die Doppelgruppe enthält also 24 Elemente in 9 Klassen. Außer den 6 Darstellungen der einfachen Gruppe müssen also noch drei weitere Darstellungen der Doppelgruppe existieren; die Quadratsumme der Dimensionszahlen dieser Darstellungen muß gleich der Anzahl der gegenüber der einfachen Gruppe neu hinzukommenden Elemente sein, also gleich 12; demnach sind alle drei neuen Darstellungen (die zweideutigen Darstellungen der einfachen hexagonalen Drehgruppe) *zwei*-dimensional.

Aus den leicht aufstellbaren Klassenrelationen erhält man die in der folgenden Tabelle aufgeführten Charaktere der einzelnen Klassen der hexagonalen Doppelgruppe in den drei neu hinzukommenden Darstellungen, welche als Darstellung der einfachen Gruppe zweideutig sind (die eindeutigen Darstellungen der einfachen Gruppe Γ_1 bis Γ_6 vgl. in Tab. 3).

Tabelle 9 Zweideutige Darstellung der hexagonalen Drehgruppe

	E	R	C_2	C_3'	C_3''	C_4'	C_4''	C_5	C_6
Γ_7	2	−2	0	1	−1	$\sqrt{3}$	$-\sqrt{3}$	0	0
Γ_8	2	−2	0	1	−1	$-\sqrt{3}$	$\sqrt{3}$	0	0
Γ_9	2	−2	0	−2	2	0	0	0	0

In der $(2j+1)$-dimensionalen Darstellung der Kugeldrehgruppe kommen den Klassen der hexagonalen Doppelgruppe folgende Charaktere zu (Formel 2):

$$\chi_E = 2j+1 \qquad \chi_R = -\chi_E$$

$$\chi_2 = \chi_5 = \chi_6 = 0$$

$$\chi_3' = \frac{\sin(2j+1)\frac{\pi}{3}}{\sin\frac{\pi}{3}} = \begin{cases} 1, \text{ wenn } j \equiv 1/2 \pmod 3 \\ -1, \text{ wenn } j \equiv 3/2 \pmod 3 \\ 0, \text{ wenn } j \equiv 5/2 \pmod 3 \end{cases}$$

$$\chi_4' = \frac{\sin(2j+1)\frac{\pi}{6}}{\sin\frac{\pi}{6}} \begin{cases} \sqrt{3}, \text{ wenn } j \equiv 1/2 \text{ oder } 3/2 \pmod 6 \\ 0, \text{ wenn } j \equiv 5/2 \text{ oder } 11/2 \pmod 6 \\ -\sqrt{3}, \text{ wenn } j \equiv 7/2 \text{ oder } 9/2 \pmod 6 \end{cases}$$

$$\chi_3'' = -\chi_3' \qquad \chi_4'' = -\chi_4'.$$

Hieraus ergeben sich die Zerlegungen der zweideutigen Darstellungen der Kugeldrehgruppe in irreduzible zweideutige Darstellungen der hexagonalen Drehgruppe wie folgt:

Tabelle 10

j	Zerlegung in irreduzible Bestandteile
1/2	Γ_7
3/2	$\Gamma_7 + \Gamma_9$
5/2	$\Gamma_7 + \Gamma_8 + \Gamma_9$
7/2	$\Gamma_7 + 2\Gamma_8 + \Gamma_9$
9/2	$\Gamma_7 + 2\Gamma_8 + 2\Gamma_9$
11/2	$2\Gamma_7 + 2\Gamma_8 + 2\Gamma_9$
$6\lambda + j'$	$2\lambda(\Gamma_7 + \Gamma_8 + \Gamma_9)$ + Zerlegung für j'

b) Die Doppeloktaedergruppe umfaßt 48 Elemente in 8 Klassen, da den Klassen E, C_3, C_5 der einfachen Oktaedergruppe je 2 Klassen der Doppelgruppe entsprechen müssen. Die Oktaedergruppe besitzt also drei zweideutige Darstellungen, darunter eine vierdimensionale und zwei zweidimensionale ($48 = 24 + 4^2 + 2^2 + 2^2$, 24 gleich Quadratsumme der Dimensionszahlen der eindeutigen Darstellungen). Die Charaktere der einzelnen Klassen der Doppeloktaedergruppe in den zweideutigen irreduziblen Darstellungen der Oktaedergruppe sind:

Tabelle 11

	E	R	C_2	C_3'	C_3''	C_4	C_5'	C_5''
Γ_6	2	−2	0	$\sqrt{2}$	$-\sqrt{2}$	0	1	−1
Γ_7	2	−2	0	$-\sqrt{2}$	$\sqrt{2}$	0	1	−1
Γ_8	4	−4	0	0	0	0	−1	1

In der $(2j + 1)$-dimensionalen Darstellung der Drehgruppe ist:

$$\chi_E = 2j + 1 \qquad \chi_R = -\chi_E$$

$$\chi_2 = \chi_4 = 0$$

$$\chi_3' = \frac{\sin (2j+1)\frac{\pi}{4}}{\sin \frac{\pi}{4}} = \begin{cases} \sqrt{2}, \text{ wenn } j \equiv 1/2 & (\text{mod } 4) \\ 0, \text{ wenn } j \equiv 3/2 \text{ oder } 7/2 & (\text{mod } 4) \\ -\sqrt{2}, \text{ wenn } j \equiv 5/2 & (\text{mod } 4) \end{cases}$$

$$\chi_5' = \frac{\sin (2j+1)\frac{\pi}{3}}{\sin \frac{\pi}{3}} = \begin{cases} 1, \text{ wenn } j \equiv 1/2 & (\text{mod } 3) \\ -1, \text{ wenn } j \equiv 3/2 & (\text{mod } 3) \\ 0, \text{ wenn } j \equiv 5/2 & (\text{mod } 3) \end{cases}$$

$$\chi_3'' = -\chi_3' \qquad \chi_5'' = -\chi_5'$$

Tabelle 12 Irreduzible Bestandteile der $(2j + 1)$-dimensionalen zweideutigen Darstellung der Kugeldrehgruppe bei Ausreduktion als zweideutige Darstellung der Oktaedergruppe

j	Irreduzible Bestandteile	
1/2	Γ_6	
3/2	Γ_8	
5/2	$\Gamma_7 + \Gamma_8$	
7/2	$\Gamma_6 + \Gamma_7 + \Gamma_8$	
9/2	$\Gamma_6 \qquad + 2\Gamma_8$	
11/2	$\Gamma_6 + \Gamma_7 + 2\Gamma_8$	
$6 + j'$	$\Gamma_6 + \Gamma_7 + 2\Gamma_8$	+ Bestandteile für $j = j'$ unter Vertauschung von Γ_6 mit Γ_7
$12\lambda + j'$	$2\lambda(\Gamma_6 + \Gamma_7 + 2\Gamma_8)$	+ Bestandteile für $j = j'$

Alle Drehimpulse bis $j = 3/2$ stellen sich im kubischen Kristall beliebig ein, bei größerem Drehimpuls wird die Richtungsentartung teilweise aufgehoben.

c) Die rhombische Drehgruppe besitzt *eine* zweideutige irreduzible Darstellung: $\chi_E = 2$, $\chi_R = -2$, die Charaktere der Drehungen um die 3 Achsen um π sind 0. Die $(2j + 1)$-dimensionale zweideutige Darstellung der Kugeldrehgruppe enthält diese irreduzible Darstellung $(j + 1/2)$-mal.

II. Die Eigenfunktionen nullter Näherung im Kristall

9. Eigenfunktion eines Atoms mit mehreren Elektronen

Die Eigenfunktionen eines *freien* Atoms mit N Elektronen hängen außer von den Abständen der Elektronen voneinander und vom Kern auch von der Orientierung des Gesamtsystems im Raume ab; doch sind infolge der Kugelsymmetrie des Problems die $2l + 1$ Eigenfunktionen, die zu einem Term mit der azimutalen Quantenzahl l gehören, für *alle* Orientierungen des Systems im Raum bestimmt, wenn sie für *eine* Orientierung vorgegeben werden. Wir dürfen die Funktionen z. B. mit WIGNER[1]) auf der $(3N - 3)$-dimensionalen „Hyperfläche" $x_1 = y_1 = x_2 = 0$ in Abhängigkeit von den übrigen Koordinaten der Elektronen in beliebiger Weise vorgeben, dann lassen sich mit Hilfe der $(2l + 1)$-dimensionalen Darstellung der Drehgruppe die Eigenfunktionen für jede beliebige andere Orientierung des Atoms im Raum (beliebige Koordinaten x_1, y_1, x_2) angeben. „Beliebig" ist die Vorgabe der Eigenfunktionen auf der Hyperfläche natürlich nur insofern, als es für das Verhalten der Eigenfunktionen gegenüber räumlichen Drehungen des Atoms auf ihre spezielle Wahl auf der Hyperfläche nicht ankommt; die wirklichen Eigenfunktionen

[1]) E. WIGNER, Ztschr. f. Phys. 43, S. 624, 640 (1927).

müssen natürlich durch eine Lösung der SCHRÖDINGER-Gleichung in extenso gewonnen werden.

Im Kristall wird nun das Verhalten der Eigenfunktionen durch die Symmetrie allein viel weniger bestimmt; man darf sie nicht nur auf einer $(3N - 3)$-dimensionalen Hyperfläche, sondern in einem ganzen Gebiet des $3N$-dimensionalen Raumes willkürlich vorgeben, ohne mit den durch die Symmetrie vorgeschriebenen Transformationseigenschaften in Konflikt zu kommen. Läßt die Lage des Atomkernes im Kristall g Symmetrieoperationen zu, so dürfen für alle Lagen des ersten Elektrons innerhalb eines passend zu wählenden Sektors vom räumlichen Winkel $\frac{4\pi}{g}$, durch die kein Symmetrieelement geht, und beliebige Lagen der übrigen Elektronen die Eigenfunktionen des Atoms willkürlich vorgegeben werden. In den übrigen $g - 1$ Gebieten gleicher Größe sind sie damit vermöge der für den gerade betrachteten Term charakteristischen gruppentheoretischen Darstellung der Symmetrieoperationen des Kristalles festgelegt. Die exakte Bestimmung der Eigenfunktionen erfordert also eine viel weitgehendere explizite Lösung der SCHRÖDINGER-Gleichung als beim freien Atom.

Es liegt nun aber bekanntlich im Wesen der Störungstheorie — und wir wollen ja die *Störung* eines Atoms beim Einbau in den Kristall untersuchen — nur die Eigenfunktionen *nullter* Näherung anzugeben, d. h., aus den Eigenfunktionen des ungestörten (kugelsymmetrischen) Problems einfach die auszuwählen, an die sich die Eigenfunktionen des gestörten Problems stetig anschließen. Man tut also, als ob man auch im Kristall die Eigenfunktionen des Atoms dann schon vollständig kennte, wenn man sie auf der Hyperfläche von WIGNER vorgibt, und verwendet nur die Darstellung der Drehgruppe speziell in der als Darstellung der Kristallgruppe ausreduzierten Form. Dadurch transformieren sich bei Symmetrieoperationen des Kristalles nur solche Eigenfunktionen ineinander, die zum gleichen Term des Atoms im

Kristall gehören. Doch dürfte die allgemeine Darstellung der Drehgruppe in ausreduzierter Form bezüglich einer Kristallsymmetriegruppe nicht einfach sein. Wir beschränken uns daher auf die Aufstellung der winkelabhängigen Eigenfunktionen nullter Näherung für ein einziges Elektron im Kristall, dessen Koppelung mit den übrigen Elektronen des Atoms wir uns aufgehoben denken. Mit solchen Eigenfunktionen wird man sich aber im allgemeinen auch zur Auswertung der Austauschintegrale im Kristall begnügen können[1]), indem man sie etwa mit den HARTREEschen radialabhängigen Eigenfunktionen kombiniert, welche ja gleichfalls für ein entkoppeltes Elektron gelten, und annimmt, daß die Einfügung des Atoms in den Kristall auf den Elektronenaustausch innerhalb eines Atoms keinen wesentlichen Einfluß hat.

10. Eigenfunktionen nullter Näherung eines entkoppelten Elektrons im Kristall

Wir denken uns zunächst die SCHRÖDINGER-Gleichung für ein von den übrigen entkoppelt gedachtes Elektron des *freien* Atoms in Polarkoordinaten separiert; zum Term mit der azimutalen Quantenzahl l gehören als winkelabhängige Eigenfunktionen die Kugelfunktionen l-ter Ordnung. Dann suchen wir durch Linearkombinieren dieser Kugelfunktionen die richtigen Eigenfunktionen nullter Näherung zu gewinnen, die zu einem bestimmten Term des Elektrons *im Kristall* gehören, sich also bei Symmetrieoperationen des Kristallatoms entsprechend einer bestimmten irreduziblen Darstellung der Symmetriegruppe des Kristalls transformieren. Wir werden also alle diejenigen Kugelfunktionen zu einer „Gemeinschaft“ zusammenordnen, die bei Symmetrieoperationen des Kristalls ineinander übergehen, und dann durch geeignete Wahl von Linearkombinationen statt der ursprünglichen Kugelfunktionen diese Gemeinschaften möglichst klein

---

[1]) Die Suche nach solchen Eigenfunktionen bildete den Ausgangspunkt dieser Arbeit. Vgl. auch EHLERT, Ztschr. f. Phys., a. a. O.

zu machen suchen — das entspricht dem Aufsuchen der irreduziblen Darstellungen. Schließlich muß jedem k-dimensionalen irreduziblen Bestandteil der $(2l+1)$-dimensionalen Darstellung der Drehgruppe *eine* irreduzible Gemeinschaft von k Kugelfunktionen l-ter Ordnung entsprechen. Eine so gefundene Gemeinschaft mit bestimmter Darstellungseigenschaft bei Symmetrieoperationen umfaßt dann die *richtigen* Eigenfunktionen nullter Näherung zu dem Kristallterm von eben dieser Darstellungseigenschaft, *wenn* kein weiterer Term der gleichen Darstellungseigenschaft aus dem gleichen Term des ungestörten Atoms entsteht, d. h., wenn die $(2l+1)$-dimensionale Darstellung der Drehgruppe die fragliche irreduzible Darstellung der Kristallgruppe nur einmal enthält. Denn die Eigenfunktionen nullter Näherung ψ_i sind zu bestimmen durch die Forderung der allgemeinen Störungstheorie:

$$\int V\psi_i\psi_k\,dx = 0,\ i \neq k\ (i = -l, \ldots + l; k = -l, \ldots, +l). \tag{3}$$

V ist das Störungspotential, x steht für alle Koordinaten, ψ_i und ψ_k sollen sich bei Operationen der Gruppe des Kristallatoms entsprechend den Darstellung (a_{ij}) und (b_{kl}) transformieren. In der bekannten Schlußweise von Wigner erhält man (g Anzahl der Gruppenelemente, R eine Substitution der Gruppe, bei der sich also V nicht ändert):

$$\begin{aligned}\int V\psi_i(x)\psi_k(x)\,dx &= \frac{1}{g}\sum_R \int V(Rx)\psi_i(Rx)\psi_k(Rx)\,dx \\ &= \frac{1}{g}\sum_{j,l}\sum_R a_{ij}^R b_{kl}^R \int V\psi_j(x)\psi_l(x)\,dx\end{aligned} \tag{4}$$

$= 0$, wenn $a \neq b$, d. h. bei Termen *verschiedener* Darstellung; $= \delta_{ik}c_i$, wenn $a = b$.

Gehört also nur *ein Term* zu einer bestimmten Darstellung und ist ψ_i eine Eigenfunktion zu diesem Term, so verschwindet das Integral sowohl für solche ψ_k, die zu anderen Termen gehören, als auch für solche, die zum gleichen Term gehören; die Eigenfunktionen ψ_i erfüllen also die störungstheoretische Forderung (3).

Gehören dagegen zu einer irreduziblen Darstellung mehrere (n) Terme, so verschwindet das Integral (3) im allgemeinen nicht, wenn unter ψ_i und ψ_k zwei Eigenfunktionen verstanden werden, die zu zwei verschiedenen Termen gleicher Darstellung gehören. Die n „Gemeinschaften", die zur gleichen irreduziblen Darstellung der Kristallgruppe gehören, enthalten also offensichtlich im allgemeinen noch nicht die richtigen Eigenfunktionen des Problems, und diese richtigen Eigenfunktionen lassen sich auf rein gruppentheoretischem Wege überhaupt nicht bestimmen, sondern erst unter Bezugnahme auf das speziell vorliegende Problem. Man muß, wie in der Störungstheorie üblich, aus den gegebenen nk Kugelfunktionen der n Gemeinschaften durch Linearkombinieren nk neue Eigenfunktionen Ψ_i bilden:

$$\Psi_i = \sum_{j=1}^{nk} b_{ij}\psi_j \qquad (i = 1, \ldots, nk),$$

und die Koeffizienten b_{ij} durch Lösung der üblichen Determinantengleichung vom Grade nk bestimmen. Diese Gleichung liefert für den Termwert nk-fache Wurzeln, gleichzeitig erhält man die zu jedem k gehörigen Eigenfunktionen nullter Näherung. Diese Eigenfunktionen sind aber keine Linearaggregate von Kugelfunktionen mit *universellen* Koeffizienten, sondern die Koeffizienten hängen noch von den Einzelheiten des elektrischen Feldes des Kristalls ab. (Die relative Kompliziertheit dieses Falles, daß mehrere Terme zur gleichen Darstellung gehören, ist eng verknüpft mit dem allgemeinen Satz, daß Terme gleicher Darstellung sich nicht überschneiden [vgl. 22].) (Ein Beispiel im nächsten Paragraphen.)

11. Eigenfunktionen bei tetragonaler und hexagonaler Symmetrie

Um nun die Kugelfunktionen wirklich zu „Gemeinschaften“ zusammenzuordnen, so daß sich bei beliebigen Symmetrieoperationen des Kristalls die Eigenfunktionen einer Gemeinschaft nur unter sich transformieren, fassen wir jede Symmetrieoperation auf als Produkt einer Vertauschung der positiven und negativen Richtung einer und derselben Achse sowie der Achsen des Kristalls untereinander. Ferner schreiben wir die Kugelfunktionen in reeller Form $\sqrt{2}\, P_l^m(\cos\vartheta) \begin{smallmatrix}\cos\\ \sin\end{smallmatrix}\, m\varphi$; dann ändert bei Vertauschung von positiven und negativen Achsenrichtungen jede Kugelfunktion höchstens ihr Vorzeichen, geht aber nie in eine andere über. Wir brauchen uns also nur mehr um die Vertauschung *verschiedener* Achsen zu kümmern und sehen sofort, daß im rhombischen Kristall jede reell geschriebene Kugelfunktion eine Gemeinschaft für sich bildet, weil Vertauschungen verschiedener Achsen nicht zur Gruppe gehören. Alle Eigenwerte sind also einfach, wie wir bereits früher gruppentheoretisch feststellten.

Bei tetragonal-holoedrischer Symmetrie der Atomlage sind die beiden zweizähligen Achsen X und Y vertauschbar. Bei dieser Vertauschung geht[1]) $\cos\varphi$ in $\pm\sin\varphi$ über und umgekehrt, ebenso $\cos m\varphi$ in $\pm\sin m\varphi$ für alle ungeraden m, während für gerade m $\cos m\varphi$ höchstens sein Vorzeichen ändert: Für ungerade m gehören $\cos m\varphi$ und $\sin m\varphi$ zur gleichen Gemeinschaft, für gerade m bildet jede Funktion eine eigene Gemeinschaft.

Analog gehören bei der hexagonal-holoedrischen Symmetrie (drei zweizählige Achsen senkrecht zur hexagonalen Achse vertauschbar) $\cos m\varphi$ und $\sin m\varphi$ zum gleichen (zweifachen) Eigenwert, wenn m nicht durch 3

---

[1]) Wir identifizieren die tetragonale Achse Z natürlich mit der Achse der Kugelfunktionen, außerdem benutzen wir stets Kugelfunktionen in der Normierung $\int (P_l^m)^2 \sin\vartheta\, d\vartheta = 1$.

teilbar ist, dagegen zu zwei verschiedenen einfachen Eigenwerten, falls m ein Vielfaches von 3. In beiden Fällen erhält man die gruppentheoretisch bekannte Anzahl der Aufspaltungskomponenten (s. 5).

Wir dürfen aber in beiden Fällen nur dann behaupten, daß unsere Eigenfunktionen schon sämtlich die richtigen sind, wenn bei der Ausreduktion der $(2l + 1)$-dimensionalen Darstellung der Kugeldrehgruppe nach den irreduziblen Darstellungen der Kristallgruppe keine irreduzible Darstellung mehrfach auftritt. Das ist bei tetragonaler Symmetrie für $l \leqq 2$, bei hexagonaler für $l \leqq 3$ der Fall. Für $l > 3$ dagegen gehören bei tetragonaler Symmetrie zwei Terme zur gleichen irreduziblen Darstellung der tetragonalen Gruppe, nämlich zur zweidimensionalen Darstellung Γ_5. Demnach sind hier nur diejenigen der von uns konstruierten Eigenfunktionen schon die endgültigen Eigenfunktionen nullter Näherung, welche einer eindimensionalen Darstellung der Kristallgruppe entsprechen, d. h., für sich allein eine Gemeinschaft bilden. Es sind dies P_3^0, $\sqrt{2}\, P_3^2 \cos 2\varphi$ und $\sqrt{2}\, P_3^2 \sin 2\varphi$. Die zu den Gemeinschaften P_3^1 und P_3^3 gehörigen Eigenfunktionen sind dagegen noch nicht endgültig, sondern es sind aus ihnen 4 Linearkombinationen ψ_i $(i = 1, 2, 3, 4)$ zu bilden, welche die Bedingung der Störungstheorie

$$\int V\, \psi_i \psi_k\, d\tau = \delta_{ik} \varepsilon_i$$

befriedigen. Wir setzen allgemein an

$$\psi_i = \psi_{nl}(r)(\alpha_{i1} \sqrt{2}\, P_3^1 \cos\varphi + \alpha_{i2} \sqrt{2}\, P_3^1 \sin\varphi + \alpha_{i3} \sqrt{2}\, P_3^3 \cos 3\varphi + \alpha_{i4} \sqrt{2}\, P_3^3 \sin 3\varphi)$$

und bekommen in bekannter Weise

$$\sum_{j=1}^{4} \alpha_{ij}(\varepsilon_{jk} - \delta_{jk}\varepsilon_i) = 0 \qquad k = 1, 2, 3, 4,$$

wobei

$$\varepsilon_{jk} = \int V \psi_i \psi_k \, d\tau$$

$$\left.\begin{aligned}
\varepsilon_{11} &= 2 \int V \psi_{nl}^2(r) [P_3^1(\cos\vartheta)]^2 \cos^2\varphi \, d\tau \\
&= 2 \int V \psi_{nl}^2 (P_3^1)^2 \sin^2\varphi \, d\tau \\
&= \varepsilon_{22} = \int V \psi_{nl}^2 (P_3^1)^2 \, d\tau \\
\varepsilon_{33} &= \int V \varphi_{nl}^2 (P_3^3)^2 \, d\tau = \varepsilon_{44} \\
\varepsilon_{13} &= \varepsilon_{31} = 2 \int V \psi_{nl}^2 P_3^1 P_3^3 \cos\varphi \cos 3\varphi \, d\tau \\
&= -2 \int V \psi_{nl}^2 P_3^1 P_3^3 \sin\varphi \sin 3\varphi \, d\tau \\
&= -\varepsilon_{24} = -\varepsilon_{42}.
\end{aligned}\right\} \qquad (5)$$

Die Relationen ergeben sich daraus, daß V, das Kristallpotential, bei einer Drehung um die Z-Achse um $\frac{\pi}{2}$ in sich übergeht. Weiter folgt aus der Invarianz von V gegen Spiegelung an der XZ-Ebene (bzw. Drehung um X um π) stets, daß alle Integrale verschwinden, die cos und sin gemischt enthalten, z. B.

$$\varepsilon_{14} = 2 \int V P_3^1 P_3^3 \psi_{nl}^2 \cos\varphi \sin 3\varphi \, d\tau = 0.$$

Damit haben wir zur Bestimmung der Termverschiebung die Determinantengleichung

$$\begin{vmatrix}
\varepsilon_{11} - \varepsilon & 0 & \varepsilon_{13} & 0 \\
0 & \varepsilon_{11} - \varepsilon & 0 & -\varepsilon_{13} \\
\varepsilon_{13} & 0 & \varepsilon_{33} - \varepsilon & 0 \\
0 & -\varepsilon_{13} & 0 & \varepsilon_{33} - \varepsilon
\end{vmatrix} = [(\varepsilon_{11} - \varepsilon)(\varepsilon_{33} - \varepsilon) - \varepsilon_{13}^2]^2 = 0.$$

Wir erhalten zwei einfache Eigenwerte:

$$\varepsilon', \varepsilon'' = \frac{\varepsilon_{11} + \varepsilon_{33}}{2} \pm \sqrt{\left(\frac{\varepsilon_{11} - \varepsilon_{33}}{2}\right)^2 + \varepsilon_{13}^2}$$

und als Eigenfunktionen zu ε':

$$\psi_1' = \sqrt{1-\delta}\, P_3^1 \cos\varphi + \sqrt{1+\delta}\, P_3^3 \cos 3\varphi,$$

$$\psi_2' = -\sqrt{1-\delta}\, P_3^1 \sin\varphi + \sqrt{1+\delta}\, P_3^3 \sin 3\varphi$$

mit $\delta = \dfrac{\varepsilon_{33}-\varepsilon_{11}}{\sqrt{(\varepsilon_{33}-\varepsilon_{11})^2 + 4\varepsilon_{13}^2}}$,

ebenso als Eigenfunktionen zu ε'':

$$\psi_1'' = \sqrt{1+\delta}\, P_3^1 \cos\varphi - \sqrt{1-\delta}\, P_3^3 \cos 3\varphi,$$

$$\psi_2'' = \sqrt{1+\delta}\, P_3^1 \sin\varphi + \sqrt{1-\delta}\, P_3^3 \sin 3\varphi.$$

In 22 werden wir feststellen, daß tatsächlich ε_{13} nicht verschwindet, daß also $\sqrt{2}\, P_3^1 {\cos \atop \sin} \varphi$ und $\sqrt{2}\, P_3^3 {\cos \atop \sin} 3\varphi$ noch nicht die richtigen Eigenfunktionen nullter Näherung sind, sowie ferner, daß ε_{13} und damit δ, also die Eigenfunktionen nullter Näherung selbst, stark abhängen von dem speziellen Problem, vor allem vom „Bahnradius" des Elektrons und der Abweichung der Symmetrie von der kubischen Symmetrie.

Für $l > 3$ gehören nicht nur zum zweidimensionalen, sondern auch zu einigen eindimensionalen irreduziblen Bestandteilen der $(2l+1)$-dimensionalen Darstellung der Drehgruppe bei tetragonaler Symmetrie mehrere Terme, und man kann immer seltener die einfachen Funktionen $\sqrt{2}\, P_l^m {\cos \atop \sin} m\varphi$ als Eigenfunktionen nullter Näherung im Kristall ansetzen. Das heißt, mit wachsender Azimutalquantenzahl wird die Aufspaltung im tetragonalen und ebenso im hexagonalen Kristall immer unähnlicher der gewöhnlichen Stark-Effekt-Aufspaltung im homogenen Feld, mit der sie für $l = 1$ (beim hexagonalen Kristall auch für $l = 2$) vollkommen übereinstimmt. Es macht sich immer mehr die Vierzähligkeit bzw. Sechszähligkeit der ausgezeichneten Achse geltend und verursacht Abweichungen

Tabelle 13 *Eigenfunktionen zu den irreduziblen Darstellungen der tetragonalen und hexagonalen Drehgruppe*[1]*)

Tetragonal			Hexagonal		
Darstellung bei (geraden λ)	Darstellung bei (ungeraden λ)	Eigenfunktionen	Darstellung bei (geraden λ)	Darstellung bei (ungeraden λ)	Eigenfunktionen
Γ_1	Γ_2	$P_0^\lambda, \sqrt{2}\, P_\lambda^{4\mu} \cos 4\mu\varphi$	Γ_1	Γ_2	$P_\lambda^0, \sqrt{2}\, P_\lambda^{6\mu} \cos 6\mu\varphi$
Γ_2	Γ_1	$\sqrt{2}\, P_\lambda^{4\mu} \sin 4\mu\varphi$	Γ_2	Γ_1	$\sqrt{2}\, P_\lambda^{6\mu} \sin 6\mu\varphi$
Γ_3	Γ_4	$\sqrt{2}\, P_\lambda^{4\mu+2} \cos (4\mu + 2)\varphi$	Γ_3	Γ_4	$\sqrt{2}\, P_\lambda^{6\mu+3} \cos (6\mu + 3)\varphi$
Γ_4	Γ_3	$\sqrt{2}\, P_\lambda^{4\mu+2} \sin (4\mu + 2)\varphi$	Γ_4	Γ_3	$\sqrt{2}\, P_\lambda^{6\mu+3} \sin (6\mu + 3)\varphi$
Γ_5	Γ_5	$\sqrt{2}\, P_\lambda^{2\mu+1} {\cos \atop \sin} (2\mu + 1)\varphi$	Γ_5	Γ_5	$\sqrt{2}\, P_\lambda^{6\mu\pm2} {\cos \atop \sin} (6\mu \pm 2)\varphi$
			Γ_6	Γ_6	$\sqrt{2}\, P_\lambda^{6\mu\pm1} {\cos \atop \sin} (6\mu \pm 1)\varphi$

[1]) Die Eigenfunktionen sind natürlich noch nicht die „richtigen" Eigenfunktionen nullter Näherung.

*) Siehe die Fußnoten zu den Tabellen 3 und 5 (A. P. C.).

von den Verhältnissen bei einer unendlich-zähligen Achse, welche die Symmetrieverhältnisse beim Stark-Effekt im homogenen Feld wiedergibt.

12. Eigenfunktionen bei kubisch-(holoedrischer) Symmetrie

Bei kubisch-holoedrischer Symmetrie sind alle drei Achsen X, Y, Z miteinander vertauschbar. Daraus folgt sofort, daß die drei Kugelfunktionen erster Ordnung $P_1^0 = \sqrt{\frac{3}{2}} \cos\vartheta$ sowie $\sqrt{\frac{3}{2}} \sin\vartheta^{\cos}_{\sin}\varphi$ durch Symmetrieoperationen der kubischen Symmetriegruppe ineinander übergeführt werden: Der P-Term spaltet nicht auf (vgl. 4), die Wahl der Achse der Kugelfunktionen ist demnach beliebig, die Richtungsentartung des Drehimpulses bleibt bestehen.

Gehen wir zum D-Term über, so sieht man sofort, daß durch Vertauschungen der drei Kristallachsen X, Y, Z die zonale Kugelfunktion $P_2^0 = \sqrt{\frac{5}{2}}\left(\frac{3}{2}\cos^2\vartheta - \frac{1}{2}\right)$ nur übergehen kann in eine Funktion, die $\cos\varphi$ (bzw. $\sin\varphi$) gar nicht oder in der zweiten Potenz enthält, das ist außer P_2^0 selbst nur $\sqrt{2}\, P_2^2 \cos 2\varphi = \sqrt{\frac{15}{8}} \sin^2\vartheta \cdot (2\cos^2\varphi - 1)$. Wenn wir z. B. die Z-Achse durch die X-Achse ersetzen, geht P_2^0 über in:

$$P_2^0(x) = \sqrt{\frac{5}{2}}\left(\frac{3}{2}\sin^2\vartheta\cos^2\varphi - \frac{1}{2}\right)$$

$$= -\frac{1}{2} P_2^0 + \frac{\sqrt{3}}{2}\sqrt{2}\, P_2^2 \cos 2\varphi .$$

P_2^0 und $\sqrt{2}\, P_2^2 \cos 2\varphi$ gehören also zum gleichen, zweifach entarteten Eigenwert. Analog kann

$$\sqrt{2}\, P_2^2 \sin 2\varphi = \sqrt{\frac{15}{2}} \sin\vartheta\cos\varphi\sin\vartheta\sin\varphi$$

durch Achsenvertauschungen nur übergehen in solche Kugelfunktionen zweiter Ordnung, die $\cos\varphi$ oder $\sin\varphi$ (oder beide) je in der ersten Potenz enthalten, also außer in sich selbst in

$$\sqrt{2}\,P_2^1\cos\varphi \quad \text{und} \quad \sqrt{2}\,P_2^1\sin\varphi \quad \left(P_2^1=\sqrt{\frac{15}{4}}\sin\vartheta\cos\vartheta\right).$$

Wir bezeichnen die beiden Terme, in welche der D-Term bei kubischer Symmetrie im Kristall aufspaltet, mit D_γ (zweifacher Term, Darstellung Γ_3) und D_ε (dreifacher Term, Darstellung Γ_5). Die zugehörigen Eigenfunktionen stellen wir einerseits in ausgeschiedener Form und andererseits in der Schreibweise von Ehlert[1]) gegenüber. Dabei bedeutet:

$$(\alpha\beta\gamma)=r^{l+1}\frac{\partial^l}{\partial x^\alpha\,\partial y^\beta\,\partial z^\gamma}\left(\frac{1}{r}\right),\quad l=\alpha+\beta+\gamma.$$

Term	Darst.	Ausgeschriebene Eigenfunktion	Eigenfunktion nach Ehlert
D_γ	Γ_3	$(2\gamma)_1=\sqrt{\frac{5}{2}}\left(\frac{3}{2}\cos^2\vartheta-\frac{1}{2}\right)=P_2^0$	(002)
		$(2\gamma)_2=\sqrt{2}\,P_2^2\cos 2\varphi=\sqrt{\frac{15}{8}}\sin^2\vartheta\cos 2\varphi$	(200) − (020)
D_ε	Γ_5	$(2\varepsilon)_1=\sqrt{2}\,P_2^2\sin 2\varphi=\sqrt{\frac{15}{8}}\sin^2\vartheta\sin 2\varphi$	(110)
		$(2\varepsilon)_2=\sqrt{2}\,P_2^1\cos\varphi=\sqrt{\frac{15}{2}}\sin\vartheta\cos\vartheta\cos\varphi$	(101)
		$(2\varepsilon)_3=\sqrt{2}\,P_2^1\sin\varphi=\sqrt{\frac{15}{2}}\sin\vartheta\cos\vartheta\sin\varphi$	(011)

[1]) W. Ehlert, a. a. O.

Analog erhalten wir die Eigenfunktionen zu den Aufspaltungsprodukten des F-Terms im Kristall, indem wir jeweils die Eigenfunktionen, die durch Vertauschung der Achsen auseinander hervorgehen, dem gleichen Term zuordnen.

Term	Darst.	Ausgeschriebene Eigenfunktion	Eigenfunktion nach Ehlert
F_β	Γ_2	$(3\beta) = \sqrt{2}\, P_3^2 \sin 2\varphi = \frac{\sqrt{210}}{4} \cos\vartheta \sin^2\vartheta \sin 2\varphi$	(111)
F_δ	Γ_4	$(3\delta)_1 = P_3^0 = \sqrt{\frac{7}{2}} \left(\frac{5}{2} \cos^3\vartheta - \frac{3}{2} \cos\vartheta\right)$	(003)
		$(3\delta)_2 = \sqrt{2} \sqrt{\frac{5}{8}}\, P_3^3 \cos 3\varphi - \sqrt{2} \sqrt{\frac{3}{8}}\, P_3^1 \cos\varphi$	(300)
		$(3\delta)_3 = \sqrt{2} \sqrt{\frac{5}{8}}\, P_3^3 \sin 3\varphi + \sqrt{2} \sqrt{\frac{3}{8}}\, P_3^1 \sin\varphi$	(030)
F_ε	Γ_5	$(3\varepsilon)_1 = \sqrt{2}\, P_3^2 \cos 2\varphi$	(201)—(021)
		$(3\varepsilon)_2 = \sqrt{2} \sqrt{\frac{3}{8}}\, P_3^3 \cos 3\varphi + \sqrt{2} \sqrt{\frac{5}{8}}\, P_3^1 \cos\varphi$	(120)—(102)
		$(3\varepsilon)_3 = \sqrt{2} \sqrt{\frac{3}{8}}\, P_3^3 \sin 3\varphi - \sqrt{2} \sqrt{\frac{5}{8}}\, P_3^1 \sin\varphi$	(012)—(210)

Dabei ist bekanntlich

$$P_3^1 = \sqrt{\frac{21}{2}} \left(\frac{5}{4} \cos^2\vartheta - \frac{1}{4}\right) \sin\vartheta ,$$

$$P_3^3 = \frac{\sqrt{70}}{8} \sin^3\vartheta .$$

Ebenso gilt für den G-Term:

Term	Darst.	Ausgeschriebene Eigenfunktion	Eigenfunktion nach EHLERT
G_α	Γ_1	$(4\alpha) = \sqrt{\frac{7}{12}}\, P_4^0 + \sqrt{2}\sqrt{\frac{5}{12}}\, P_4^4 \cos 4\varphi$	(400) + (040) + (004)
G_γ	Γ_3	$(4\gamma)_1 = \sqrt{2}\; P_4^2 \cos 2\varphi$	(400) — (040)
		$(4\gamma)_2 = \sqrt{\frac{5}{12}}\, P_4^0 - \sqrt{2}\sqrt{\frac{7}{12}}\, P_4^4 \cos 4\varphi$	2 · (004) — (400) — (040)
G_δ	Γ_4	$(4\delta)_1 = \sqrt{2}\; P_4^4 \sin 4\varphi$	(310) — (130)
		$(4\delta)_2 = \sqrt{2}\sqrt{\frac{7}{8}}\, P_4^1 \cos\varphi - \sqrt{2}\sqrt{\frac{1}{8}}\, P_4^3 \cdot \cos 3\varphi$	(103) — (301)
		$(4\delta)_3 = \sqrt{2}\sqrt{\frac{7}{8}}\, P_4^1 \sin\varphi + \sqrt{2}\sqrt{\frac{1}{8}}\, P_4^3 \cdot \sin 3\varphi$	(031) — (013)

Alle unsere Eigenfunktionen sind die richtigen Eigenfunktionen nullter Näherung für das Elektron im Kristallatom; denn es gehören niemals zwei Terme zur gleichen Darstellung.[1]) Dies würde erst bei der Untersuchung der Aufspaltung des H-Terms der Fall sein.

[1]) Für das Problem von EHLERT, die Schwingungseigenfunktionen von CH_4 zu bilden, fehlt noch eine Symmetrisierung, bei welcher aus den zum gleichen Term gehörigen Eigenfunktionen Linearaggregate mit bestimmten Symmetrieeigenschaften gegenüber Vertauschung der Ecken eines Tetraeders zu bilden sind.

Term	Darst.	Ausgeschriebene Eigenfunktion	Eigenfunktion nach EHLERT
G_ε	Γ_5	$(4\varepsilon)_1 = \sqrt{2}\ P_4^2 \sin 2\varphi$	(112)
		$(4\varepsilon)_2 = \sqrt{2}\sqrt{\frac{1}{8}}\, P_4^1 \cos\varphi + \sqrt{2}\sqrt{\frac{7}{8}}\, P_4^3 \cos 3\varphi$	(121)
		$(4\varepsilon)_3 = \sqrt{2}\sqrt{\frac{1}{8}}\, P_4^1 \sin\varphi - \sqrt{2}\sqrt{\frac{7}{8}}\, P_4^3 \sin\varphi$	(211)
		$P_4^0 = \sqrt{\frac{9}{2}}\left(\frac{35}{8}\cos^4\vartheta - \frac{15}{4}\cos^2\vartheta + \frac{3}{8}\right)$	
		$P_4^1 = \frac{3}{8}\sqrt{10}\,(7\cos^3\vartheta - 3\cos\vartheta)\sin\vartheta$	
		$P_4^2 = \frac{3}{8}\sqrt{5}\,(7\cos^2\vartheta - 1)\sin^2\vartheta$	
		$P_4^3 = \frac{3}{8}\sqrt{70}\cos\vartheta\sin^3\vartheta$	
		$P_4^4 = \frac{3}{16}\sqrt{35}\sin^4\vartheta$	

13. Beziehung der Termaufspaltung zur Bedeutung der Kugelfunktionen als Potential von Multipolen

Jede Kugelfunktion l-ter Ordnung stellt die Winkelabhängigkeit des Potentials eines Multipols derselben Ordnung dar, wie man dies am leichtesten aus der MAXWELLschen Form der Kugelfunktionen

$$(\alpha\beta\gamma) = r^{l+1}\,\frac{\partial^l\left(\frac{1}{r}\right)}{\partial x^\alpha\,\partial y^\beta\,\partial z^\gamma}, \quad l = \alpha + \beta + \gamma$$

erkennt. Jedem Term des Elektrons bei kubischer Symmetrie entspricht nun eine bestimmte Zerlegung („Partitio“) von l in drei Summanden α, β, γ, wie bereits EHLERT bemerkte. Bis $l = 3$ gilt auch die Umkehrung dieses Satzes, die eine sehr anschauliche Deutung der Termaufspaltung bei kubischer Symmetrie ermöglicht:

Für $l = 1$ erhält man drei linear unabhängige Eigenfunktionen (100), (010), (001), die den Potentialen eines in der X-, Y- bzw. Z-Achse eingestellten Dipols entsprechen. Diese Dipoleinstellungen sind selbstverständlich gleichberechtigt, die drei Eigenfunktionen gehören zum gleichen Eigenwert.

Für $l = 2$ gilt

$$(200) + (020) + (002) = r^3 \Delta \frac{1}{r} = 0.$$

Man erhält also:

a) Die beiden linear unabhängigen Eigenfunktionen (002) und (200) — (020). Diese entsprechen den Potentialen von „gestreckten“ Quadrupolen (Abb. 4.1a), d. h. von solchen, die aus entgegengesetzt gleichen, *in* Richtung ihrer Achse gegeneinander verschobenen Dipolen be-

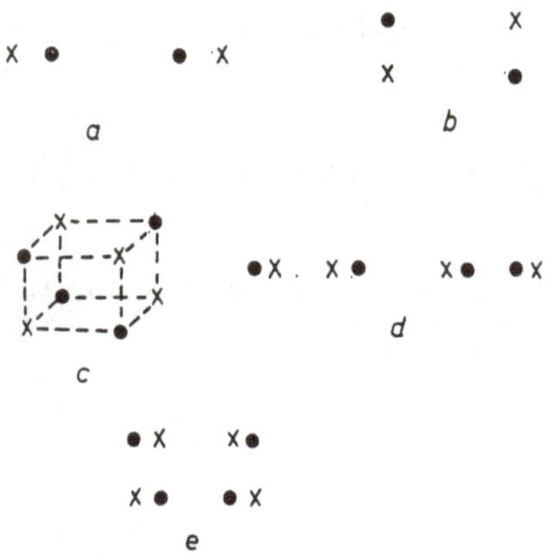

Abb. 4.1. Quadrupol- und Oktopolklassen bei kubischer Symmetrie

stehen. Da die Richtungen X, Y, Z gleichberechtigt sind, gehören beide Eigenfunktionen zum gleichen zweifachen Eigenwert D_γ.

b) Die drei linear unabhängigen Eigenfunktionen (011), (101), (110) stellen das Potential von flächenhaft ausgedehnten Quadrupolen dar, welche aus zwei *senkrecht* zu ihrer Achse verschobenen Dipolen bestehen (Abb. 4.1 b). Die drei möglichen Orientierungen dieser Quadrupole in der YZ-, ZX- und XY-Ebene, welche den obigen Potentialen entsprechen, sind natürlich gleichberechtigt, die Eigenfunktionen gehören zum gleichen, dreifachen Eigenwert D_ε.

Für $l = 3$ erhält man:

a) Die Eigenfunktion (111), welche das Potential eines räumlichen Oktopols (Abb. 4.1 c) darstellt, der aus zwei entgegengesetzt gleichen, senkrecht zu ihrer eigenen Ebene verschobenen flächenhaften Quadrupolen besteht. Die Eigenfunktion gehört zum einfachen Eigenwert F_β.

b) Die Eigenfunktionen (300), (030), (003), welche Potentiale von linear ausgedehnten Oktopolen (Abb. 4.1 d) darstellen, gehören zum dreifachen Eigenwert F_δ.

c) Die Eigenfunktionen (120)—(102), (012)—(210), (201)—(021), Potentialfunktionen von flächenhaft ausgedehnten Oktopolen[1]), gehören zum dreifachen Eigenwert F_ε (Abb. 4.1 e).

Bei höheren Multipolen ergeben sich kompliziertere Verhältnisse, vgl. Ehlert.*)

---

[1]) Die Eigenfunktionen (210) + (012) = −(030) und die durch zyklische Vertauschung entstehenden sind identisch mit den unter b) genannten.

*) Der Rest dieser Arbeit wird weggelassen (A. P. C.).

5. Die Reduktion der Raumgruppen*)

FREDERICK SEITZ

1. Einleitung

Der Zusammenhang zwischen Gruppentheorie und Quantenmechanik wurde zuerst von WIGNER[1]) aufgezeigt und dann durch WIGNER, VON NEUMANN und WEYL stark ausgebaut; dieser Zusammenhang hat der Arbeit von FROBENIUS und SCHUR über die irreduziblen Darstellungen von Gruppen einen ganz besonderen Platz in der allgemeinen mathematischen Ausbildung des Physikers eingeräumt. Freilich gilt für viele früheren Anwendungen der Gruppentheorie, wie zum Beispiel auf die Theorie der Atomspektren, daß die Ergebnisse bereits früheren Wissenschaftlern bekannt waren und daß diese Anwendung vorwiegend dazu diente, die Zusammenhänge zwischen verschiedenen Gesichtspunkten des Problems klar festzulegen. Mit der Ausweitung der quantenmechanischen Methoden auf andere Gebiete jedoch erweisen sich gruppentheoretische Überlegungen immer mehr als unentbehrlich. So beruhte speziell der Fortschritt bei bestimmten Problemen in der Theorie der Festkörper direkt auf der Kenntnis der Gruppentheorie[2]). Deshalb kann man sicher behaupten, daß sich eine genaue Untersuchung der Darstellungstheorie von Raumgruppen als eine bedeutende Hilfe für die zukünftige Entwicklung

---

*) Ann. Math. 37, 17 (1936).

[1]) E. P. WIGNER, Gruppentheorie. Vieweg & Sohn, 1931. H. WEYL, The Theory of Groups and Quantum Mechanics (Englische Übersetzung von H. P. ROBERTSON). Dutton & Co., 1931.

[2]) Siehe z. B. J. H. VAN VLECK, The Theory of Electric and Magnetic Susceptibilities. Oxford, 1932.

der Quantentheorie des Festkörpers erweisen wird; aus dieser Überlegung heraus sind die folgenden Ausführungen geschrieben.

1. Die Theorie der Raumgruppen

Im Hinblick auf das Ziel der folgenden Untersuchungen wird es vorteilhaft sein, einen kurzen Überblick über die Grundlagen und die wichtigen Ergebnisse der Theorie der Raumgruppen zu geben.

Der Ausgangspunkt dieser Überlegungen ist die Annahme, daß jeder Kristall gegenüber einer diskreten, dreiparametrigen Translationsgruppe der Form

$$\Gamma_{n_1 n_2 n_3}: n_1 t_1 + n_2 t_2 + n_3 t_3 \tag{1}$$

invariant ist, wobei t_1, t_2, t_3 drei primitive Translationen der Form

$$\begin{pmatrix} t_{11} \\ t_{12} \\ t_{13} \end{pmatrix} \begin{pmatrix} t_{21} \\ t_{22} \\ t_{23} \end{pmatrix} \begin{pmatrix} t_{31} \\ t_{32} \\ t_{33} \end{pmatrix} \tag{2}$$

sind, für welche die Determinante

$$\begin{vmatrix} t_{11} & t_{21} & t_{31} \\ t_{12} & t_{22} & t_{32} \\ t_{13} & t_{23} & t_{33} \end{vmatrix}$$

nicht verschwindet, und die Größen n_1, n_2, n_3 alle ganzzahligen Werte annehmen können. Diese Translationsgruppe ist dann als invariante Untergruppe aller jener Gruppen von höherer Ordnung anzusehen, denen gegenüber der Kristall invariant ist. Das Problem der Herleitung der Raumgruppen besteht dann darin, Transformationsgruppen vom Typ

$$\begin{aligned} x_1' &= a_{11} x_1 + a_{12} x_2 + a_{13} x_3 + t_1 \\ x_2' &= a_{21} x_1 + a_{22} x_2 + a_{23} x_3 + t_2 \\ x_3' &= a_{31} x_1 + a_{32} x_2 + a_{33} x_3 + t_3 \end{aligned} \tag{3}$$

zu finden, welche eine Gruppe vom Typ (1) als invariante Untergruppe zulassen. In den folgenden Überlegungen werden wir eine Bezeichnung verwenden, bei der (3) in der Form

$$x' = \alpha x + t, \tag{4}$$

geschrieben wird. Dabei sind x', x und t die Spaltenmatrizen

$$\begin{pmatrix} x_1' \\ x_2' \\ x_3' \end{pmatrix}, \quad \begin{pmatrix} x_1 \\ x_2 \\ x_3 \end{pmatrix}, \quad \begin{pmatrix} t_1 \\ t_2 \\ t_3 \end{pmatrix},$$

und α ist die Matrix

$$\begin{pmatrix} a_{11} & a_{12} & a_{13} \\ a_{21} & a_{22} & a_{23} \\ a_{31} & a_{32} & a_{33} \end{pmatrix}.$$

Wenn wir das Ganze als Operator auffassen, kann (4) als

$$x' = \{\alpha \mid t\} x = \mathfrak{A} x \tag{5}$$

geschrieben werden; dabei ist $\{\alpha \mid t\}$ ein linearer Operator, der auf einen Vektor x gemäß Definition (4) wirkt und der sich mit einem anderen Operator $\{\beta \mid t'\} = \mathfrak{B}$ derselben Art folgendermaßen zusammensetzt:

$$\{\alpha \mid t\}\{\beta \mid t'\} = \{\alpha\beta \mid \alpha t' + t\}. \tag{6}$$

Dabei spielt im neuen Produktoperator die Produktmatrix $\alpha\beta$ die Rolle der *Drehmatrix* α in (4), und der Vektor $\alpha t' + t$ spielt die Rolle der *Translationsmatrix* bzw. des Vektors t in derselben Gleichung. Dieses Schema von Raumoperatoren $\mathfrak{A}$, $\mathfrak{B}$ und $\mathfrak{C}$ bildet eine Verallgemeinerung der gewöhnlichen Dreh- oder Punkt-Matrix-Operatoren und führt in Fällen, wo der Translationsvektor null ist, auf diese zurück. Das Einselement ist durch $\{\varepsilon \mid 0\}$ gegeben, wobei ε eine Einheitsmatrix ist und 0 der Spaltenvektor mit den Komponenten null, während die Inverse zu $\{\alpha|t\}$ offensichtlich $\{\alpha^{-1}|-\alpha^{-1}t\}$ ist. In diesem Schema sind die Elemente der Translationsgruppe (1) von der Form

$$\{\varepsilon|n_1t_1 + n_2t_2 + n_3t_3\} = \{\varepsilon|n_1t_1\}\{\varepsilon|n_2t_2\}\{\varepsilon|n_3t_3\}. \quad (7)$$

Von diesem Standpunkt aus beschäftigt sich die Theorie der Raumgruppen mit der Untersuchung von Gruppen von Operatoren (5), welche eine invariante Untergruppe vom Typ (7) haben. Diese Einschränkung hat einen zweifachen Einfluß auf die Art der gefundenen Gruppen: Erstens schränkt sie die Art der möglichen Drehelemente ein, und zweitens bewirkt sie entsprechende einschränkende Bedingungen für die Form der t_1, t_2 und t_3 (in (1)). Diese beiden Einschränkungen sind insofern eng miteinander verknüpft, als die zugelassenen Werte von t_1, t_2 und t_3 von der Form der Drehelemente abhängen, und umgekehrt. Eine vollständige Behandlung und Darlegung dieses Problems ist in einer anderen Arbeit[1]) zu finden. Die Schlußfolgerungen und Sätze, die man finden kann, sind die folgenden:

I. Die einzigen zugelassenen Drehmatrizen können auf die Form

$$\begin{pmatrix} 1 & 0 & 0 \\ 0 & \cos\varphi & -\sin\varphi \\ 0 & \sin\varphi & \cos\varphi \end{pmatrix}$$

zurückgeführt werden, wobei $\varphi = 2\pi m/n$ ist; n ist dabei auf die ganzzahligen Werte 1, 2, 3, 4 und 6 beschränkt, und m ist eine beliebige ganze Zahl, die dem Betrage nach kleiner oder gleich n ist. Es gibt 32 Drehgruppen, die man aus Elementen, welche nur solche Matrizen besitzen, bilden kann — die sogenannten Kristallklassen —, und das sind gerade die Gruppen, welche die makroskopischen Symmetrieeigenschaften der

---

[1]) F. SEITZ, Z. für Krist. 88, 433 (1934).

Kristalle beschreiben; das heißt, diese und nur diese werden in der Natur gefunden.

II. In jeder gegebenen Raumgruppe bilden die Drehmatrizen eine dieser 32 Gruppen, so daß jede Raumgruppe mit einer bestimmten Kristallklasse in Verbindung gebracht werden kann.

III. Die einschränkenden Bedingungen, die man den Translationsgruppen auferlegen muß, welche als invariante Untergruppen der zu einer gegebenen Klasse gehörigen Raumgruppen auftreten, hängen nur von der Klasse und nicht von der Raumgruppe ab (d. h. nur von den Drehelementen der Raumoperatoren). Sie sind so beschaffen, daß nur 14 Typen von Translationsgruppen auftreten. Diese Translationsgruppen variieren von einer Gruppe, in der alle Komponenten von t_1, t_2 und t_3 beliebig sind, für die Klassen C_1 und S_1 des triklinen Systems bis zu drei Gruppen, in denen nur eine Komponente der drei Vektoren beliebig ist, für die Gruppen T, T^d, T^h, O und O^h des kubischen Systems.

IV. Es gibt mindestens eine Raumgruppe zu jeder Klasse und zu jeder Translationsgruppe (d. h. zu jeder *Unterklasse*). Im ganzen gibt es 230 Raumgruppen. Die charakteristischen Eigenschaften der Elemente dieser Gruppen sind im allgemeinen die folgenden:

(a) In jeder Raumgruppe können alle Operatoren, die ein gegebenes Drehelement α besitzen, in der Form $\{\alpha \mid v(\alpha)\}\{\alpha \mid t\}$ geschrieben werden; dabei ist t ein Element der Translationsgruppe (Raumoperatoren werden in der Gruppe auftreten, die allen zugelassenen Werten von t entspricht), und $v(\alpha)$ ist ein fester Vektor für eine gegebene Gruppe. Anders ausgedrückt: Die Faktorgruppe der Raumgruppe nach der Translationsgruppe ist einfach isomorph mit der Drehgruppe der Kristallklasse.

(b) Da eine gegebene Raumgruppe durch die Unterklasse, zu der sie gehört, und den Vektor $v(\alpha)$ zu jedem α eindeutig festgelegt ist, kann eine weitere Klassifikation auf Grund der folgenden Einteilung nach den Eigenschaften dieser Vektoren erfolgen:

(1) Raumgruppen mit solchen Elementen, daß alle $v(\alpha)$ gleich Null genommen werden können.

(2) Raumgruppen mit solchen Elementen, daß alle $v(\alpha)$ so gewählt werden können, daß sie keine Komponente in der zum Eigenwert 1 der Matrix α gehörigen Richtung haben. In diesem Fall, von dem (1) ein Spezialfall ist, läßt sich ein Koordinatensystem so wählen, daß jedes $v(\alpha)$ gleich Null genommen werden kann.

(3) Raumgruppen, für die zumindest ein $v(\alpha)$ eine Komponente in der zum Eigenwert 1 von α gehörigen Richtung hat. Vom geometrischen Standpunkt aus bedeutet das, daß es wenigstens einen Typ von Symmetrieoperatoren gibt, der nicht einfach als Drehung oder Spiegelung mit anschließender Translation der Gruppe angesehen werden kann.

(c) Wenn n die Ordnung der Gruppe einer gegebenen Kristallklasse ist und wir die $n-1$ Nebengruppen einer dazugehörigen Raumgruppe bilden, dann sehen wir aus (a), daß alle Elemente in irgendeiner dieser Nebengruppen dieselbe Drehmatrix haben und daß man sich vorstellen kann, daß sie aus einem gegebenen $\{\alpha | v(\alpha)\}$ durch Multiplikation mit allen Elementen der Translationsgruppe erzeugt worden sind. Wenn wir $\{\varepsilon | 0\}$ zu diesen $n-1$ Nebenklassen dazugeben, erhalten wir eine Menge von n Elementen, welche den Elementen der Klasse eineindeutig zugeordnet sind. Im Falle (1) kann diese Menge identisch mit der Gruppe genommen werden.

V. Jede Raumgruppe kann als Untergruppe einer Gruppe vom Typ (1) in IV-b angesehen werden. Diese Behauptung beruht auf der Tatsache, daß man ein Koordinatensystem so wählen kann, daß der Translationsanteil $v(\alpha)$ aller Raumoperatoren in der Form

$$v(\alpha) = a_1 t_1 + a_2 t_2 + a_3 t_3$$

geschrieben werden kann; dabei sind t_1, t_2, t_3 die primitiven Translationen der Translationsgruppe, und a_1, a_2 und a_3 sind Brüche. Wenn diese Brüche auf kleinsten gemeinsamen Nenner gebracht werden und dieser Nenner n ist, dann können wir die Raumgruppe als Untergruppe der Raumgruppe vom Typ (1) ansehen, wobei $t_1' = t_1/n$ ist usw. In den Fällen, die uns interessieren, tritt 8 als größter Wert von n auf.

VI. Jede kristallographische Punktgruppe C_1 ist auflösbar[4]), d. h., man kann eine Kompositionsreihe der Form

$$C_1, C_2, \ldots, C_n = \varepsilon$$

bilden derart, daß die Faktorgruppe C_i/C_{i+1} eine ABELsche Gruppe von Primzahlordnung ist.

Aus dem früher Gesagten über den Zusammenhang zwischen den Punktgruppen und den Raumgruppen ergibt sich klar, daß eine ähnliche Behauptung auch für die Raumgruppen gilt, mit dem Unterschied, daß C_i durch eine Raumgruppe zu ersetzen ist, deren Drehanteil diese Punktgruppe bildet, so daß C_n durch die Translationsgruppe ersetzt wird. In den folgenden Ausführungen werden wir uns nur mit denjenigen Darstellungen der Translationsgruppe beschäftigen, die von endlicher Ordnung sind; man wird deshalb für unsere Zwecke alle Raumgruppen als auflösbar ansehen können.

2. Ein Satz über die Reduktion von endlichen auflösbaren Gruppen

Die Eigenschaft der Auflösbarkeit bildet eine wichtige Charakterisierung der Raumgruppen im Hinblick auf die Ziele dieser Untersuchung und stellt die Grundlage für ein Schema zur vollständigen Reduktion dar. Der grund-

---

[4]) Auflösbare Gruppen wurden eingehend untersucht von G. FROBENIUS, Sitz. der Kön. Preuß. Akad., **337** (1893) und spätere Arbeiten.

legende Satz, der in diesem Zusammenhang von Interesse ist, nämlich Satz I dieses Kapitels, wurde zuerst von SCHUR[5]) aufgestellt. Er wird in den folgenden Abschnitten von einem leicht verschiedenen Gesichtspunkt aus dargelegt werden.

Wenn wir eine endliche auflösbare Gruppe G_1 haben, für welche die folgende Kompositionsreihe

$$G_1, G_2, \ldots, G_m \tag{8}$$

besteht, wobei G_m das Einselement ist, dann kann man die irreduziblen Darstellungen von G_h aus denjenigen von G_{h+1} mit Hilfe des folgenden Verfahrens gewinnen.

Wir wollen annehmen, die Elemente von G_{h+1} seien folgendermaßen angeordnet:

$$\mathfrak{A}_0 = \mathfrak{E};\ \mathfrak{A}_{11}, \ldots, \mathfrak{A}_{1f_1};\ \ldots;\ \mathfrak{A}_{q1}, \ldots, \mathfrak{A}_{qf_q}, \tag{9}$$

Dabei erfahren die Elemente $\mathfrak{A}_{ij}$ bei festem i eine zyklische Permutation durch eine Ähnlichkeitstransformation mit $\mathfrak{B}$, demjenigen Element, mit dessen Hilfe G_h aus G_{h+1} durch Erweiterung des letzteren hergeleitet werden kann. Da G_h auflösbar ist, ist das kleinste r, für das $\mathfrak{B}^r$ ein Element von G_{h+1} ist, eine Primzahl.

Im HILBERT-Raum, in dem die Gruppe G_1 dargestellt ist, sei σ^0 ein irreduzibler Unterraum, der zu einer irreduziblen Darstellung R_0 von G_{h+1} gehört. Weiter sei $(A^{(0)}_{ij,\mu\nu})$ der Repräsentant von $\mathfrak{A}_{ij}$ in diesem Unterraum. Dann wird σ^0 durch $\mathfrak{B}^m$ $(0 < m < r)$ in einen anderen Unterraum übergeführt, von dem wir annehmen wollen, daß er von σ^0 und von allen anderen Räumen, die durch andere Potenzen von $\mathfrak{B}$ erzeugt werden, unabhängig ist. Daß diese Annahme der Unabhängigkeit die Allgemeingültigkeit der folgenden Überlegungen nicht beeinträchtigt, wird gleich gezeigt werden.

---

[5]) I. SCHUR, Sitz. Preuß. Akad. **164** (1906). Der Autor möchte Dr. R. BRAUER dafür danken, daß ihn dieser zu der Zeit, da das vorliegende Manuskript zur Veröffentlichung eingereicht wurde, auf diesen Artikel aufmerksam machte.

Da G_{h+1} eine invariante Untergruppe von G_h ist, ist σ^m ein irreduzibler Unterraum des früher genannten HILBERT-Raums. Die irreduzible Darstellung von G_{h+1} in diesem Unterraum ist so beschaffen, daß die $\mathfrak{A}_{ij}$ darstellende Matrix $(a^{(m)}_{ij,\mu\nu})$ diejenige ist, die $\mathfrak{A}_{ijm} = \mathfrak{B}^{-m} \cdot \mathfrak{A}_{ij}\mathfrak{B}^m$ in σ^0 entspricht. Wenn nämlich ψ^0_μ eine zu σ^0 gehörige Funktion ist, dann haben wir

$$\mathfrak{A}_{ijm}\psi^0_\mu = \sum_\nu a^{(0)}_{ijm,\mu\nu}\psi^0_\nu, \tag{10}$$

so daß

$$\mathfrak{B}^m\mathfrak{A}_{ijm}\mathfrak{B}^{-m}\mathfrak{B}^m\psi^0_\mu = \mathfrak{A}_{ij}\mathfrak{B}^m\psi^0_\mu = \sum_\nu a^{(0)}_{ijm,\mu\nu}\mathfrak{B}^m\psi^0_\nu \tag{11}$$

oder

$$\mathfrak{A}_{ij}\psi^m_\mu = \sum_\nu a^{(0)}_{ijm,\mu\nu}\psi^m_\nu. \tag{12}$$

Wenn nun k die kleinste ganze Zahl ist, für die R_k zu R_0 äquivalent ist, können wir sofort sagen, daß R_{k+p} zu R_p äquivalent ist. Wenn wir nämlich die Operatoren $\mathfrak{A}_{ij}$ und ihre irreduziblen Darstellungen wie in (8) ordnen, dann erhalten wir die Darstellung R_1, indem wir eine l-fache zyklische Permutation der letzteren in jeder der bezüglich $\mathfrak{B}$ gebildeten Klassen vornehmen; dabei geht diese Permutation in die entgegengesetzte Richtung zu derjenigen, welche die $\mathfrak{A}_{ij}$ (bei festem i) durch $\mathfrak{B}'$ erfahren. Wenn also R_k äquivalent zu R_0 ist, dann wird R_{k+p} äquivalent zu der Darstellung sein, die man durch Ausführen einer p-fachen zyklischen Permutation auf die Ordnung R_0 erhält.

Aus ähnlichen Argumenten folgt, daß R_i nicht zu R_t äquivalent sein kann, wenn nicht R_m äquivalent zu R_0 ist (für $i \leqq m \leqq t$). Das bedeutet jedoch, daß k ein Faktor von r sein muß, was nur möglich ist, wenn $k = 1$ oder r, da ja r eine Primzahl ist. Es gilt also:

Die Darstellungen R_i ($i = 0, \ldots, r-1$) sind entweder vollständig äquivalent oder vollständig nichtäquivalent.

Wenn wir den von den Unterräumen σ^i ($i = 0, 1, \ldots, r-1$) aufgespannten Raum mit $\sum$ bezeichnen, dann ist, wie wir wissen, $\sum$ irreduzibel, falls die R_i vollständig nichtäquivalent sind. Denn nach dem Lemma von SCHUR ist die einzige Matrix, die mit den Darstellungen von G_{h+1} in $\sum$ kommutiert, eine Diagonalmatrix, deren Diagonalelemente in jedem der σ^i konstant sind. Jeder dieser Unterräume aber erfährt durch $\mathfrak{B}$ eine Transformation, durch die $\sigma^i \to \sigma^{i+1}$ (mod r); deshalb müssen die konstanten Abschnitte gleich sein, und $\sum$ ist irreduzibel.

Für den Fall, daß die R_i vollständig äquivalent sind, gibt es eine Matrix $\mathfrak{M}$, welche R_{i+1} in R_i überführt, so daß $\mathfrak{M}^n$ R_n in R_0 überführt. Wir wollen annehmen, daß die Basisvektoren so gewählt wurden, daß in jedem σ^i R_i dieselbe Form wie R_0 hat. Diese Vektoren sollen mit φ_ν^i bezeichnet werden, so daß

$$\varphi_\mu^p = \sum_\tau \mathfrak{M}_{\mu\tau}^p \psi_\tau^p . \tag{13}$$

Wenn nämlich

$$\mathfrak{A}_{ij_p} = \mathfrak{B}^{-p} \mathfrak{A}_{ij} \mathfrak{B}^p,$$

so folgt aus (10), (11) und (12), daß

$$\mathfrak{A}_{ij} \psi_\mu^p = \sum_\nu a_{ij_p,\,\mu\nu}^{(0)} \mu_\nu^p ,$$

oder

$$\mathfrak{A}_{ij} \varphi_\sigma^p = \sum_{\eta,\xi,\tau} \mathfrak{M}_{\sigma\eta}^p a_{ij_p,\,\eta\xi}^{(0)} \mathfrak{M}_{\xi\tau}^{-p} \varphi_\tau^p = \sum_\tau a_{ij,\,\sigma\tau}^{(0)} \varphi_\tau^p .$$

Außerdem gilt

$$\mathfrak{B}^p \psi_\mu^0 = \psi_\mu^p,$$

so daß

$$\mathfrak{B}^p \varphi_\mu^0 = \mathfrak{M}_{\mu\tau}^{-p} \varphi_\tau^p . \tag{14}$$

Daher ist es klar, daß die Darstellung von $\mathfrak{B}$ in $\sum$ eine Matrix ist, deren Komponenten überall Null sind mit Ausnahme der Elemente des Blockes, der die zu σ^i gehörigen Spalten mit den zu σ^{i+1} gehörigen Zeilen verbindet, und die in diesem Abschnitt stehende Matrix ist gerade $\mathfrak{M}^{-1}$. Wir wollen in σ^0 solche Koordinaten wählen, daß $\mathfrak{M}$ eine Diagonalmatrix ist; in diesem Fall werden alle Diagonalelemente p-te Einheitswurzeln sein, falls $\mathfrak{B}^p = \mathfrak{E}$ $(p = lr)$. Diese Koordinaten seien wie früher mit φ_ν^i bezeichnet. Bilden wir nun Funktionen

$$\chi_\mu^i = \sum b_{ik} \varphi_\mu^k, \tag{15}$$

so daß χ_μ^i eine Eigenfunktion von $\mathfrak{B}$ ist. Der dazugehörige Eigenwert muß einer der irreduziblen Darstellungen von $\mathfrak{B}$ entsprechen, sagen wir jener, in der ω_b $\mathfrak{B}$ entspricht. Der Koeffizient b_{ik} muß daher die Form

$$\sum_{n=0}^{l-1} (\omega_1^{-1} \omega_0^{-1})^{k+nr} \tag{16}$$

haben; dabei ist allgemein ω_ν die zu φ_ν^i gehörige Matrixkomponente von $\mathfrak{M}$. (16) verschwindet, wenn nicht $(\omega_0 \omega_1)^{-1}$ eine r-te Einheitswurzel ist. Diese Wurzeln seien mit θ_i $(i = 1, 2, \ldots, r)$ bezeichnet, so daß (15) in

$$\chi_\mu^i = \sum_{n=0}^{rl-1} \theta_i^n \varphi_\mu^n. \tag{17}$$

übergeht. Daraus folgt sofort, daß χ_μ^i im allgemeinen eine Eigenfunktion von $\mathfrak{B}$ zum Eigenwert $\theta_i^{-1} \omega_\mu^{-1}$ ist. Die Menge dieser zu einem festen i gehörigen Funktionen aber gehört zu derselben irreduziblen Darstellung von G_{h+1} wie die Menge $\varphi_\varkappa^i$ (bei festem $\varkappa$), so daß die erste Menge einen irreduziblen Raum unter G_h aufspannt. Daher gilt also:

Satz I. *Wenn jeder der Unterräume σ^i $(i = 0, 1, \ldots, r-1)$ von $\sum$ zu verschiedenen Darstellungen von G_{h+1} gehört, dann ist $\sum$ unter G_h irreduzibel. Wenn alle Darstellungen äquivalent sind, dann ist $\sum$ auf r irreduzible Unterräume gleicher Dimension reduzierbar. Wenn die Repräsentanten von G_{h+1} in jedem Unterraum gleich genommen* *werden, dann ist der Repräsentant von $\mathfrak{B}$ das $\mathfrak{M}$-fache einer r-ten Einheitswurzel.*

Der Fall, daß ein σ^i nicht von σ^0 unabhängig ist, kann natürlich nur dann eintreten, wenn R_i äquivalent zu R_0 ist, so daß wir, falls nicht $i = r$ gilt, $\sigma = \sigma^0$ haben müssen; dann ist $\sum$ mit σ^0 identisch, und der Repräsentant von $\mathfrak{B}$ ist einfach $\mathfrak{M}^{-1}$.

Nun wird G_{m-3} in (8) die Translationsgruppe von G_1 sein, welche immer reduziert werden kann, indem man ein Koordinatensystem von Funktionen vom Typ

$$\eta^\lambda e^{i\varkappa \cdot r} \tag{18}$$

wählt; dabei ist $\eta_\varkappa$ eine Funktion, die gegenüber der Translationsgruppe invariant ist, und $\varkappa$ ist ein konstanter Vektor. Vom physikalischen Standpunkt aus ist es immer günstig, $\varkappa$ auf solche Werte zu beschränken, daß für jede primitive Translation t_1, t_2, t_3 $N_i \varkappa \cdot t_i = 2\pi$; die N_i sind dabei ganze Zahlen. Mit anderen Worten: $\varkappa$ hat die Bedingung zu erfüllen, daß es ein Gittervektor des inversen Kristallgitters ist. Von unserem Standpunkt aus hat diese Bedingung die wichtige Folge, daß sie alle von uns betrachteten Darstellungen der Translationsgruppe auf endliche einschränkt, deren Ordnung kleiner oder gleich $N_1 N_2 N_3$ ist. Der vorangegangene Satz ist also gültig und ermöglicht eine einfache, direkte Methode, um die vollständige Reduktion für jede Raumgruppe zu erhalten.

Im nächsten Abschnitt werden wir ein Verfahren angeben, das im allgemeinen den Prozeß der Reduktion von G_1 vereinfacht, indem es uns erlaubt, von der irreduziblen Form einer speziellen Untergruppe von G_1 auf jene von G_1 überzugehen. Diese Untergruppe ist natürlich auch auflösbar, so daß sie immer mit Hilfe des vorangegangenen Satzes reduziert werden kann. In bestimmten Sonderfällen dagegen kann sie sofort durch direkte Anwendung einiger früherer Ergebnisse über die Reduktion der makroskopischen Kristallgruppen reduziert werden.

3. Weitere vereinfachende Verfahren

Wenn die Faktorgruppe G_1/Γ, wobei G_1 eine gegebene Raumgruppe und Γ die Translationsgruppe ist, von der Ordnung n ist, so gibt es, wie wir in Abschnitt 1 gesehen haben, n Restklassen-Repräsentanten $\mathfrak{A}_1, \ldots, \mathfrak{A}_n$ ($\mathfrak{A}_1 = \mathfrak{E}$) derart, daß jedes Element von G_1 dem Produkt aus einem von diesen und einem Element der Translationsgruppe gleich ist. Wenn wir nun im Hilbert-Raum ein Koordinatensystem so wählen, daß alle Funktionen die Form (18) haben, dann können $n - 1$ andere derartige Funktionen aus jedem gegebenen $\psi_1 = \eta_{\varkappa_1} e^{i\varkappa_1 \cdot \nu}$ von (18) dadurch erzeugt werden, daß man darauf diese n Restklassen-Repräsentanten wirken läßt. Von diesen n Funktionen

$$\mathfrak{A}_1\psi_1 = \psi_1, \quad \mathfrak{A}_2\psi_1 = \psi_2, \quad \ldots, \quad \mathfrak{A}_n\psi_1 = \psi_n$$

wird angenommen, daß sie linear unabhängig sind, so daß sie einen n-dimensionalen Raum $\sum_n$ aufspannen. Diese Annahme linearer Unabhängigkeit wird in jenen Fällen nicht erfüllt sein, wenn $\varkappa$ gegenüber bestimmten Restklassen-Repräsentanten invariant ist und die durch diese erzeugten η's nicht linear unabhängig sind. Dennoch wird es hier nicht notwendig sein, für diese Fälle eine Ausnahme zu machen, da die einzige Folge davon nur die ist, daß die Dimension der Darstellungen, mit denen wir uns beschäftigen werden, so reduziert wird, daß vollständig irreduzible, bei linearer Unabhängigkeit vorhandene Teile ausgeschlossen werden.

Da das Produkt von zwei beliebigen Restklassen-Repräsentanten gleich einem anderen mal einem Element der Translationsgruppe ist, wird natürlich dieselbe Menge von ψ's erzeugt werden, wenn irgendein beliebiges ψ aus der Menge anstelle von ψ_1 genommen wird; d. h., $\sum_n$ ist invariant gegenüber der gesamten Raumgruppe. Das bedeutet, daß wir eine teilweise Reduktion des gesamten Raumes in n-dimensionale Unterräume erreicht haben, so daß wir unsere weiteren Überlegungen auf diese beschränken können.

Lemma I. *Funktionen* ψ_ν^1 $(\nu = 1, \ldots, l)$ von $\sum_n$, *welche zu einer gegebenen Darstellung* T_1 *der Translationsgruppe gehören, werden durch jedes Element der Gruppe in Funktionen übergeführt, welche zu einer Darstellung* T_2 *gehören.* T_2 *kann äquivalent zu* T_1 *sein oder auch nicht.*

Wenn $\mathfrak{A}$ ein beliebiger Raumoperator ist und $\mathfrak{T}$ und $\mathfrak{T}'$ solche Translationsoperatoren sind, daß $\mathfrak{T}$ beliebig ist und

$$\mathfrak{T}' = \mathfrak{A}^{-1}\mathfrak{T}\mathfrak{A},$$

dann ist

$$\mathfrak{T}\psi_\nu^1 = \omega_i\psi_\nu^2, \quad \mathfrak{T}'\psi_\nu^1 = \omega_i'\psi_\nu^1.$$

Weiter gilt aber

$$\mathfrak{A}\mathfrak{T}'\psi_\nu^1 = \omega_t'\mathfrak{A}\psi_\nu^1,$$

so daß

$$\mathfrak{T}\mathfrak{A}\psi_\nu' = \omega_t'\mathfrak{A}\psi_\nu^1$$

und die l Funktionen $\mathfrak{A}\psi_\nu^1$ zur selben Darstellung gehören. Daher geht der Raum σ_l^1 von $\sum_n$, der zu einer gegebenen Darstellung der Translationsgruppe gehört, durch Elemente von G_1 entweder vollständig in sich selbst oder vollständig in einen anderen Raum σ_l^i über, der zu einer anderen Darstellung gehört.

Da die l Funktionen ψ_ν^1 so ausgewählt werden können, daß sie die ersten l von den früher eingeführten n sind, indem diese geeignet geordnet werden, kann man also die ganzen n Funktionen in Sätzen

$$\begin{array}{l} \sigma_l^1 : \psi_1^1, \ldots, \psi_l^1 \\ \ldots\ldots\ldots\ldots\ldots \\ \sigma_l^h : \psi_1^h, \ldots, \psi_l^h \end{array} \qquad h = n/l \tag{19}$$

anordnen, von denen jeder zu einer anderen Darstellung der Translationsgruppe gehört. Außerdem kann jeder

Satz durch eine geeignete Transformation von G_n in irgendeinen anderen übergeführt werden.

Lemma II. *Die Operatoren, welche jeden Raum* σ_l^i *in sich selbst überführen, bilden eine Gruppe* G_l^i. *Diese Gruppe enthält die gesamte Translationsgruppe.*

Daß die Translationsgruppe den Raum σ_l^i invariant läßt, folgt sofort aus ihrer Diagonalform. Ähnlich ist es auch klar, daß ihn $\mathfrak{B}\,\mathfrak{A}$ invariant lassen wird, wenn das $\mathfrak{B}$ und $\mathfrak{A}$ tun.

Da es immer ein ganzzahliges m gibt, für das $\mathfrak{A}^m = \mathfrak{T}$, wobei $\mathfrak{T}$ ein Element der von $\mathfrak{A}$ abhängigen Translationsgruppe ist, gilt

$$\mathfrak{A}^{-1} = \mathfrak{A}^{m-1}\,\mathfrak{T}^{-1}.$$

Da die rechte Seite der Gleichung σ_l^i invariant läßt, muß das auch von der linken Seite gelten. Daher bilden alle derartigen Elemente eine Gruppe. Man sieht sofort, daß die Gruppen G_l^i äquivalent sind und durch Elemente von G_n ineinander übergeführt werden können.

Lemma III. *Wenn jeder der Unterräume* σ_l^i *vollständig auf* p *Unterräume* $\sigma_{l,j}^i$ $(j = 1, \ldots, p)$ *reduziert wird, wobei die Gruppe* G_l^i *jeden davon invariant läßt, dann führen alle Elemente von* G_n, *die nicht in* G_l^i *sind, jedes* $\sigma_{l,j}^i$ *in einen Raum* $\sigma_{l,j}^k$ *über, der bezüglich* G_l^k *äquivalent ist.*

Da die Untergruppen G_l^i äquivalent sind, kann jede so reduziert werden, daß äquivalente Elemente dieselbe Form erhalten. Wenn nun $\psi_{j,\mu}^i$ eine zu $\sigma_{l,j}^i$ gehörige Funktion und $\mathfrak{A}_n$ ein beliebiges Elemente von G_l^i ist, dann gilt:

$$\mathfrak{A}_n \psi_{j,\mu}^i = \sum_\nu a_{n,\mu\nu} \psi_{j,\nu}^i.$$

Wenn also $\mathfrak{A}'$ ein Element von G_n ist, das nicht zu G_l^i gehört, dann ist

$$\mathfrak{A}'\,\mathfrak{A}_n\,\mathfrak{A}'^{-1}\,\mathfrak{A}\,\psi_{j,\mu}^i = \mathfrak{A}_n'\,\mathfrak{A}'\,\psi_{j,\mu}^i = \sum_\nu a_{n,\mu\nu}\,\mathfrak{A}'\,\psi_{j,\nu}^i = \sum_\nu a_{n,\mu\nu}\,\psi_{j,\nu}^k.$$

Also wird $\psi^i_{j,\mu}$ in eine Funktion $\psi^k_{j,\mu}$ übergeführt, welche durch dieselbe Darstellung der äquivalenten Gruppe transformiert wird, die σ^k_l invariant läßt.

Wenn wir alle diese Räume

$$\sigma^1_{l,k} \ldots \sigma^1_{l,m}; \qquad \sigma^2_{l,k} \ldots \sigma^2_{l,m}; \ldots; \qquad \sigma^h_{l,k} \ldots \sigma^h_{l,m} \tag{20}$$

zusammennehmen, die zur selben irreduziblen Darstellung der äquivalenten Gruppen $G^1_l, G^2_l, \ldots, G^h_l$ gehören, und wenn wir den resultierenden Raum mit $\sum^{k\ldots m}$ bezeichnen, dann haben wir eine zusätzliche Reduktion der gegebenen Raumgruppe erreicht; denn es gibt keine Matrixkomponenten zwischen den verschiedenen Räumen $\sum^{k\ldots m}$, die zusammen $\sum_n$ aufspannen.

Wenn eine gegebene Darstellung R^i_s von G^i_l nur einmal in σ^i_l auftritt, dann ist der entsprechende Unterraum $\sum^s$ irreduzibel. Denn nach dem Lemma von SCHUR hat jede Matrix, die mit der Raumgruppe kommutiert, keine die σ^i_l verbindenden Komponenten, da jedes dieser σ^i_l einer anderen irreduziblen Darstellung der Translationsgruppe entspricht. In keinem σ^i_l gibt es Matrixkomponenten dieser kommutierenden Matrix, welche irgendein $\sigma^i_{l,h}$ und die anderen Räume verbinden. Aber jedes $\sigma^i_{l,h}$ kann durch ein Element von G_n in ein anderes $\sigma^i_{l,h}$ übergeführt werden, so daß die Matrix $\sum^h$ konstant ist. Somit ist $\sum^h$ irreduzibel.

Für den Fall, daß eine Darstellung R^i_s mehr als einmal in σ^i_l auftritt, sagen wir, in den Räumen $\sigma^i_{l,k} \ldots \sigma^i_{l,m}$ wird $\sum^{h\ldots m}$ nicht irreduzibel sein; wie aber leicht gesehen werden kann, sind $\sum^k, \ldots, \sum^m$ jeweils irreduzibel. Denn nach Voraussetzung sind $\sigma^i_{l,k} \ldots \sigma^i_{l,m}$ (bei festem i) irreduzibel gegenüber G^i_l, so daß sie kein Element dieser Gruppe ineinander überführt. Wenn ein Element $\mathfrak{A}$, das nicht zu G^i_l gehört, sie in $\sigma^h_{l,k} \ldots \sigma^h_{l,m}$ überführt, dann muß ein anderes Element $\mathfrak{B}$, das σ^i_l in σ^h_l überführt, das ebenfalls machen. Sonst würde nämlich entgegen unserer Annahme $\mathfrak{A}^{-1}\mathfrak{B}$ die Räume $\sigma^i_{l,k} \ldots \sigma^i_{l,m}$ von σ^i_l verbinden. Von hier an geht der Beweis gleich wie im vorangegangenen Paragraphen. Wenn also die irreduziblen Darstellungen von G_l^i in σ_l^i vollständig bekannt sind, dann ist die Raumgruppe im wesentlichen reduziert; wir müssen nur mehr diejenigen Darstellungen der Raumgruppen untersuchen, für welche die die Translationselemente darstellenden Matrizen konstant sind, d. h., wir müssen uns nurmehr mit den σ_l^i und den dazugehörigen R_l^i befassen.

Aus diesen Überlegungen können wir sofort den folgenden Schluß ziehen:

Satz II. *Wenn* σ_l^i *eindimensional ist, dann ist* $\sum_n$ *irreduzibel.*

Für den Fall, daß σ_l^i nicht eindimensional ist, können wir die irreduziblen Darstellungen für eine spezielle Klasse von Raumgruppen auf recht einfache Weise finden. Diese Spezialfälle sind jene, bei denen G_l^i, die Untergruppe von G_n, welche σ_l^i invariant läßt, eine Raumgruppe vom Typ (1) ist, wie er in Abschnitt IV(b) von § 1 besprochen wurde. Dabei sind natürlich alle jene Fälle eingeschlossen, bei denen G_n vom Typ (1) ist, und eventuell auch spezielle Fälle von (2) und (3). Denn in diesem Fall können die l Restklassen-Repräsentanten so gewählt werden, daß sie Elemente der Form $\{\alpha|0\}$ sind, welche eine Punktgruppe der Ordnung l bilden und durch Drehmatrizen in σ_l^i dargestellt werden. Das Verfahren zur Reduktion von G_l^i besteht dann einfach darin, diese Untergruppe zu reduzieren, da die einzige mit R_l^i kommutierende Matrix mit dieser kommutieren muß und umgekehrt. Das Problem der Reduktion der kristallographischen Punktgruppen wurde von Bethe[6]) gelöst, so daß die speziellen, oben genannten Raumgruppen mit Hilfe seiner Ergebnisse recht einfach reduziert werden können.

Für den Fall, daß G_l^i keine Gruppe vom Typ (1) ist, kann man das Ergebnis aus § 1 anwenden, um es nach

[6]) H. Bethe, Ann. der Phys. 3. 133 (1929). E. P. Wigner, Goettinger Nachr., 133 (1930). (Siehe auch S. 283 und S. 223 (A. P. C.).)

dem dort beschriebenen Verfahren zu reduzieren. Da diese Gruppe im allgemeinen einfacher sein wird als G_1, wird sich zeigen, daß die Anwendung der Ergebnisse dieses Abschnittes von großem praktischem Wert sein wird.

4. Physikalische Anwendungen

Die vorausgegangenen Ausführungen schaffen die Grundlage für eine Untersuchung der in der Physik auftretenden Operatoren in Fällen, in denen diese Raumgruppensymmetrie aufweisen und die sogenannten BORN-KÁRMÁN-Randbedingungen[7]) angewendet werden. In allen diesen Fällen werden nämlich die Eigenfunktionen durch eine der irreduziblen Darstellungen der entsprechenden Raumgruppe transformiert werden. Bei der Behandlung der harmonischen Schwingungen eines Kristalls, welche einfach Eigenfunktionen einer quadratischen, Raumgruppensymmetrie aufweisenden Potentialform sind, verwendet man Normalkoordinaten; diese können nun durch Anwendung der algebraischen Darstellungstheorie auf Grund des vorliegenden Artikels sofort hergeleitet werden. Dieses Verfahren vermeidet die mühsameren Methoden, die von BRESTER[8]) entwickelt wurden.

In der Quantentheorie der Elektronen in Festkörpern ist es eine brauchbare Näherung, die Wechselwirkung der Elektronen durch ein selbstkonsistentes Feld[9]) zu beschreiben, so daß jedes Elektron sich in einem von den anderen Elektronen und den Atomkernen erzeugten effektiven Feld bewegt. Dieses effektive Feld ist für alle Elektronen das gleiche. Da es die Symmetrie des Kristallgitters besitzt, gehören die Wellenfunktionen der Elek-

---

7) M. BORN und T. v. KÁRMÁN, Phys. Zs. 13, 297 (1912).

8) C. J. BRESTER, Kristallsymmetrie und Reststrahlen, Utrecht, 1923.

9) E. P. WIGNER und F. SEITZ, Phys. Rev. 43, 804 (1933); 46, 509 (1934). F. SEITZ, Phys. Rev. 47, 400 (1935).

tronen zu einer irreduziblen Darstellung der Symmetriegruppe des Gitters und besitzen die Gestalt (18). Da Funktionen, die zur gleichen irreduziblen Darstellung gehören, die gleichen Energieeigenwerte haben, folgt aus Theorem II, daß die Anzahl der entarteten Zustände gleich ist der Anzahl der Restklassen-Repräsentanten, es sei denn, die Funktion (18) erhält durch einen Restklassen-Repräsentanten den gleichen $\varkappa$-Wert, ausgenommen die Einheit, wenn Restklassen gebildet werden und wenn die Translationsgruppe als invariante Untergruppe auftritt. In allen anderen Fällen besteht die Möglichkeit, daß mehr als ein Energieeigenwert mit einem gegebenen $\varkappa$-Wert verknüpft wird. Wenn wir den Energieeigenwert als Funktion von $\varkappa$ ansehen, dann entspricht die Mehrwertigkeit von $E(\varkappa)$ für bestimmte $\varkappa$-Werte Unstetigkeiten in $E(\varkappa)$, wofür es viele experimentelle Beweise gibt.

Durch eine vorausgehende Arbeit wurde für diesen Problemkreis eine geeignete Diskussionsgrundlage geschaffen. Diese Arbeit wurde in einer physikalischen Zeitschrift[10]) veröffentlicht und wird später erweitert werden.

---

[10]) R. B. Barnes, R. R. Brattain und F. Seitz, Phys. Rev. 48, 582 (1935).

6. Theorie der Brillouin-Zonen und die Symmetrieeigenschaften der Wellenfunktionen in Kristallen*)

L. P. BOUCKAERT**), R. SMOLUCHOWSKI und E. WIGNER

Bekanntlich hat das Energiespektrum von Metallen eine Bänderstruktur, wenn man die Wechselwirkung der Elektronen untereinander vernachlässigt. Das Problem dieser „BRILLOUIN-Zonen" wird hier vom Standpunkt der Gruppentheorie betrachtet. In dieser Theorie ist jeder Energiewert mit einer Darstellung der Symmetriegruppe des betrachteten Problems gekoppelt. In diesem Fall liegt die Symmetrie in der Raumgruppe, und der Hauptunterschied, verglichen mit den üblichen Problemen, besteht darin, daß bei letzteren die Darstellungen eine diskrete Menge bilden und durch ganze Zahlen charakterisiert werden können (wie z. B. die azimutale Quantenzahl), die Darstellungen einer Raumgruppe hingegen eine kontinuierliche Menge bilden und durch kontinuierlich variierende Parameter charakterisiert werden müssen. Man kann zeigen, daß es in der Umgebung eines Energiewertes mit einer bestimmten Darstellung andere Energiewerte gibt, mit allen Darstellungen, deren Parameter sich nur wenig von den Parametern der ursprünglichen Darstellung unterscheiden. Das führt zu dem bekannten Ergebnis, daß die Energie eine stetige Funktion des reduzierten Wellenvektors ist (seine Komponenten sind Parameter der obengenannten Art); es ermöglicht aber außerdem eine systematische Untersuchung des „Aneinanderhaftens" der BRILLOUIN-Zonen. Diese Untersuchung wird für einfache kubische sowie raum- und flächenzentrierte kubische Gitter durchgeführt, die die verschiedenen möglichen Typen von Zonen aufweisen.

I.

Untersuchungen der Elektronenstruktur von Kristallgittern, — insbesondere in Metallen, — die auf Grund

*) Phys. Rev. 50, 58 (1936).

**) C. R. B. FELLOW.

von BLOCHS Theorie durchgeführt wurden, führten zum Begriff der sogenannten BRILLOUIN-Zonen[1]). Trotz dieser Untersuchungen, die einen wesentlichen Teil des Gebietes erfassen, erscheint es wünschenswert, die Theorie auf Grund eines einheitlichen Gesichtspunktes zu entwickeln. Es zeigt sich, daß die Berücksichtigung der speziellen Symmetrieeigenschaften verschiedener Gitter interessante Besonderheiten des Aufbaus der B.-Z. herausbringt, über die die allgemeine Theorie nichts aussagt. Diese Besonderheiten können einheitlich mittels gruppentheoretischer Methoden[2]) behandelt werden; wir wollen hier das Thema von diesem Standpunkt aus aufgreifen. Der erste Versuch in dieser Richtung wurde von F. SEITZ[3]) unternommen. Wir werden von seinen Ergebnissen weitgehend Gebrauch machen; um unseren Untersuchungen folgen zu können, ist es jedoch nicht erforderlich, seine Arbeit zu kennen.

---

[1]) Auf das Vorhandensein solcher Zonen wurde erstmals von M. J. O. STRUTT hingewiesen; s. Ann. d. Physik **85**, 129 (1928); **86**, 319 (1929); später, unabhängig, von F. BLOCH, Z. f. Physik **52**, 555 (1928); vgl. auch P. M. MORSE, Phys. Rev. **35**, 1310 (1930). Von einem anderen Gesichtspunkt aus wurden sie von R. PEIERLS, Ann. d. Physik **4**, 121 (1930) besprochen. Ihr Zusammenhang mit der Reflexion von Röntgenstrahlen wurde erstmals von L. BRILLOUIN aufgezeigt (vgl. z. B. Die Quantenstatistik (Berlin, 1931)). Über wichtige physikalische Anwendungen berichteten H. JONES, Proc. Roy. Soc. A **144**, 225 (1934); **147**, 396 (1934); N. F. MOTT und H. W. B. SKINNER, Phys. Rev., **45**, 379 (1934); J. C. SLATER, Phys. Rev. **45**, 794 (1934); Rev. Mod. Phys. **6**, 209 (1934); F. HUND und B. MROWKA, Ber. Sächs. Akad. d. Wiss. **87**, 185, 325 (1935). Vgl. auch F. HUND, Z. f. Tech. Phys. **16**, 331, 494 (1935); Z. f. Phys. **99**, 119 (1936). HUND behandelt jene Eigenschaften der BRILLOUIN-Zonen, die allen Zonen desselben Gitters gemeinsam sind (er unterscheidet hierbei nicht zwischen den verschiedenen Typen von Zonen). Hier betrachten wir die verschiedenen Zonentypen separat. Die Unterschiede zwischen ihnen sind von derselben Art wie z. B. der Unterschied zwischen geraden und ungeraden Termen in den Atomspektren. Es ist eigentlich überraschend, daß es überhaupt Eigenschaften gibt, die allen Zonen gemeinsam sind, doch HUND hat gezeigt, daß dies bei komplizierteren Kristallstrukturen der Fall ist.

[2]) Vgl. z. B. E. WIGNER, Die Gruppentheorie und ihre Anwendungen (Braunschweig, 1931). H. BETHE hat erstmals die Gruppentheorie auf Kristallgitter angewendet, Ann. d. Physik **3**, 133 (1929) (s. S. 283 (A. P. C.))

[3]) F. SEITZ, Ann. of Math. **37**, 17 (1936) (s. S. 327 (A. P. C.))

In BLOCHS Theorie kommt jedem Elektron eine eigene Wellenfunktion zu. Diese Annahme ist mit der HARTREE-FOCKschen Näherungsmethode identisch und bedeutet eine Vernachlässigung der statistischen Korrelationen zwischen den Elektronen. Vernachlässigen wir diese Korrelationen, dann gehorcht jedes Elektron einer eigenen SCHRÖDINGER-Gleichung von der Form

$$-\frac{\hbar^2}{2m}\left(\frac{\partial^2}{\partial x^2}+\frac{\partial^2}{\partial y^2}+\frac{\partial^2}{\partial z^2}\right)\psi + V\psi = E\psi, \qquad (1)$$

wobei V die gewöhnlichen und die Austauschpotentiale zwischen Ionen und Elektronen enthält.[4]) Das Potential V besitzt die Symmetrie des Gitters, das heißt, die Gruppe der SCHRÖDINGER-Gleichung (1) ist die Raumgruppe des Gitters.

Es ist eine aus der gewöhnlichen Gruppentheorie[2]) folgende Tatsache, daß jeder Eigenwert von (1) einer bestimmten Darstellung der Raumgruppe zugeordnet ist und daß die Dimension der Darstellung gleich der Anzahl der Eigenfunktionen ist, die zu diesem Eigenwert gehören.[5]) Soweit unterscheidet sich also die Gruppentheorie der BRILLOUIN-Zonen nicht von der Gruppentheorie irgend eines anderen Systems. Während jedoch in Atomen, Molekülen usw. die Eigenwerte von (1) diskret sind, bilden die Eigenwerte von (1) für einen Kristall eine kontinuierliche Menge. Es wird in der Umgebung eines jeden beliebigen E mehrere Eigenwerte geben, und die Darstellungen dieser Eigenwerte können als die Umgebung der Darstellung des E dieser B.-Z. angesehen werden. Es muß also für diese Darstellungen eine bestimmte Topologie geben, und wir werden zeigen, daß ein Teil dieser Topologie von den speziellen B.-Z. un-

---

[4]) L. BRILLOUIN, Actualités Scientifiques et Industrielles (Paris, 1933).

[5]) Wir sollten zu den Symmetrieoperationen der Raumgruppe noch die „Zeitumkehr" (s. E. WIGNER, Gött. Nachr., **546** (1932)) hinzufügen. F. HUND (Zitat 1) hat bereits darauf hingewiesen, daß dies oft von großem Vorteil ist. Im Fall der hier betrachteten kubischen Gitter kann man jedoch darauf verzichten.

abhängig ist. Selbst wenn $E, E', \ldots$ in verschiedenen B.-Z. liegen, aber dieselbe Darstellung haben, dann wird es Energiewerte geben, die (mit einigen wenigen Ausnahmen) E benachbart sind und dieselben Darstellungen besitzen wie die Energiewerte, die E' benachbart sind, usw. Es wird im wesentlichen Aufgabe dieser Arbeit sein, die „Topologie" von Darstellungen vom Standpunkt der Mathematik aus zu untersuchen.

II.

Wir wollen zunächst die Theorie der Darstellungen von Raumgruppen betrachten. F. SEITZ[3]) hat gezeigt, daß alle Raumgruppen auflösbare Gruppen sind und daß ihre Darstellungen im Rahmen der allgemeinen Theorie erhalten werden können.[3])[6]) SEITZ betrachtet zunächst die invariante Untergruppe der Translationen. Da diese kommutierbar sind, kann man annehmen, daß die entsprechenden Matrizen der Darstellung diagonal sind. Das bedeutet, daß wir solche Linearkombinationen ψ_μ ($\mu = 1, 2, \ldots n$, n ist die Dimension der Darstellung) der Wellenfunktionen zu betrachten haben, die einfach mit konstanten Faktoren („Multiplikatoren") ($\omega_{\mu 1}$, $\omega_{\mu 2}$, $\omega_{\mu 3}$) multipliziert werden, wenn es sich um eine Verschiebung um die drei elementaren Identitätsperioden handelt. In anderen Worten, die Matrix, die einer Verschiebung um die erste elementare Identitätsperiode entspricht, ist eine diagonale Matrix mit den Diagonalelementen $\omega_{11}, \omega_{21}, \ldots, \omega_{n1}$; die Matrizen für die Darstellungen der anderen Verschiebungen sind analog. Da alle Matrizen Einheitsmatrizen sein müssen, ist $|\omega_{\mu 1}| = |\omega_{\mu 2}| = |\omega_{\mu 3}| = 1$. In der Formulierung

$$\begin{aligned} \omega_{\mu 1} &= e^{i(k_x x_1 + k_y y_1 + k_z z_1)}, \\ \omega_{\mu 2} &= e^{i(k_x x_2 + k_y y_2 + k_z z_2)}, \\ \omega_{\mu 3} &= e^{i(k_x x_3 + k_y y_3 + k_z z_3)}, \end{aligned} \qquad (2)$$

[6]) G. FROBENIUS, Berl. Ber. **337** (1893); I. SCHUR, Berl. Ber. **164** (1906).

wo $x_1, y_1, z_1, x_2, y_2, z_2$ und x_3, y_3, z_3 die x-, y- und z-Komponenten der ersten, zweiten und dritten Identitätsperiode sind, ist der Vektor $\boldsymbol{k}$ der sogenannte „reduzierte Wellenvektor"[7]). Selbstverständlich wird $\boldsymbol{k}$ im allgemeinen für die verschiedenen Wellenfunktionen ψ_1, $\psi_2, \ldots, \psi_n$ verschieden sein. Wir dürfen jedoch nicht vergessen, daß der reduzierte Wellenvektor $\boldsymbol{k}$ von Gl. (2) nur bis auf ein ganzzahliges Vielfaches des Vektors $\boldsymbol{r}$ des reziproken Gitters definiert ist, wobei der Vektor $\boldsymbol{r}$, für den

$$\begin{aligned} r_x x_1 + r_y y_1 + r_z z_1 &= 2\pi n_1 \\ r_x x_2 + r_y y_2 + r_z z_2 &= 2\pi n_2 \\ r_x x_3 + r_y y_3 + r_z z_3 &= 2\pi n_3 \end{aligned} \tag{2a}$$

immer zu $\boldsymbol{k}$ addiert werden kann, ohne seine Bedeutung zu ändern. Der $\boldsymbol{k}$-Raum ist mit allen Perioden $\boldsymbol{r}$, die (2a) befriedigen, periodisch; zwei reduzierte Wellenvektoren, die sich um ein solches $\boldsymbol{r}$ unterscheiden, werden als identisch betrachtet. Gibt es in der Raumgruppe keine wesentlichen Gleitebenen und Schraubenachsen[8]), dann braucht man außer den obengenannten Translationen nur Drehungen und Spiegelungen zu betrachten. Wird ψ_μ einer solchen Transformation unterworfen, so wird es in eine Wellenfunktion, z. B. ψ_λ, transformiert, deren reduzierter Wellenvektor aus eben diesem ψ_μ durch die betrachtete Drehung oder Reflexion erhalten wird. Es ergeben sich also die reduzierten Wellenvektoren einer Darstellung alle aus einer anderen Darstellung durch bloße Drehungen und Spiegelungen der Gruppe, d. h.

[7]) Vgl. die Arbeit von A. SOMMERFELD und H. BETHE im Handbuch der Physik, Bd. 24 (Berlin, 1933), Kap. 3. S. auch J. C. SLATER, Rev. Mod. Phys., 6, 209 (1934). Für ein einfaches kubisches Gitter ist $x_1 = y_2 = z_3 = d$; $y_1 = z_1 = x_2 = z_2 = x_3 = y_3 = 0$; für ein flächenzentriertes Gitter ist $y_1 = z_1 = x_2 = z_2 = x_3 = y_3 = d/2$; $x_1 = y_2 = z_3 = 0$ usw.

[8]) Wir meinen damit, daß alle Symmetrieelemente als Produkte zweier Symmetrieelemente angesehen werden können, von denen das eine eine reine Translation, das andere eine reine Drehung oder Spiegelung darstellt. Das trifft bei den meisten wichtigen Raumgruppen zu.

aus den Elementen der Kristallklasse. Wird der reduzierte Wellenvektor ψ_μ durch jedes Element der Kristallklasse in einen anderen Vektor transformiert, dann gilt dies auch für alle anderen, und wir haben ebensoviele Wellenfunktionen $\psi_1, \ldots \psi_n$, wie die Kristallklasse Elemente besitzt. Die Matrizen der Darstellung, die den Drehungen und Spiegelungen entsprechen, werden nur die verschiedenen ψ_μ untereinander austauschen. Wenn es Symmetrieelemente gibt, die einen Vektor invariant lassen, dann bilden diese eine Gruppe, die wir als die *Gruppe des Wellenvektors* bezeichnen wollen. So wird, wenn der Wellenvektor z. B. in der x-Richtung liegt, seine Gruppe alle Drehungen um die x-Achse und alle Spiegelungen an den die x-Achse enthaltenden Ebenen umfassen.

Eine Wellenfunktion ψ_μ mit dem Wellenvektor $\boldsymbol{k}$ bleibt unter den Transformationen der Gruppe von $\boldsymbol{k}$ entweder invariant oder wird in eine neue Wellenfunktion ψ_λ transformiert, die aber denselben Wellenvektor $\boldsymbol{k}$ besitzt. In ersterem Falle gibt es nur eine einzige Wellenfunktion mit dem Wellenvektor $\boldsymbol{k}$. Im zweiten Fall gibt es mehrere; sie transformieren sich unter den Transformationen der Gruppe von $\boldsymbol{k}$ durch eine irreduzible Darstellung dieser Gruppe, die wir als die *kleine Darstellung* bezeichnen. Soweit die Ergebnisse von SEITZ.

Es müssen also die Darstellungen der Raumgruppe durch zwei Symbole charakterisiert werden. Das erste gibt die reduzierten Wellenvektoren (oder die Menge der ω) an, die in der Darstellung auftreten; die graphische Darstellung aller dieser Wellenvektoren ergibt einen „Stern" mit allen Drehungs- und Spiegelungssymmetrien des Gitters. Abb. 6.1 zeigt drei solcher Sterne für ein zweidimensionales quadratisches Gitter. Das zweite Symbol charakterisiert die kleine Darstellung, die eine irreduzible Darstellung der Raumgruppe mit einem einzigen Wellenvektor ist (die Gruppen aller Wellenvektoren eines Sterns sind holomorph). Wenn die Wellenvektoren in allgemeiner Lage sind (Abb. 6.1a), dann wird ihre Gruppe nur das Einheitselement enthalten. In diesem Fall kann das zweite Symbol weggelassen werden. Es sei nochmals darauf hingewiesen, daß zwei Wellenvektoren als identisch betrachtet werden müssen, wenn die entsprechende Menge von ω dieselbe ist. So ist z. B., wenn alle drei $k_x x_i + k_y y_i + k_z z_i$ ganzzahlige Vielfache von π

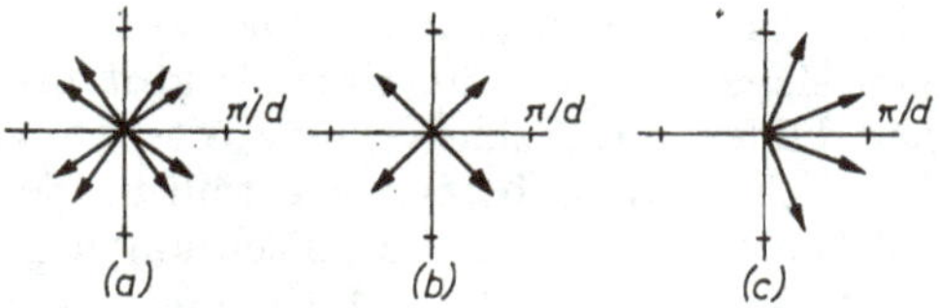

Abb. 6.1

(nicht notwendigerweise auch von 2π) sind, der Wellenvektor k_x, k_y, k_z identisch mit dem Wellenvektor $-k_x$, $-k_y$, $-k_z$, und die Inversion ($x \to -x$, $y \to -y$, $z \to -z$) gehört immer zur Gruppe des Wellenvektors.[9])

III.

Wir betrachten nun einen Energiewert E mit einer bestimmten Darstellung D und den Wellenfunktionen $\psi_1, \ldots, \psi_n$. Multiplizieren wir eine davon mit $e^{i(\varkappa_x x + \varkappa_y y + \varkappa_z z)}$, wobei $\varkappa_x$, $\varkappa_y$, $\varkappa_z$ die Komponenten eines sehr kleinen Vektors sind, dann wird $\boldsymbol{k} + \boldsymbol{\varkappa}$ ihr Wellenvektor sein, der zur neuen Darstellung D' gehört. Die Menge der so erhaltenen neuen Darstellungen bezeichnen wir als die Umgebung von D. Es ist offensichtlich, daß neben E ein E' mit der Darstellung D' existiert. Wenn nämlich ψ_1 Gl. (1) befriedigt, dann befriedigt $\psi_1 e^{i(\varkappa_x x + \varkappa_y y + \varkappa_z z)} = \psi_1'$

[9]) Damit hängt die Bedeutung der Umkehr der Zeitachse zusammen (s. F. HUND, Zitat 1). Enthält der Kristall nicht die Inversion, so wird k_x, k_y, k_z dennoch in $-k_x$, $-k_y$, $-k_z$ übergeführt, und zwar durch die „Zeitumkehr". Da, wie wir sehen werden, obige Betrachtung die Oberfläche der B.-Z. bestimmt, wird dies durch die Operation der Zeitachsenumkehr wesentlich beeinflußt.

die Gleichung

$$\left(-\frac{\hbar^2}{2m}\Delta + V\right)\psi_1' + \frac{\hbar^2 i}{m}\left(\varkappa_x \frac{\partial}{\partial x} + \varkappa_y \frac{\partial}{\partial y} + \varkappa_z \frac{\partial}{\partial z}\right)\psi_1'$$
$$= \left(E + \frac{\hbar^2}{2m}(\varkappa_x^2 + \varkappa_y^2 + \varkappa_z^2)\right)\psi_1'. \tag{3}$$

Das zweite Glied dieser Gleichung ist klein, und sein negativer Wert kann als Störung betrachtet werden. Eine störungstheoretische Berechnung liefert uns einen Eigenwert E' von (1), der nahe bei E liegt; seine Wellenfunktion wird dieselbe Translationssymmetrie wie ψ_1' besitzen, da sowohl der ursprüngliche Operator in (3) als auch die Störung

$$-\frac{\hbar^2 i}{m}\left(\varkappa_x \frac{\partial}{\partial x} + \varkappa_y \frac{\partial}{\partial y} + \varkappa_z \frac{\partial}{\partial z}\right) \tag{3a}$$

die gesamte Translationssymmetrie des Gitters besitzen.

Das ist die allgemeine Theorie, soweit wir sie benötigen. Besitzt E einen Stern der allgemeinen Art, dann wird auch E' einen der allgemeinen Art haben; unser Ergebnis bestätigt lediglich die bekannte Tatsache, daß die Energie eine kontinuierliche (und differenzierbare) Funktion der Komponenten des Wellenvektors ist. Damit erhalten wir folgende exakte Definition einer Brillouin-Zone: Sie ist die Menge aller jener Energien und Wellenfunktionen, die durch diese Operation kontinuierlich aus einem einzigen Energieniveau erhalten wird, ohne einen Punkt zu berühren, in dem der Stern entartet. Die Beschränkung auf Darstellungen mit Sternen allgemeiner Art ist eine notwendige Bedingung in der Definition einer Brillouin-Zone, da, wie wir sehen werden, im Fall von degenerierten Sternen zwei oder mehr Brillouin-Zonen zusammenhängen können (vgl. z. B. Abb. 6.1b, 1c).

Betrachten wir einen Energiewert, dessen Wellenvektoren bei gewissen Drehungen oder Spiegelungen invariant bleiben, so haben wir es noch immer mit einer im wesentlichen unveränderten Lage zu tun, sofern keine zwei Wellenfunktionen denselben reduzierten Wellenvektor (dieselben Faktoren) besitzen. Besitzen jedoch zwei oder mehr (z. B. s) Wellenfunktionen denselben Wellenvektor und wählen wir $\varkappa_x$, $\varkappa_y$, $\varkappa_z$ so, daß der neue Wellenvektor $(\boldsymbol{k} + \varkappa)$ sich in allgemeiner Lage befindet, dann werden s orthogonale Wellenfunktionen mit dem Wellenvektor $\boldsymbol{k} + \varkappa$ und Energien nahe E existieren. Da es bei allgemeinen Wellenvektoren niemals vorkommt, daß zwei Wellenfunktionen mit demselben Wellenvektor demselben Energiewert entsprechen, müssen wir schließen, daß sie alle verschiedenen B.-Z. angehören, die bei kleinen $\varkappa$ sehr nahe beieinander liegen, und daß für den ursprünglichen Energiewert E diese s B.-Z. „zusammenhängen". Ein Zusammenhängen wird also immer dann zu beobachten sein, wenn die Wellenvektoren bei gewissen Symmetrieoperationen[10]) invariant bleiben.

Wir müssen noch zwei weitere Fälle betrachten. Nehmen wir zunächst an, daß $\varkappa$ ein solcher Vektor ist, daß auch $\boldsymbol{k} + \varkappa$ zur Gruppe von $\boldsymbol{k}$ gehört. In diesem Fall ist die kleine Darstellung von E der kleinen Darstellung von E' äquivalent. Andernfalls würden sich die Wellenfunktionen auch bei kleinen Änderungen von $\boldsymbol{k}$ unstetig ändern müssen. Die Art des Zusammenhängens wird sich längs Symmetrieelementen nicht ändern.

Im zweiten Fall sei die Gruppe von $\boldsymbol{k} + \varkappa$ nur eine Untergruppe von $\boldsymbol{k}$, enthalte aber mehr als die Identität. Dies ist z. B. der Fall, wenn wir von einer Symmetrieachse zu einer diese Achse enthaltenden Symmetrieebene übergehen, oder beim Übergang vom Vektor $\boldsymbol{k} = 0$ zu einer Symmetrieachse. Die kleinen Darstellungen von E' werden irreduzible Darstellungen der Untergruppe sein; ist die kleine Darstellung von E keine irreduzible Darstellung der Gruppe von $\boldsymbol{k} + \varkappa$, dann werden die für $\boldsymbol{k}$ zusammenhängenden B.-Z. für $\boldsymbol{k} + \varkappa$ teilweise getrennt sein. Für $\boldsymbol{k} + \varkappa$ werden dann die kleinen Dar-

[10]) Einschließlich Umkehr der Zeitachse.

stellungen in diesen B.-Z. die irreduziblen Teile der kleinen Darstellung der Gruppe von $\boldsymbol{k}$ sein.

Damit haben wir die vorgeschlagene Charakterisierung einer B.-Z. durch die kleinen Darstellungen der Gruppen aller Wellenvektoren, deren Gruppe größer als eins ist, gegeben. Für Wellenvektoren, die in äquivalenten Symmetrieelementen liegen, sind die kleinen Darstellungen äquivalent; für ein Symmetrieelement, das eine Untergruppe eines anderen ist, muß die kleine Darstellung in der kleinen Darstellung des letzteren enthalten sein. Wo immer die kleine Darstellung s-dimensional ist, hängen s B.-Z. zusammen, wobei alle dieselbe kleine Darstellung für das betrachtete Symmetrieelement besitzen. Es ist auch hier wichtig, sich daran zu erinnern, daß die Gruppe des Wellenvektors, für den

$$k_x x_i + k_y y_i + k_z z_i = n_i \pi \text{ (für } i = i_1) \tag{4}$$

für ein bestimmtes i (z. B. $i = i_1$) gilt, alle jene Elemente enthält, die $\boldsymbol{k}$ derart transformieren, daß $(k_x x_i + k_y y_i + k_z z_i)/\pi$ für $i = i_1$ ganzzahlig bleibt und sich für die beiden anderen i nicht ändert, da die entsprechenden Wellenvektoren dieselben sind.

Das Argument, mit dessen Hilfe wir gezeigt haben, daß die kleine Darstellung längs eines Symmetrieelementes unverändert bleibt, gilt nicht für Punkte, in denen sich zwei B.-Z. berühren, sofern nicht eine solche Berührung von Symmetrieüberlegungen gefordert wird. Ist für einen bestimmten $\boldsymbol{k}$-Wert die Energie in zwei B.-Z. dieselbe, ohne daß dies eine Folge der Symmetrie ist, dann sprechen wir von einer zufälligen Entartung[10a]). In Punkten zufälliger Entartung sind die kleinen Darstellungen zweier B.-Z. austauschbar, doch wollen wir in den folgenden Überlegungen einen solchen Fall ausdrücklich ausschließen. Er wird, wie ersichtlich, für

---

[10a]) Der Fall einer zufälligen Entartung wird in der demnächst erscheinenden Arbeit von C. HERRING behandelt. Wir möchten C. HERRING für die interessanten Diskussionen über dieses Thema danken.

sehr große Gitterkonstanten nicht zutreffen, könnte jedoch für die tatsächlich betrachteten gelten.

In den folgenden Abschnitten werden wir diese Ergebnisse auf die wichtigsten kubischen Gitter (das einfache, das flächenzentrierte und das raumzentrierte kubische Gitter) anwenden. Da z. B. alle kleinen Darstellungen von Wellenvektoren in den vierzähligen Achsen dieselben sind, bezeichnen wir diese kleine Darstellung als „Darstellung längs der vierzähligen Achse" und wählen analoge Bezeichnungen auch für die anderen Symmetrieelemente.

Wie J. C. SLATER[1]) gezeigt hat, sollte die Energie als Funktion von $\boldsymbol{k}$ als periodische, mehrwertige Funktion betrachtet werden, wobei die Perioden Vektoren des reziproken Gitters sind. Die „Diskontinuitäten" ergeben sich dann daraus, daß für gewisse $\boldsymbol{k}$ die einen, für andere $\boldsymbol{k}$ andere Äste dieser mehrwertigen Funktion betrachtet werden. In dieser Formulierung kommt die Periodizität dadurch zum Ausdruck, daß zwei Wellenvektoren, die sich um den Vektor $\boldsymbol{r}$ des reziproken Gitters unterscheiden, als identisch angesehen werden. Es ist üblich, aus allen Mengen „identischer" Vektoren einen (meist den kürzesten) auszuwählen und die übrigen nicht zu betrachten. Die Menge dieser „reduzierten Wellenvektoren" bildet das Innere der B.-Z., ihre Grenzfläche im $k_x k_y k_z$-Raum (wo die Diskontinuitäten als gewöhnlich angenommen werden) bildet die Oberfläche der B.-Z.

Außerdem besitzt die Energie als Funktion von $\boldsymbol{k}$ die Symmetrie des (reziproken) Gitters. Das ist offensichtlich, da Wellenfunktionen mit allen $\boldsymbol{k}$ eines Sterns zur selben Darstellung gehören und also auch dieselbe Energie besitzen.

IV.

Zunächst wollen wir den Effekt der Zeitumkehr betrachten, wobei $\boldsymbol{k}$ in $-\boldsymbol{k}$ übergeht. Es ist also $-\boldsymbol{k}$ immer im $\boldsymbol{k}$-Stern enthalten, auch wenn es kein Inversionszentrum gibt: Die Energie als Funktion von $\boldsymbol{k}$ ist immer für $\boldsymbol{k}$ und $-\boldsymbol{k}$ dieselbe. Ebenso wie im Fall von Röntgenstrahlenreflexion wird die Inversion immer zur Symmetrie des Problems addiert.[11])

Beim triklinen Gitter beispielsweise bedeutet dies, daß in der Mitte der Flächen und Kanten und in den Eckpunkten der B.-Z. die Ableitung der Energie nach $\boldsymbol{k}$ verschwindet, d. h. $\partial E/\partial k = 0$ für

$$k_x x_i + k_y y_i + k_z z_i = n_i \pi \quad (i = 1, 2, 3). \tag{5}$$

Wir sehen sofort, daß die Gruppe dieser $\boldsymbol{k}$ die Umkehr der Zeitachse enthält und die Wellenfunktionen demnach real sind. Also verschwindet der Mittelwert des Störungsoperators (3a) für diese Wellenfunktionen und die Energie ändert sich mit $\varkappa^2$.

Das gilt jedoch nicht für die gesamte Oberfläche der B.-Z., d. h. für Punkte, in denen nur eine der Gl. (5) befriedigt ist. In diesen Punkten ist die Ableitung der Energie nach $\boldsymbol{k}$ ungleich Null und diese Punkte werden nicht wirklich die Oberfläche der BRILLOUIN-Zone bilden.[12])

Nach dem in III festgelegten Plan wollen wir nun die kleinen Darstellungen und ihre Zusammenhänge in den verschiedenen Arten von B.-Z. für einfache kubische, raumzentrierte und flächenzentrierte kubische Gitter bestimmen. Wir beginnen mit dem einfachen kubischen Gitter, obgleich kein Metall mit einer solchen Struktur bekannt ist.

V.

Das einfache kubische Gitter. Hier ist die Oberfläche der B.-Z. ein Würfel (s. Abb. 6.2) mit der Kantenlänge

---

[11]) Vgl. G. FRIEDEL, Comptes rendus **157**, 1533 (1913). Eine kritische Diskussion der FRIEDELschen Regel findet sich z. B. in P. P. EWALDs Arbeit im Handbuch der Physik, Bd. 23/2 (Berlin, 1933).

[12]) Es ist nicht immer zutreffend, daß für diejenigen $\boldsymbol{k}$, für die $\partial E/\partial k = 0$, die BRAGGschen Bedingungen befriedigt sind.

$2\pi/d$. Die inneren Symmetrieelemente sind: das Zentrum Γ, die dreizählige Achse Λ, die vierzählige Achse Δ, die zweizählige Achse Σ, die Symmetrieebenen $\Delta\Sigma$, $\Sigma\Lambda$ und $\Lambda\Delta$. Die Gruppe eines auf der Oberfläche endenden Wellenvektors kann am einfachsten erhalten werden, indem man alle ihm „identischen" gleich langen Wellenvektoren einzeichnet. Die Gruppe des so konstruierten

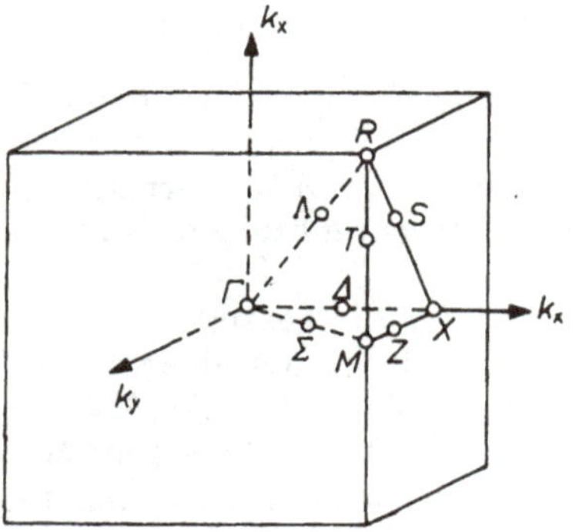

Abb. 6.2

Schemas ist die Gruppe des Wellenvektors. Für den beliebigen Vektor der Oberfläche π/d, k_y, k_z enthält das Schema z. B. den Vektor $-\pi/d$, k_y, k_z, und die Gruppe des Wellenvektors ist demnach die Symmetrieebene $k_y k_z$. Analog gibt es für den Punkt T vier Vektoren $\pm\pi/d$, $\pm\pi/d$, k_z, und die Gruppe enthält die vierzählige Achse k_z und alle sie enthaltenden Symmetrieebenen. Sie ist holomorph in bezug auf die Gruppe des in Δ endenden Wellenvektors, die die vierzählige Achse k_x und die sie enthaltenden Symmetrieebenen enthält. Die Gruppe von S ist holomorph mit der Σ-Gruppe, die Gruppe von Z enthält die Symmetrieebenen $k_x k_y$ und $k_y k_z$ sowie die Rotation um π mit k_y als Achse. R hat die volle kubische Gruppe wie Γ; M hat die Gruppe von T und außerdem die Symmetrieebene $k_x k_y$. X hat dieselbe

Symmetrie. Die folgenden Tabellen[13]) enthalten Zusammenstellungen der Charaktere der irreduziblen Darstellungen für die Gruppen der Wellenvektoren, die in der linken oberen Ecke angegeben sind. Die entsprechenden Darstellungen sind die „kleinen Darstellungen", die die B.-Z. beschreiben. In der rechten oberen Ecke sind die Gruppenelemente angegeben. E ist die Identität, ihr Charakter ist die Dimension der Darstellung. C_3 ist die dreizählige Achse; C_4 ist die Drehung um $\pm\pi/2$ um die vierzählige Achse; C_4^2 ist die Drehung um π um dieselbe Achse, und C_2 ist die Drehung um die zweizählige Achse; J ist die Inversion. JC_4 ist das Produkt aus J und C_4 usw. JC_2 und JC_4^2 sind die Reflexionen in den Symmetrieebenen, die auf den zwei- bzw. vierzähligen Achsen senkrecht stehen. Die Ziffern vor den Symbolen der Gruppenelemente geben an, wieviele Gruppenelemente dieser Art in der Gruppe vorkommen. Die untere linke Ecke enthält die Bezeichnung der betrachteten kleinen Darstellung; sie ist immer nur für einen der Wellen-

Tabelle 1. *Charaktere der kleinen Darstellungen von Γ, R, H*

Γ, R, H	E	$3C_4^2$	$6C_4$	$6C_2$	$8C_3$	J	$3JC_4^2$	$6JC_4$	$6JC_2$	$8JC_3$
Γ^1	1	1	1	1	1	1	1	1	1	1
Γ_2	1	1	−1	−1	1	1	1	−1	−1	1
Γ_{12}	2	2	0	0	−1	2	2	0	0	−1
Γ'_{15}	3	−1	1	−1	0	3	−1	1	−1	0
Γ'_{25}	3	−1	−1	1	0	3	−1	−1	1	0
Γ'_1	1	1	1	1	1	−1	−1	−1	−1	−1
Γ'_2	1	1	−1	1	1	−1	−1	1	1	−1
Γ'_{12}	2	2	0	0	−1	−2	−2	0	0	1
Γ_{15}	3	−1	1	−1	0	−3	1	−1	1	0
Γ_{25}	3	−1	−1	1	0	−3	1	1	−1	0

[13]) Die Darstellungen der meisten kristallographischen Gruppen hat bereits H. BETHE gegeben (loc. cit., Zitat 2). Alle Darstellungen sind bei E. WIGNER, Gött. Nachr. (1930), S. 133 (s. S. 223 (A. P. C.)) zu finden.

vektoren gegeben, wie z. B. für Γ in Tabelle 1. Die kleine Darstellung des Wellenvektors R, die denselben Charakter wie Γ'_{12} besitzt, wird als R'_{12} bezeichnet usw. Die untere rechte Ecke enthält den Charakter des darüberstehenden Gruppenelementes für die linksstehende Darstellung.

Um Platz zu sparen, haben wir auch einige Wellenvektoren in die Tabellen aufgenommen (H und F), die nur für raumzentrierte Gitter wichtig sind.

Für die bisher betrachteten Punkte war es ausreichend, die Gruppenelemente mit den Symbolen C_2, C_3 usw. zu bezeichnen, da alle Drehungen um zweizählige Achsen derselben Klasse angehören und in allen Darstellungen denselben Charakter haben. Für den Punkt M ist jedoch die Drehung um π um die vierzähligen Achsen k_x, k_y nicht der Drehung um die vierzählige Achse k_z äquivalent, die auf dem Wellenvektor senkrecht steht. Letztere werden mit $C_4^2 \perp$ bezeichnet. Obgleich die Gruppen der in M und X endenden Wellenvektoren holomorph

Tabelle 2. *Charaktere für die kleinen Darstellungen von Δ, T*

Δ, T	E	C_4^2	$2C_4$	$2JC_4^2$	$2JC_2$
Δ_1	1	1	1	1	1
Δ_2	1	1	−1	1	−1
Δ'_2	1	1	−1	−1	1
Δ'_1	1	1	1	−1	−1
Δ_5	2	−2	0	0	0

Tabelle 3. *Charaktere für die kleinen Darstellungen von Λ, F*

Λ, F	E	$2C_3$	$3JC_2$
Λ_1	1	1	1
Λ_2	1	1	−1
Λ_3	2	−1	0

sind, ist das Element in der zweiten Gruppe, das dem $C_4^2 \perp$ der ersten entspricht, die Drehung um den Winkel π mit k_x als Drehachse, welche dem Wellenvektor ΓX parallel ist. Wir bezeichnen es mit $C_4^2 \,||$.

Damit haben wir alle Symmetrieachsen aus Abb. 6.2, es bleiben uns nur noch die Symmetrieebenen. Eine nähere Betrachtung zeigt uns jedoch, daß die kleinen Darstellungen, die auf den Symmetrieachsen maßgebend sind, bereits die Darstellungen für die Symmetrieebenen bestimmen, d. h., sie bestimmen, ob die Wellenfunktion unverändert bleibt oder bei Spiegelung in einer der Symmetrieebenen den negativen Wert annimmt.

Tabelle 4. *Charaktere für die kleinen Darstellungen von Σ, S*

Σ, S	E	C_2	JC_4^2	JC_2
Σ_1	1	1	1	1
Σ_2	1	1	−1	−1
Σ_3	1	−1	−1	1
Σ_4	1	−1	1	−1

Tabelle 5. *Charaktere der kleinen Darstellungen von M, X*

M X	E E	$2C_4^2$ $2C_4^2\perp$	$C_4^2\perp$ $C_4^2 \,\|\|$	$2C_4\perp$ $2C_4 \,\|\|$	$2C_2$ $2C_2$	J J	$2JC_4^2$ $2JC_4^2\perp$	$JC_4^2\perp$ $JC_4^2 \,\|\|$	$2JC_4\perp$ $2JC_4 \,\|\|$	$2JC_2$ $2JC_2$
M_1	1	1	1	1	1	1	1	1	1	1
M_2	1	1	1	−1	−1	1	1	1	−1	−1
M_3	1	−1	1	−1	1	1	−1	1	−1	1
M_4	1	−1	1	1	−1	1	−1	1	1	−1
M_1'	1	1	1	1	1	−1	−1	−1	−1	−1
M_2'	1	1	1	−1	−1	−1	−1	−1	1	1
M_3'	1	−1	1	−1	1	−1	1	−1	1	−1
M_4'	1	−1	1	1	−1	−1	1	−1	−1	1
M_5	2	0	−2	0	0	2	0	−2	0	0
M_5'	2	0	−2	0	0	−2	0	2	0	0

Tabelle 6. *Charaktere der kleinen Darstellungen von Z, G, K, U, D*

Z G, K, U D	E E E	C_4^2 C_2 C_2	JC_4^2 JC_4^2 JC_2	$JC_4^2 \perp$ JC_2 $JC_2 \perp$
Z_1	1	1	1	1
Z_2	1	1	−1	−1
Z_3	1	−1	−1	1
Z_4	1	−1	1	−1

Tabelle 7. *Verträglichkeitsrelationen zwischen* Γ und Δ, Λ, Σ

Γ_1	Γ_2	Γ_{12}	Γ'_{15}	Γ'_{25}
Δ_1 Λ_1 Σ_1	Δ_2 Λ_2 Σ_4	$\Delta_1\Delta_2$ Λ_3 $\Sigma_1\Sigma_4$	$\Delta'_1\Delta_5$ $\Lambda_2\Lambda_3$ $\Sigma_2\Sigma_3\Sigma_4$	$\Delta'_1\Delta_5$ $\Lambda_1\Lambda_3$ $\Sigma_1\Sigma_2\Sigma_3$
Γ'_1	Γ'_2	Γ'_{12}	Γ_{15}	Γ_{25}
Δ'_1 Λ_2 Σ_2	Δ'_2 Λ_1 Σ_3	$\Delta'_1\Delta'_2$ Λ_3 $\Sigma_2\Sigma_3$	$\Delta_1\Delta_5$ $\Lambda_1\Lambda_3$ $\Sigma_1\Sigma_3\Sigma_4$	$\Delta_2\Delta_5$ $\Lambda_2\Lambda_3$ $\Sigma_1\Sigma_2\Sigma_4$

Tabelle 8. *Verträglichkeitsrelationen zwischen M und* Σ, Z, T

M_1	M_2	M_3	M_4	M'_1	M'_2	M'_3	M'_4	M_5	M'_5
Σ_1 Z_1 T_1	Σ_4 Z_1 T_2	Σ_1 Z_3 T'_2	Σ_4 Z_3 T'_1	Σ_2 Z_2 T'_1	Σ_3 Z_2 T'_2	Σ_2 Z_4 T_2	Σ_3 Z_4 T_1	$\Sigma_2\Sigma_3$ Z_2Z_4 T_5	$\Sigma_1\Sigma_4$ Z_1Z_3 T_5

Tabelle 9. *Verträglichkeitsrelationen zwischen X und Δ, Z, S*

X_1	X_2	X_3	X_4	X'_1	X'_2	X'_3	X'_4	X_5	X'_5
Δ_1	Δ_2	Δ'_2	Δ'_1	Δ'_1	Δ'_2	Δ_2	Δ_1	Δ_5	Δ_5
Z_1	Z_1	Z_4	Z_4	Z_2	Z_2	Z_3	Z_3	Z_3Z_2	Z_1Z_4
S_1	S_4	S_1	S_4	S_2	S_3	S_2	S_3	S_2S_3	S_1S_4

Eine B.-Z. muß durch eines der folgenden 10 Symbole gekennzeichnet sein: Γ, Δ, Λ, Σ, R, T, M, S, X und Z. Tritt jedoch eine zufällige Entartung auf, dann kann sich die Darstellung auf einer Achse ändern usw. Nicht alle Kombinationen von Symbolen entsprechen möglichen B.-Z. Die kleine Darstellung Δ auf der vierzähligen Achse muß in der Darstellung Γ des Zentrums enthalten sein, sofern dieses als Darstellung der Gruppe von Δ betrachtet wird; analoge Beziehungen gibt es zwischen allen Paaren von benachbarten Symmetrieelementen. Aus Tabelle 7 ist ersichtlich, mit welchen Δ, Λ, Σ ein bestimmtes Γ im Symbol einer möglichen B.-Z. kombiniert werden kann. Die Verträglichkeitsrelationen zwischen R und T, Λ, S sind dieselben wie zwischen Γ und Δ, Λ, Σ (vgl. Tabelle 7). Diese Verträglichkeitsrelationen vermindern die Anzahl der möglichen Arten von B.-Z. wesentlich. Zusätzlich zu diesen Verträglichkeitsrelationen existieren weitere Beziehungen, die sich aus den vier Systemen von Wellenvektoren ergeben, die durch $k_z = 0$; $k_x = k_y$; $k_y = k_z$; $k_x = \pi/d$ charakterisiert sind. Jeder Wellenvektor, der eine dieser Gleichungen befriedigt, hat eine Gruppe, die aus einer Symmetrieebene besteht, und die entsprechende Wellenfunktion gehört entweder zur symmetrischen oder zur antisymmetrischen Darstellung dieser Gruppe. Diese Darstellung muß in den kleinen Darstellungen der in dieser Ebene liegenden Achsen enthalten sein. In Tabelle 10 sind in der +-Spalte die Darstellungen längs der Achsen angegeben, die mit der symmetrischen Darstellung in der Ebene verträglich

Tabelle 10. *Verträglichkeitsrelationen auf Symmetrieebenen*

Symmetrieebene	+	−
$k_z = 0$	$\Sigma_1\Sigma_4$ $\Delta_1\Delta_2\Delta_5$ Z_1Z_3	$\Sigma_2\Sigma_3$ $\Delta_1'\Delta_2'\Delta_5$ Z_2Z_4
$k_x = k_y > k_z$	$\Sigma_1\Sigma_3$ $\Lambda_1\Lambda_3$ $T_1T_2'T_5$	$\Sigma_2\Sigma_4$ $\Lambda_2\Lambda_3$ $T_2T_1'T_5$
$k_y = k_z < k_z$	$\Delta_1\Lambda_2$ S_1S_3 $\Delta_1\Delta_2'\Delta_5$	$\Lambda_2\Lambda_3$ S_2S_4 $\Delta_2\Delta_1'\Delta_5$
$k_x = \pi/d$	S_1S_4 $T_1T_2T_5$ Z_1Z_4	S_2S_3 $T_1'T_2'T_5$ Z_2Z_3

sind, und in der —-Spalte jene, die mit der antisymmetrischen Darstellung vereinbar sind. Es zeigt sich, daß z. B. Σ_1 mit Δ_1', Δ_2', Z_2, Z_4, Λ_2, T_2, T_1' unverträglich ist.

Als Beispiel können wir die drei B.-Z. betrachten, die in $k_x = k_y = k_z = 0$ zusammenhängen und für diesen Wellenvektor die Darstellung Γ_{25} besitzen. Diese drei B.-Z. sind längs der zweizähligen Achse voneinander getrennt und besitzen die kleinen Darstellungen Σ_1, Σ_2, Σ_4 (Tabelle 7). Wir wollen die Zone mit der Darstellung Σ_2 betrachten. Sie muß mit Δ_5 längs der vierzähligen Achse verlaufen (Tabellen 7 und 10) und dort mit einer der beiden anderen Zonen zusammenhängen. Längs der dreizähligen Achse kann sie eine der beiden Darstellungen Λ_2 oder Λ_3 besitzen. Nehmen wir an, daß es Λ_2 ist. Was R betrifft, so haben wir noch immer die Wahl zwischen R_2, R_{15}', R_1' und R_{25} — nehmen wir R_2. Diese Wahl macht S_4 und T_2 und damit Z_4 erforderlich. Nach Tabelle 8 erhalten wir für sie außerdem M_3' und nach Tabelle 9 X_5'. Damit haben wir das vollständige Symbol erhalten:

$\Gamma_{25}\Sigma_2\Delta_5\Lambda_2R_{15}T_2S_4Z_4M'_3X'_5$; wir sehen, daß die meisten kleinen Darstellungen eindeutig durch die Verträglichkeitstabellen und die Vorwahl bestimmt sind.

Was die Symmetrie betrifft, so halten wir obige Beschreibung von B.-Z. einfacher kubischer Gitter für vollständig. Wir sind uns jedoch dessen bewußt, daß viele der Arten, die geometrisch möglich sind, physikalisch uninteressant sind, da sie z. B. zu hohe Energien haben. Es schien uns jedoch der Klarheit halber wünschenswert, für einen einfachen Fall einmal eine vollständige geometrische Analyse durchzuführen.

Es ist sehr einfach, solche Verträglichkeitstabellen zusammenzustellen. Interessiert man sich z. B. für die Verträglichkeit von Σ und M, dann muß man für M die Charaktere betrachten, die in Σ enthaltenen Elementen entsprechen. Diese Elemente sind E, C_2, $JC_4^2 \perp$, JC_2 (man muß $JC_4^2 \perp$ nehmen, nicht JC_4^2, da letztere die Symmetrieebenen k_xk_z, k_yk_z sind, die nicht in der Gruppe von Σ vorkommen). Die entsprechenden Charaktere in M_5 z. B. sind 2, 0, -2, 0. Wie man sieht, ist das die Summe der Charaktere von Σ_2 und Σ_3, und diese sind demnach mit M_5 verträglich. Es ist also nicht notwendig, die Verträglichkeitsrelationen für die anderen Gitter explizit anzugehen.

VI. Das raumzentrierte kubische Gitter

Die Form der B.-Z.-Oberfläche ist für das einfache kubische Gitter offensichtlich, nicht jedoch für das raumzentrierte Gitter. Die Identitätsperioden können als drei räumliche Diagonalen angenommen werden, deren Koordinaten durch $1/2d$, $\pm 1/2d$, $\pm 1/2d$ gegeben sind. Die kürzesten Vektoren des reziproken Gitters sind die Flächendiagonalen mit den Koordinaten 0, $\pm 2\pi/d$, $\pm 2\pi/d$; $\pm 2\pi/d$, 0, $\pm 2\pi/d$; $\pm 2\pi/d$, $\pm 2\pi/d$, 0. Da das Innere der B.-Z. nur verschiedene Vektoren $\boldsymbol{k}$ enthalten sollte, muß die Summe eines Vektors des reziproken Gitters und eines **k**-Vektors innerhalb der B.-Z. zu einem Vektor außerhalb führen. Das wird am einfachsten realisiert, indem man das in Abb. 6.3 gezeigte Rhombododekaeder als die Oberfläche wählt, auf der sich gegenüberliegende Flächen genau um einen Vektor des reziproken Gitters unterscheiden. Der Abstand ΓH ist gleich $2\pi/d$.[14])

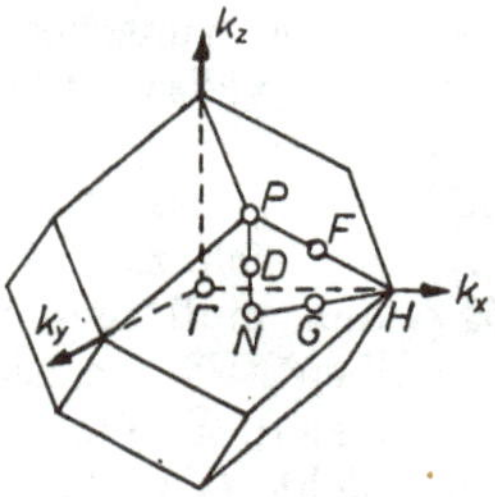

Abb. 6.3

Die Symmetrieelemente im Inneren der B.-Z. sind dieselben wie im einfachen kubischen Gitter, Γ, Δ, Λ, Σ, und die Verträglichkeitsrelationen zwischen ihnen bleiben ebenfalls bestehen. Der Punkt H besitzt jedoch die volle kubische Symmetrie, da die Vektoren des reziproken Gitters ihn in alle Endpunkte der Koordinatenachsen

Tabelle 11. *Charaktere für die kleinen Darstellungen von P*

P	E	$3C_4^2$	$8C_3$	$6JC_4$	$6JC_2$
P_1	1	1	1	1	1
P_2	1	1	1	−1	−1
P_3	2	2	−1	0	0
P_4	3	−1	0	−1	1
P_5	3	−1	0	1	−1

[14]) Die Vektoren **k** im Inneren der B.-Z. werden bei dieser Wahl durch jedes Symmetrieelement wieder in Vektoren im Inneren transformiert.

Tabelle 12. *Charaktere für die kleinen Darstellungen von N*

N	E	C_4^2	$C_2 \parallel$	$C_2 \perp$	J	JC_4^2	$JC_2 \perp$	$JC_2 \parallel$
N_1	1	1	1	1	1	1	1	1
N_2	1	−1	1	−1	1	−1	−1	1
N_3	1	−1	−1	1	1	−1	1	−1
N_4	1	1	−1	−1	1	1	−1	−1
N_1'	1	−1	1	−1	−1	1	1	−1
N_2'	1	1	1	1	−1	−1	−1	−1
N_3'	1	1	−1	−1	−1	−1	1	1
N_4'	1	−1	−1	1	−1	1	−1	1

übertragen. Punkt P ist mit drei ähnlichen Spitzen, die einen Tetraeder bilden, identisch.

Die kleinen Darstellungen für die anderen Punkte sind bereits in den früheren Tabellen enthalten. Wir werden die Verträglichkeitsrelationen zwischen Achsen und Punkten nicht angeben, da sie mit Hilfe der im vorherigen Abschnitt gegebenen Methode leicht abzuleiten sind. Es kann jedoch gesagt werden, daß die Gruppe der an einem allgemeinen Oberflächenpunkt endenden Vektoren die Symmetrieebene JC_2 ist. Die folgenden Beziehungen sind den in Tabelle 10 gegebenen analog.

Tabelle 13. *Verträglichkeitsrelationen für Symmetrieebenen*

Symmetrieebene	+	−
$k_z = 0$	$\Sigma_1\Sigma_4$, $\Delta_1\Delta_2\Delta_5$, G_1G_4	$\Sigma_3\Sigma_2$, $\Delta_1'\Delta_2'\Delta_5$, G_2G_3
$k_x = k_y > k_z$	$\Sigma_1\Sigma_3$, $\Lambda_1\Lambda_3$, D_1D_3	$\Sigma_2\Sigma_4$, $\Lambda_2\Lambda_3$, D_2D_4
$k = k_z < k_x$	$\Lambda_1\Lambda_3$, $\Delta_1\Delta_2'\Delta_5$, F_1F_3	$\Lambda_2\Lambda_3$, $\Delta_2\Delta_1'\Delta_5$, F_2F_3
$k_x + k_y = 2\pi$	D_1D_4, F_1F_3, G_1G_3	D_2D_3, F_2F_3, G_2G_4

Da die Oberfläche der B.-Z. eine Symmetrieebene ist, verschwindet die zu dieser Ebene senkrechte Ableitung der Energie auf dieser Oberfläche.

VII. Das flächenzentrierte kubische Gitter

Die B.-Z. des flächenzentrierten kubischen Gitters haben eine recht komplizierte Struktur. Das reziproke Gitter ist das raumzentrierte Gitter, dessen kürzeste Vektoren die Raumdiagonalen mit den Komponenten $\pm 2\pi/d$, $\pm 2\pi/d$, $\pm 2\pi/d$ sind. Nehmen wir an, daß das Innere der B.-Z. von einem Oktaeder mit den 8 Ebenen $\pm x \pm y \pm z = 3\pi/d$ begrenzt wird, dann wird es keine inneren Vektoren geben, die sich um einen solchen Vektor unterscheiden. Nichtsdestoweniger werden einige davon äquivalent sein und sich um die Summe der beiden kürzesten Vektoren des reziproken Gitters, $\pm 4\pi/d$, 0, 0; 0, $\pm 4\pi/d$, 0; 0, 0, $\pm 4\pi/d$ unterscheiden. Um diese auszuschließen, muß man die Ecken des Oktaeders durch Ebenen, die zu den Koordinatenebenen parallel sind, im Abstand $\pm 2\pi/d$ von letzteren abschneiden. Damit erhalten wir den bekannten Oktaederstumpf von Abb. 6.2. Bei der so gewählten B.-Z.-Oberfläche wird jeder Wellenvektor im Inneren durch jede Symmetrieoperation in einen inneren Wellenvektor übergeführt. Diese Forderung, die die Oberflächenform in den einfachen kubischen und raumzentrierten Fällen bestimmt, legt in diesem Fall nur die Oberfläche an den Schnittflächen fest, nicht aber an den Oktaederflächen. Man könnte z. B. in allen Oktaederflächen den in Abb. 6.4

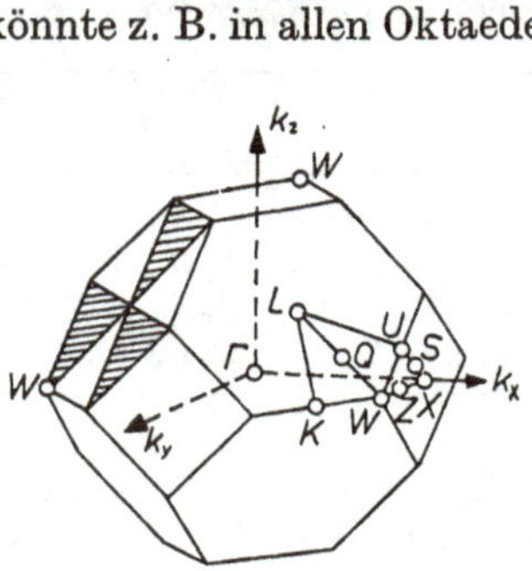

Abb. 6.4

in einer der Ebenen schraffierten Teil ausbeulen und die nichtschraffierten Teile im selben Maße eindrücken, dann würde die so erhaltene Oberfläche noch immer allen Anforderungen genügen. Andererseits können die Schnittflächen nicht deformiert werden. Würden wir einen Punkt in der $k_x = 2\pi/d$-Ebene herausdrücken, dann müßten wir den entsprechenden Punkt in der Ebene $k_x = -2\pi/d$ eindrücken. Dann würde jedoch eine Spiegelung in der $k_y k_z$-Ebene Wellenvektoren im Inneren in Wellenvektoren außerhalb der B.-Z.-Oberfläche überführen.

Die B.-Z. ist immer dann eindeutig bestimmt, wenn eine Symmetrieebene existiert, die auf dem Vektor $\boldsymbol{r}$ des reziproken Gitters senkrecht steht[15]) und diesen Teil der Oberfläche erzeugt. In diesem Fall liegt die Oberfläche im Abstand $r/2$ beiderseits der Symmetrieebene. Das galt für die zu den Koordinatenachsen parallelen Vektoren, die die Oberfläche für das einfache kubische Gitter erzeugten, es galt für die zu den Flächendiagonalen parallelen Vektoren im raumzentrierten Gitter und es gilt für die Vektoren, die die Schnittflächen in Abb. 6.4 erzeugen. Der Fall der Oktaederebene in Abb. 6.4 gleicht jedoch dem des triklinen Gitters und führt zu analogen Konsequenzen.

Obgleich also die Oberfläche der B.-Z. durch allgemeine Forderungen nicht bestimmt werden kann, ist es immerhin zulässig, anzunehmen, daß sie die in Abb. 6.4 gezeigte Form besitzt.

Die Lage im Inneren der B.-Z. ist wiederum dieselbe wie im einfachen kubischen Gitter, wobei dieselben Verträglichkeitsrelationen zwischen den kleinen Darstellungen von Γ und den zwei-, drei- und vierzähligen Achsen gelten. Das gilt auch für die Punkte X, S und Z auf der Würfelfläche. Punkt W ist identisch mit drei anderen Oberflächenpunkten, von denen zwei im Bild zu sehen sind, während einer am Boden unsichtbar ist. Die kleinen Darstellungen für die Punkte K und U sind

[15]) Vgl. Gl. (2a).

in Tabelle 6 enthalten. L ist mit seinem Antipoden identisch. Die Punkte Q auf der Strecke LW können nicht hinein oder heraus verschoben werden. Sie gehören zur Oberfläche, da sie durch die die Z- und X-Achse schneidende zweizählige Achse in sich selbst zurückgeführt werden (d. h. in den „identischen" Punkt auf der gegenüberliegenden Fläche). Die Wellenfunktion des in Q endenden Wellenvektors ist entweder symmetrisch oder antisymmetrisch bezüglich dieser Drehung. Im ersten Fall ist sie mit L_1, L_1', L_3 und L_3' auf der einen Seite und $W_1\,W_1'\,W_3$ auf der anderen verträglich. Ist sie antisymmetrisch, dann ist sie mit L_2, L_2', L_3, L_3' und W_2, W_2' und W_3 verträglich.

Die Gruppe der Punkte auf den Geraden LK, KW, LU und UW enthält nur die Symmetrieebene, auf der sie liegen; sie besitzen infolge ihrer Lage auf der Oberfläche keine weiteren Symmetrien. Das ist eine natürliche Eigen-

Tabelle 14. *Charaktere von kleinen Darstellungen von W*

W	E	C_4^2	$2C_2$	$2JC_4$	$2JC_4^2$
W_1	1	1	1	1	1
W_1'	1	1	1	−1	−1
W_2	1	1	−1	1	−1
W_2'	1	1	−1	−1	1
W_3	2	−2	0	0	0

Tabelle 15. *Charaktere von kleinen Darstellungen von L*

L	E	$2C_3$	$3C_2$	J	$2JC_3$	$3JC_2$
L_1	1	1	1	1	1	1
L_2	1	1	−1	1	1	−1
L_3	2	−1	0	2	−1	0
L_1'	1	1	1	−1	−1	−1
L_2'	1	1	−1	−1	−1	1
L_3'	2	−1	0	−2	1	0

schaft, da ja die Oberfläche von ihnen weg verschoben werden kann. Die Verträglichkeitstabelle 10 gilt für $k_x = k_y > k_z$ zwischen Σ und Λ; für T gibt es jedoch keinen Ersatz, und T muß auch aus dem letzten Abschnitt von ($k_x = \pi/d$) dieser Tabelle weggelassen werden. Der Rest der Tabelle bleibt gültig, er muß nur durch die obigen Verträglichkeitsangaben, die auf die Symmetrie des Punktes Q zurückgehen, ergänzt werden.

Die Oberfläche der B.-Z. in den Oktaederebenen kann nicht so gewählt werden, daß der zu jedem Oberflächenpunkt „identische" Punkt $k_x - 2\pi/d$, $k_y - 2\pi/d$, $k_z - 2\pi/d$ durch eine Symmetrieoperation erhalten werden kann. Das hat zur Folge, daß die Ableitung der Energie senkrecht zu der etwas willkürlich gewählten Oktaederfläche nur längs der Diagonalen (LW), die den Trennlinien zwischen schraffierten und nicht schraffierten Sektoren entsprechen, verschwinden. Andererseits folgt daraus, daß die Energie für $k_x = \pi/d + \mu$, $k_y = \pi/d - \mu - v$, $k_z = \pi/d + v$ gleich der Energie für $-\pi/d + \mu$, $-\pi/d - \mu - v$, $-\pi/d + v$ und wegen der zweizähligen Achse auch gleich der Energie für $\pi/d - v$, $\pi/d + \mu + v$, $\pi/d - \mu$ ist. Die Energie als Funktion von $\boldsymbol{k}$ ist symmetrisch zur Geraden LW auf der Oberfläche und besitzt daher auf der Oktaeder-*Oberfläche* eine sechszählige Rotationssymmetrie.

7. Der Einfluß der Symmetrie der Hamiltonfunktion des Atomkerns in der Kernspektroskopie*)

E. WIGNER**)

Wir untersuchen die Multiplettstruktur von Kern-Spektraltermen, wobei wir als erste Näherung eine HAMILTON-Funktion benützen, die den gewöhnlichen Spin nicht berücksichtigt und auf der Annahme basiert, daß zwischen den Kernteilchen, Protonen und Neutronen, dieselben Kräfte wirken. Es zeigt sich, daß die Multipletts eine recht komplizierte Struktur besitzen; anstelle des S aus der Atom-Spektroskopie haben wir die drei Quantenzahlen S, T und Y. In zweiter Näherung können wir entweder Spinkräfte einführen (Methode 2) oder zwischen Protonen und Neutronen unterscheiden (Methode 3). Die letzte Näherung unterscheidet zwischen Protonen und Neutronen in Methode 2 und berücksichtigt die Spinkräfte in Methode 3. Methode 2 wird schematisch entwickelt; es zeigt sich, daß sie eine qualitative Erklärung des Systems der stabilen Kerne etwa bis Mo gestattet.

1

Neuere Untersuchungen[1]) scheinen darauf hinzuweisen, daß die zwischen allen Paaren von Kernteilchen wirkenden Kräfte nahezu gleich sind. Auf Grund dessen kann man Protonen und Neutronen analog behandeln. Eine solche Methode entwickelte HEISENBERG[2]); er betrachtete in seiner Arbeit Protonen und Neutronen als verschiedene

---

*) Phys. Rev., 51, 106 (1937).

**) Vortrag auf der Tercentenary Conference of Arts and Sciences, Harvard University, September 1936.

[1]) M. A. TUVE, N. P. HEYDENBURG und L. R. HAFSTAD, Phys. Rev., 50, 806 (1936); G. BREIT, E. U. CONDON und R. D. PRESENT, Phys. Rev., 50, 825 (1936).

[2]) W. HEISENBERG, Z. f. Physik, 77, 1 (1932).

Zustände ein- und desselben Teilchens. HEISENBERG führte die Variable τ ein, die wir als *isotopen Spin* bezeichnen; der Wert -1 dieser Variablen kann dem Protonenzustand des Teilchens, $+1$ dem Neutronenzustand zugeordnet werden. Die Annahme, daß die Kräfte zwischen allen Teilchenpaaren gleich sind, ist dann der Annahme, daß sie von τ unabhängig sind oder daß die HAMILTON-Funktion den isotopen Spin nicht berücksichtigt, äquivalent.

Wir müssen natürlich außer dem isotopen Spin τ auch die gewöhnliche Spinvariable s beibehalten; s kann ebenfalls die Werte $+1$ und -1 annehmen. Es ist kürzlich gezeigt worden[3]), daß, dem PAULI-Prinzip zufolge, die Wellenfunktion

$$\psi(r_1 s_1 \tau_1, r_2 s_2 \tau_2, \ldots, r_n s_n \tau_n) \tag{1}$$

antisymmetrisch sein muß bezüglich eines gleichzeitigen Austausches von kartesischen, Spin- und isotopen Spin-Variablen für jedes Paar von schweren Teilchen. Dies ist der entsprechenden Feststellung für den gewöhnlichen Spin völlig analog.

Soll die Funktion (1) den Zustand eines gegebenen Kerns mit n_P Protonen und n_N Neutronen beschreiben, dann muß sie an allen Stellen, an denen die Summe der τ

$$\tau_1 + \tau_2 + \cdots + \tau_n \neq n_N - n_P \tag{2}$$

von der „Isotopenzahl" des entsprechenden Elements verschieden ist, verschwinden. Alle Wellenfunktionen, die für mehrere τ-Summen endlich sind, beziehen sich auf Zustände, die verschiedene Elemente mit endlichen Wahrscheinlichkeiten sein können. Da keinerlei derartige Zustände irgendwie interessant sind, erscheint der mathematische Formalismus des isotopen Spins etwas zu reich-

[3]) J. H. BARTLETT, Phys. Rev., **49**, 102 (1936); W. ELSASSER, J. de phys. et rad., **7**, 312 (1936) und insbes. B. CASSEN und E. U. CONDON, Phys. Rev., **50**, 846 (1936).

haltig; wir werden jedoch sehen, daß er dessen ungeachtet sehr nützlich ist.

Neben der Annahme, daß die zwischen allen Teilchenpaaren wirkenden Kräfte annähernd gleich sind, scheint es eine brauchbare Näherung zu sein, alle Kräfte, in denen der gewöhnliche Spin enthalten ist, zu vernachlässigen. In diesem Fall hängt die HAMILTON-Funktion nur mehr von den räumlichen Koordinaten ab. Akzeptiert man beide, eine oder keine dieser Annahmen, so ergeben sich vier verschiedene Möglichkeiten:

1. Wir berücksichtigen solche Kräfte, die nur von den Raumkoordinaten abhängen.
2. Wir berücksichtigen solche Kräfte, die von den Raum- und Spinkoordinaten abhängen, nehmen jedoch an, daß die Wechselwirkungen zwischen allen Arten von Paaren gleich sind.
3. Wir vernachlässigen die Spinkräfte, berücksichtigen aber Kräfte, die von den Raumkoordinaten und dem isotopen Spin abhängen, d. h., wir unterscheiden zwischen Proton-Proton-, Proton-Neutron- und Neutron-Neutron-Wechselwirkung.
4. Wir berücksichtigen alle Arten von Wechselwirkungen.

Die erste ist die gröbste Methode, die letzte ist die exakteste; es ist weiter wahrscheinlich, daß (2) für leichte und (3) für schwere Elemente genauer ist. Andererseits kann man natürlich aus Symmetrieüberlegungen die meisten Ergebnisse für (1) und die wenigsten für (4) ableiten. Näherung (1) ist mit dem Modell der „Gleichheit aller Bahnkräfte" identisch.[4])

Auf die Feststellung, daß ein Operator nur das eine oder andere System von Variablen einbezieht, müssen wir näher eingehen. In der üblichen Spektraltheorie angewendet bedeutet dies, daß der Operator als Funktion dieser Variablen allein *angeschrieben werden kann*; es

---

[4]) E. FEENBERG und E. WIGNER, Phys. Rev., 51, 95 (1937).

bedeutet nicht, daß er nicht ebensogut anders formuliert werden kann. So wirkt z. B. der Austausch P der Raumkoordinaten nur auf Raumkoordinaten, obgleich P in Form der DIRACschen Identität

$$P = -\tfrac{1}{2} - \tfrac{1}{2}(s_1 \cdot s_2)$$

angeschrieben werden kann, die nur Spinoperatoren für antisymmetrische Funktionen enthält. Für Kernkräfte, die von den kartesischen und den gewöhnlichen Spinkoordinaten abhängen, werden wir diese Definition ebenfalls beibehalten.

Die τ einbeziehenden Operatoren sind jedoch etwas spezialisiert. Verwenden wir HEISENBERGS Formulierung für isotope Spinoperatoren

$$\tau = \tau_\zeta = \begin{Vmatrix} -1 & 0 \\ 0 & 1 \end{Vmatrix}, \quad \tau_\xi = \begin{Vmatrix} 0 & i \\ -i & 0 \end{Vmatrix}, \quad \tau_\eta = \begin{Vmatrix} 0 & 1 \\ 1 & 0 \end{Vmatrix}, \qquad (4)$$

so erfordert der Erhaltungssatz für die elektrische Ladung, daß alle Operatoren mit

$$\tau_1 + \tau_{\zeta 2} + \cdots + \tau_{\zeta n} = n_N - n_P = 2T_\zeta \qquad (3)$$

kommutierbar sind. Außerdem kann man kaum behaupten, daß

$$\tau_{\xi 1}\tau_{\xi 2} + \tau_{\eta 1}\tau_{\eta 2} + \tau_{\zeta 1}\tau_{\zeta 2} = -1 - 2PQ \qquad (5)$$

(P Austausch von Raumkoordinaten, Q Austausch von Spinkoordinaten) nicht kartesische oder Spinkoordinaten enthält, da Gl. (5) ein recht künstlicher Ausdruck ist, in dem τ_ξ und τ_η keine unmittelbare physikalische Bedeutung zukommt. Wir werden also für die Näherung (3) nur solche Operatoren wählen, die Operatoren äquivalent sind, welche ihrerseits nur auf kartesische Koordinaten wirken, aber auf eine für Protonen und Neutronen verschiedene Weise. Das ist einer ausschließlichen Benützung von Operatoren, die die Raumkoordinaten und die τ_ζ einbeziehen, äquivalent. Gehen wir so vor, dann müssen die Ergebnisse von Methode (3) den Ergebnissen der üblichen Theorie (ohne τ) gleichwertig sein, da letztere den Spin vernachlässigt. Tatsache ist, daß es bei der Näherung (3) vollkommen nutzlos ist, τ einzuführen; hier haben wir es nur in unsere Betrachtungen aufgenommen, um den Übergang von Näherung (1) zu (3) zu formulieren.

2

Die Wechselwirkung in den Elektronenhüllen der Atome ist eine Summe von Termen, die jeweils nur die Orte und die Impulse von zwei Teilchen enthalten; sie ist höchstens von zweiter Ordnung. Ersteres beruht darauf, daß die Wechselwirkung durch ein Feld erfolgt, und das ergibt in erster Näherung nur Zweiteilchen-Wechselwirkung. Die Begründung dafür, daß man nach der zweiten Potenz der Impulse abbrechen kann, liegt darin, daß diese immer in das Glied p/mc eingehen, das eine kleine Größe ist.

Ein Vorteil der Einführung der Variablen τ[2,3]) ist, daß man diese Annahmen auf Kerne übernehmen kann. Verwendet man die Variable τ nicht, dann erhält man für den Austausch zweier Teilchen, in Form einer Potenzreihe der Impulse angeschrieben, eine unendliche Reihe[5])

$$\sum_{n_1 n_2 n_3} \frac{(x_2 - x_1)^{n_1} (y_2 - y_1)^{n_2} (z_2 - z_1)^{n_3}}{n_1!\, n_2!\, n_3!} \times \left(\frac{\partial}{\partial x_1} - \frac{\partial}{\partial x_2}\right)^{n_1} \left(\frac{\partial}{\partial y_1} - \frac{\partial}{\partial y_2}\right)^{n_2} \left(\frac{\partial}{\partial z_1} - \frac{\partial}{\partial z_2}\right)^{n_3}.$$

Wir können den Austausch jedoch auch mittels der DIRACschen Identität beschreiben, ohne die Impulse einzubeziehen; in diesem Fall verwenden wir Gl. (5). Es muß dann jedoch berücksichtigt werden, daß der

[5]) J. A. WHEELER, Phys. Rev., 50, 643 (1936).

Spin nicht, wie in der Atomtheorie, als kleine Größe betrachtet werden kann. Wir wollen hier alle Formen von Zweiteilchen-Wechselwirkungen betrachten, die, was die Abhängigkeit von s und τ betrifft, Impulse in höchstens erster Ordnung enthalten.[6]) Wir können natürlich nichts über die Abhängigkeit von der Entfernung sagen, wollen also diesen Faktor hier weglassen; er scheint ja zunächst von geringerer Bedeutung zu sein.

Die Wechselwirkung muß sphärisch symmetrisch sein, nur von Koordinaten- und Impulsdifferenzen abhängen, bezüglich Inversion und Ersatz von t durch $-t$ invariant und bezüglich der Teilchen symmetrisch sein. Erstere Bedingungen bestimmen die Abhängigkeit von s, x und p. Aus den beiden Dreiergruppen von Spinoperatoren kann man zwei Invarianten ableiten

$$(i)\quad 1;\text{ und }(i')\qquad \tfrac{1}{2}+\tfrac{1}{2}(s_{x1}s_{x2}+s_{y1}s_{y2}+s_{z1}s_{z2})=Q_{12},$$

sowie drei achsiale Vektoren mit den Z-Komponenten

$$(v)\qquad s_{z1}+s_{z2};\quad s_{z1}-s_{z2};\quad s_{x1}s_{y2}-s_{y1}s_{x2},$$

und einen axialen Tensor mit den Komponenten

$$(t)\qquad s_{x1}s_{y2}+s_{y1}s_{x2};\quad s_{y1}s_{z2}+s_{z1}s_{y2};\quad s_{z1}s_{x2}+s_{x1}s_{z2};$$
$$s_{x1}s_{x2}-s_{y1}s_{y2};\quad s_{x1}s_{x2}+s_{y1}s_{y2}-2s_{z1}s_{z2}.$$

Die ersten beiden, (i) und (i'), können in der angegebenen Form verwendet werden, jedoch nicht in Kombination mit Gliedern, die p in der ersten Potenz enthalten, da diese das Vorzeichen ändern, wenn t' durch $-t$ ersetzt wird. Die letzte Invariante (t) liefert den bekannten Ausdruck

$$(i'')\qquad (s_1\cdot r_{12})(s_2\cdot r_{12})-3(s_1\cdot s_2)r_{12}^2,$$

[6]) Einige wurden bereits von CASSEN und CONDON gebracht, vgl. Zitat 3. Die hier gegebenen Ausdrücke sind nur bezüglich GALILEI-Transformationen invariant. G. BREIT zeigte, daß man, um sie auch relativistisch invariant zu machen, die hier abgeleiteten Ausdrücke durch Korrekturglieder ergänzen muß.

wenn man sie mit dem analogen Tensor der Koordinaten[7]) kombiniert. Man kann sie aber nicht auch noch mit p kombinieren. Die mittlere Invariante muß mit dem Vektor $p_1 - p_2$ kombiniert werden, wodurch man eine unbrauchbare axiale Invariante (Tensor) und einen gewöhnlichen Vektor erhält. In Kombination mit dem Abstandsvektor liefert dies den bekannten Ausdruck

$$(ia)(ib)(ic) \quad \begin{vmatrix} s_x & s_y & s_z \\ x_1 - x_2 & y_1 - y_2 & z_1 - z_2 \\ p_{x1} - p_{x2} & p_{y1} - p_{y2} & p_{z1} - p_{z2} \end{vmatrix} .$$

Hier können s_x, s_y, s_z die Komponenten eines der drei unter (v) angegebenen Vektoren sein. Insgesamt haben wir 6 Invarianten, die wir mit einer der sechs Funktionen von τ, die mit $\tau_{\zeta 1} + \tau_{\zeta 2}$ kommutierbar sind, multiplizieren können. Diese sind vor allem

$$(\tau_0) \qquad 1 \text{ und } (\tau_0') \quad -\tfrac{1}{2} - \tfrac{1}{2}(\tau_1 \cdot \tau_2) = P_{12} Q_{12},$$

die für alle Teilchenpaare dieselbe Wechselwirkung liefern. Außerdem haben wir noch

$$(\tau_1) \qquad \tfrac{1}{2} + \tfrac{1}{2}\tau_{\zeta 1}\tau_{\zeta 2} \quad \text{und} \quad (\tau_2') \quad \tfrac{1}{2}(\tau_{\zeta 1} = \tau_{\zeta 2}).$$

Die ersteren liefern die normale Wechselwirkung, allerdings nur zwischen gleichen Teilchen; letztere liefert negative Wechselwirkung für Protonenpaare, positive für Neutronenpaare und keine für verschiedenartige Teilchen. Diese Wechselwirkungen sind bezüglich der Teilchen symmetrisch und können mit (i), (i'), (i'') und (ia) kombiniert werden, wobei man alle 16 verschiedenen Formen erhält.

Schließlich haben wir noch

$$(\tau_2) \qquad \tau_{\zeta 1} - \tau_{\zeta 2} \quad \text{und} \quad (\tau_2') \quad \tfrac{1}{2}(\tau_{\xi 1}\tau_{\eta 2} - \tau_{\eta 1}\tau_{\xi 2}),$$

---

[7]) (ii) ist identisch mit $Q_{12}(ii)$. Es stellt eine Wechselwirkung mit Sättigung dar.

das mit (ib) und (ic) kombiniert werden kann und vier weitere Arten von Wechselwirkungen liefert.

In der Näherung (1) haben wir nur (i)(τ_0) und (i')(τ_0'), d. h. gewöhnliche und MAJORANA-Austauschkräfte.

In der Näherung (2) werden alle acht Formen von (τ_0), (τ_0') und (i)(i')(i'') und (ia) abgeleitet. Sie beschreiben, zusammen mit den obigen, Spin-Spin-Kräfte (i'')(τ_0), Spin-Bahn-Kräfte (ia)(τ_0), und HEISENBERG-Kräfte (i)(τ_0'), außerdem Spin-Spin-Austauschkräfte (i'')(τ_0') und Spin-Bahn-Austauschkräfte (ia)(τ_0') von der HEISENBERGschen Art. Die MAJORANA-Austauschkräfte dieser Arten sind mit den gewöhnlichen Kräften identisch. Schließlich haben wir noch die BARTLETTschen Spin-Austauschkräfte.[3])

In Näherung (3) müssen wir demzufolge, zusätzlich zu den Formen von (1) nur noch (i)(τ_1) und (i)(τ_1') berücksichtigen, die verschiedene Wechselwirkungen zwischen verschiedenen Arten von Paaren zulassen. Der Koeffizient von (i) (τ_1') ist natürlich sehr klein, da die Proton-Proton-Wechselwirkung praktisch gleich der Neutron-Neutron-Wechselwirkung ist.

In Näherung (4) werden alle 20 Arten möglich.

3

Wir wollen zunächst Näherung (1) betrachten und versuchen, das Analogon zum Multiplettsystem zu definieren. Das können wir auf zwei Arten tun: Entweder wir berücksichtigen die funktionelle Abhängigkeit der Wellenfunktionen von den Spins, oder wir betrachten ihre Abhängigkeit von den Raumkoordinaten. Zuerst wollen wir die Spinfunktion[8]) betrachten.

---

[8]) Der Inhalt dieses Abschnittes basiert auf den grundlegenden mathematischen Arbeiten von E. CARTAN, Bull. Soc. Math. de France, **41**, 43 (1913); J. de Math., **10**, 149 (1914); I. SCHUR, Berl. Ber. S. 189, 297, 346 (1924) und besonders H. WEYL, Math. Zs., **23**, 271 (1925). Ich versuchte, meist ohne strengen Beweis, hier jene Ergebnisse zusammenzustellen, die für eine Diskussion der betrachteten physikalischen Probleme ausreichen.

Der wesentliche Unterschied zwischen dem gewöhnlichen Spin und dem hier betrachteten Spin liegt darin, daß wir für jedes Teilchen zwei Spinkoordinaten (s und τ) haben, die insgesamt vier verschiedene Wertegruppen liefern: -1, -1; -1,1; 1, -1; 1, 1. Anstelle zweier zweiwertiger Spins kann man auch einen vierwertigen Spin (η) annehmen, der für die vier verschiedenen Doublette der Werte von s und τ die Werte 1, 2, 3 und 4 annimmt. Die Größe η spielt dieselbe Rolle wie der zweiwertige Spin in der gewöhnlichen Spintheorie. Wegen der Vierwertigkeit von η werden jedoch anstelle der Darstellungen der zweidimensionalen unitären Gruppe (oder der äquivalenten dreidimensionalen Drehungsgruppe) die Darstellungen der vierdimensionalen unitären Gruppe die Multiplettsysteme beschreiben.

Da die HAMILTON-Funktion keine Spinkoordinaten enthält, wird jede Transformation, die nur die Spinkoordinaten betrifft, eine Eigenfunktion wiederum in eine Eigenfunktion überführen. Wir können zunächst die Permutation der η_i und dann die gleichzeitigen unitären Transformationen aller η betrachten:

$$R_u \psi(\eta_1, \ldots, \eta_n) = \sum_{\vartheta} u_{\eta_1 \vartheta_1} u_{\eta_2 \vartheta_2} \ldots u_{\eta_n \vartheta_n} \times \psi(\vartheta_1, \ldots, \vartheta_n). \tag{6}$$

Wir können etwas der z-Komponente des Spin-Impulses Analoges definieren, indem wir die u der Art

$$u(\varphi_1, \varphi_2, \varphi_3, \varphi_4) = \begin{Vmatrix} e^{i\varphi_1} & 0 & 0 & 0 \\ 0 & e^{i\varphi_2} & 0 & 0 \\ 0 & 0 & e^{i\varphi_3} & 0 \\ 0 & 0 & 0 & e^{i\varphi_4} \end{Vmatrix} \tag{7}$$

betrachten. Diese Operationen sind alle kommutierbar, und wir können daraus ein System von Funktionen von η ableiten, in dem die einzelnen Glieder nur mit Konstanten multipliziert werden, wenn ein R_u mit einem u der Form (7) auf sie angewendet wird:[9])

$$R^{u(\varphi_1\varphi_2\varphi_3\varphi_4)} F^{\nu}_{\mu_1\mu_2\mu_3\mu_4}(\eta_1 \ldots \eta_n) = e^{i(\mu_1\varphi_1+\mu_2\varphi_2+\mu_3\varphi_3+\mu_4\varphi_4)} F^{\nu}_{\mu_1\mu_2\mu_3\mu_4} \tag{8}$$

In dieser Gleichung müssen die μ ganzzahlig sein; wir werden sie als diagonale Quantenzahlen bezeichnen. Das ν dient lediglich dazu, die verschiedenen Funktionen der η mit derselben diagonalen Quantenzahl zu unterscheiden.

Da $u(\varphi, \varphi, \varphi, \varphi)$ mit vier gleichen φ nur eine Multiplikation mit $e^{i\varphi}$ bedeutet, ist wegen (6) R_u eine Multiplikation mit $e^{in\varphi}$. Es ist andererseits auch eine Multiplikation mit $e^{i(\mu_1\varphi+\mu_2\varphi+\mu_3\varphi+\mu_4\varphi)}$, was beweist, daß alle möglichen Systeme diagonaler Quantenzahlen die Gleichung

$$\mu_1 + \mu_2 + \mu_3 + \mu_4 = n \tag{9}$$

befriedigen; hier ist n die Anzahl der Variablen η. Es gibt einen einfachen Zusammenhang zwischen den diagonalen Quantenzahlen und der z-Komponente des Spin-Impulses S. Man erhält ihn, wenn man eine Drehung der Spinkoordinaten um z um den Winkel φ betrachtet, deren Matrix die Form (7) hat und $\varphi_1 = \varphi_2 = -\varphi_3 = -\varphi_4 = -\varphi/2$. Unter dem Einfluß des entsprechenden R_u wird die Wellenfunktion mit $e^{iS_z\varphi}$ multipliziert, und wir erhalten

$$S_z = \tfrac{1}{2} \sum_k s_{zk} = \tfrac{1}{2}(\mu_4 + \mu_3 - \mu_2 - \mu_1). \tag{10a}$$

Der Faktor 1/2 vor dem s_{zk} ist eine Folge der üblichen

---

[9]) Die $F_{\mu_1\mu_2\mu_3\mu_4}(\eta_1 \ldots \eta_n)$ verschwinden für jedes System von $\eta_1\eta_2 \ldots \eta_n$ der η, ausgenommen jene Systeme, in denen μ_1 Glieder den Wert 1 haben, genau μ_2 Glieder den Wert 2 und μ_3 Glieder den Wert 3 haben. Dann werden μ_4 Glieder gleich 4 sein. Ansonsten können sie beliebige Werte annehmen und befriedigen dennoch Gl. (8).

Definition der PAULI-Matrizen, die dem 1/2fachen der in (4) gegebenen Ausdrücke entspricht.

Analog haben wir

$$T_\zeta = \tfrac{1}{2}\sum_k \tau_{\zeta k} = \tfrac{1}{2}(\mu_4 - \mu_3 + \mu_2 - \mu_1), \tag{10b}$$

und wir definieren auch ein

$$Y_\zeta = \tfrac{1}{2}\sum_k s_{zk}\tau_{\zeta k} = \tfrac{1}{2}(\mu_4 - \mu_3 - \mu_2 + \mu_1). \tag{10c}$$

Die Quantenzahlen S_z, T_ζ, Y_ζ können als magnetische Quantenzahlen bezeichnet werden. Zusammen mit n bestimmen sie das μ eindeutig. Ihre Bedeutung in der Spektroskopie ist analog der Bedeutung der einzigen gewöhnlichen magnetischen Quantenzahl in der Atomspektroskopie; sie können leicht und zugleich für alle Zustände eines Multipletts gefunden werden.

Mehrere Zustände mit verschiedenen magnetischen Quantenzahlen bilden „Multiplettgruppen", die immer eine gemeinsame Energie besitzen. Diese Gruppen enthalten in der Atomspektroskopie einen *einzigen* Zustand mit jeder magnetischen Quantenzahl von einem Maximum, S, zu $-S$. Wir müssen die entsprechenden Gruppen für den vierwertigen Spin finden.

Das Multiplett wird mittels der höchsten in ihm vorkommenden Gruppe von μ, $\Lambda_4\Lambda_3\Lambda_2\Lambda_1$, bezeichnet. Wir sagen, daß die Gruppe $\Lambda_4\Lambda_3\Lambda_2\Lambda_1$ höher als die Gruppe $\mu_4\mu_3\mu_2\mu_1$ ist, wenn entweder $\Lambda_4 > \mu_4$ oder wenn $\Lambda_4 = \mu_4$, aber $\Lambda_3 > \mu_3$, oder schließlich wenn $\Lambda_4 = \mu_4$, $\Lambda_3 = \mu_3$, aber $\Lambda_2 > \mu_2$ ist. Der Grund dafür, daß in ein und demselben Multiplett mehrere Zustände mit verschiedenen diagonalen Quantenzahlen vereinigt sind, liegt darin, daß R_u sie ineinander transformiert, wobei die u nicht die Form (7) besitzen. Um ein Multiplett zu charakterisieren, können wir außer den Λ auch die

Quantenzahlen

$$S = \tfrac{1}{2}(\Lambda_4 + \Lambda_3 - \Lambda_2 - \Lambda_1), \quad (11a)$$

$$T = \tfrac{1}{2}(\Lambda_4 - \Lambda_3 + \Lambda_2 - \Lambda_1), \quad (11b)$$

$$Y = \tfrac{1}{2}(\Lambda_4 - \Lambda_3 - \Lambda_2 + \Lambda_1) \quad (11c)$$

verwenden, die zusammen mit $\Lambda_4 + \Lambda_3 + \Lambda_2 + \Lambda_1 = n$ die Λ vollständig bestimmen.

Der Charakter der Multipletts ist für den vierzähligen Spin nicht so einfach wie für den zweizähligen. Während die letzteren durch Punkte auf einer Geraden von $-S$ bis S dargestellt werden können, müssen erstere zumindest in einem dreidimensionalen Raum dargestellt werden, wobei man die möglichen S_z, T_ζ, und Y_ζ-Werte und *deren Multiplizitäten* erhält. Das ist deshalb erforderlich, weil nun nicht mehr jede Kombination der $S_z T_\zeta Y_\zeta$ nur einmal vorkommt. Jedes $S_z T_\zeta Y_\zeta$ kommt ebenso oft vor, wie es Permutationen dieser Zahlen gibt, und ebenso oft wie $-S_z - T_\zeta Y_\zeta$, $-S_z T_\zeta - Y_\zeta$, und $S_z - T_\zeta - Y_\zeta$. Die Figur des Multipletts besitzt also tetraedrische Symmetrie im $S_z T_\zeta Y_\zeta$-Raum. Verglichen mit den Λ hat eine Verwendung der $S_z T_\zeta Y_\zeta$ den Vorteil, daß die Multipletts für $n = 1, 5, 9, 13$ durch dieselben Figuren dargestellt werden. Die Quantenzahlen sind alle halbzahlig, die vorkommenden $S_z T_\zeta Y_\zeta$-Kombinationen bilden ein flächenzentriertes Gitter, für das $S_z + T_\zeta + Y_\zeta$ von der Form $2k - 1/2$ ist. Diese Figuren liefern bei Spiegelung in einer Ebene $T_\zeta Y_\zeta$, $Y_\zeta S_z$ oder $S_z T_\zeta$ die Multipletts, die für $n = 3, 7, 11, \ldots$ existieren, wobei das raumzentrierte Gitter durch $S_z + T_\zeta + Y_\zeta$ der Form $2k + 1/2$ charakterisiert ist. Die Quantenzahlen S_z, T_ζ, Y_ζ sind ganzzahlig für gerade n. Ihre Summe ist gerade für $n = 4, 8, 12, \ldots$ und ungerade für $n = 2, 6, 10, \ldots$

Um die Figuren für die Multipletts zu finden, muß man wissen, wie viele Zustände es mit einer bestimmten $\mu_4 \mu_3 \mu_2 \mu_1$-Kombination im Multiplett $(\Lambda_4 \Lambda_3 \Lambda_2 \Lambda_1)$ gibt.

Diese Anzahl wollen wir mittels

$$\begin{pmatrix} \Lambda_4 \Lambda_3 \Lambda_2 \Lambda_1 \\ \mu_4 \mu_3 \mu_2 \mu_1 \end{pmatrix} \tag{12}$$

bezeichnen. Die Berechnung der Größen (12) ist auch für den folgenden Abschnitt wichtig. Die einfachste Interpretation von (12) erhalten wir, wenn wir die Untergruppe der von den Matrizen (7) gebildeten unitären Gruppe betrachten. Das Symbol (12) gibt an, wie oft die (eindimensionale) Darstellung $e^{i(\mu_1\varphi_1+\mu_2\varphi_2+\mu_3\varphi_3+\mu_4\varphi_4)}$ in der Darstellung der gesamten unitären Gruppe $(\Lambda_4 \Lambda_3 \Lambda_2 \Lambda_1)$ vorkommt.

Die Symbole von (12) sind nur definiert, wenn $\Lambda_1 + \Lambda_2 + \Lambda_3 + \Lambda_4 = \mu_4 + \mu_3 + \mu_2 + \mu_1$, $\Lambda_4 \geqq \Lambda_3 \geqq \Lambda_2 \geqq \Lambda_1 \geqq 0$, und da eine Permutation der μ nicht den Wert von (12) ändert, können wir annehmen, daß auch $\mu_4 \geqq \mu_3 \geqq \mu_2 \geqq \mu_1 \geqq 0$. Der Ausdruck (12) hat den Wert 0, wenn nicht $\Lambda_4 \geqq \mu_4$, da Λ_4 das größte μ des Multipletts ist. Außerdem verschwindet (12), wenn nicht[10])

$$\Lambda_4 \geqq \mu_4; \quad \Lambda_4 + \Lambda_3 \geqq \mu_4 + \mu_3;$$
$$\Lambda_4 + \Lambda_3 + \Lambda_2 \geqq \mu_4 + \mu_3 + \mu_2. \tag{13}$$

Letztere Bedingung kann auch in der Form $\Lambda_1 \leqq \mu_1$ angeschrieben werden. Es gibt mehrere Möglichkeiten, (12) abzuschätzen. Eine davon besteht darin, daß man die Matrizen μ betrachtet, die einer dreidimensionalen unitären Transformation der η-Werte 1, 2, 3 entsprechen. Die Darstellung $(\Lambda_4 \Lambda_3 \Lambda_2 \Lambda_1)$ enthält alle jene Darstellungen $(\Lambda_3' \Lambda_2' \Lambda_1')$ der dreidimensionalen unitären Gruppe genau einmal, für die

$$\Lambda_4 \geqq \Lambda_3' \geqq \Lambda_3 \geqq \Lambda_2' \geqq \Lambda_2 \geqq \Lambda_1' \geqq \Lambda_1. \tag{14}$$

[10]) Ähnliche Formeln gelten auch für Symbole der Art von (12) mit mehr als vier Λ. Sie können mittels eines Arguments bewiesen werden, das dem im nächsten Abschnitt behandelten analog ist.

Also sind die Vierergruppen diagonaler Quantenzahlen von $(\Lambda_4 \Lambda_3 \Lambda_2 \Lambda_1)$ die aller $(\Lambda_3' \Lambda_2' \Lambda_1')$, die die Bedingung (14) befriedigen, plus die letzte diagonale Quantenzahl $\Lambda_4 + \Lambda_3 + \Lambda_2 + \Lambda_1 - \Lambda_3' - \Lambda_2' - \Lambda_1'$. Nun können wir die Darstellung der dreidimensionalen unitären Gruppe auf eine zweidimensionale reduzieren: In $(\Lambda_3' \Lambda_2' \Lambda_1')$ werden jene $(\Lambda_2'' \Lambda_1'')$ vorkommen, für die

$$\Lambda_3' \geqq \Lambda_2'' \geqq \Lambda_2' \geqq \Lambda_1'' \geqq \Lambda_1'. \qquad (14a)$$

Schließlich enthält $(\Lambda_2'' \Lambda_1'')$ folgende Paare von diagonalen Quantenzahlen:

$$\Lambda_2'', \Lambda_1''; \ \Lambda_2'' - 1, \ \Lambda_1'' + 1; \ \Lambda_2'' - 2, \ \Lambda_1'' + 2; \ \ldots; \ \Lambda_1'', \Lambda_2''.$$

Wollen wir z. B. das Multiplett (3 1 1 0) bestimmen, können wir folgendermaßen rechnen: $(3\,1\,1\,0) = (3\,1\,1)0 + (2\,1\,1)1 + \underline{(1\,1\,1)2} + (3\,1\,0)1 + \underline{(2\,1\,0)2} + \underline{(1\,1\,0)3}$. Es genügt, alle jene μ-Quadrupletts zu erhalten, die von absteigender Ordnung sind, die anderen ergeben sich dann durch Permutation. Das bedeutet, daß wir die unterstrichenen weglassen können. Eine weitere Reduktion liefert

$$(3\,1\,1) = (3\,1)1 + \underline{(2\,1)2} + \underline{(1\,1)3}$$
$$(2\,1\,1) = (2\,1)1 + \underline{(1\,1)2},$$
$$(3\,1\,0) = \underline{(3\,1)0} + (2\,1)1 + \underline{(1\,1)2} + (3\,0)1 + \underline{(2\,0)2} + \underline{(1\,0)3}.$$

Damit erhalten wir die μ-Systeme 3 1 1 0, 2 2 1 0, 2 1 1 1, 2 1 1 1, 2 1 1 1 und ihre Permutationen. Drücken wir das durch die magnetische Quantenzahl aus, so können wir sagen, daß das Multiplett $(S, T, Y) = (3/2, 3/2, 1/2)$ die $S_z = 3/2$, $T_\zeta = 3/2$, $Y_\zeta = 1/2$ einmal, $S_z = 3/2$, $T_\zeta = 1/2$, $Y_\zeta = -1/2$ einmal und $S_z = T_\zeta = Y_\zeta = 1/2$ dreimal enthält. Außerdem kommen alle Permutationen dieser Terme vor sowie jene Tripletts, in denen beliebige zwei der $S_z T_\zeta Y_\zeta$ durch ihre negativen Werte ersetzt sind. Eine Darstellung dieses Multipletts finden wir, neben anderen, in Abb. 7.1 (dritte Darstellung).

Nach der allgemeinen Theorie[8]) gehören die Wellenfunktionen des Multipletts $\Lambda_4 \Lambda_3 \Lambda_2 \Lambda_1$ bezüglich eines Austausches der η zur Darstellung der symmetrischen Gruppe, für die die Aufspaltung $\Lambda_4 + \Lambda_3 + \Lambda_2 + \Lambda_1 = n$ charakteristisch ist.

SLATER[11]) hat gezeigt, daß es im Fall von Atomspektren genügt, die Struktur von Multipletts zu kennen, um Zahl

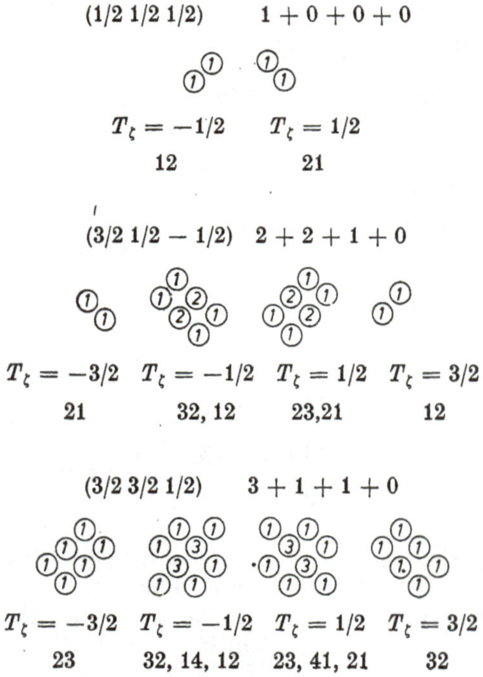

Abb. 7.1. Erklärung s. S. 389

[11]) J. C. SLATER, Phys. Rev., 34, 1293 (1929).

(3/2 3/2 −3/2) $3 + 3 + 3 + 0$

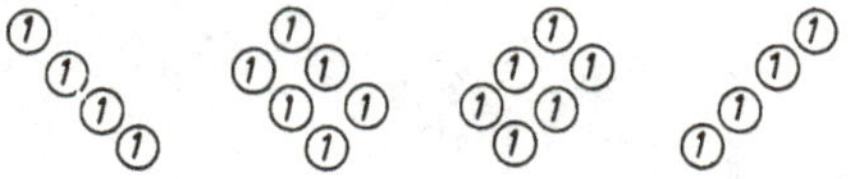

$T_\zeta = -3/2$ $T_\zeta = -1/2$ $T_\zeta = 1/2$ $T_\zeta = 3/2$

41 **32** **23** **14**

(5/2 1/2 1/2) $3 + 2 + 0 + 0$

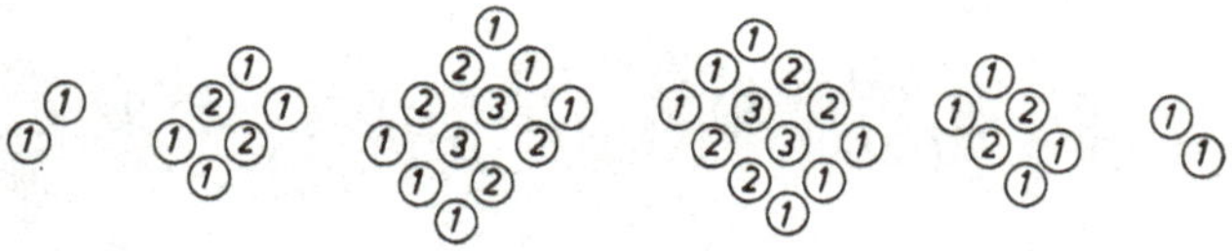

$T_\zeta = -5/2$ $T_\zeta = -3/2$ $T_\zeta = -1/2$ $T_\zeta = 1/2$ $T_\zeta = 3/2$ $T_\zeta = 5/2$

12 **23, 21** **34, 32, 12** **43, 23, 21** **32, 12** **21**

(1 0 0) $1 + 1 + 0 + 0$

$T_\zeta = -1$ $T_\zeta = 0$ $T_\zeta = 1$

11 **22** **11**

(1 1 1) $2 + 0 + 0 + 0$

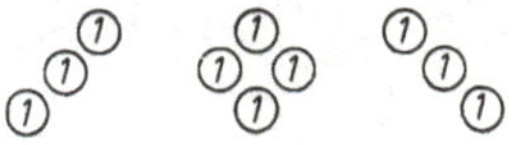

$T_\zeta = -1$ $T_\zeta = 0$ $T_\zeta = 1$

13 **22** **31**

Abb. 7.1. (Forts.)

(2 1 0) $3 + 2 + 1 + 0$

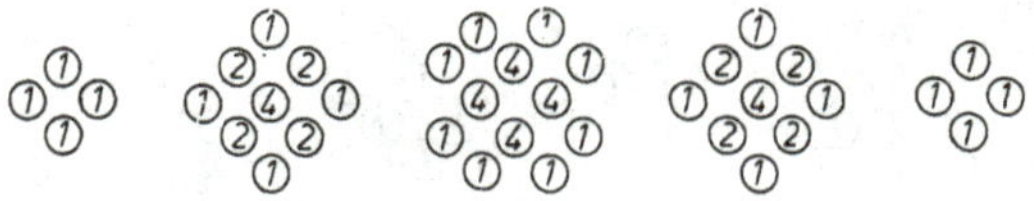

$T_\zeta = -2$ $T_\zeta = -1$ $T_\zeta = 0$ $T_\zeta = 1$ $T_\zeta = 2$

22 33, 13, 31, 11 24, 42, 22, 22 33, 13, 31, 11 22

(3 0 0) $3 + 3 + 0 + 0$

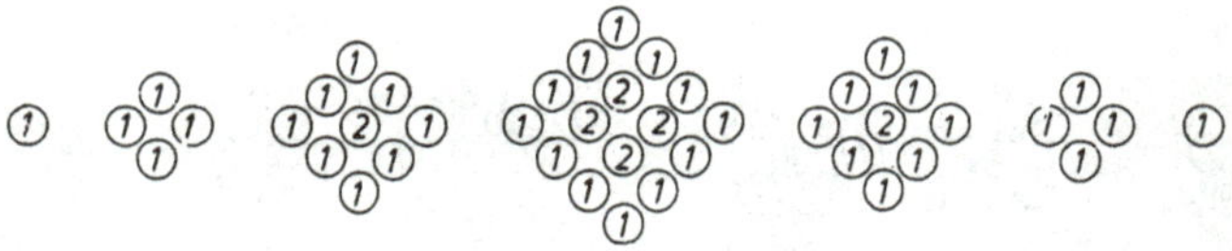

$T_\zeta = -3$ $T_\zeta = -2$ $T_\zeta = -1$ $T_\zeta = 0$ $T_\zeta = 1$ $T_\zeta = 2$ $T_\zeta = 3$

11 22 33, 11 44, 22 33, 11 22 11

(0 0 0) $1 + 1 + 1 + 1$

$T_\zeta = 0$

11

(2 0 0) $2 + 2 + 0 + 0$

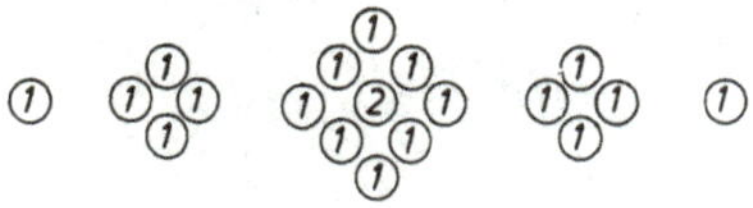

$T_\zeta = -2$ $T_\zeta = -1$ $T_\zeta = 0$ $T_\zeta = 1$ $T_\zeta = 2$

11 22 33, 11 22 11

Abb. 7.1. (Forts.)

(1 1 0) $\quad 2 + 1 + 1 + 0$

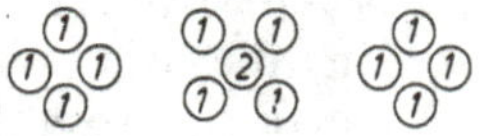

$T_\zeta = -1 \quad T_\zeta = 0 \quad T_\zeta = 1$

22 $\quad$ 13, 31 $\quad$ 22

(2 1 1) $\quad 3 + 1 + 0 + 0$

$T_\zeta = -2 \quad T_\zeta = -1 \quad T_\zeta = 0 \quad T_\zeta = 1 \quad T_\zeta = 2$

13 $\quad$ 24, 22 $\quad$ 33, 13, 31 $\quad$ 42, 22 $\quad$ 31

Abb. 7.1. Jede Gruppe von Anordnungen stellt ein Multiplett dar; die darüberstehenden Zifferngruppen sind das STY-Symbol und ein ihm entsprechendes $\Lambda_4 + \Lambda_3 + \Lambda_2 + \Lambda_1$. Jeder Kreis stellt einen $S_z T_\zeta Y_\zeta$-Zustand dar, die T_ζ sind darunter angeschrieben; Y_ζ und S_z sind die Koordinaten des Kreises, wobei der Ursprung des Koordinatensystems im Zentrum der Anordnung liegt: Die Y_ζ-Achse verläuft nach rechts, die S_z-Achse nach unten. Die Ziffern in den Kreisesn geben die Anzahl der $S_z T_\zeta Y_\zeta$-Zustände im Multiplett an. Der Abstand zweier benachbarter Kreise in horizontaler oder vertikaler Richtung ist gleich 2. Die Multipletts mit halbzahligen STY entsprechen Elementen, deren Massen gleich $4n + 1$ sind. Die Multipletts für Massen von $4n + 3$ erhält man aus ersteren, wenn man die Richtung der Y_ζ-Achse umkehrt; man muß dabei auch das Vorzeichen von Y ändern. Die 2 im Zentrum dieser Anordnung sollte durch eine 3 ersetzt werden.

und Charakter der Terme, die sich aus jeder beliebigen Konfiguration ergeben, zu bestimmen. Dasselbe gilt im Prinzip auch für Kernspektren. Ein Unterschied liegt darin, daß das zweidimensionale Diagramm der vorkommenden $L_z S_z$-Werte durch ein vierdimensionales Diagramm der $L_z S_z T_\zeta Y_\zeta$-Werte ersetzt werden sollte. Man könnte auch für jedes L_z und S_z ein zweidimensionales Diagramm der vorkommenden $T_\zeta Y_\zeta$-Werte aufstellen. Für jedes L_z müssen diese Diagramme in $S_z T_\zeta Y_\zeta$-

Kombinationen zerlegt werden, die Multiplette bilden. Dann müssen die L_z-Werte für jedes Multiplett in Gruppen zusammengefaßt werden, die von $-L$ bis L reichen; auf diese Weise erhält man die azimutale Quantenzahl.

Ich konnte keine praktischere Vorgangsweise finden, als mit den Λ und den diagonalen Quantenzahlen zu arbeiten. Ein Zustand mit μ_1 Protonen und μ_2 Neutronen mit dem Spin $-1/2$ und μ_3 Protonen und μ_4 Neutronen mit dem Spin $1/2$ ist ein Zustand mit den diagonalen Quantenzahlen $\mu_1\mu_2\mu_3\mu_4$. Zunächst trägt man die vorkommenden $\mu_1\mu_2\mu_3$-Werte für jedes L_z und μ_4 auf. Zu diesem Zweck zeichnet man ein gleichseitiges Dreieck mit der Höhe $\mu_1 + \mu_2 + \mu_3 = n - \mu_4$. Ein Punkt mit dem Abstand μ_1, μ_2 bzw. μ_3 von den drei Seiten des Dreiecks entspricht einem Zustand mit den diagonalen Quantenzahlen μ_1, μ_2, μ_3 und $\mu_4 = n - \mu_1 - \mu_2 - \mu_3$. Jedes Diagramm bildet eine Darstellung der dreidimensionalen unitären Gruppe. Die irreduziblen Darstellungen dieser Gruppe sind recht einfach, ihre Diagramme sind in Abb. 7.2a und 7.2b gezeigt: die Kombination $\mu_1\mu_2\mu_3$ kommt in $\Lambda_1'\Lambda_2'\Lambda_3'$

$$\begin{pmatrix}\Lambda_3'\Lambda_2'\Lambda_1' \\ \mu_3\mu_2\mu_1\end{pmatrix} = 1 + \mathrm{Min}\,(\Lambda_3' - \mu_3,$$

$$\Lambda_3' + \Lambda_2' - \mu_3 - \mu_2, \quad \Lambda_3' - \Lambda_2', \quad \Lambda_2' - \Lambda_1') \tag{15}$$

mal vor; Min $(\alpha, \beta, \ldots)$ ist die kleinste der Zahlen $\alpha, \beta, \ldots$, wenn diese positiv sind, und ist gleich -1, wenn unter diesen Zahlen auch negative sind.

Die $\mu_1\mu_2\mu_3$-Diagramme können für jedes L_z in irreduzible Diagramme zerlegt werden, die durch $(\Lambda_3'\Lambda_2'\Lambda_1')$ charakterisiert sind (im Bild sind die Striche bei den Λ weggelassen). Hat man die Anzahl der $(\Lambda_3'\Lambda_2'\Lambda_1')$ erhalten, dann vereinigt man diese für jedes L_z separat zu vollständigen Multipletts $(\Lambda_4\Lambda_3\Lambda_2\Lambda_1)$ nach der Regel

$$(\Lambda_4\Lambda_3\Lambda_2\Lambda_1) = \sum (\Lambda_3'\Lambda_2'\Lambda_1'). \tag{16}$$

Die Grenzen, zwischen denen summiert wird, sind in (14) gegeben. Schließlich werden noch die L_z-Werte für jedes $(\Lambda_4 \Lambda_3 \Lambda_2 \Lambda_1)$ separat vereinigt, wodurch wir die totalen azimutalen Quantenzahlen L erhalten. Alles in allem ist der Vorgang jedoch weit komplizierter als der analoge für Atomspektren. Er hat auch den Nachteil, daß man die höchsten Multiplizitäten, die die höchsten Energien besitzen, zuerst erhält.

4

Eine andere Methode, die rascher zum Ziel führt, besteht darin, daß man zunächst nur die Abhängigkeit der Wellenfunktion von den räumlichen Koordinaten betrachtet. Für Atomspektren wurde diese Methode vom Autor gemeinsam mit DELBRÜCK[12]) entwickelt, noch bevor PAULIS Spintheorie bekannt geworden war. Zuerst betrachten wir wiederum die möglichen Konfigurationen, d. h. die Verteilung der Teilchen auf die verschiedenen Zustände, ohne jedoch den Spin zu berücksichtigen. Für jeden solchen Zustand bestimmen wir L_z (oder m_L, wie es auch oft bezeichnet wird) als Summe der l_z aller Teilchen. Als nächstes bestimmen wir, wie viele Terme diese Konfiguration mit einer bestimmten Aufspaltung $\lambda_\varrho + \lambda_{\varrho-1} + \cdots + \lambda_1$ liefert. Schließlich betrachten wir separat die jeder Aufspaltung entsprechenden Zustände und vereinigen Zustände mit L_z von $-L$ bis L zu einem vollständigen Multiplett mit der azimutalen Quantenzahl L.

Ist dies getan, dann besitzen wir alles, was für die Näherung (1) erforderlich ist: die Multiplizitäten und die

---

[12]) E. WIGNER, Z. f. Physik, 43, 627 (1927); M. DELBRÜCK, Z. f. Physik, 51 181 (1928). Gleichung (19) aus der ersten und (14) aus der zweiten Arbeit liefern einen expliziten Ausdruck für (20), sofern alle λ und μ gleich 1 oder 2 sind. In der gewöhnlichen Spektroskopie kommt aber nur dieser Fall vor. Könnten die λ und μ auch die Werte 3 und 4 annehmen, würde der entsprechende Ausdruck bereits zu kompliziert sein.

azimutalen Quantenzahlen jedes Terms. Für die weiteren Untersuchungen müssen wir wissen, wie die nur koordinatenabhängigen Wellenfunktionen mit den spinabhängigen Funktionen zu vollständigen Wellenfunktionen zu kombinieren sind. Da die vollständige Wellenfunktion antisymmetrisch sein muß, müssen die Raumkoordinaten-Wellenfunktion und die sie vervollständigende Spinfunktion adjungierte Charaktere besitzen, d. h., sie müssen zu zwei solchen Darstellungen gehören, deren Matrizen gleich für geradzahlige und entgegengesetzt gleich für ungeradzahlige Permutationen sind. Die zur Aufspaltung $4 + 4 + \cdots + 1$ mit n_4 Vierern, n_3 Dreiern, n_2 Zweiern und n_1 Einsern adjungierte Aufspaltung ist $\Lambda_4 + \Lambda_3 + \Lambda_2 + \Lambda_1$, wo

$$\Lambda_4 = n_4 + n_3 + n_2 + n_1, \qquad \Lambda_3 = n_4 + n_3 + n_2,$$
$$\Lambda_2 = n_4 + n_3, \qquad \Lambda_1 = n_4. \tag{17}$$

So ist z. B. die Aufspaltung $4 + 3 + 2 + 2 + 2 + 1$ für die räumliche Wellenfunktion der Aufspaltung $6 + 5 + 2 + 1$ für die Λ oder dem STY-System (4 1 0) äquivalent.

Der bei diesem Vorgehen mit Schwierigkeiten verbundene Schritt besteht darin, herauszufinden, wie viele Glieder mit einer bestimmten Aufspaltung $\lambda_\varrho + \lambda_{\varrho-1} + \cdots + \lambda_1$ eine Konfiguration liefert, in der sich μ_1 Teilchen im ersten, μ_2 im zweiten usw. und μ_ν Teilchen im ν-ten Zustand befinden. Wir betrachten die Wellenfunktion

$$\psi_1(x_1)\psi_1(x_2)\ldots\psi_1(x_{\mu 1})\psi_2(x_{\mu 1+1})\ldots\psi_2(x_{\mu 1+\mu 2})$$
$$\times\ \psi_3(x_{\mu 1+\mu 2+1})\ldots\psi_\nu(x_n) \tag{18}$$

gemeinsam mit den sich aus (18) durch Permutation der x ergebenden Wellenfunktionen, wovon es $n!/\mu_1!\mu_2!\ldots\mu_\nu!$ gibt. Bei einer Permutation der x werden sie ineinander transformiert; die entsprechende (reduzierbare) Darstellung der symmetrischen Gruppe werden wir mit $[\mu_\nu\mu_{\nu-1}\ldots\mu_1]$ bezeichnen. Zerlegen wir diese in irredu-

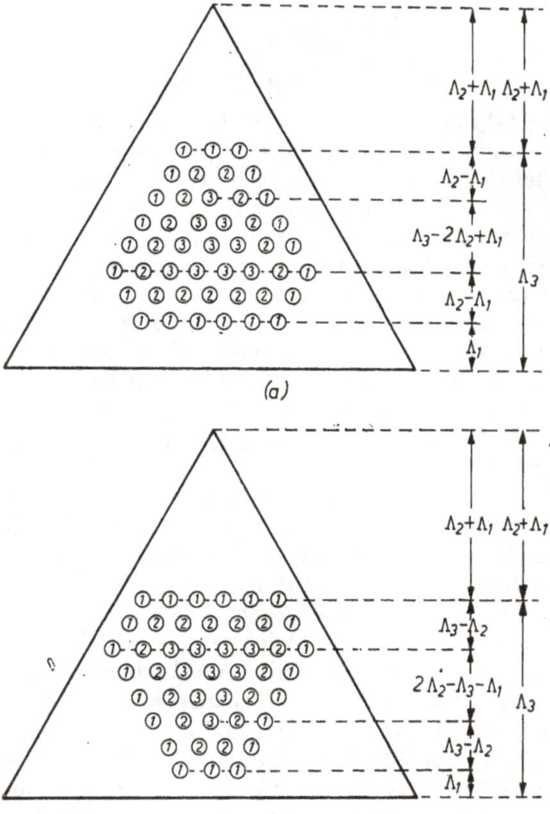

Abb. 7.2. Jeder Kreis entspricht einem Tripel $\mu_1\mu_2\mu_3$, diese Zahlen sind die Abstände des Kreises von den drei Seiten des gleichseitigen Dreiecks, das die Anordnung der Kreise umgibt. Die Ziffer in den Kreisen gibt an, wie oft die entsprechende μ-Kombination in der $(\Lambda_3\Lambda_2\Lambda_1)$-Darstellung vorkommt. Abb. 7.2a gilt, wenn $\Lambda_3 - \Lambda_2 \geqq \Lambda_2 - \Lambda_1$, Abb. 7.2b, wenn $\Lambda_3 - \Lambda_2 \leqq \Lambda_2 - \Lambda_1$ (ersteres entspricht dem Multiplett (9 4 2), letzteres dem Multiplett (8 6 1). In beiden Fällen enthält das begrenzende Sechseck Einer, das nächste Zweier usw., bis sich das Sechseck zu einem Dreieck reduziert hat. Die μ-Kombinationen innerhalb des Dreiecks kommen alle gleich oft in der Darstellung vor: $(\Lambda_2 - \Lambda_1 + 1)$mal im ersten Fall, $(\Lambda_3 - \Lambda_2 + 1)$mal im zweiten.

zible Darstellungen

$$[\mu_\nu \mu_{\nu-1} \dots \mu_1] = \sum_\lambda \begin{pmatrix} \lambda_\varrho \lambda_{\varrho-1} \dots \lambda_1 \\ \mu_\nu \mu_{\nu-1} \dots \mu_1 \end{pmatrix} (\lambda_\varrho \lambda_{\varrho-1} \dots \lambda_1), \qquad (19)$$

so erfahren wir mittels der Koeffizienten (einige sind bereits in (12) vorgekommen), wie viele Terme mit der Aufspaltung $\lambda_{\varrho-1} + \lambda_\varrho + \cdots + \lambda_1$ die Konfiguration liefert. Wir werden die μ wiederum in absteigender Reihenfolge ordnen: $\mu_\nu \geqq \mu_{\nu-1} \geqq \cdots \geqq \mu_1 \geqq 0$.

Von den Aufspaltungen $\lambda_\varrho + \lambda_{\varrho-1} + \cdots + \lambda_1$ werden nur jene realen Termen entsprechen, in denen keines der λ größer als 4 ist. Wegen Gl. (13) muß dies auch für die μ gelten: Keine Bahn kann mehr als vierfach besetzt sein. Bei der Berechnung der Koeffizienten kann man sogar alle vierfach besetzten Zustände weglassen, d. h. $\mu = 4$ vernachlässigen, da wegen (13) die λ oberhalb 4 auch Vierer sein müssen.

In der p-Schale gibt es nur drei Zustände $l_z = -1, 0, 1$, und die für uns interessanten Koeffizienten sind demnach von der Form (15) (wenn die Aufspaltung nur zwei Summanden enthält, kann man eine 0 für λ_1 hinzufügen) und in Gl. (15) explizit gegeben. Man braucht nur die μ in absteigender Reihe anzuordnen.

In diesem Fall wird die Berechnung besonders einfach. Im Fall von z. B. 3 Teilchen haben wir 10 Konfigurationen (Tabelle 1). Die Ziffern unter den l_z-Werten geben die Anzahl (μ) der sich in diesem Zustand befindenden Teilchen, die Zahl unter L_z ist gleich dem gesamten L_z; die letzten Spalten geben die Anzahl der Terme mit den Aufspaltungen 3 oder $(3 + 0 + 0)$ und $(2 + 1)$ $\big($d. h. $(2 + 1 + 0)\big)$ an, die die Konfiguration liefert. So erhalten wir F- und P-Terme mit der Aufspaltung (3) und D- und P-Terme mit der Aufspaltung $(2 + 1)$. Tabelle 2 (Zitat 4) ist auf diese Weise aufgebaut. Die zu (3) und $(2 + 1)$ adjungierten Aufspaltungen sind $(1 + 1 + 1)$ bzw. $(2 + 1)$, die STY-Charakteristika sind im ersten Fall (1/2 1/2 −1/2) und im zweiten (3/2 1/2 1/2). Außerdem existiert ein S-Term mit der Multiplizität (3/2 3/2 3/2).

Im allgemeinen Fall sind die expliziten Formeln für die

$$\begin{pmatrix} \lambda_\varrho & \lambda_{\varrho-1} & \lambda_{\varrho-2} \cdots \lambda_1 \\ \mu_\nu & \mu_{\nu-1} & \mu_{\nu-2} \cdots \mu_1 \end{pmatrix} \tag{20}$$

zu kompliziert. Eine brauchbare Methode zur Auswertung von (20) basiert auf einer Interpretation von (20), die sich von der in (19) gegebenen unterscheidet. Arbeitet man mit dem Reziprozitätstheorem von FROBENIUS[13]), so betrachtet man die Untergruppe, die die Permutation der ersten μ_1 Elemente untereinander,

Tabelle 1. Die zehn Konfigurationen für drei Teilchen

$l_z = -1\,0\,1$	L_z	(3) (2 + 1)	$l_z = -1\,0\,1$	L_z	(3) (2 + 1)
3 0 0	−3	1	1 0 2	1	1 1
2 1 0	−2	1 1	0 3 0	0	1 —
2 0 1	−1	1 1	0 2 1	1	1 1
1 2 0	−1	1 1	0 1 2	2	1 1
1 1 1	0	1 2	0 0 3	3	1 —

der nächsten μ_2 Elemente untereinander, usw. und alle Produkte dieser Permutationen enthält. Dann gibt (20) an, wie oft die Einheitsdarstellung, in der jedes Element der Untergruppe durch die „Matrix" (1) dargestellt wird, in den $(\lambda_\varrho + \lambda_{\varrho-1} + \cdots + \lambda_1)$ vorkommt, wenn dies als Darstellung der Untergruppe betrachtet wird. Diese Zahl gibt jedoch auch an, wie oft die adjungierte Darstellung $(\Lambda_4 \Lambda_3 \Lambda_2 \Lambda_1)$, wiederum als Darstellung der Untergruppe betrachtet, die „antisymmetrische" Darstellung enthält, in der jede geradzahlige Permutation durch (1) und jede ungeradzahlige durch (−1) dargestellt

[13]) G. FROBENIUS, Berl. Ber., 501 (1898). Ein unmittelbarer Beweis ist in H. WEYLS Gruppentheorie und Quantenmechanik (Leipzig, 1928), 1. Aufl., S. 254, zu finden. Der in der englischen Übersetzung von H. P. ROBERTSON (London, 1931) gebrachte Beweis ist abstrakter (s. S. 332–338).

wird. Schreiben wir diese in der Form

$$\begin{bmatrix} \Lambda_4 \Lambda_3 \Lambda_2 \Lambda_1 \\ \mu_\nu \mu_{\nu-1} \cdots \mu_1 \end{bmatrix} = \begin{pmatrix} \lambda_\varrho \lambda_{\varrho-1} \cdots \lambda_1 \\ \mu_\nu \mu_{\nu-1} \cdots \mu_1 \end{pmatrix} \tag{21}$$

an, so haben wir damit bereits das Theorem von FROBENIUS formuliert. Die Definition der Λ ist in (17) gegeben. Die Ausdrücke (21) können mit Hilfe von Rekursionsformeln berechnet werden. Ist $\mu_\nu = 4$, dann ist

$$\begin{bmatrix} \Lambda_4 \Lambda_3 \Lambda_2 \Lambda_1 \\ 4 \quad \mu_{\nu-1} \cdots \mu_1 \end{bmatrix} = \begin{bmatrix} \Lambda_4 - 1 & \Lambda_3 - 1 & \Lambda_2 - 1 & \Lambda_1 - 1 \\ \mu_{\nu-1} & \mu_{\nu-2} \cdots & & \cdots \mu_1 \end{bmatrix}. \tag{22a}$$

Wir können diese Formel benützen, um alle Vierer unter den μ zu eliminieren. Ist $\mu_\nu = 3$, dann ist

$$\begin{aligned} \begin{bmatrix} \Lambda_4 \Lambda_3 \Lambda_2 \Lambda_1 \\ 3 \quad \mu_{\nu-1} \cdots \quad \mu_1 \end{bmatrix} = & \begin{bmatrix} \Lambda_4 - 1 & \Lambda_3 - 1 & \Lambda_2 - 1 & \Lambda_1 \\ \mu_{\nu-1} & \mu_{\nu-2} \cdots & & \mu_1 \end{bmatrix} \\ & + \begin{bmatrix} \Lambda_4 - 1 & \Lambda_3 - 1 & \Lambda_2 & \Lambda_1 - 1 \\ \mu_{\nu-1} & \mu_{\nu-2} \cdots & & \mu_1 \end{bmatrix} \\ & + \begin{bmatrix} \Lambda_4 - 1 & \Lambda_3 & \Lambda_2 - 1 & \Lambda_1 - 1 \\ \mu_{\nu-1} & \mu_{\nu-2} \cdots & & \mu_1 \end{bmatrix} \\ & + \begin{bmatrix} \Lambda_4 & \Lambda_3 - 1 & \Lambda_2 - 1 & \Lambda_1 - 1 \\ \mu_{\nu-1} & \mu_{\nu-2} \cdots & & \mu_1 \end{bmatrix}. \end{aligned} \tag{22b}$$

Hat man genügend Reduktionen dieser Art durchgeführt, dann hat man nur mehr Zweier und Einser unter den μ. Enthält eine der [], die in der rechten Seite von (22b) vorkommen, eine negative Zahl in der oberen Reihe oder eine Zahl, die größer als die vorhergehende ist, dann ist die ganze [] gleich Null. Um die Zweier zu eliminieren, verwenden wir die Beziehung

$$\begin{bmatrix} \Lambda_4 \Lambda_3 \Lambda_2 \Lambda_1 \\ 2 \quad \mu_{\nu-1} \cdots \quad \mu_1 \end{bmatrix} = \begin{bmatrix} \Lambda_4 & \Lambda_3 & \Lambda_2 - 1 & \Lambda_1 - 1 \\ \mu_{\nu-1} & \mu_{\nu-2} \cdots & & \mu_1 \end{bmatrix}$$

$$+ \begin{bmatrix} \Lambda_4 & \Lambda_3 - 1 & \Lambda_2 & \Lambda_1 - 1 \\ \mu_{\nu-1} & \mu_{\nu-2} \cdots & & \mu_1 \end{bmatrix}$$

$$+ \begin{bmatrix} \Lambda_4 - 1 & \Lambda_3 & \Lambda_2 & \Lambda_1 - 1 \\ \mu_{\nu-1} & \mu_{\nu-2} \cdots & & \mu_1 \end{bmatrix}$$

$$+ \begin{bmatrix} \Lambda_4 & \Lambda_3 - 1 & \Lambda_2 - 1 & \Lambda_1 \\ \mu_{\nu-1} & \mu_{\nu-2} \cdots & & \mu_1 \end{bmatrix}$$

$$+ \begin{bmatrix} \Lambda_4 - 1 & \Lambda_3 & \Lambda_2 - 1 & \Lambda_1 \\ \mu_{\nu-1} & \mu_{\nu-2} \cdots & & \mu_1 \end{bmatrix}$$

$$+ \begin{bmatrix} \Lambda_4 - 1 & \Lambda_3 - 1 & \Lambda_2 & \Lambda_1 \\ \mu_{\nu-1} & \mu_{\nu-2} \cdots & & \mu_1 \end{bmatrix}. \tag{22 c}$$

Sind alle $\mu = 1$, was nach einigen derartigen Reduktionsoperationen der Fall sein wird, so kann man wiederum eine analoge Formel verwenden. Es geht rascher, wenn man bedenkt, daß (23) die Dimension von $(\Lambda_4 \Lambda_3 \Lambda_2 \Lambda_1)$ ist und demnach

$$\begin{bmatrix} \Lambda_4 \Lambda_3 \Lambda_2 \Lambda_1 \\ 1 1 \ldots \quad 1 \end{bmatrix} = \frac{(\Lambda_4 + \Lambda_3 + \Lambda_2 + \Lambda_1)!(\Lambda_4 + 3 - \Lambda_1)}{(\Lambda_4 + 3)!(\Lambda_3 + 2)!} \times \frac{(\Lambda_4 + 2 - \Lambda_2)(\Lambda_4 + 1 - \Lambda_3)}{(\Lambda_2 + 1)!\,\Lambda_1!}$$

$$\times (\Lambda_3 + 2 - \Lambda_1)(\Lambda_3 + 1 - \Lambda_2)(\Lambda_2 + 1 - \Lambda_1). \tag{23}$$

Die Formeln (22) und (23) werden nur sehr selten verwendet. In der Praxis gibt es meistens Bedingungen, die die Berechnung der Koeffizienten (21) wesentlich vereinfachen.

5

Wir können nun dazu übergehen, Näherung (2) zu betrachten. In dieser Näherung ist die HAMILTON-Funktion gegenüber allen nur τ betreffenden Operationen invariant. Da, mathematisch betrachtet, τ dieselben Eigenschaften wie die gewöhnliche Spinvariable besitzt, haben wir es hier mit den Analoga der Quantenzahlen L und S aus der gewöhnlichen Spektroskopie zu tun. Anstelle der azimutalen Quantenzahl aus der gewöhnlichen Spektroskopie haben wir die totale Quantenzahl J, da die Spinkräfte in Näherung (2) berücksichtigt werden; anstelle des Gesamtspins haben wir den isotopen Spin T. Natürlich wird sich die Wechselwirkung zwischen J und T in der höheren Näherung (4) wesentlich von der Wechselwirkung zwischen azimutaler und Spin-Quantenzahl der gewöhnlichen Spektroskopie unterscheiden. Immerhin ist der resultierende Drehimpuls in allen Näherungen eine gute Quantenzahl.

Die Existenz eines totalen isotopen Spins bedeutet, daß in Näherung (2) Terme mit verschiedenen ζ-Komponenten des isotopen Spins dieselbe Näherung besitzen. Hierbei handelt es sich natürlich um Terme verschiedener isobarer Kerne; ein totaler isotoper Spin T ist ein Term mit derselben Bindungsenergie für alle Kerne mit isotopen Quantenzahlen zwischen $-T$ und T. Dies zeigt, daß jedem Term eines Elementes mit einer bestimmten isotopen Quantenzahl T Terme aller Elemente mit niedereren Isotopenzahlen entsprechen. Das Element mit der kleinsten isotopen Quantenzahl ($n_P = n_N$ für gerade Massenzahlen, $n_P = n_N \pm 1$ für ungerade) hat die meisten Terme. In Näherung (4) sind diese Termwerte nicht länger gleich, und schon die COULOMB-Energie wird zu einer Aufspaltung führen.

Interessiert man sich für die Anzahl der Terme in Näherung (2), die sich aus einer bestimmten Konfiguration ergeben, so kann man sie mit Hilfe der HUND-RUSSEL-SAUNDERS-Methode bestimmen. Der einzige Unterschied besteht darin, daß die „Bahnen" die gewöhnliche Spinquantenzahl bereits enthalten, so daß man z. B. sechs p-Zustände mit z-Komponenten des Drehimpulses 3/2, 1/2, 1/2, −1/2, −1/2, −3/2 erhält. Jeder dieser sechs Zustände kann zweifach besetzt sein: mit einem Teilchen $\tau = 1$ und $\tau = -1$ (Neutron oder Proton). Die halbe Summe der τ wird als T_ζ bezeichnet, und die verschiedenen T_ζ von $-T$ bis T werden zu einem Multiplett vereinigt. Die Anzahl der Terme, die sich selbst aus einer einfachen Konfiguration ergeben, ist jedoch sehr groß.

Es ist vielleicht noch wichtiger, diejenigen Terme zu betrachten, in die sich ein Term in Näherung (1) aufspaltet, wenn wir Spinkräfte einführen, d. h. zu Näherung (2) übergehen. Der Übergang von Näherung (1) zu (2) kann in zwei Schritten durchgeführt werden: Vernachlässigt man zunächst Y_ζ, so geht jedes Multiplett in mehrere Multipletts über, die noch immer ein S und T besitzen. Man erhält sie, indem man ganz einfach jeden Punkt in Abb. 7.1 auf die $S_z T_\zeta$-Ebene projiziert. Um ein Beispiel zu geben, haben wir dies in Abb. 7.3 für das Multiplett (3/2, 3,2, 1/2) veranschaulicht. Wir erhalten auf diese Weise einen Term mit $S = 3/2$, $T = 3/2$, einen mit $S = 3/2$, $T = 1/2$, einen mit $S = 1/2$, $T = 3/2$ und einen mit $S = 1/2$, $T = 1/2$. Der zweite Schritt besteht darin, daß die S mit der azimutalen Quantenzahl L zu J vereinigt werden, wobei man nach den Gesetzen der Addition von Vektoren vorgeht.

Es wäre sehr wichtig, aus Experimenten die relativen Abstände von Termen, die sich aus einem in Näherung (1) erhaltenen Term ergeben, zu kennen; wir wüßten dann, welche der sechs möglichen Arten von Wechselwirkungen (s. Abschnitt 2) die Spinkräfte beschreiben.

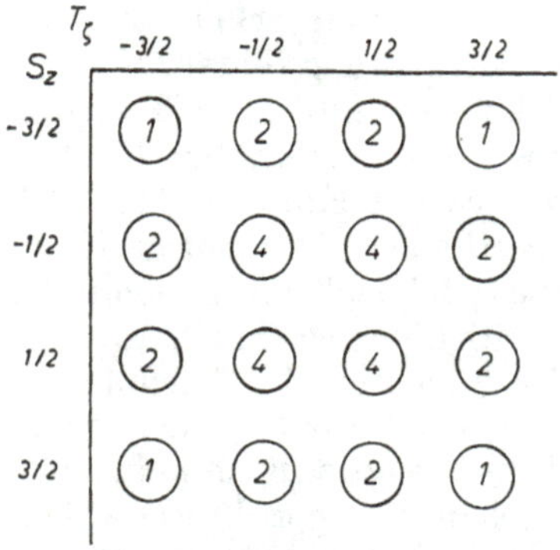

Abb. 7.3. Bestimmung des Spin-Drehimpulses S und des isotopen Spins T der Terme des Multipletts (3/2, 3/2, 1/2) bei Einführung von Spinkräften. Die Spin-Drehimpulse S müssen anschließend zum Bahn-Drehimpuls L nach den Regeln der Vektoraddition addiert werden, um den gesamten Drehimpuls J zu erhalten.

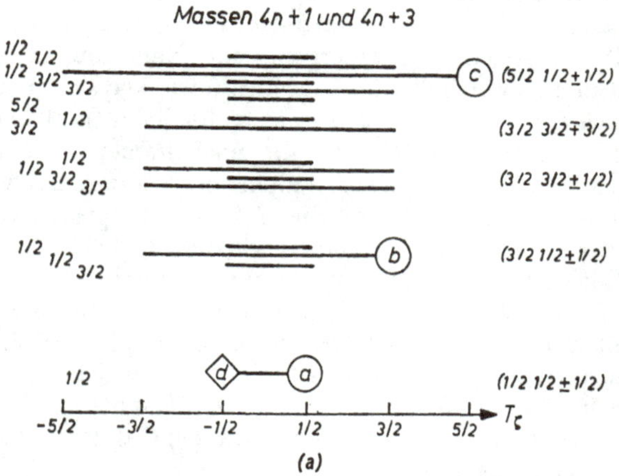

Abb. 7.4. Die verschiedenen Arten von Multipletts für Elemente mit Massenzahlen der Form $4n$, $4n \pm 1$, $4n + 2$. Die Ordinate ist die Energie, in willkürlichen Einheiten aufgetragen. Für jedes Multiplettsystem ist jeweils nur ein Term gegeben, dessen Lage auf der Energieskala Fernwirkungskräften entspricht. Die Abszisse ist der halbe Unterschied zwischen Neutronen- und Protonenanzahl. Stabile Kerne sind durch Kreise dargestellt, instabile durch Quadrate.

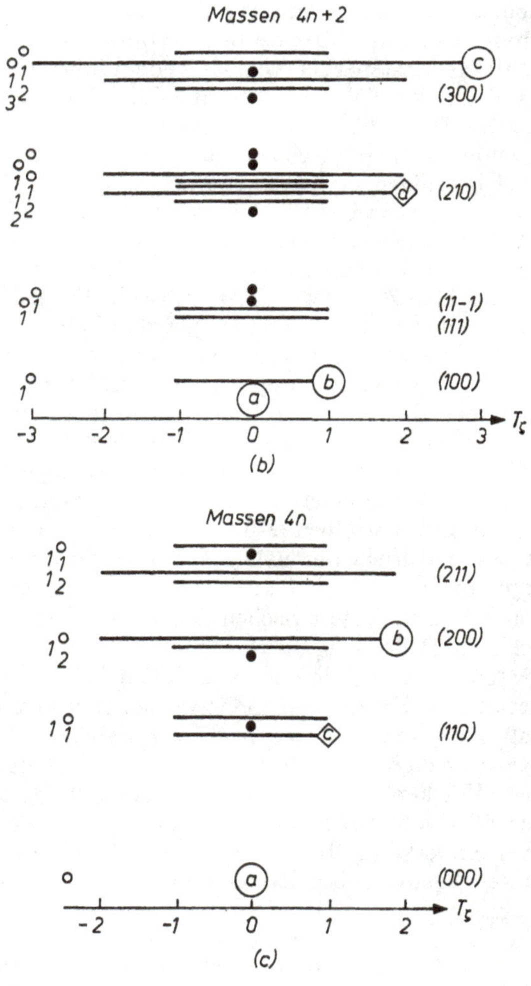
Massen 4n+2
(300)
(210)
(11−1)
(111)
(100)
-3
-2
-1
0
1
2
3
(b)
Massen 4n
(211)
(200)
(110)
(000)
-2
-1
0
1
2
(c)

Abb. 7.4 (Forts.)

Abb. 7.4 zeigt, was wir von der Näherung (2) erwarten können. Jede Anordnung entspricht einem System von Isobaren, wobei die Abszisse die Isotopenzahl, die Ordinate die Gesamtenergie angibt. Jede Linie entspricht einem Term der Näherung (2), alle Linien, die sich aus demselben Term der Näherung (1) ergeben, liegen nahe beieinander. Auf der rechten Seite sind die *STY*-Symbole der jeweiligen Terme angegeben; sie gelten natürlich für die ganze Gruppe. Die Länge der Linien entspricht dem *T*-Wert des betreffenden Terms; das bedeutet, daß dieser Term bei solchen Elementen auftritt, über deren Isotopenzahlen T_ζ sich die Linie erstreckt. Die Zahl links von der Linie ist ihr *S*-Wert; er gibt den Spin nach dem ersten Schritt im Übergang von Näherung (1) zu (2). Dieses *S* ist gleich dem gesamten Drehimpuls *J* des Kerns, wenn die azimutale Quantenzahl gleich Null ist, was ja häufig der Fall ist. In Näherung (1) wird die Energie auf Grund von Gl. (8) (Zitat 4) abgeschätzt. Diese Abschätzung liefert für alle Terme derselben Konfiguration mit derselben Multiplizität *STY* denselben Wert, was natürlich nur näherungsweise gilt. Wir interessieren uns nur für den niedersten Term jeder Multiplizität. Die Abstände zwischen den Linien einer Gruppe haben keine Bedeutung.

Wir sehen, daß sich in mehreren Fällen die in Näherung (2) erhaltenen Terme über mehrere Isobaren erstrecken, so daß wir, um die Frage nach der stabilsten Isobare beantworten zu können, die nächste Näherung betrachten müssen. Wir können annehmen, daß das wichtigste Glied in der nächsten Näherung die Coulomb-Energie ist[14]). Sie vermindert die Bindungsenergie von Kernen mit negativem T_ζ gegenüber der Bindungsenergie von Kernen

---

[14]) Die stabilste Isobare hat die kleinste Masse, nicht die größte Bindungsenergie. Bei Stabilitätsbetrachtungen muß man also das Produkt T_ζ mal Massendifferenz zwischen Neutron und H^1 zur Gesamtenergie addieren. Das gibt den Linien in Abb. 7.3 eine Neigung nach links unten. Diese Neigung wird jedoch bald durch den entgegengesetzten Effekt der Coulomb-Energie überkompensiert.

mit positivem T_ζ und läßt die horizontalen Linien in Abb. 7.4 nach rechts unten abfallen. Die Neigung ist in grober Näherung der (2/3)-Potenz der Ladung proportional.

Diese Neigung wird sich am stärksten bei Isobaren mit Massenzahlen der Form $4n + 2$ auswirken. Während für kleine Ladungen der Punkt a am stabilsten ist, wird oberhalb von O^{18} der Punkt b stabil.

Wir können auch zu noch höheren Elementen übergehen, indem wir die Neigung der Linien nach und nach verstärken. Für Elemente mit der Massenzahl $4n$, wenn die Neigung in den willkürlichen Einheiten des Diagramms gleich 3/2 wird, ist der Punkt b am stabilsten. Das ist bei A^{40} der Fall. Der Punkt c wird niemals der stabilste sein, da a von b vor c erreicht wird. Das scheint zu erklären, warum es keine Kerne mit der Massenzahl $4n$ und ungerader Protonen- und Neutronenzahl gibt. Es gibt jedoch radioaktive Kerne dieser Art.

Bei Kernen mit Massenzahlen der Form $4n + 2$ sind die Verhältnisse ganz ähnlich. Hier ist die kritische Neigung 2, wenn Punkt c den Punkt a erreicht. Wiederum gibt es keine Neigung, bei der Punkt d am stabilsten wäre, und es gibt (außer a) keine stabilen Kerne mit ungerader Protonen- und Neutronenzahl. Die Neigung 2 scheint mit Ti^{50} erreicht zu sein, also später als die Neigung 3/2.

Es sollte noch darauf hingewiesen werden, daß die gesamte Anordnung in Abb. 7.4 in Richtung der Energieachse zusammengedrückt wird, wenn man zu höheren Ordnungszahlen übergeht, da die Austauschintegrale kleiner werden. BETHE und BACHER[15]) haben gezeigt, daß dies ein diskontinuierlicher Vorgang ist und dem Auffüllen der Schalen entspricht. Es ist daher wahrscheinlicher, daß die Neigung in Bereichen, wo sich Schalen auffüllen, einen gewissen Betrag überschreitet.

Dasselbe ergibt sich für Elemente mit den Massenzahlen $4n + 1$ und $4n + 3$. Zunächst ist Punkt a am stabilsten,

---

[15]) H. A. BETHE und R. F. BACHER, Rev. Mod. Phys., 8, 82 (1936), Abschnitt VI.

bei einer Neigung von 3/2 erreicht Punkt *b* den Punkt *a*. Das scheint bei Cl^{37} bzw. Ca^{43}, die sich in unmittelbarer Nachbarschaft von A^{40} befinden, der Fall zu sein. Bei Neigung 2 geht Punkt *c* durch *b* hindurch. Ti^{49} und V^{51} werden stabile Isobare. Sie sind in der Tat Ti^{50} benachbart. Diese Erklärung der Stellen, an denen die Isotopenzahl stabiler Isobaren zu höheren Werten übergeht, ist wider Erwarten gut, doch ist die Übereinstimmung zweifelsohne teilweise zufällig.

6

Schließlich möchte ich noch den Zusammenhang zwischen den Näherungen 1 und 3 feststellen, d. h. die Terme bestimmen, in die sich ein STY-Term der Näherung (1) aufspaltet, wenn man als Störung den Unterschied zwischen Proton-Proton-, Proton-Neutron- und Neutron-Neutron-Wechselwirkungen einführt, die Spinkräfte jedoch vernachlässigt.

Der Operator

$$\tfrac{1}{4}\big(s_{z1}(1+\tau_{\zeta 1}) + s_{z2}(1+\tau_{\zeta 2}) + \cdots + s_{zn}(1+\tau_{\zeta n})\big) = \tfrac{1}{2}(S_z + Y_\zeta) = S_{zN} \qquad (24)$$

liefert die z-Komponente des Spin-Drehimpulses des Neutrons, da $1+\tau_\zeta$ bei Anwendung auf einen Protonenzustand 0 liefert. Analog gibt

$$\tfrac{1}{4}\big(s_{z1}(1-\tau_{\zeta 1}) + s_{z2}(1-\tau_{\zeta 2}) + \cdots + s_{zn}(1-\tau_{\zeta n})\big) = \tfrac{1}{2}(S_z - Y_\zeta) = S_{zP} \qquad (24\text{a})$$

die z-Komponente des Spin-Drehimpulses des Protons. Gehen wir durch alle Punkte von Abb. 7.1 für ein bestimmtes T_ζ und setzen ihre S_{zN}- und S_{zP}-Werte in eine Tabelle ein, dann kann man die Punkte der Tabelle auf die übliche Art zu einem $S_N S_P$-Multiplett vereinigen[16]). Der Übergang von Näherung (1) zu (3) läßt natürlich die azimutale Quantenzahl unverändert.

Nimmt man an, daß die Proton-Proton-Kräfte den Neutron-Neutron-Kräften gleich sind, dann fällt bei gleichen Protonen- und Neutronenzahlen der $S_N S_P$- mit dem $S_P S_N$-Term zusammen, wenn $S_N \neq S_P$. In der unter Zitat 4 angegebenen Arbeit wurden diese Terme als einziger Term angegeben. Die Werte der Multiplizitäten $2 S_N + 1$, $2 S_P + 1$ sind in Abb. 7.1 unter den jeweiligen T_ζ angegeben.

Wir können als Beispiel das (3/2 3/2 1/2)-Multiplett betrachten (Abb. 7.1). Unter $T_\zeta = 1/2$ haben wir die drei Paare 23, 41 und 21. Das bedeutet, daß bei einem Element mit der Massenzahl $4n + 1$ mit $T_\zeta = 1/2$ (z. B. C^{13}) gewisse Zustände, in denen die Neutronen im Doublettzustand und die Protonen im Triplettzustand sind, in Näherung (1) mit einem Zustand, in dem die Neutronen im Quartett- und die Protonen im Singulettzustand sind, und einem anderen Zustand, in dem die Neutronen im Doublett- und die Protonen im Singulettzustand sind, genau zusammenfallen. Außerdem ist die Bindungsenergie dieser Zustände in Näherung (1) gleich der Bindungsenergie eines hypothetischen B^{13}-Kerns ($T_\zeta = 3/2$), in dem die Neutronen im Triplett- und die Protonen im Doublettzustand sind. In Wirklichkeit sind alle diese Zustände instabil für Isobaren der Masse 13 wegen der relativ hohen Lage des (3/2 3/2 1/2)-Multipletts in Abb. 7.4a. Das Beispiel ist zwar vielleicht nicht sehr glücklich, doch veranschaulicht es die Art der zu erwartenden Gesetzmäßigkeiten deutlicher als ein einfacheres Beispiel.

---

[16]) Statt dessen kann man einfach das entsprechende Niveau in den Diagrammen von Abb. 7.1 um 45° drehen.

8. Kristallographische Doppelgruppen*)

W. Opechowski

Bethes Überlegungen und Berechnungen bezüglich der Aufspaltung von Zuständen mit halbzahliger Quantenzahl J unter dem Einfluß einer Störung von gegebener Symmetrie werden hier vertieft und vervollständigt. Insbesondere wird der von Bethe eingeführte Begriff der „Doppelgruppe" einer kristallographischen Gruppe streng definiert, und die Eigenschaften von Doppelgruppen und deren irreduzible Darstellungen werden kurz diskutiert. Die allgemeinen Betrachtungen werden auf Rhomboeder- und Tetraeder-Doppelgruppen (die Bethe nicht behandelt hat) angewendet: die Charaktere aller irreduziblen Darstellungen werden berechnet, und Formeln werden angegeben, die die Aufspaltung eines Zustandes mit beliebigem J (halb- oder ganzzahlig) unter dem Einfluß einer Störung, die eine dieser beiden Symmetrien besitzt, beschreiben.

Das Problem der Aufspaltung von Spektrallinien eines Atoms durch ein elektrisches Feld gegebener Symmetrie wurde von Bethe[1]) mittels gruppentheoretischer Methoden behandelt. Wie bekannt, besteht das Problem im wesentlichen darin, die Charaktere aller irreduziblen Darstellungen der betrachteten kristallographischen Gruppe $\boldsymbol{g}$ zu finden[2]).

Die Matrizen einer irreduziblen Darstellung der Drehgruppe $\boldsymbol{d}_3$, die den $\boldsymbol{g}$-Operationen entsprechen, geben eine im allgemeinen reduzierbare Darstellung von $\boldsymbol{g}$; wir haben dann festzustellen, welche irreduziblen Darstellungen sie enthält. Die Dimensionen dieser Darstellungen

---

*) Physica, Eindhoven 7, 552 (1940).

[1]) H. Bethe, Ann. d. Physik 3, 133 (1929) (s. Abdruck Nr. 4 in Teil 2 dieses Buches (A. P. C.)).

[2]) Wir beschränken uns hier auf kristallographische Gruppen, die Untergruppen der Drehgruppe sind. Es ist einfach, die Ergebnisse auf andere kristallographische Gruppen zu verallgemeinern. Vgl. Bethe[1]), § 3.

sind gleich dem Grad der Entartung der verschiedenen Zustände, auf die der Zustand des freien Atoms aufgespalten werden kann, entsprechend der betrachteten irreduziblen Darstellung von $\boldsymbol{d}_3$. Im Fall von Zuständen mit einer ganzzahligen Drehimpulsquantenzahl J kann dieses Problem mittels der üblichen Methoden der Theorie endlicher Gruppen gelöst werden; ebendas hat BETHE getan.

Ist jedoch J halbzahlig, so kommt es zu gewissen Schwierigkeiten, da dann die Darstellungen der Drehgruppe zweiwertig sind. Um nämlich diese Darstellungen in bezug auf irgend eine Untergruppe der Drehgruppe reduzieren zu können, müssen wir zunächst den Charakter der zweiwertigen irreduziblen Darstellung dieser Untergruppe kennen; die üblichen Methoden liefern uns jedoch nur einwertige Darstellungen, Um die zweiwertigen irreduziblen Darstellungen zu erhalten, führte BETHE den Begriff der Doppelgruppe ein. Damit konnte er dann das hier betrachtete Problem (halbzahliges J) für die folgenden Untergruppen der Drehgruppe lösen: für die Oktaedergruppe, sowie die hexagonalen, tetragonalen und rhombischen Gruppen (d. h. die Gruppen regelmäßiger n-Ecke „mit zwei Flächen“ (Dieder-Gruppen) für $n = 6, 4, 2$). BETHE hat jedoch die Bedeutung des Begriffs „Doppelgruppe“ nicht klar genug herausgehoben, da er seine Methode nicht streng rechtfertigte und auch keine allgemeingültige Regel aufstellte, die es ermöglichte, eine beliebige Untergruppe der Drehgruppe mit ihrer Doppelgruppe in Beziehung zu bringen. Die vorliegende Arbeit soll diese eher formalen Mängel beseitigen. Die Charaktere aller zweiwertigen irreduziblen Darstellungen der Tetraeder- und Rhomboedergruppen (letztere sind identisch mit der Gruppe der regelmäßigen n-Ecke „mit zwei Flächen“ für $n = 3$) werden hier ebenfalls bestimmt, ebenso die Formeln für die Aufspaltung eines Terms mit beliebigem J (ganz- oder halbzahlig) unter dem Einfluß einer Störung mit einer dieser beiden Symmetrien.

Wie bekannt, bildet die Drehgruppe $\boldsymbol{d}_3$ (die im Dreidimensionalen real ist) eine irreduzible Darstellung der Gruppe $\boldsymbol{u}_2$ aller einheitlichen unimodularen Transformationen zweier komplexer Variabler. Diese Darstellung ist nicht eindeutig: Jeder Matrix aus $\boldsymbol{d}_3$ entsprechen *zwei* Matrizen aus $\boldsymbol{u}_2$, die sich nur durch ihr Vorzeichen unterscheiden (vgl. z. B. v. d. Waerden[3]), S. 60). Deshalb wird $\boldsymbol{u}_2$ als „*zweiwertige* irreduzible Darstellung" der Drehgruppe bezeichnet. In ebendiesem Sinne sind alle irreduziblen Darstellungen von $\boldsymbol{u}_2$ mit geradzahliger Dimension (halbzahligem J)[4]) zweiwertige irreduzible Darstellungen von $\boldsymbol{d}_3$. Andererseits sind die irreduziblen Darstellungen ungerader Dimension (ganzzahliges J)[4]) ebenfalls irreduzible Darstellungen von $\boldsymbol{d}_3$ im üblichen Sinne. (Wenn wir ganz allgemein den Begriff der „Darstellung" verwenden, so verstehen wir darunter immer eine einwertige Darstellung.)

Betrachten wir nun eine beliebige Untergruppe $\boldsymbol{g}$ der Ordnung n der Drehgruppe. Da $\boldsymbol{u}_2$ eine zweiwertige Darstellung von $\boldsymbol{d}_3$ ist, entsprechen den n Matrizen von $\boldsymbol{d}_3$, die die Untergruppe $\boldsymbol{g}$ bilden, in völlig definiter Weise $2n$ Matrizen von $\boldsymbol{u}_2$, die, wie wir sofort sehen, eine Untergruppe von $\boldsymbol{u}_2$ bilden, die wir mit $\boldsymbol{g}^+$ bezeichnen wollen. Das eben Gesagte ist eine strenge Definition der Betheschen Doppelgruppe:

Die „Doppelgruppe" $\boldsymbol{g}^+$ einer Gruppe $\boldsymbol{g}$ mit n Elementen, die eine Untergruppe von $\boldsymbol{d}_3$ ist, ist die abstrakte Gruppe von $2n$ Elementen mit derselben „Multiplikationstabelle" wie die $2n$ Matrizen von $\boldsymbol{u}_2$, die der Gruppe $\boldsymbol{g}$ entsprechen, da $\boldsymbol{u}_2$ eine zweiwertige Darstellung von $\boldsymbol{d}_3$ ist[5]).

---

[3]) B. L. v. d. Waerden, Die gruppentheoretische Methode in der Quantenmechanik, Berlin, 1932.

[4]) Für jeden Grad (gleich $2J + 1$) gibt es genau eine. Sie werden üblicherweise mit D_J bezeichnet; demnach ist $D_{1/2} = \boldsymbol{u}_2$ und $D_1 = \boldsymbol{d}_3$.

[5]) Eine Doppelgruppe kann auch durch Beziehungen dargestellt werden, die der sie definierenden „Multiplikationstabelle" äquivalent sind; so sind z. B.

Selbstverständlich bleibt diese Entsprechung auch für Untergruppen von $\boldsymbol{d}_3$ exakt definiert, für die n unendlich ist; in diesem Sinne ist $\boldsymbol{u}_2$ die Doppelgruppe von $\boldsymbol{d}_3$. Es ist ebenso möglich, Doppelgruppen durch ein beliebiges D_J (halbzahliges J) und nicht notwendigerweise durch $D_{1/2} = \boldsymbol{u}_2$ zu definieren, wie wir es hier getan haben, da alle von den Matrizen von D_J (J halbzahlig) gebildeten Gruppen isomorph sind, d. h. alle derselben abstrakten Gruppe entsprechen.

Damit sehen wir, daß der Begriff der Doppelgruppe von extrem einfacher Bedeutung ist und keine Zweideutigkeit enthält. Seine Nützlichkeit ist offensichtlich. Jede irreduzible Darstellung (einwertig oder zweiwertig) von $\boldsymbol{d}_3$, die eine (ein- oder zweiwertige) im allgemeinen reduzierbare Darstellung von $\boldsymbol{g}$ ist, ist auch immer eine (stets einwertige) im allgemeinen reduzierbare Darstellung von $\boldsymbol{g}^+$. Das Problem besteht also einfach darin, eine gegebene (einwertige) Darstellung einer endlichen Gruppe $\boldsymbol{g}^+$, die eine Untergruppe von $\boldsymbol{u}_2$ ist, zu reduzieren. Das können wir aber nur dann, wenn wir die Arten aller irreduziblen Darstellungen von $\boldsymbol{g}^+$ kennen.

---

die Gruppen regelmäßiger n-Ecke „mit zwei Flächen" (DIEDER-Gruppen) durch die Beziehungen (vgl. SPEISER[6]), S. 27)

$$A^n = E, \quad B^2 = E, \quad BA = A^{-1}B \tag{*}$$

definiert, während ihre Doppelgruppen, wie leicht zu zeigen ist, durch

$$A^n = R, \quad B^2 = R, \quad R^2 = E, \quad BA = A^{-1}B \tag{**}$$

definiert sind. Die Beziehungen (**) definieren Gruppen, die manchmal als „dizyklische Gruppen" bezeichnet werden (vgl. MILLER[7]), S. 62). Die rhombische Gruppe ($n = 2$ in (*)) hat die Quaternion-Gruppe ($n = 2$ in (**)) als zugehörige Doppelgruppe, s. SPEISER[6]), S. 132).

[6]) A. SPEISER, Theorie der Gruppen von endlicher Ordnung, 2. Ausgabe, Berlin, 1927.

[7]) G. A. MILLER, H. F. BLICHFELDT und L. E. DICKSON, Theory and Application of Finite Groups (Theorie und Anwendung endlicher Gruppen), New York – London, 1916.

Damit tritt die Frage nach der Beziehung zwischen der Struktur der Gruppe $\boldsymbol{g}^+$ und der der Gruppe $\boldsymbol{g}$ auf.

Wie wir wissen, bilden die Elemente von $\boldsymbol{u}_2$, die einer Klasse konjugierter Elemente aus $\boldsymbol{d}_3$ (die Gruppe aller Drehungen um den konstanten Winkel 2ω um alle möglichen Achsen) entsprechen, im allgemeinen *zwei* verschiedene Klassen; enthält eine dieser Klassen Elemente, die zu

$$A = \begin{pmatrix} e^{i\omega} & 0 \\ 0 & e^{-i\omega} \end{pmatrix}$$

konjugiert sind, wird die andere aus Elementen bestehen, die zu $-A$ konjugiert sind (A und $A^{-1} = A^*$, wo $*$ die konjugiert Komplexe bezeichnet, gehören zur selben Klasse). Die Klasse der Drehungen um den Winkel π ist die einzige Ausnahme bei dieser Regel; in $\boldsymbol{u}_2$ entpsricht ihr eine *einzige* Klasse, da in diesem Fall $\omega = \pi/2$ und demnach $A^* = -A$. Aus obigem folgt unmittelbar für jede Untergruppe $\boldsymbol{g}$ aus $\boldsymbol{d}_3$:

[1] Jeder Klasse von $\boldsymbol{g}$, *die nicht eine Klasse von Drehungen um den Winkel π ist*, entsprechen stets genau zwei Klassen aus $\boldsymbol{g}^+$. [Die beiden der Klasse C aus $\boldsymbol{g}$ entsprechenden Klassen aus $\boldsymbol{g}^+$ werden im folgenden, wie bei BETHE, mit C' und C'' bezeichnet. Die beiden Elemente aus $\boldsymbol{g}^+$ (die jedes für sich eine Klasse bilden) und dem identischen Element aus $\boldsymbol{g}$ entsprechen, bezeichnen wir mit E (Identität) bzw. R. Gehört also ein Element A aus $\boldsymbol{g}^+$ zu C', dann gehört $A^- = RA$ zu C''.]

Andererseits können zwei Klassen aus $\boldsymbol{g}^+$[8]) auch *einer einzigen Klasse von Drehungen um den Winkel π* entsprechen.

---

[8]) Was BETHE diesbezüglich sagt (a. a. O., § 7), ist unrichtig. Er behauptet nämlich, daß eine Klasse C_π aus $\boldsymbol{g}$ von Drehungen um den Winkel π *immer* einer einzigen Klasse aus $\boldsymbol{g}^+$ entspreche. Das gilt zwar für die Gruppen, die er in seiner Arbeit behandelt, es erfordert jedoch kein tieferes Eindringen in die Materie, um zu erkennen, daß dies z. B. für die Rhomboedergruppe nicht

Es hängt von der Struktur der betrachteten Gruppe $\mathfrak{g}$ ab, welche der beiden Alternativen verwirklicht wird.

[2a] Eine notwendige und hinreichende Bedingung dafür, daß zwei Klassen aus $\mathfrak{g}^+$ einer Klasse C_π von Drehungen um den Winkel π, aus der Gruppe $\mathfrak{g}$, entsprechen, lautet: Die Gruppe $\mathfrak{g}$ darf keine Drehung um π enthalten, deren Achse senkrecht auf den Achsen der die betrachtete Klasse C_π bildenden Drehungen steht.

In anderen Worten:

[2b] Daß die Gruppe $\mathfrak{g}$ eine Drehung um π enthält, deren Achse auf zumindest einer der Drehachsen aus C_π senkrecht steht, ist eine notwendige und hinreichende Bedingung dafür, daß eine einzige Klasse aus $\mathfrak{g}^+$ einer Klasse C_π aus $\mathfrak{g}$ entspricht.

Es genügt jedoch, wenn eine kristallographische Gruppe zwei Drehungen um π mit zueinander senkrechten Drehachsen enthält: Dann gibt es in dieser Gruppe stets eine Drehung um π, deren Achse auf der irgendeiner anderen Drehung O_π um den Winkel π senkrecht steht. Es gilt also folgendes:

[3] Zwei Klassen aus $\mathfrak{g}^+$ entsprechen entweder *allen* Klassen C_π aus $\mathfrak{g}$ oder *keiner* dieser Klassen.

Aus [2] und [3] folgt unmittelbar, daß z. B. im Fall der Tetraeder- oder Oktaedergruppen oder auch der Gruppen regelmäßiger n-Ecke „mit zwei Flächen" (DIEDER-Gruppen) mit geradzahligem n zu jeder Klasse C_π immer eine einzige Klasse der entsprechenden Doppelgruppen existiert; andererseits entsprechen der Klasse C_π

---

zutreffend ist. Da diese Gruppe sechs Elemente besitzt, die sich auf drei Klassen aufteilen (eine davon ist C_π), enthält ihre Doppelgruppe zwölf Elemente, die, nach BETHE, sich auf fünf Klassen aufteilen sollten. Das ist aber nicht möglich, da die Zahl 12 nicht in eine Summe von fünf Quadraten zerlegt werden kann (die Summe der Quadrate der Darstellungen = die Ordnung der Gruppe (*Anmerkung des Buchautors*)). Ein noch einfacheres, aber ziemlich triviales Beispiel stellen die zyklischen Gruppen dar, deren Doppelgruppen natürlich auch zyklisch sind und demnach ebenso viele Klassen wie Elemente besitzen.

eines regelmäßigen n-Ecks „mit zwei Flächen" (n ungerade) zwei Klassen der Doppelgruppe.

Der Beweis für [2a, b] basiert auf folgender Feststellung: Es sei A ein Element aus $\boldsymbol{g}^+$, das einer Drehung um π entspricht, und es sei B (wenn eines existiert!) irgendein Element aus $\boldsymbol{g}^+$, so daß $AB = B(-A)$. Diese Gleichung besagt nichts weiter, als daß A und $-A$ zur gleichen Klasse gehören. Nehmen wir an — und das können wir tun, ohne die Allgemeinheit des Arguments einzuschränken —, daß

$$A = \begin{pmatrix} i & 0 \\ 0 & -i \end{pmatrix}$$

dann muß B von der Form

$$B = \begin{pmatrix} 0 & -\beta^* \\ \beta & 0 \end{pmatrix}, \quad \beta\beta^* = 1,$$

sein, das heißt, B entspricht einer Drehung um π um eine Achse, die auf der A entsprechenden Drehachse senkrecht steht[9]).

Wir können weiter feststellen:

[4] Ist eine Klasse (nicht eine Klasse C_π) aus $\boldsymbol{g}$ ihrer Reziproken identisch, dann wird jede der beiden Klassen aus $\boldsymbol{g}^+$, die ihr entspricht, diese Eigenschaft ebenfalls besitzen.

---

[9]) Einer Drehung, die durch die EULERschen Winkel θ, φ, ψ bestimmt ist, entspricht in $\boldsymbol{u}_2$ die Matrix (abgesehen von den Vorzeichen)

$$\begin{pmatrix} \alpha & -\beta^* \\ \beta & \alpha^* \end{pmatrix}$$

wo

$$\alpha = \cos\tfrac{1}{2}\theta e^{-i(\varphi+\psi)/2}, \qquad \beta = \sin\tfrac{1}{2}\theta e^{i(\varphi-\psi)/2}$$

(vgl. z. B. v. d. WAERDEN[3]), § 16).

Ganz allgemein können wir folgendes über die irreduziblen Darstellungen von $\boldsymbol{g}^+$ sagen:

[5] Jede irreduzible Darstellung von $\boldsymbol{g}$ ist auch eine irreduzible Darstellung von $\boldsymbol{g}^+$.

Ist $\boldsymbol{s}$ eine beliebige Gruppe und $\boldsymbol{t}$ eine invariante Untergruppe (normaler Teiler) von $\boldsymbol{s}$, dann ist jede irreduzible Darstellung der Faktorgruppe $\boldsymbol{s}/\boldsymbol{t}$ auch eine irreduzible Darstellung von $\boldsymbol{s}$. Außerdem ist die Faktorgruppe $\boldsymbol{g}^+/\boldsymbol{h}$, wo $\boldsymbol{h}$ die invariante Untergruppe aus $\boldsymbol{g}^+$ ist, die aus den Elementen E und R besteht, isomorph zu $\boldsymbol{g}$. Hieraus ergab sich unser Theorem.

Um uns einfacher ausdrücken zu können, wollen wir jede Darstellung von $\boldsymbol{g}^+$, die nicht eine (einwertige) Darstellung von $\boldsymbol{g}$ ist, als „spezifische Darstellung" von $\boldsymbol{g}^+$ bezeichnen. Jede spezifisch irreduzible Darstellung von $\boldsymbol{g}^+$ ist eine zweiwertige irreduzible Darstellung von $\boldsymbol{g}$.

[6] Ist $\boldsymbol{g}^+$ keine ABELsche Gruppe, dann bilden die sie definierenden Einheitsmatrizen von $\boldsymbol{u}_2$ eine ihrer spezifischen irreduziblen Darstellungen; die Charaktere dieser Darstellung sind gleich $\pm 2 \cos \omega$, wo ω der Drehwinkel ist, der das entsprechende Element aus $\boldsymbol{g}$ charakterisiert (eine offensichtliche Feststellung).

[7] Damit eine irreduzible Darstellung von $\boldsymbol{g}^+$ spezifisch ist, ist es notwendig und hinreichend, daß der nichtverschwindende Charakter irgend eines Elements A aus $\boldsymbol{g}^+$ gleich dem mit umgekehrtem Vorzeichen versehenen Charakter von $A^- = AR$ ist.

Es ist offensichtlich, daß dies eine hinreichende Bedingung ist. Sie ist aber auch notwendig, wie folgende Überlegung zeigt: Da das Element R mit allen Elementen aus $\boldsymbol{g}^+$ kommutativ ist, ist die R entsprechende Matrix in einer beliebigen irreduziblen Darstellung bis auf einen Faktor η gleich der Einheitsmatrix. Da $A^- = AR$, ist $\chi(A^-) = \eta\chi(A)$. Außerdem ist $\eta^2 = 1$, da R von der Ordnung 2 ist. Ist $\eta = 1$, so entspricht eine einzige Matrix den Elementen A und A^- in der betrachteten Darstellung von $\boldsymbol{g}^+$; letztere ist daher auch eine Darstellung von $\boldsymbol{g}$

oder, in andern Worten, sie ist keine spezifische Darstellung von $\boldsymbol{g}^+$. Daher muß natürlich für eine spezifische Darstellung $\eta = -1$ sein.

Aus [7] folgt für irreduzible spezifische Darstellungen:

[7a] Die Charaktere der Elemente der Klassen C' und C'' sind, sofern sie nicht gleich Null sind, von gleicher Größe, doch mit umgekehrten Vorzeichen versehen ($\chi' = -\chi''$).

[7b] Entspricht einer Klasse C_π aus $\boldsymbol{g}$ eine einzige Klasse aus $\boldsymbol{g}^+$, dann ist in allen spezifischen irreduziblen Darstellungen der Charakter der Elemente der letzteren gleich Null.

[7c] Entsprechen einer Klasse C_π aus $\boldsymbol{g}$ zwei Klassen C'_π und C''_π aus $\boldsymbol{g}^+$, dann ist entweder $\chi' = \chi'' = 0$ oder $\chi' = -\chi'' = i$. Letztere Alternative gilt sicher dann, wenn die betrachtete Darstellung eindimensional ist, da in diesem Fall $\chi'^4 = \chi''^4 = 1$ sein muß, wenn die Ordnung der Elemente von C' und C'' gleich 4 ist. (Um [7c] durch [7] beweisen zu können, müssen wir berücksichtigen, daß die Charaktere der reziproken Elemente jeder endlichen Gruppe immer komplex konjugierte Zahlen sind.)

Aus [7] und der Tatsache, daß die Charaktere der Matrizen von D_J (halbzahliges J), die den Elementen A und A^- aus $\boldsymbol{g}^+$ entsprechen, wenn sie von Null verschieden sind, von gleicher Größe aber umgekehrtem Vorzeichen sind, folgt:

[8] Eine spezifische Darstellung D_J (halbzahliges J) von $\boldsymbol{g}^+$ zerfällt immer und ausschließlich in spezifische irreduzible Darstellungen.

Die allgemeinen Sätze [1]—[4] über die Abhängigkeit der Struktur der Gruppe $\boldsymbol{g}^+$ von der Struktur der Gruppe $\boldsymbol{g}$ sowie die Theoreme [5]—[7a, b, c] und die bekannten Beziehungen zwischen den Charakteren der irreduziblen Darstellungen jeder endlichen Gruppe genügen, um die Charaktere aller irreduziblen spezifischen Darstellungen von $\boldsymbol{g}^+$ zu berechnen. Es ist unnötig[10]), zu diesem Zweck die Beziehungen zwischen den Klassen von $\boldsymbol{g}^+$ festzulegen, wie das BETHE getan hat (a. a. O., § 8), noch braucht man die Charaktere der irreduziblen Darstellungen von $\boldsymbol{g}$ im vorhinein zu kennen.*)

---

[10]) Zumindest, wenn es sich um die Untergruppen von $\boldsymbol{d}_3$ handelt, die in der Physik verwendet werden, wie etwa die kristallographischen Gruppen.

*) Der letzte Teil dieser Arbeit beschäftigt sich mit einer Betrachtung der zweiwertigen Darstellungen der Punktgruppen 32 (D_3) und 23 (T); das wird hier weggelassen (A. P. C.).

9. Magnetische Symmetrie von Kristallen*)

B. A. TAVGER und V. M. ZAITSEV

In diesem Abschnitt wird die Symmetrie von Kristallen mit einem magnetischen Moment behandelt. Neben Koordinatentransformationen werden auch Transformationen mit Zeitumkehr untersucht. Die entsprechenden Punktgruppen werden hergeleitet. Es wird gezeigt, daß die Struktur von Kristallen mit einem magnetischen Moment gegenüber der Zeitumkehr nicht invariant ist.

1. Einleitung

Bei der Bestimmung der Kristallsymmetrie betrachtet man die Kristallmaterie als ein spezielles Kontinuum. Das ist eine statistische Beschreibung. In Wirklichkeit sind die Atome und Moleküle eines Kristalls ständig in Bewegung. Das Kristallkontinuum ist als zeitlicher Mittelwert über den Zustand des Kristalls zu verstehen. Im folgenden werden wir uns mit diesem gemittelten Zustand beschäftigen.

Eine Transformation, die das Kontinuum in sich selbst überführt, nennt man eine Symmetrietransformation. Die möglichen Symmetrietransformationen hängen von den Eigenschaften des Kontinuums ab. Gewöhnlich schreibt man dem Kristallkontinuum die folgenden Eigenschaften zu: (1) Es ist unendlich ausgedehnt; (2) es ist „starr", d. h., bei jeder beliebigen Symmetrietransformation ändert sich der Abstand zwischen zwei belie-

---

*) Eksp. Teor. Fiz. 30, 564 (1956); engl. Übersetzung, Soviet Phys. JETP 3, 430 (1956).

bigen Punkten des Kontinuums nicht; (3) es hat ein dreidimensionales Raumgitter.

Bedingung (2) schränkt die Symmetrietransformationen des Kontinuums ein, und zwar auf Translationen, Drehungen und Spiegelungen.[1]) Bedingung (3) schränkt die möglichen Symmetrietransformationen noch weiter ein.[2]) Die Existenz eines Raumgitters schließt zum Beispiel das Auftreten einer Drehung um $2\pi/5$ aus.

Das Bild eines Kristalls als eines Kontinuums mit den angeführten Eigenschaften gilt nicht streng. In einem Kristall können sich einige Teile relativ zu den anderen bewegen. Diese Bewegung kann durch eine zeitlich gemittelte Stromdichte $\boldsymbol{j}(x, y, z)$ beschrieben werden. Wenn sich Ladung bewegt, dann schreiben wir $\boldsymbol{j}(x, y, z)$ für den zeitlichen Mittelwert des elektrischen Stromes. Im Gleichgewichtszustand eines Kristalls erfüllt die gemittelte Stromdichte $\boldsymbol{j}(x, y, z)$ zwei Bedingungen: (a) Der Strom darf keine Quellen oder Senken haben, d. h. $\operatorname{div} \boldsymbol{j} = 0$; (b) es darf keinen makroskopischen Strom geben, d. h., das Integral $\int \boldsymbol{j}\, dS$, erstreckt über die Oberfläche einer Elementarzelle, muß verschwinden, da sonst der Energiesatz verletzt würde.

Für den überwiegenden Großteil aller Stoffe gilt $\boldsymbol{j} \equiv 0$[3]); und zwar gilt das für nichtmagnetische ebenso wie für paramagnetische und diamagnetische Stoffe. Andererseits muß für ferromagnetische, antiferromagnetische und pyromagnetische Stoffe $\boldsymbol{j} \neq 0$ sein.

Kristalle mit $\boldsymbol{j} \neq 0$ soll man sich nicht als „starre" Körper vorstellen, sondern eher als stationäre Strömung einer Flüssigkeit, wobei die Strömungsgeschwindigkeit $\boldsymbol{v}(x, y, z)$ die Stromdichte $\boldsymbol{j}(x, y, z)$ vertritt und die Bedingungen (a) und (b) erfüllt. Auf diese Weise kommen wir zu einem Bild des Kristallkontinuums, das vom

---

[1]) B. N. Delone, N. N. Padurov und A. D. Aleksandrov, Mathematical Foundations of Structure Analysis, Moskau – Leningrad, 1934.

[2]) N. V. Belov, Structural Crystallography, Acad. Sci. USSR Press, 1951.

[3]) L. L. Landau und E. M. Lifschitz, Statistical Physics, GITTL (State Tech. Lit. Press), 1951, S. 129.

üblichen abweicht. Im allgemeinen kann dieses Kontinuum Symmetrietransformationen haben, die nicht Drehungen, Spiegelungen oder Translationen sind. Jede Symmetrietransformation des von uns definierten Kontinuums kann aus einer Transformation, welche das Kontinuum als „starren" Körper behandelt, d. h., welche Bedingung (2) erfüllt, und aus einer Transformation der Stromdichte $\boldsymbol{j}(x, y, z)$, welche die Raumkoordinaten nicht ändert, zusammengesetzt werden.

Die gemittelte Stromdichte $\boldsymbol{j}$ erlaubt eine für Vektoren charakteristische Transformation, nämlich eine Richtungsumkehr. Diese Transformation ist einer Zeitumkehr äquivalent.[3]) Nach Landau und Lifschitz[3]) bezeichnen wir eine solche Transformation mit R. Unser Kontinuum läßt dann Transformationen

$$M = RB \tag{1}$$

zu, wobei B eine Transformation ist, die Bedingung (2) erfüllt, d. h. aus Translationen, Drehungen und Spiegelungen besteht.

2. Einige Eigenschaften dieser Transformationen. Problemstellung

Nicht jedes M kann eine Symmetrietransformation sein. Wenn wir im Ausdruck (1) für ein solches M, das eine Symmetrietransformation ist, die Zeitumkehr durch die identische Transformation E ersetzen, muß M in eine Symmetrietransformation vom gewöhnlichen Typ A übergehen.[4]) Also gilt, wenn M eine Symmetrietransformation ist,

$$M = RA\,. \tag{2}$$

[4]) B unterscheidet sich von A dadurch, daß B eine beliebige Kombination von Drehungen, Spiegelungen und Translationen ist, während A nur jene Kombinationen umfaßt, die mit einem Raumgitter verträglich sind, welches zu einem Kristall gehört.

Anders ausgedrückt: Ein Kristall mit $\boldsymbol{j} \neq 0$ kann Symmetrietransformationen vom normalen Typ A und solche vom Typ $M = RA$ haben.

Es können jedoch nicht alle Transformationen vom Typ (2) als Symmetrietransformationen für einen Kristall mit $\boldsymbol{j} \neq 0$ auftreten. So ist zum Beispiel für einen solchen Kristall R selbst keine Symmetrietransformation.[3]) Wenn wir nämlich R anwenden, erhalten wir $\boldsymbol{j} \equiv -\boldsymbol{j}$, was nur für $\boldsymbol{j} \equiv 0$ möglich ist. In gleicher Weise sind diejenigen $M = RA$ ausgeschlossen, für die A von ungerader Ordnung ν ist. (Die Ordnung einer Symmetrietransformation ist jener kleinste positive Exponent ν, für den A^ν gleich der identischen Transformation E ist.[5])) Um das zu beweisen, weisen wir zunächst auf die augenscheinlichen Eigenschaften von R hin: (a) R ist mit den Symmetrietransformationen vom gewöhnlichen Typ A vertauschbar, d. h., $RA = AR$, da R nur auf $\boldsymbol{j}$ wirkt; (b) $RR = R^2 = E$.

Es sei $M = RA$, wobei A von ungerader Ordnung ν sei. Dann gilt $M^\nu = R^\nu A^\nu = RA^\nu = R$. Wenn wir annehmen, daß M eine Symmetrietransformation ist, dann muß M^ν ebenfalls eine Symmetrietransformation sein, und wir sind zu einem Widerspruch gekommen.

Speziell folgt daraus, daß die Transformationen R und RL_3 ausgeschlossen sind, wenn L_3 eine Drehung um 120° ist.

Wir weisen auf die folgenden Eigenschaften hin, die wir später brauchen werden:

$$M^n = \begin{cases} M' & \text{für ungerades } n, \\ A'' & \text{für gerades } n, \end{cases} \tag{3}$$

$$M'M'' = A, \quad AM = M', \quad MA = M''.$$

Die Gesamtheit der Symmetrietransformationen eines gewöhnlichen Kristalls bildet eine mathematische Gruppe. DieGruppenelemente sind die Symmetrietransformationen,

[5]) A. G. Kurosh, Theory of Groups, GITTL (State Tech. Lit. Press), 1953.

und Produkte aus Elementen beschreiben ihre sukzessive Anwendung. Die Gesamtheit der Symmetrietransformationen für einen Kristall $\boldsymbol{j} \neq 0$ muß ebenfalls eine Gruppe bilden. Es erhebt sich die Frage nach den möglichen Gruppen der Symmetrietransformationen von Kristallen mit $\boldsymbol{j} \neq 0$. Im folgenden werden wir uns nur mit Punkttransformationen beschäftigen. Die Bestimmung dieser möglichen Gruppen von Punkttransformationen ist die Hauptaufgabe dieses Artikels.

3. Algorithmus zur Konstruktion der Punktgruppen

Zunächst wollen wir die folgenden Eigenschaften der betrachteten Gruppen beweisen:

1. Wenn die Punkttransformationen M_k und A_i eine Gruppe bilden, dann ist es unmöglich, i und k so zu wählen, daß $M_k = RA_i$. Nehmen wir das Gegenteil an: $M_k = RA_\nu^i$. Wir multiplizieren beide Seiten dieser Gleichung mit $A_i^{\nu-1}$, wobei ν die Ordnung von A ist: $M_k A_i^{\nu-1} = RA_i^\nu = R$. Da M_k und $A_i^{\nu-1}$ eine Gruppe von Punkttransformationen bilden, muß $M_k A_i^{\nu-1}$ ebenfalls eine Symmetriepunkttransformation für den Kristall mit $\boldsymbol{j} \neq 0$ sein. R ist aber keine solche Symmetrietransformation. Wir sind also zu einem Widerspruch gekommen.

Auf Grund dieser Eigenschaft können wir folgende Konvention für die Indizes k und i einführen. Wenn M_k und A_i eine Gruppe bilden, werden wir immer $i \neq k$ annehmen und $k = 1, 2, \ldots, m$; $i = m + 1, m + 2, \ldots, n$ wählen.

2. Die Elemente $M_k = RA_k$ und A_i mögen eine Gruppe von Punktsymmetrietransformationen bilden. Wenn wir R durch die Identität E ersetzen, d. h. M_k durch A_k, dann bilden die resultierenden Elemente A_k und A_i eine Gruppe,[3]) die zu einer der 32 Symmetrieklassen gehören

muß. Denn dadurch, daß wir R durch E ersetzt haben, betrachten wir nicht mehr den Fall $\boldsymbol{j} \neq 0$ und kommen dadurch zum gewöhnlichen Bild des Kristalls, das des starren Körpers, zurück.

3. Wenn $M_k = RA_k$ und A_i eine Gruppe von Punktsymmetrietransformationen bilden, dann bilden die Elemente A_i eine Untergruppe. Tatsächlich ist $A_{i'}A_{i''}$ eine Transformation vom normalen Typ A und daher verschieden von M_k. Folglich gilt $A_{i'}A_{i''} = A_{i'''}$, da ja die A_i und M_k eine Gruppe bilden. Die Untergruppe der Elemente A_i muß zu einer der 32 Kristallklassen gehören.

Die bisher angeführten Eigenschaften führen zu einem bisher noch unvollständigen Algorithmus zum Auffinden der Gruppen der Punktsymmetrietransformationen. Nehmen wir eine Symmetrieklasse. Ihre Elemente mögen die Gruppe G bilden. Wir suchen eine Untergruppe H aus den Elementen von G. Die Untergruppe H muß ebenfalls zu einer der 32 Symmetrieklassen gehören. Wir multiplizieren alle Elemente von $G - H$, d. h. alle jene, die zu G, nicht aber zu H gehören, mit R. Wir erhalten $RA_k = M_k$. Wenn die Gesamtheit der Elemente M_k und A_i eine Gruppe bilden, dann ist diese vom gewünschten Typ. Dieser Algorithmus würde es uns ermöglichen, alle gewünschten Gruppen herzuleiten. Die Konstruktion aller gewünschten Gruppen mit Hilfe dieses Verfahrens ist jedoch äußerst mühsam, da es die Prüfung der Gruppeneigenschaften für viele Elemente erfordert.

Um einen besseren Algorithmus für die Herleitung der Gruppen der Punktsymmetrietransformationen zu erhalten, beweisen wir den folgenden Satz. Dieser Satz macht es uns leicht, aus den Symmetrieklassen solche Untergruppen herauszugreifen, für welche die Gesamtheit der A_i und M_k automatisch eine Gruppe bildet.

Satz: *Die Elemente* A_k $(k = 1, 2, \ldots, m)$ *und* A_i $(i = m + 1, m + 2, \ldots, n)$ *mögen eine Gruppe* G *bilden, und die Elemente* A_i $(i = m + 1, m + 2, \ldots, n)$ *mögen* *eine Untergruppe H von G bilden. Daß der Index*[6]) von H *2 ist, ist dann eine notwendige und hinreichende Bedingung dafür, daß die Gesamtheit der $M_k = RA_k$ ($k = 1, 2, \ldots, m$) und der A_i ($i = m + 1, m + 2, \ldots, n$) eine Gruppe bildet.*

Wir weisen zunächst darauf hin, daß $A_k A_i$ und $A_i A_k$ nicht zu H gehören, daß also

$$\begin{aligned} A_k A_i &= A_{k'} \in G{-}H, \\ A_i A_k &= A_{k''} \in G{-}H. \end{aligned} \tag{4}$$

Wir beweisen zuerst, daß unsere Bedingung notwendig ist.

$M_k M_{k'} = A_k A_{k'} R^2 = A_k A_{k'}$, und nach (3) gilt:

$$A_k A_{k'} = A_i. \tag{5}$$

Nehmen wir ein A_k und multiplizieren wir es der Reihe nach mit allen A_k. Gemäß (5) werden die Produkte Elemente A_i sein, die alle voneinander verschieden sein müssen. Deshalb ist die Anzahl der Elemente A_k nicht größer als die Anzahl der Elemente A_i, d. h., der Index der Untergruppe muß 2 sein.

Nun beweisen wir auch noch, daß die Bedingung hinreichend ist.

Da die Anzahl der Elemente endlich ist, ist es nicht notwendig, zum Nachweis der Gruppeneigenschaften des Satzes die Existenz der Einheit oder einer Inversen zu zeigen. Die Erfüllung des Assoziativgesetzes ist sofort einzusehen. Man muß nur mehr beweisen, daß der Satz abgeschlossen ist. Es gibt die folgenden Typen von Produkten von Elementen: $A_i A_i$, $A_i M_k$, $M_k A_{i'}$, $M_k M_{k'}$.

---

[6]) Unter dem Index einer Untergruppe verstehen wir die Anzahl der Klassen bei der Entwicklung der Gruppe bezüglich der Untergruppe. Der Index einer Untergruppe ist dem Quotienten aus der Anzahl der Elemente der Gruppe (der Ordnung der Gruppe) und der Anzahl der Elemente der Untergruppe gleich.

$A_i A_{i'} = A_{i''}$, da die Gesamtheit der A_i eine Untergruppe bildet; $A_i M_k = A_i A_k R$ ist nach (4) gleich $A_{k'} R = M_{k'}$; analog ist $M_k A_i$ gleich $M_{k''}$; $M_k M_{k'} = A_k A_{k'} R^2 = A_k A_{k'}$. Da der Index der Untergruppe 2 ist, gilt für jedes $A_k = \alpha A_i$, wobei α eines der A_k ist. Daher gilt $M_k M_{k'} = \alpha A_i A_{k'}$, und nach (4) ist das gleich $\alpha A_{k''} = \alpha^2 A_{i'}$. Mit anderen Worten: $M_k M_{k'} = \alpha A_{i'}$. Man sieht leicht, daß $\alpha^2 = A_{i''} \in H$. Deshalb gilt $M_k M_{k'} = A_{i'''}$.

Damit ist der Beweis erbracht.

Jetzt können wir den endgültigen Algorithmus zum Auffinden aller Punktsymmetriegruppen formulieren. Die Gruppen der Punkttransformationen der Symmetrie von Kristallen mit $\boldsymbol{j} \neq 0$ werden zuerst die 32 Symmetrieklassen enthalten. Um alle anderen zu finden, nehmen wir eine Symmetrieklasse und wählen daraus eine Unterklasse (die Untergruppe H) aus, welche den Index 2 hat. Die Elemente A_k der Klasse, die nicht zu dieser Unterklasse gehören, werden durch $M_k = R A_k$ ersetzt. Die Elemente A_i der Unterklasse und die Elemente $M_k = R A_k$ bilden dann die gesuchte Gruppe. Um alle möglichen derartigen Gruppen zu finden, müssen wir alle 32 Symmetrieklassen untersuchen.

Wir müssen nur daran denken, daß für einen Kristall mit $\boldsymbol{j} \neq 0$ die Transformationen R und $R L_3$ keine Symmetrietransformationen sein können. Dies wird sich im hexagonalen und kubischen System als wichtig erweisen.

4. Tabelle der Gruppen der Punkttransformationen für die Symmetrie von Kristallen mit einer mittleren Stromdichte

Wir haben die Gruppen der Punkttransformationen, die man mit der angeführten Methode erhält, in einer Tabelle zusammengestellt. Dabei verwenden wir die folgende Bezeichnung:

L_2, L_3, L_3^{-1}, L_4, L_4^{-1}, L_6, L_6^{-1} sind Drehungen um 180,

Die Gruppen der Punktsymmetrietransformationen für Kristalle mit nichtverschwindender Stromdichte

System	Symbol der Symmetrieklasse		Elemente der Symmetrieklasse	Anzahl der Elemente in der Klasse (Ordnung)
	SHUBNIKOV	SHOENFLIESS		
Triklin	1	C_1	E	1
	$\bar{2}$	C_i	E, C	2
Monoklin	2	C_2	E, L_{2z}	2
	m	C_{1h}	E, P	2
	$2:m$	C_{2h}	E, L_{2z}, P_z, C	4
Rhombisch	$2:2$	D_2	$E, L_{2x}, L_{2y}, L_{2z}$	4
	$2 \cdot m$	C_{2v}	E, L_{2z}, P_x, P_y	4
	$m \cdot 2:m$	D_{2h}	$E, L_{2x}, L_{2y}, L_{2z}, P_x, P_y, P_z, C$	8
Tetragonal	4	C_4	$E, L_{4z}, L_{2z}, L_{4z}^{-1}$	4
	$4:2$	D_4	$E, L_{4z}, L_{2z}, L_{4z}^{-1}, L_{2x}, L_{2y}, L_{2xy}, L_{2-xy}$	8
	$4:m$	C_{4h}	$E, L_{4z}, L_{2z}, L_{4z}^{-1}, P_z, S_{4z}, S_{4z}^{-1}, C$	8
	$4 \cdot m$	C_{4v}	$E, L_{4z}, L_{2z}, L_{4z}^{-1}, P_x, P_y, P_{xy}, P_{-xy}$	8
	$m \cdot 4:m$	D_{4h}	$E, L_{4z}, L_{2z}, L_{4z}^{-1}, L_{2x}, L_{2y}, L_{2xy}, L_{2-xy}$	16
			$P_x, P_y, P_{xy}, P_{-xy}, P_z, S_{4z}, C, S_{4z}^{-1}$	
	$\bar{4}$	S_4	$E, S_{4z}, L_{2z}, S_{4z}^{-1}$	4
	$\bar{4} \cdot m$	D_{2d}	$E, S_{4z}, L_{2z}, S_{4z}^{-1}, P_x, P_y, L_{2xy}, L_{2-xy}$	8

Die Gruppen der Punktsymmetrietransformationen für Kristalle mit nichtverschwindender Stromdichte

---

Gruppen der Punktsymmetrietransformationen für Kristalle mit nichtverschwindender Stromdichte

---

1) E
1) E, C; 2) E, RC

---

1) E, L_{2z}; 2) E, RL_{2z}
1) E, P; 2) E, RP
1) $2{:}m$; 2) $2, RP_z, RC$; 3) m, RL_{2z}, RC, 4) $2, RL_{2z}, RP_z$

---

1) $2{:}2$; 2) $2, RL_{2x}, RL_{2y}$
1) $2 \cdot m$; 2) $2, RP_x, RP_y$; 3) m, RL_{2z}, RP_y
1) $m \cdot 2{:}m$; 2) $2{:}2, RP_x, RP_y, RP_z, RC$
3) $2 \cdot m, RL_{2x}, RL_{2y}, RP_z, RC$; 4) $2{:}m, RL_{2x}, RL_{2y}, RP_x, RP_y$

---

1) 4; 2) $2, RL_{4z}, RL_{4z}^{-1}$
1) $4{:}2$; 2) $4, RL_{2x}, RL_{2y}, RL_{2xy}, RL_{2-xy}$; 3) $2{:}2, RL_{4z}, RL_{4z}^{-1}, RL_{2xy}, RL_{2-xy}$
1) $4{:}m$; 2) $4, RP_z, RS_{4z}, RS_{4z}^{-1}, RC$
3) $2{:}m$; $RL_{4z}, RL_{4z}^{-1}, RS_{4z}, RS_{4z}^{-1}$; 4) $\bar{4}, RL_{4z}, RL_{4z}^{-1}, RP_z, RC$
1) $4 \cdot m$; 2) $4, RP_x, RP_y, RP_{xy}, RP_{-xy}$; 3) $2, m, RL_{4z}, RL_{4z}^{-1}, RP_{xy}, RP_{-xy}$
1) $m \cdot 4{:}m$; 2) $4{:}2, RP_x, RP_y, RP_{xy}, RP_{-xy}, RP_z, RS_{4z}, RS_{4z}^{-1}, RC$
3) $4{:}m, RL_{2x}, RL_{2y}, RL_{2xy}, RL_{2-xy}, RP_x, RP_y, RP_{xy}, RP_{-xy}$, 4) $4 \cdot m, RL_{2x}, RL_{2y}, RL_{2xy}, RL_{2-xy}, RP_z, RS_{4z}, RC, RS_{4z}^{-1}$, 5) $m \cdot 2{:}m, RL_{4z}, RL_{4z}^{-1}, RS_{4z}, RS_{4z}^{-1}, RL_{2x}, RL_{2y}, RP_{xy}, RP_{-xy}$
6) $\bar{4} \cdot m, RL_{4z}, RL_{4z}^{-1}, RP_{xy}, RP_{-xy}, RL_{2x}, RL_{2y}, RC, RP_z$
1) $\bar{4}$; 2) $2, RS_{4z}^{-1}, RS_{4z}$
1) $\bar{4} \cdot m$; 2) $\bar{4}, RP_x, RP_y, RL_{2xy}, RL_{2-xy}$
3) $2{:}2, RS_{4z}, RS_{4z}^{-1}, RP_x, RP_y$; 4) $2 \cdot m, RS_{4z}^{-1}, RS_{4z}, RL_{2xy}, RL_{2-xy}$

Tabelle (Forts.)

System	Symbol der Symmetrieklasse		Elemente der Symmetrieklasse	Anzahl der Elemente in der Klasse (Ordnung)
	Shubnikov	Shoenfliess		
Rhomboedrisch	3	C_3	E, L_{3z}, L_{3z}^{-1}	3
	3:2	D_3	$E, L_{3z}, L_{3z}^{-1}, 3L_{2\perp}$	6
	$3 \cdot m$	C_{3v}	$E, L_{3z}, L_{3z}^{-1}, 3P_{\|\|}$	6
	$\bar{6}$	S_6	$E, S_{6z}, L_{3z}, C, L_{3z}^{-1}, S_{6z}^{-1}$	6
	$\bar{6} \cdot m$	D_{3d}	$E, S_{6z}, L_{3z}, C, L_{3z}^{-1}, S_{6z}^{-1}, 3P_{\|\|}, 3L_{2\perp}$	12
	$3:m$	C_{3h}	$E, L_{3z}, L_{3z}^{-1}, P_z, S_{3z}, S_{3z}^{-1}$	6
	$m \cdot 3:m$	D_{3h}	$E, L_{3z}, L_{3z}^{-1}, 3P_{\|\|}, P_z, S_{3z}, S_{3z}^{-1}, 3L_{2\perp}$	12
Hexagonal	6	C_6	$E, L_{6z}, L_{3z}, L_{6z}^{-1}, L_{3z}^{-1}, L_{2z}$	6
	6:2	D_6	$E, L_{6z}, L_{3z}, L_{6z}^{-1}, L_{3z}^{-1}, L_{2z}, 6L_{2\perp}$	12
	$6:m$	C_{6h}	$E, L_{6z}, L_{3z}, L_{2z}, L_{3z}^{-1}, L_{6z}^{-1}, P_z, S_{6z}$ $S_{3z}, S_{3z}^{-1}, S_{6z}^{-1}, C$	12
	$6 \cdot m$	C_{6v}	$E, L_{6z}, L_{3z}, L_{2z}, L_{3z}^{-1}, L_{6z}^{-1}, 6P_{\|\|}$	12
	$m \cdot 6:m$	D_{6h}	$E, L_{6z}, L_{3z}, L_{2z}, L_{3z}^{-1}, L_{6z}^{-1}, 6P_{\|\|}$ $6L_{2\perp}, P_z, S_{6z}, S_{3z}, C, S_{3z}^{-1}, S_{6z}^{-1}$	24
Kubisch	3/2	T	$E, 3L_2, 4L_3, 4L_3^{-1}$	12
	$\bar{6}/2$	T_h	$E, 3L_2, 4L_3, 4L_3^{-1}, 4S_6, C, 4S_6^{-1}, 3P$	24
	$3/\bar{4}$	T_d	$E, 3L_2, 4L_3, 4L_3^{-1}, 6P, 3S_4, 3S_4^{-1}$	24
	3/4	O	$E, 3L_2, 4L_3\ 4L_3^{-1}, 3L_4, 3L_4^{-1}, 6L_2$	24
	$\bar{6}/4$	O_h	$E, 3L_2, 4L_3, 4L_3^{-1}, 3L_4, 3L_4^{-1}, 6L_2$ $6P, 3P, C, 3S_4, 3S_4^{-1}, 4S_6, 4S_6^{-1}$	48

Gruppen der Punktsymmetrietransformationen für Kristalle mit nichtverschwindender Stromdichte

1) 3
1) $3{:}2$, 2) 3, $3RL_{2\perp}$
1) $3\cdot m$, 2) 3, $3P_{\perp}P_{\parallel}$
1) $\bar{6}$; 2) 3, RS_{6z}, RC, RS_{6z}^{-1}
1) $\bar{6}\cdot m$; 2) $3{:}2$, RS_{6z}, RC, RS_{6z}^{-1}, $3RP_{\parallel}$
3) $3\cdot m$, RS_{6z}, RC, RS_{6z}^{-1}, $3RL_{2\perp}$; 4) $\bar{6}$, $3RP_{\parallel}$, $3RL_{2\perp}$
1) $3{:}m$; 2) 3, RP_z, RS_{3z}, RS_{3z}^{-1}
1) $m\cdot 3{:}m$; 2) $3\cdot m$, $3RP_{\parallel}$, $3RL_{2\perp}$; 3) $3\cdot m$, RP_z, RS_{3z}, RS_{3z}^{-1}, $3RL_{2\perp}$
4) $3{:}2$, RP_z, RS_{3z}, RS_{3z}^{-1}, $3RP_{\parallel}$
1) 6; 2) 3, RL_{6z}, RL_{2z}, RL_{6z}^{-1}
1) $6{:}\,2$; 2) 6, $6RL_{2\perp}$; 3) $3{:}2$, RL_{6z}, RL_{2z}, RL_{6z}^{-1}, $3RL_{2\perp}$
1) $6{:}\,m$; 2) $3{:}\,m$, RL_{6z}, RL_{2z}, RL_{6z}^{-1}, RS_{6z}, RS_{6z}^{-1}, RC;
3) 6, RP_z, RS_{6z}, RS_{3z}, RC, RS_{3z}^{-1}, RS_{6z}^{-1}; 4) $\bar{6}$, RL_{6z}, RL_{2z}, RL_{6z}^{-1}, RP_z, RS_{3z}, RS_{3z}^{-1}
1) $6\cdot m$; 2) 6, $6RP_{\parallel}$; 3) $3\cdot m$, RL_{6z}, RL_{2z}, RL_{6z}^{-1}, $3RP_{\parallel}$
1) $m\cdot 6{:}\,m$; 2) $m\cdot 3{:}m$, RL_{6z}, RL_{2z}, RL_{6z}^{-1}, $3RP_{\parallel}$, $3RL_{2z}$, RS_{6z}, RC, RS_{6z}^{-1}
3) $6{:}m$, $6RP_{\parallel}$, $6RL_{2\perp}$; 4) $\bar{6}\cdot m$, RL_{6z}, RL_{2z}, RL_{6z}^{-1}, $3RP_{\parallel}$, $3RL_{2\perp}$, RP_z, RS_{3z}, RS_{3z}^{-1}
5) $6{:}2$, $6RP_{\parallel}$, RP_z, RS_{6z}, RS_{3z}, RC, RS_{3z}^{-1}, RS_{6z}^{-1}
6) $6\cdot m$, $6RL_{2\perp}$, RP_z, RS_{6z}, RS_{3z}, RC, RS_{3z}^{-1}, RS_{6z}^{-1}

1) $3/2$
1) $\bar{6}/2$; 2) $3/2$, $4RS_6$, $4RS_6^{-1}$, RC, $3RP$
) $3/\bar{4}$; 2) $3/2$, $6RP$, $3RS_4$, $3RS_4^{-1}$
) $3/4$; 2) $3/2$, $3RL_4$, $3RL_4^{-1}$, $6RL_2$
) $\bar{6}/4$; 2) $3/4$, $6RP$, $3RP$, RC, $3RS_4$, $3RS_4^{-1}$, $4RS_6$, $4RS_6^{-1}$
3) $3/\bar{4}$; $3RL_4$, $3RL_4^{-1}$, $6RL_2$, $3RP$, RC, $3RS_6$, $4RS_6^{-1}$
) $\bar{6}/2$; $3RL_4$, $3RL_4^{-1}$, $6RL_2$, $6RP$, $3RS_4$, $3RS_4^{-1}$

120, −120, 90, −90, 60 und −60 Grad. S_3, S_3^{-1}, S_4, S_4^{-1}, S_6 und S_6^{-1} sind Drehungen um 120, −120, 90, −90, 60 und −60 Grad zusammen mit einer Spiegelung an der Ebene senkrecht zur Drehachse. C ist die Inversion, P die Spiegelung an einer Ebene.

Die Indizes x, y, z, xy und $-xy$ bei den L_i und S_i geben die Richtung der Drehachse an; dieselben Indizes bei P geben die Richtung der Normalen zur Spiegelebene an.

Der Index $\perp$ oder $\parallel$ gibt an, daß die Achse der Drehung um 180° oder die Normale der Spiegelebene senkrecht oder parallel zur Hauptachse mit einer dreifachen oder höheren Symmetrie ist. Die Tabelle gibt auch die Symmetrieklasse an, zu der jede Gruppe von Punktsymmetrietransformationen gehört, d. h. die Klasse, die man erhält, wenn man R durch E ersetzt.

In der letzten Spalte der Tabelle steht das Symbol einer Symmetrieklasse für die Gesamtheit der Transformationen, die zu dieser Klasse gehören.

Die Zuordnung der Gruppen der Punktsymmetrietransformationen zu den Symmetrieklassen hat eine bestimmte Bedeutung. Es ist nämlich so, daß goniometrische und röntgenologische Untersuchungen nur Aufschluß über die Symmetrie der Ladungsverteilung $\varrho(x, y, z)$ geben, von der Stromdichte $\boldsymbol{j}(x, y, z)$ aber keine Notiz nehmen. Die Symmetrie, die man durch goniometrische oder röntgenologische Methoden findet, ist also gerade die derjenigen Symmetrieklasse, die man erhält, wenn man in der Gruppe der Punktsymmetrietransformationen R durch E ersetzt; denn für die Ladungsdichte $\varrho(x, y, z)$ hat die Transformation R die gleiche Wirkung wie die identische Transformation. Insgesamt gibt es 90 Gruppen von Punktsymmetrietransformationen für Kristalle mit $\boldsymbol{j} \neq 0$; davon fallen 32 mit den 32 Symmetrieklassen zusammen und 58 sind neu.

Die Gruppen, die man auf diesem Weg erhält, sind isomorph mit den Gruppen der Transformationen von endlichen Körpern mit gerichteter Struktur, die von Shubni-

KOV[7]) mit Hilfe einer anderen Methode hergeleitet wurden. Dabei wird die Rolle der Zeitumkehr von einer „antiidentischen“ Transformation übernommen. Die 58 neuen Gruppen sind isomorph mit den Gruppen gemischter Polarität.[8])

5. Mögliche Anwendungen der Gruppen von Punktsymmetrietransformationen von Kristallen

Wir haben jetzt über die Symmetrie von Kristallen mit $j \neq 0$ gesprochen. Bekanntlich ist ein magnetisches Moment einem Strom äquivalent; deswegen sind die Gruppen, die wir für Kristalle mit $j \neq 0$ hergeleitet haben, auch Symmetriegruppen für Kristalle mit einem magnetischen Moment. Man muß sich in Erinnerung rufen, daß das magnetische Moment ein axialer Vektor ist. Eine Symmetrietransformation, die keine Spiegelung enthält, wirkt auf das magnetische Moment wie auf einen gewöhnlichen Vektor, eine Spiegelung dagegen ändert die Richtung des axialen Vektors in entgegengesetztem Sinn zu der eines gewöhnlichen Vektors. Die Symmetrie des Vektors des magnetischen Momentes schließt die Symmetrietransformationen der Klasse $\infty : m$ ein. Außerdem ist der Vektor des magnetischen Momentes symmetrisch gegenüber den Transformationen $RP_{\|}$ und $RL_{2\perp}$. Dabei ist $P_{\|}$ eine Spiegelung an einer Ebene, in der der Vektor des magnetischen Momentes liegt, und $L_{2\perp}$ eine Drehung um 180° um eine Achse senkrecht zum Vektor des magnetischen Momentes.

Um ein Beispiel zu geben, wollen wir die möglichen Symmetrien eines pyromagnetischen Stoffes suchen. Wir verwenden das Symmetrieprinzip in ähnlicher Weise,

---

[7]) A. N. SHUBNIKOV, Symmetry and Antisymmetry of Finite Figures, Acad. Sci. USSR Press, 1951. (Englische Übersetzung: SHUBNIKOV und BELOV, 1964 (A. P. C.).)

[8]) SHUBNIKOV hat 57 Gruppen gemischter Polarität. Tatsächlich gibt es 58.

wie es für pyromagnetische Kristalle in Zitat 9 gemacht wurde. Wenn wir daran denken, was wir gerade über die Symmetrie des Vektors des magnetischen Momentes gesagt haben, dann finden wir, daß pyromagnetische Kristalle nicht zum kubischen System gehören können. Diese Schlußfolgerung unterscheidet sich von der, die in Zitat 9 gezogen wurde.

Kürzlich wurde die Meinung vertreten[10]), daß Pyromagnetismus, Piezomagnetismus usw. nicht möglich wären. Dieser Artikel geht von der Annahme aus, daß die Kristallstruktur gegenüber der Zeitumkehr symmetrisch sein muß. Dies ist aber für Kristalle mit einem magnetischen Moment nicht mehr erfüllt. Wir meinen deshalb, daß die Schlußfolgerungen, die in Zitat 10 gezogen wurden und die die Unmöglichkeit von Pyromagnetismus und Piezomagnetismus behaupten, nicht richtig begründet sind.

---

9) A. N. SHUBNIKOV, E. E. FLINT und T. B. BOKII, Foundations of Crystallography, Acad. Sci. USSR Press, 1940.

10) W. ZOCHERA und H. TÖRÖK, Proc. Nat. Acad. Sci. 39, 681 (1953).

Anhang

Spurentafeln der 32 Punktgruppen

Wegen der Bezeichnung der Symmetrieoperationen siehe S. 13. I_x, I_y und I_z sind die Operatoren infinitesimaler Drehungen um die x-, y- und z-Achse; wegen einer Diskussion dieser Operatoren siehe zum Beispiel HEINE (1960), Kapitel II.

$$\omega = 2\pi i/3, \qquad \varepsilon = 2\pi i/6.$$

$1\ C_1$	E
$A\ x, y, z$	1

$\bar{1}\ C_i$			E	I
	$2\ C_2$		E	C_{2z}
		$m\ C_s$	E	σ_z
$A_g\ I_x, I_y, I_z$	$A\ z, I_z$	$A'\ x, y, I_z$	1	1
$A_u\ x, y, z$	$B\ x, y, I_x, I_y$	$A''\ z, I_x, I_y$	1	−1

$3\ C_3$	E	C_3^+	C_3^-
$A\ z, I_z$	1	1	1
$E\ (x, y), (I_x, I_y)$ {	1	ω	ω^*
	1	ω^*	ω

$4\,C_4$		E	C_{4z}^+	C_{2z}	C_{4z}^-
	$\bar{4}\,S_4$	E	S_{4z}^-	C_{2z}	S_{4z}^+
$A\,z, I_z$	$A\,I_z$	1	1	1	1
B	$B\,z$	1	-1	1	-1
$E\,(x, y),$	$E\,(x, y),$	1	i	-1	$-i$
$(I_z I_y)$	$(I_x I_y)$	1	$-i$	-1	i

$6\,C_6$		E	C_6^+	C_3^+	C_2	C_3^-	C_6^-
	$\bar{6}\,C_{3h}$	E	S_3^-	C_3^+	σ_h	C_3^-	S_3^+
$A\,z, I_z$	$A'\,I_z$	1	1	1	1	1	1
B	$A''\,z$	1	-1	1	-1	1	-1
$E_1\,(x, y),$	$E''\,(I_x, I_y)$	1	ε	ε^2	-1	ε^4	ε^5
(I_z, I_y)		1	ε^5	ε^4	-1	ε^2	ε
E_2	$E'\,(x, y)$	1	ε^2	ε^4	1	ε^2	ε^4
		1	ε^4	ε^2	1	ε^4	ε^2

$222\,D_2$		E	C_{2x}	C_{2y}	C_{2z}
	$2\,mm\,C_{2v}$	E	C_{2z}	σ_x	σ_y
A	$A_1\,z$	1	1	1	1
$B_1\,x, I_x$	$A_2\,I_z$	1	1	-1	-1
$B_2\,y, I_y$	$B_1\,y, I_x$	1	-1	1	-1
$B_3\,z, I_z$	$B_2\,x, I_y$	1	-1	-1	1

$32\, D_3$		E	$C_3^{\pm}$	C'_{2i}
	$3m\, C_{3v}$	E	$C_3^{\pm}$	σ_{di}
$A_1\, x^2 + y^2, z^2$	$A_1\, x^2 + y^2, z, z^2$	1	1	1
$A_2\, z, I_z$	$A_2\, I_z$	1	1	−1
$E\,(x, y)$, (zx, zy), (I_x, I_y), $\left(\frac{x^2 - y^2}{\sqrt{2}}, xy\right)$	$E\,(x, y)$, (zx, zy), (I_x, I_y), $\left(\frac{x^2 - y^2}{\sqrt{2}}, xy\right)$	2	−1	0

$422\, D_4$			E	C_{2z}	$C_{4z}^{\pm}$	C_{2x}, C_{2y}	C_{2a}, C_{2b}
	$4mm\, C_{4v}$		E	C_{2z}	$C_{4z}^{\pm}$	σ_x, σ_y	σ_{da}, σ_{db}
		$\bar{4}2m\, D_{2d}$	E	C_{2z}	$S_{4z}^{\mp}$	C_{2x}, C_{2y}	σ_{da}, σ_{db}
$A_1\, x^2+y^2, z^2$	$A_1\, x^2+y^2, z, z^2$	$A_1\, x^2 + y^2\, z^2$	1	1	1	1	1
$A_2\, z, I_z$	$A_2\, I_z$	$A_2\, I_z$	1	1	1	−1	−1
$B_1\, x^2-y^2$	$B_1\, x^2 - y^2$	$B_1\, x^2 - y^2$	1	1	−1	1	−1
$B_2\, xy$	$B_2\, xy$	$B_2\, xy, z$	1	1	−1	−1	1
$E\,(x, y)$, (I_x, I_y), (zx, zy)	$E\,(x, y)$, (I_x, I_y), (zx, zy)	$E\,(x, y)$, (I_x, I_y), (zx, zy)	2	−2	0	0	0

622 D_6			E	C_2	$C_3^{\pm}$	$C_6^{\pm}$	C'_{2i}	C''_{2i}
	6mm C_{6v}		E	C_2	$C_3^{\pm}$	$C_6^{\pm}$	σ_{di}	σ_{vi}
		$\bar{6}m2$ D_{3h}	E	σ_h	$C_3^{\pm}$	$S_3^{\mp}$	C'_{2i}	σ_{vi}
$A_1\, x^2+y^2,\ z^2$	$A_1\, x^2+y^2,\ z,\ z^2$	$A'_1\, x^2+y^2,\ z^2$	1	1	1	1	1	1
$A_2\, z,\ I_z$	$A_2\, I_z$	$A'_2\, I_z$	1	1	1	1	−1	−1
B_1	B_2	A''_1	1	−1	1	−1	1	−1
B_2	B_1	$A''_2\, z$	1	−1	1	−1	−1	1
$E_2\left(\frac{x^2-y^2}{\sqrt{2}},\ xy\right)$	$E_2\left(\frac{x^2-y^2}{\sqrt{2}},\ xy\right)$	$E'\,(x,y),\ \left(\frac{x^2-y^2}{\sqrt{2}},\ xy\right)$	2	2	−1	−1	0	0
$E_1\,(x,y),\ (I_x,I_y),\ (zx,zy)$	$E_1\,(x,y),\ (I_x,I_y),\ (zx,zy)$	$E''\,(zx,zy),\ (I_x,I_y)$	2	−2	−1	1	0	0

23 T		E	C_{2m}	C_{3j}^{+}	C_{3j}^{-}
$A\, x^2+y^2+z^2$		1	1	1	1
$E\,(x^2-y^2,\ (2z^2-x^2-y^2)/\sqrt{3})$	{	1	1	ω	ω^*
		1	1	ω^*	ω
$T\,(x,y,z),\ (I_x,I_y,I_z),\ (yz,zx,xy)$		3	−1	0	0

432 O		E	C_{2m}	$C_{3j}^{\pm}$	C_{2p}	$C_{4m}^{\pm}$
	$\bar{4}3m$ T_d	E	C_{2m}	$C_{3j}^{\pm}$	σ_{dp}	$S_{4m}^{\mp}$
$A_1\, x^2+y^2+z^2$	$A_1\, x^2+y^2+z^2$	1	1	1	1	1
A_2	A_2	1	1	1	−1	−1
$E\,(x^2-y^2,\ (2z^2-x^2-y^2)/\sqrt{3})$	$E\,(x^2-y^2,\ (2z^2-x^2-y^2)/\sqrt{3})$	2	2	−1	0	0
$T_2\,(yz,zx,xy)$	$T_2\,(x,y,z)\ (yz,zx,xy)$	3	−1	0	1	−1
$T_1\,(x,y,z)\ (I_x,I_y,I_z)$	$T_1\,(I_x,I_y,I_z)$	3	−1	0	−1	1

Gruppen, die direkte Produkte sind:

$\bar{3}$	$= 3 \times \bar{1}$	C_{3i}	$= C_3 \times I$
$4/m$	$= 4 \times \bar{1}$	C_{4h}	$= C_4 \times I$
$6/m$	$= 6 \times \bar{1}$	C_{6h}	$= C_6 \times I$
$2/m$	$= 2 \times \bar{1}$	C_{2h}	$= C_2 \times I$
mmm	$= 222 \times \bar{1}$	D_{2h}	$= D_2 \times I$
$\bar{3}m$	$= 32 \times \bar{1}$	D_{3d}	$= D_3 \times I$
$4/mmm$	$= 422 \times \bar{1}$	D_{4h}	$= D_4 \times I$
$6/mmm$	$= 622 \times \bar{1}$	D_{6h}	$= D_6 \times I$
$m3$	$= 23 \times \bar{1}$	T_h	$= T \times I$
$m3m$	$= 432 \times \bar{1}$	O_h	$= O \times I$

Eine Darstellung Y von G gibt zwei Darstellungen Y_g und Y_u der Gruppen, die direkte Produkte $G \times \bar{1}$ $(G \times I)$ sind; x, y und z gehören zu den Darstellungen vom Typ u (der Charakter der Inversion ist negativ), während die quadratischen Funktionen zu den Darstellungen vom Typ g gehören.

Hinweis zur Lösung der Übungen

Kapitel I (S. 20)

1. Man verwende die in Abschnitt 3.2 und im Anhang (Punktgruppe $3m(C_{3v})$) für die Symmetrieoperationen eingeführte Bezeichnungsweise.

2. Siehe Abschnitt 3.2.

3. Man muß die Elemente miteinander multiplizieren können. Dies läßt sich unter Verwendung der Jones-Symbole, siehe S. 116, erreichen.

Zum Beispiel $\quad C_{31}^{+}\sigma_{da} = S_{4y}^{+}$,

da gilt $\quad C_{31}^{+}\sigma_{da}(xyz) = C_{31}^{+}(\bar{y}\bar{x}z) = z\bar{y}\bar{x} = S_{4y}^{+}(xyz)$,

d. h. $\quad C_{31}^{+}\sigma_{da}(x\gamma z) = S_{4y}^{+}(xyz)$

oder $\quad C_{31}^{+}\sigma_{da} = S_{4y}^{+}$.

Sobald man imstande ist, die Elemente miteinander zu multiplizieren, wird es möglich, Zusammenfassungen von Elementen daraufhin zu untersuchen, ob sie die Bedingungen 1. bis 4. in Abschnitt 1.2 erfüllen. Ein Beispiel, für das die Bedingungen erfüllt sind, ist

$$E,\ C_{4z}^{+},\ C_{2z},\ C_{4z}^{-},\ C_{2x},\ C_{2y},\ C_{2a},\ C_{2b}.$$

Kapitel II (S. 51)

2. Die Matrix **U** braucht in Wirklichkeit nicht unitär zu sein.

3. Die Matrizen sind bereits in Blockdiagonalform,

$$\left(\begin{array}{cc|c} \bullet & \bullet & \bullet \\ \bullet & \bullet & \bullet \\ \hline \bullet & \bullet & \bullet \end{array}\right)$$

die 2×2-Matrizen haben die Spuren E, und die 1×1-Matrizen sind A_1.

4. Dies ist ein direktes Produkt von Gruppen, nämlich die Punktgruppe $4/mmm$. Siehe dazu den Anhang.

5. (a) *Antwort*: Siehe Punktgruppe $3m(C_{3v})$ im Anhang.

(b) $A_1 + A_2 + 2E$. Dieses Ergebnis und das Ergebnis von Übung 1(b) legt eine allgemeine Regel für das Ergebnis der Reduktion einer regulären Darstellung einer Gruppe nahe.

6. Das Einselement ist 0. Man wähle für P irgendein anderes Element, etwa 1, dann lassen sich alle anderen durch P ausdrücken:

$+1$	$+2$	$+3$	-3	-2	-1	0
P	P^2	P^3	P^4	P^5	P^6	P^7.

Dies ist eine ABELsche Gruppe. Man zeige, daß jedes Element für sich eine Klasse bildet, und man zeige entweder unter Verwendung der Methode aus Abschnitt 2.8 oder durch direkte Verifikation, daß

$$\chi(P) = \exp(2\pi i n/7),$$

wobei n für die sieben irreduziblen Darstellungen die Werte 0 bis 6 annimmt.

Diese Gruppe ist zu keiner der zweiunddreißig kristallographischen Punktgruppen isomorph.

7. In einem Fall können die Elemente mit Hilfe eines stetig variierenden Parameters ausgedrückt werden, im anderen Fall nicht.

8. Man bilde das Produkt $X^{-1}RX$ für die gesamte Klasse.

9. Die Klassen sind:

$$\begin{aligned} C_1&: \ E \\ C_2&: \ Q, R, QR \\ C_3&: \ P, PQ, PR, PQR \\ C_4&: \ P^2, P^2Q, P^2R, P^2QR. \end{aligned}$$

Die Behandlung dieser Elemente kann man auf die folgende Weise illustrieren. Um das zu P^2QR inverse Element zu finden, nehmen wir an, dieses Inverse sei X, dann gilt

$$\begin{aligned} & XP^2QR = E \\ \therefore \quad & XP^2QR^2 = R \quad \text{oder} \quad XP^2Q = R \\ \text{und } \therefore \quad & XP^2Q^2 = RQ \quad \text{oder} \quad XP^2 = RQ \\ \text{und } \therefore \quad & XP^3 = RQP \quad \text{oder} \quad X = RQP. \end{aligned}$$

Das Inverse zu P^2QR ist daher RQP. Wir haben jedoch die zwölf Elemente dieser Gruppe in der Form $P^xQ^yR^z$ angegeben, wobei P, Q und R in dieser Reihenfolge auftreten, so daß $X = RQP = RPR$ (wegen $QP = PR$) $= PQR^2$ (wegen $RP = PQR$) $= PQ$.

Es ist nicht nötig, die vollständige 12×12-Gruppenmultiplikationstafel zu konstruieren. Es genügt, wenn wir den Teil davon konstruieren, der die Berechnung jener Größen $c_{ij,s}$ ermöglicht, die zur Anwendung der Methode von Abschnitt 2.8 nötig sind.

Antwort:

C_1	C_2	C_3	C_4
1	1	1	1
1	1	ω	ω^*
1	1	ω^*	ω
3	-1	0	0

wobei $\omega = \exp(2\pi i/3)$.

Kapitel III (S. 76)

3. (a) $\bar{3}$. (b) $\bar{4}2m$. (c) 23.
(d) $m3m$. (e) $\bar{6}$. (f) $\bar{6}m2$.

4. Wir nehmen an, daß $\boldsymbol{t}$ der kürzeste nicht verschwindende Translationsvektor des Gitters ist. $\boldsymbol{t}'$ und $\boldsymbol{t}''$ seien die Vektoren, die man durch Rotation von $\boldsymbol{t}$ um $\pm 2\pi/5$ erhält. $\boldsymbol{t}' + \boldsymbol{t}''$ ist dann ein Vektor des Gitters, der parallel zu $\boldsymbol{t}$ ist. Seine Länge ist entweder 0 oder $\geqq |\boldsymbol{t}|$. Man zeige, daß dies nicht erfüllt werden kann.

5. *Antwort*: Siehe Anhang.

7. Die Gruppe ist eine Abelsche Gruppe der Ordnung N. Wenn P die Operation bezeichnet, die alle Punkte um einen Platz im Uhrzeigersinn verrückt, dann gilt

$$\chi(P) = \exp(2\pi i x/N),$$

wobei $x = 0, 1, \ldots (N - 1)$ für die N irreduziblen Darstellungen.

8. (a) bis (e): Siehe die äußerste linke Spalte der Spurentafel der Gruppe $4mm$ (C_{4v}) im Anhang.

(f): E.

9. (a)

$$\begin{array}{ll} x^2, y^2, z^2 & : A_1 \\ yz & : B_1 \\ zx & : B_2 \\ xy & : A_2, \end{array}$$

z. B. findet man aus der Spurentafel für $2mm(C_{2v})$ im Anhang

	x	y	$\therefore xy$
E	x	y	$xy = \quad 1 \times xy$
C_{2z}	$-x$	$-y$	$xy = \quad 1 \times xy$
σ_x	$-x$	y	$-xy = -1 \times xy$
σ_y	x	$-y$	$-xy = -1 \times xy$

Die letzte Spalte zeigt die Wirkung der Operationen auf die Funktion xy, die daher zu A_2 gehören muß.

(b) und (c) ähnlich.

10. (a) $6/m = 6 \times \bar{1}$ (aus dem Anhang), z gehört zur Darstellung A der Punktgruppe 6, also zu A_g oder A_u von $6/m$. $I(z) = -z$, so daß z zur Darstellung A_u von $6/m$ gehört. $I(z^2) = (-z)^2$, also gehört z^2 zu A_g von $6/m$. Im allgemeinen gehören ungerade Potenzen von z zu A_u und gerade Potenzen zu A_g. x und y gehören gemeinsam zu E_1 von 6 und daher zu E_{1u} von $6/m$.

Ähnliches gilt für den Rest.

11. $A_1 + E$.

12. Es gibt neunzehn verschiedene, z. B. $A_2 \times B_1 = B_2$, da

	E	C_{2z}	$C_{4z}^{\pm}$	σ_x, σ_y	σ_1, σ_2	
A_2	1	1	1	−1	−1	
B_1	1	1	−1	1	−1	
$A_2 \times B_1$	1	1	−1	−1	1	$= B_2$

13. Die Produkte vieler Paare von diesen acht Elementen führen zu Elementen, die nicht unter diesen acht enthalten sind, z. B.

$$\{C_{2x} | 1/2\ 1/2\ 0\}\{C_{2x} | 1/2\ 1/2\ 0\} = \{C_{2x}C_{2x} | C_{2x}(1/2, 1/2, 0) + (1/2, 1/2, 0)\} = \{E | (1/2, -1/2, 0) + (1/2, 1/2, 0)\}$$

(da C_{2x} eine Rotation um 180° um die x-Achse ist, bleibt $\boldsymbol{i}$ unverändert, während $\boldsymbol{j}$ in $-\boldsymbol{j}$ und $\boldsymbol{k}$ in $-\boldsymbol{k}$ übergeht) $= \{E | 100\}$, das nicht zu den acht gegebenen Elementen gehört.

14. Wenn

$$\boldsymbol{D}_1(R) = \begin{pmatrix} a_{11} & a_{12} \\ a_{21} & a_{22} \end{pmatrix} \quad \text{und} \quad \boldsymbol{D}_2(R) = \begin{pmatrix} b_{11} & b_{12} \\ b_{21} & b_{22} \end{pmatrix}$$

dann ist die geforderte Matrix

$$\begin{pmatrix} a_{11}b_{11} & a_{11}b_{12} & a_{12}b_{11} & a_{12}b_{12} \\ a_{11}b_{21} & a_{11}b_{22} & a_{12}b_{21} & a_{12}b_{22} \\ a_{21}b_{11} & a_{21}b_{12} & a_{22}b_{11} & a_{22}b_{12} \\ a_{21}b_{21} & a_{21}b_{22} & a_{22}b_{21} & a_{22}b_{22} \end{pmatrix}.$$

15. Die Multiplikationsregel ist genau dieselbe wie für $\{\boldsymbol{R} | \boldsymbol{t}\}$, nämlich

$$[\boldsymbol{R}_2 | \boldsymbol{t}_2]\,[\boldsymbol{R}_1 | \boldsymbol{t}_1] = [\boldsymbol{R}_2\boldsymbol{R}_1 | \boldsymbol{R}_2\boldsymbol{t}_1 + \boldsymbol{t}_2].$$

Kapitel IV (S. 103)

1. Man erreicht dies durch Transformation auf ein Achsensystem XYZ, bei dem die Z-Achse längs des alten Vektors (1, 1, 1) gerichtet ist (d. h. mit den EULERschen Winkeln $\alpha = 0, \beta = \cos^{-1}(1/\sqrt{3}), \quad \gamma = 45/)$. Man führe eine 45°-Drehung durch und transformiere zurück auf das alte Achsensystem.

Andererseits nehme man eine beliebige Matrix $\begin{pmatrix} a & b & c \\ d & e & f \\ g & h & i \end{pmatrix}$ und setze voraus, daß sie den Eigenvektor (1, 1, 1) besitze. Man wähle zwei Einheitsvektoren $\boldsymbol{t}_1$ und $\boldsymbol{t}_2$, die rechtwinklig zueinander und zu (1, 1, 1) liegen. Man stelle die Bedingung, daß diese Matrix den gewünschten Effekt zeige, nämlich eine Drehung dieser Vektoren um 45° in der Ebene senkrecht zu (1, 1, 1). Diese Matrix läßt sich sodann vollständig bestimmen.

2.

	α	β	γ
C_{4z}^{+}	0	0	$\pi/2$
C_{2a}	$\pi/2$	π	0
C_{2c}	π	$\pi/2$	0
$C_{\overline{31}}$	π	$\pi/2$	$\pi/2$

3. Eine Übung in partieller Differentiation.

4. In das leere Tableau sind $n!$ Zahlen einzutragen. Im Tableau gibt es a_k Zeilen der Länge k, ihre Anordnung ist nicht von Bedeutung, daher der Ausdruck $a_k!$ im Nenner. Eine zyklische Vertauschung der Zahlen in einer Zeile führt zu keiner neuen Permutation. Dies bewirkt den Faktor k^{a_k} im Nenner, da es k zyklische Permutationen in einer Zeile und a_k Zeilen gibt.

5.

Zerlegung	(a)	(b)
4	6	1
3 + 1	8	3
2 + 2	3	2
2 + 1 + 1	6	3
1 + 1 + 1 + 1	1	1

Die Spalte (a) enthält die Anzahl der Elemente in jeder der Klassen von $S(4)$ (unter Verwendung der Formel aus Übung 4), die Spalte (b) enthält die Dimensionen der irreduziblen Darstellungen von $S(4)$ (unter Verwendung der am Ende von Abschnitt 4.5 illustrierten Regel).

7. Man wende die am Ende von Abschnitt 4.5 angegebene Regel auf das Tableau

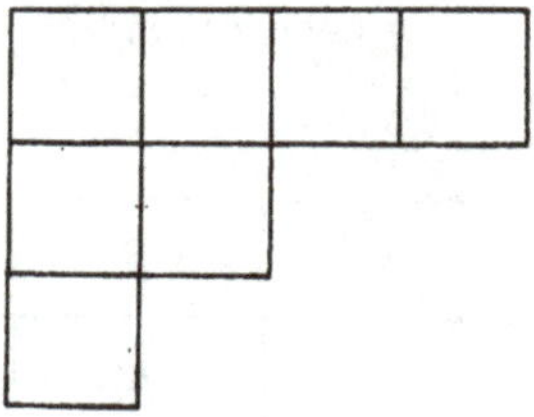

an.

8. Man wende die gewöhnliche Lorentz-Transformation auf die Koordinaten in S an, um die Koordinaten im üblichen Achsensystem in S' zu erhalten, und transformiere diese dann unter Verwendung des Ergebnisses aus Übung 1 auf die gewünschten Koordinaten in S'.

Kapitel V (S. 134)

1. Punktgruppe $2mm(C_{2v})$. Man nehme zur Messung der Verschiebungen aus der Gleichgewichtslage in jedem Atom ein Achsensystem $Oxyz$ an, wobei die x-Achse senkrecht zur Ebene der drei Atome liege, die y-Achse parallel zur Verbindungslinie und die z-Achse parallel zur

Winkelhalbierenden zwischen den O—H-Bändern. Die neun Komponenten der Verschiebungen des Moleküls bilden eine Basis der Darstellung mit den Spuren

	E	C_{2z}	σ_x	σ_y
X	9	−1	3	1

da E und σ_x alle Atome unbewegt lassen, während bei C_{2z} und σ_y 0 allein unbewegt bleibt. Die Reduktion von X ergibt

$$X = 3A_1 + A_2 + 3B_1 + 2B_2 .$$

Zieht man die von der Translation und der Rotation herrührenden Anteile (x, y, z) und (I_x, I_y, I_z) ab, so bleibt

$$2A_1 + B_1 .$$

Von den drei Normalschwingungen dieses Moleküls gehören also zwei zu A_1 und eine zu B_1.

2. $3m\,(C_{3v})$. Ähnliches Verfahren wie bei Übung 1. Es gibt neun Normalschwingungen.

Antwort: $3A_1 + 3E$.

3. Flächenzentrierte tetragonale BRILLOUIN-Zone.

4. Körperzentrierte kubische BRILLOUIN-Zone, siehe Abb. 6.4 in Teil 2 dieses Buches, S. 368.

5. $\bar{4}2m\,(D_{2d})$-Zuordnung der Funktionen:

A_1	$x^2 + y^2, z^2$
B_1	$x^2 - y^2$
B_2	xy, z
E	$(x, y), (zx, zy)$,

B_2 und E sind daher infrarotaktiv, und A_1, B_1, B_2 und E sind RAMAN-aktiv.

6. Ähnlich wie bei Übung 5. Siehe auch Abschnitt 7.3.

7. Man verwende entweder die Methode der Inspektion der Spurentafel, z. B. X_1

$4mm(C_{4v})$	E	C_{2z}	$C_{4z}^{\pm}$	σ_x, σ_y	σ_{da}, σ_{db}	
A_1	1	1	1	1	1	
A_2	1	1	1	−1	−1	
B_1	1	1	−1	1	−1	
B_2	1	1	−1	−1	1	
$A_1 + A_2 + B_1 + B_2$	4	4	0	0	0	$= X_1$

oder die Formel

$$n_i = \frac{1}{N} \sum_{p=1}^{r} h_p \chi_p \chi_p^{i*}$$

von Seite 113. Die Anzahl der A_1, die in X_1 auftreten, ist zum Beispiel

$$\tfrac{1}{8}(1 \times 4 \times 1 + 1 \times 4 \times 1 + 2 \times 0 \times 1 + 2 \times 0 \times 1$$
$$+ 2 \times 0 \times 1) = 1\,.$$

8. Die Spuren sind

E	C_{2x}	σ_{dd}	σ_{df}
2	2	0	0

$= A_1 + A_2$ (die Gruppe ist $2mm(C_{2v})$, jedoch in einer ungewöhnlichen Orientierung).

Kapitel VI (S. 159)

2. Die vier Bänder liegen längs der Diagonalen eines Quadrates, die Punktgruppe des Moleküls ist $4/mmm = 4mm \times \bar{1}$ ($D_{4h} = C_{4v} \times I$). Mit der Bezeichnungsweise von

Abschnitt 6.2 gilt $X = A_{1g} + B_{2g} + E_u$. Aus der Spurentafel im Anhang folgt, daß A_{1g} s- oder d-Funktionen haben kann, B_{2g} kann d-Funktionen haben, und die zweifach entartete Darstellung E_u kann p-Funktionen haben. Mögliche Hybridbahnen sind sdp^2 und d^2p^2 oder üblicherweise dsp^2 und d^2p^2.

3. (a) PQ_3 mit P im Mittelpunkt eines gleichseitigen Dreiecks und Q an seinen Ecken.

(b) Linear.

5.

$432(O)$	E	C_{2m}	$C_{3j}^{\pm}$	C_{2p}	$C_{4m}^{\pm}$
T_1	3	−1	0	−1	1

$23(T)$	E	C_{2m}	C_{3j}^{+}	C_{3j}^{-}
T	3	−1	0	0

$\bar{4}(S_4)$	E	S_{4z}^{-}	C_{2z}	S_{z4}^{+}	
	3	−1	−1	−1	$= B + {}^1E + {}^2E$

In $\bar{4}(S_4)$ ist das p-Niveau in ein nicht-entartetes und ein zweifach entartetes Niveau aufgespalten (${}^1E$ und ${}^2E$ sind auf Grund der Zeitumkehr entartet). In $1(C_1)$ ist das p-Niveau vollkommen in drei nicht-entartete Niveaus aufgespalten.

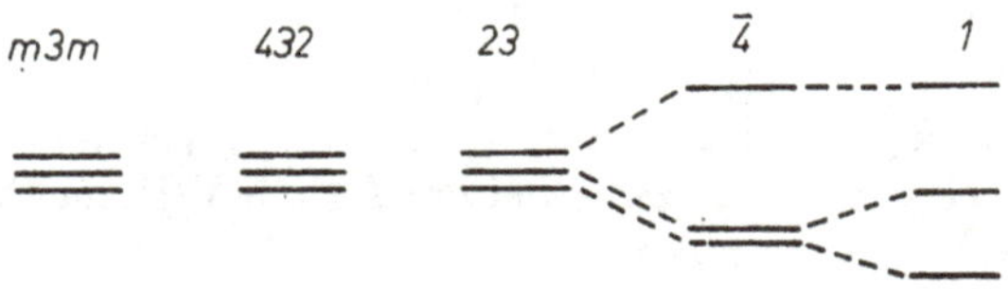

6.

	E	C_{2z}	C_{4z}^{+}	σ_x, σ_y	σ_{da}, σ_{db}
$l = 2$	5	1	-1	1	1

$$= A_1 + B_1 + B_2 + E.$$

7. Δ: $E, C_{2y}, C_{4y}^{\pm}, \sigma_z, \sigma_x, \sigma_{dc}, \sigma_{de}$.
Y: alle Elemente von $m3m$
P: alle Elemente von $\bar{4}3m$.

8. Strenggenommen müssen die Wellenfunktionen zu den irreduziblen Darstellungen der Punktgruppe gehören. Ein „Band" ist ein ziemlich vages Konzept. Versteht man darunter die Ladungswolke des Elektrons, dann handelt es sich um eine physikalische Beobachtungsgröße, die zur vollkommen symmetrischen Darstellung der Punktgruppe gehören muß, was unseren Annahmen entspricht. Was weniger offensichtlich ist, ist die Tatsache, daß man die Kombinationen von atomaren Bahnen, welche diese molekularen Bahnen oder „Bänder" zu erzeugen imstande sind, durch Reduktion dieser Darstellung finden kann.

9. Unter der Inversion

r zu r
θ zu $\pi - \theta$
φ zu $\varphi \pm \pi$ (was stets im Bereich $0 \leqq 2\pi$ ist). Man substituiere dies in den Ausdruck für $Y_l^m(\theta, \varphi)$ und finde so die Wirkung der Inversion auf $Y_l^m(\theta, \varphi)$.

Kapitel VII (S. 186)

1. (c) Man drücke L_+ und L_- durch sphärische Polarkoordinaten aus.

2. (a) $T_z = -1, 0, +1$, Triplett,
(b) $T_z = -5/2, -3/2, -1/2, 1/2$ = Teil eines Sextetts. Man benötigt zwei weitere Atome V_{23}^{43} und Cr_{24}^{43} zu seiner Vervollständigung.

3. Wie Abb. 54.

4. (a) elektrischer Dipol, (b) magnetischer Dipol, (c) elektrischer Quadrupol

(a) x, y, z	(b) I_x, I_y, I_z	(c) $x^2, y^2, z^2, yz, zx, xy$
A_1, E	A_2, E	A_1, B_1, B_2, E

z. B. (b) *magnetischer Dipol.*
Vom Zustand A_1 aus:

$$A_1 \otimes A_2 = A_2 \qquad A_2 \otimes E = E,$$

$\therefore$ $A_1 \to A_2$; $A_1 \to E$ erlaubt. Ein magnetischer Dipolübergang von A_1 muß in A_2 oder E enden. Die Übergänge $A_1 \to A_1$, $A_1 \to B_1$ und $A_1 \to B_2$ sind daher verboten:

Vom Zustand A_2 aus:

$$A_2 \otimes A_2 = A_1 \qquad A_2 \otimes E = E,$$

$\therefore$ magnetische Dipolübergänge $A_2 \to A_1$, $A_2 \to E$ sind erlaubt, $A_2 \to A_2$, $A_2 \to B_1$, $A_2 \to B_2$ sind verboten.

Ebenso für die Zustände B_1, B_2 und E.

Ähnlich bei (a) und (c).

5. Ähnlich wie Übung 4.

Kapitel VIII (S. 211)

1.

	α	β	γ
E	0	0	0
C_{2x}	0	π	π
C_{2y}	0	π	0
C_{2z}	0	0	π
C_{31}^+	π	$\frac{1}{2}\pi$	$\frac{1}{2}\pi$
C_{32}^+	0	$\frac{1}{2}\pi$	$-\frac{1}{2}\pi$
C_{33}^+	0	$\frac{1}{2}\pi$	$\frac{1}{2}\pi$
C_{34}^+	π	$\frac{1}{2}\pi$	$-\frac{1}{2}\pi$
C_{31}^-	$\frac{1}{2}\pi$	$\frac{1}{2}\pi$	0
C_{32}^-	$-\frac{1}{2}\pi$	$\frac{1}{2}\pi$	π
C_{33}^-	$\frac{1}{2}\pi$	$\frac{1}{2}\pi$	π
C_{34}^-	$-\frac{1}{2}\pi$	$\frac{1}{2}\pi$	0

2. a)

E	E'	C_{2x} C'_{2x}	C_{2y} C'_{2y}	C_{2z} C'_{2z}
2	−2	0	0	0

b)

E	E'	C_{2z} C_{2z}	C^{+}_{4z} $C^{-\prime}_{4z}$	C^{-}_{4z} $C^{+\prime}_{4z}$	C_{2x}, C_{2y} C'_{2x}, C'_{2y}	C_{2a}, C_{2b} C'_{2a}, C'_{2b}
2	−2	0	$\sqrt{2}$	$-\sqrt{2}$	0	0
2	−2	0	$-\sqrt{2}$	$\sqrt{2}$	0	0

(c) *Antwort*: siehe die Arbeit von OPECHOWSKI in Teil 2 dieses Buches.

3. Wenn l die Hälfte einer ungeraden Zahl ist, so erhält man die zweiwertigen Darstellungen der Punktgruppe. Die Basen dieser Darstellungen sind Spinoren und nicht Vektoren.

4. Es gibt acht Klassen und vier zweiwertige Darstellungen

e	c_4^+	c_2	c_4^-	e'	$c_4^{+\prime}$	c_2'	$c_4^{-\prime}$
1	1	1	1	1	1	1	1
1	i	−1	$-i$	1	i	−1	$-i$
1	−1	1	−1	1	−1	1	−1
1	$-i$	−1	i	1	$-i$	−1	i
1	θ	i	θ^*	−1	$-\theta$	$-i$	$-\theta^*$
1	$-\theta^*$	$-i$	$-\theta$	−1	θ^*	i	θ
1	$-\theta$	i	$-\theta^*$	−1	θ	$-i$	θ^*
1	θ^*	$-i$	θ	−1	$-\theta^*$	i	$-\theta$

$$\theta = \exp(i\pi/4).$$

6. Die halbierenden Untergruppen aus ungefärbten Elementen sind 422, $4/m$, $4mm$, $\bar{4}2m$ und mmm (D_4, C_{4h}, C_{4v}, D_{2d} und D_{2h}).

8. Man folge der Methode aus Abschnitt 8.5.

9. Man folge der Methode aus Abschnitt 8.4. Die Abwesenheit von $C_{4z}^{\pm}$ bedeutet, daß $\sigma_{11} = \sigma_{22}$ nicht länger gilt.

Sachverzeichnis

Der Autor

- definiert die Gruppen und erklärt ihre Eigenschaften
- behandelt kristallographische Gruppen, Rotationsgruppen, symmetrische Gruppen und Lorentz-Gruppen
- zeigt die Anwendungen in Atomen, Molekülen und Festkörpern
- bringt im 2. Teil die Originalarbeiten von Wigner, Wilson, Jahn, Teller, Bethe, Seitz, Bouckaert, Smoluchowski, Opechowski, Tavger und Zaitser

WISSENSCHAFTLICHE TASCHENBÜCHER

Kolibri 360 GmbH
Ferdinand-Jühlke-Straße 7
99095 Erfurt, Deutschland
produktsicherheit@kolibri360.de